Awareness, Dialogue, and Process:
Essays on Gestalt Therapy

格式塔治疗丛书
主 编 费俊峰

觉察、对话与过程：
格式塔治疗论文集

Awareness, Dialogue, and Process:
Essays on Gestalt Therapy

〔美〕加里·扬特夫 （Gary M. Yontef） 著
潘新玉 译

南京大学出版社

Copyright © 1988 by The Center for Gestalt Development
Copyright © 1993 by The Gestalt Journal Press, Inc.
Chapter 12 "Gestalt Therapy" © 1989 by F. E. Peacock, Publishers, Inc. Reprinted with permission.
Simplified Chinese Edition Copyright © 2022 by NJUP
All rights reserved.

江苏省版权局著作权合同登记　图字:10-2017-274号

图书在版编目(CIP)数据

觉察、对话与过程:格式塔治疗论文集/(美)加里·扬特夫(Gary M. Yontef)著;潘新玉译. —南京:南京大学出版社,2022.2
(格式塔治疗丛书/费俊峰主编)
书名原文:Awareness, Dialogue, and Process: Essays on Gestalt Therapy
ISBN 978-7-305-24460-5

Ⅰ.①觉… Ⅱ.①加… ②潘… Ⅲ.①完形心理学－文集 Ⅳ.①B84-064

中国版本图书馆CIP数据核字(2021)第092276号

出版发行	南京大学出版社		
社　　址	南京市汉口路22号	邮　编	210093
网　　址	http://www.NjupCo.com		
出 版 人	金鑫荣		

丛 书 名　格式塔治疗丛书
丛书主编　费俊峰
书　　名　觉察、对话与过程:格式塔治疗论文集
著　　者　[美]加里·扬特夫
译　　者　潘新玉
责任编辑　陈蕴敏
封面设计　冯晓哲

照　　排　南京紫藤制版印务中心
印　　刷　徐州绪权印刷有限公司
开　　本　635×965　1/16　印张40.5　字数471千
版　　次　2022年2月第1版　2022年2月第1次印刷
ISBN 978-7-305-24460-5
定　　价　138.00元

网　　址　http://www.njupco.com
官方微博　http://weibo.com/njupco
官方微信　njupress
销售咨询　(025)83594756

＊ 版权所有,侵权必究
＊ 凡购买南大版图书,如有印装质量问题,请与所购
　 图书销售部门联系调换

"格式塔治疗丛书"序一
格式塔治疗,存在之方式
[德]维尔纳·吉尔

我是维尔纳·吉尔(Werner Gill),是一名在中国做格式塔治疗的培训师,也是德国维尔茨堡整合格式塔治疗学院(Institute für Integrative Gestalttherapie Würzburg - IGW)院长。

我学习、教授和实践格式塔治疗已三十年有余。但是我的初恋是精神分析。

二者之间有相似性与区别吗?

格式塔治疗的创始人弗里茨和罗拉,都是开始于精神分析。他们提出了一个令人惊讶的观点:在即刻、直接、接触和创造中生活与工作。

此时此地的我汝关系。

不仅仅是考古式地通过理解生活史来探索因果关系,而是关注当下、活力和具体行动。

成长、发展和治疗,这是接触和吸收的功能,而不仅是内省的功能。

在对我和场的充分觉察中体验、理解和行动,皮尔斯夫妇尊崇这三者联结中的现实原则。

格式塔治疗是一种和来访者及病人在不同的场中工作的方式，也是一种不以探讨对错为使命的存在方式。

现在，我们很荣幸可以为一些格式塔治疗书籍中译本的出版提供帮助，以便广大同行直接获取。

让我们抓住机会迎接挑战。

好运。

（吴艳敏　译）

"格式塔治疗丛书"序二
初　　心

施琪嘉

皮尔斯的样子看上去很粗犷，他早年就是一个不拘泥于小节的问题孩子，后来学医，学戏剧，学精神分析，学哲学。现在看来这些都是为他后来发展出来的格式塔心理治疗准备的。

他满心欢喜地写了精神分析的论文，在大会上遇见弗洛伊德，希望得到肯定和接受。然而，他失望了，因为弗洛伊德对他的论文反应冷淡。据说，这是他离开精神分析的原因。

从皮尔斯留下来的录像中可以看出，他的治疗充满激情，在美丽而神经质的女病人面前大口吸烟，思路却异常敏捷，一路紧追其后地觉察，提问。当病人癫狂发作大吼大叫并且打人毁物时，他安然坐在椅子上，适时伸手摸摸病人的手，轻轻地说，够啦，病人像听到魔咒一样安静下来。

去年全美心理变革大会上，年过九十的波尔斯特（Polster）做大会发言，一名女性治疗师作为咨客上台演示。她描述了她的神经症症状，波尔斯特说，我年纪大了，听不清楚，请您到我耳边把刚才讲的再说一遍。于是那个治疗师伏在波尔斯特耳边用耳语重复了一遍。波尔斯特又说，我想请您把刚才对我说的话唱出来，那个治疗师愣了一会儿，居然当着全场数千人的面把她想说的话唱了出来。大家看见，短短十几分钟内，那个治疗师的神采出现了巨大的改变。

波尔斯特是皮尔斯同辈人，那一代前辈仍健在的已经寥寥无几，波尔斯特到九十岁，仍然在展示格式塔心理治疗中创造性的无处不在。

格式塔心理治疗结合了格式塔心理学、现象学、存在主义哲学、精神分析、场理论等学派，成为临床上极其灵活、实用和具有存在感的一个流派。

本人在临床上印象最深的一次格式塔心理治疗情景为：一名十五岁女孩因父亲严苛责骂而惊恐发作，经常处于恐惧、发抖、蜷缩的小女孩状态中，我请她在父亲面前把她的恐惧喊出来，她成功地在父亲面前大吼出来。后来她考上了音乐学院，成为一名歌唱专业的学生。

格式塔心理治疗培训之初重点学习的一个概念是觉察，当一个人觉察力提高后，就像热力催开的水一样，具有无比的能量。最大的能量来自内心的那份初心，所以格式塔心理治疗让人回到原初，让事物回归真本，让万物富有意义，从而获得顿悟。

中国格式塔心理治疗经过超过八年的中德合作项目，以南京、福州作为基地，分别培养出六届和四届总计近两百人的队伍，我们任重而道远啊！

2018 年 5 月 30 日

目 录

前言 ……………………………………………………… 1

第一部分 格式塔治疗的历史和政治观点

第一篇 格式塔治疗在美国的最新趋势和我们需要从中学习
的东西 …………………………………………… 3
第二篇 我为什么成为格式塔治疗师：再见，吉姆·西姆金
……………………………………… 46
第三篇 格式塔治疗的实践回顾 ……………………… 53
第四篇 格式塔治疗：争论 …………………………… 107

第二部分 格式塔治疗的理论

第五篇 格式塔治疗 …………………………………… 135
第六篇 格式塔治疗理论：临床现象学 ……………… 196
第七篇 格式塔治疗：对话的方法 …………………… 219
第八篇 格式塔治疗：格式塔心理学的继承 ………… 258

第九篇　将诊断的和精神分析的观点同化进格式塔治疗………… 279

第三部分　场理论

第十篇　场理论导论……………………………………………… 311
第十一篇　格式塔治疗中的自体…………………………………… 357
第十二篇　格式塔治疗的思维模式………………………………… 375

第四部分　格式塔治疗的实践

第十三篇　格式塔治疗的区别应用………………………………… 423
第十四篇　治疗性格障碍患者……………………………………… 456
第十五篇　羞耻……………………………………………………… 530

参考文献……………………………………………………………… 569
索引…………………………………………………………………… 589

前　言

《觉察、对话与过程》。从格式塔治疗理论的有利观点来看，一切都是过程——所有事物都在移动和变化。对于20世纪的物理学家来说，即使是宇宙本身也被认为是运动和变化的，这是一个新的想法。显然，理论和实践也在改变。

本书集中了我所写的关于格式塔治疗的论文，从1969年我写的第一篇论文到今年（1991年）我特别为这本书写的论文，由此，我希望让有眼光的读者能够——也许比我更清楚地——看到我思维中的连续性、不连续性和变化。为了在这一过程中有所帮助，我在每篇论文之前写了评论，并特地记录下每篇论文的撰写时间和背景，以此来指导读者。

这本书是一本论文集，而不是对我认为格式塔治疗需要的和我想写的格式塔治疗理论的全面而综合的概述。作为一本论文集，它没有系统地阐述基本原则以贯穿全书。它没有排除冗余。它没有足够明确地论述《格式塔治疗》(Gestalt Therapy, 1951)。它没有进行图形/背景（figure/ground）现象或自体(self)概念问题的分析。从积极的方面来说，它确实包含了一些关于临床实践（诊断、性格障碍治疗、羞耻、团体）和理论（场理论的新介绍）的新文章。

1

我希望这本论文集能促成进一步的理论对话。对我来说，对话是格式塔治疗理论和实践——包括理论化——过程中最重要的方面之一。我的大多数论文是以"理论是对话"的态度写的，即使我的写作常常缺乏对话性。

我认为格式塔治疗理论和实践是一个活的系统，因此它要么投入（engages）、成长与发展，要么保持静止、自我参照并停滞。以促进新发展的方式投入世界是格式塔治疗理论的一个重要且必要的方面。只有格式塔治疗师和理论家与彼此，与病人，与其他实践和思想体系及变化中的世界状况等进行对话，我们才能促进新的理解。

理论是一种对话形式，为我们的临床工作建立了系统的智力支持。这是一种利用思想和信息来支持实验和临床关系的方法，格式塔治疗理论认为这两种方法都是对话的形式。理论是一种书面的、系统的、由人类关系引起的智力叙述。我发表自己的观点，其他人做出反应，同意，批评，因为我受到影响，吸收或拒绝这些反应，因此对话继续。也许我通过改变我的一些观点能够做出回应，此时对话经由辩证发展而产生更好的理解。正是这个成长的过程让我感到兴奋，觉得有用，激励我继续从事并热爱理论讨论，撰写理论论文。

理论不是真的（或假的），也不能建立真理。然而，它们或多或少是有用的，一致的，有洞察力的，刺激的，诸如此类。理论是从我们的临床和教学工作中产生的框架，也刺激并指导进一步的工作。好理论的检验之一是启发式的。这个理论有什么变化？是否会带来一些额外的理解？当某些东西被转变成格式塔治疗语言时，是否会带来一些新的、在转变之前不存在的信息？它会带来新的研究、新的想法吗？最重要的是，它有助于临床实践吗？我希望我的努力在这些方面有所帮助。

我想表达我的谢意，感谢莫莉·罗尔（Molly Rawle）在做这个项目时最初的建议和鼓励，并感谢莫莉和乔·怀桑（Joe Wysong）在完成这个项目的过程中所做的工作。他们的友谊和支持是我完成这本书的动力，对我个人来说非常重要。

我特别想感谢林恩·雅各布斯（Lynne Jacobs）。这些年来，她一直敞开心扉地阅读和编辑我的论文，改进我的风格、内容、观点等。当这本书的素材堆积如山，我需要帮助时，她总是接我的电话。她以一种尊重我们分歧的方式，就我们的分歧向我提出挑战。虽然我通常可以在人对人的层面上做到这一点，但在理论工作中，我恐怕与马丁·布伯（Martin Buber）所说的类似：我对人和善，对观点残忍。对于这本书，她再一次成为一个好朋友、一个优秀的编辑，并且再一次让我深切地感到人们彼此需要。

最后，感谢我最热心的支持者、我的妻子朱迪思（Judith），她一直鼓励我。她给我带来了生活、温暖和乐趣，尽管我对写论文很着迷。由于这个原因和其他许多原因，我非常感谢她就是她，并且她在我的生命中。谢谢你，朱迪（Judi）。

第一部分
格式塔治疗的历史和政治观点

第一篇
格式塔治疗在美国的最新趋势和我们需要从中学习的东西

评　论

1989年6月29日,在英国诺丁汉举行的第三届英国格式塔治疗会议上,我应邀就格式塔治疗在美国的当前趋势发表演讲。这篇文章是对那篇演讲的修订,将作为这本书的导言。在本文中,我讨论了我认为我们已学到的东西,首先回顾了美国格式塔治疗的发展,即它的进展和一些不恰当的方面或"错误"。

导言:我们如何知道什么有效?

在美国格式塔治疗四十年的历史中,有许多令人兴奋和有用的发展,也出现了一些错误的发展、失误、误解和漏洞。不幸的是,有些我们在美国犯的错误似乎在其他国家重复。在那些格式塔治疗开始较晚的国家中似乎有一种重新发现车轮(rediscover the wheel)的倾向,热情地重复着我们在20世纪60年代犯下的错误,这一点经常被使用格式塔治疗模式的美国侨民所推广、支持、服务和加强，而这种模式在美国已经基本被超越。通过分享我们目前的经验，我希望其他地方的学习曲线可以缩短。有一点是肯定的，一些国家已经在避免我们犯下的一些错误。

我指的是错误和误解。但是我们怎么知道什么是错误呢？

对我来说，我们理论的检验是在与"真正的病人"进行持续治疗的实践中。"真正的病人"指的是到心理医生那里接受治疗而不是培训的人。我的主要职业活动是治疗这些人。其他活动，如培训治疗师、讲课或演示是次要的。在培训小组和工作坊中与其他治疗师合作是有用的，但是在那种情境中发生的任何事情都只是基于我们理论的实践有效性的一个辅助测试（secondary test）。

我判断培训的有效性，看它如何有助于或无助于治疗实践。我们的主要数据来自心理治疗中持续的接触和觉察工作。

当然，测试我们所说和所做的事情的一种方法是研究。不幸的是，在格式塔治疗方面我们没有做太多的研究，无论是正式的还是非正式的。我们也不做很多真正的哲学分析。我们做了很多"听起来不错"的分析，没有真实的数据、现象学解释、哲学分析或智力辩论。即便是我们对临床资料的介绍也很肤浅，也就是说，数量有限，细节稀少，通常只是临床描述的名义参考。

不经研究、辩论、现象学解释或哲学分析的检验而提出自己的想法和临床理念，这将使自己成为理想化的权威、有魅力的领导，并替代提出者的逻辑性和清晰性，而不是把自己投入基于实际经验、经过一段时间的检验并在对话的熔炉中精炼的仔细的现象学探索中。好的理论是建立在好的研究及好的理论分析的基础上，在没有好的理论支持的情况下提出观点，这不是好的现象学。

第一篇 格式塔治疗在美国的最新趋势和我们需要从中学习的东西

背景一：早期

对经典精神分析的回应

格式塔治疗最初是接受经典精神分析培训的治疗师对经典精神分析僵化的回应。在当今时代，有些人很难想象精神分析变得多么僵化。1962年，当我第一次接受精神病社会工作者的培训时，在我工作和接受培训的诊所里，有这样严肃的辩论，讨论是否允许在候诊室里和伸出手作为问候的病人握手，或者握手是否不恰当地干扰了移情的适当发展。在一些较新的精神分析学校，这种僵化的现象有些仍然存在。例如，我记得我读过海因茨·科胡特（Heinz Kohut）的一本书（20世纪70年代），在书中他讨论了一个案例，在数百小时的工作之后，精神分析有了不可弥补的损失，仅仅是因为分析师让病人发现他是罗马天主教徒。

格式塔治疗也反对精神分析的改变理论，这种理论对成长的可能性表示悲观，对可供选择的感知有限。

精神分析对移情而非对实际关系的强调，伴随着对阐释而非对病人或治疗师的实际经验的相同强调。当前关系的现实只有通过移情阐释才能进入。而治疗工作主要是利用移情作为线索来寻找病人当前行为的过去源头。当治疗师形成了一个关于当前行为（如移情所证明的）是如何由过去的事件引起的推论时，他通常将之阐释给病人，好像这个推论就是事实（M. V. Miller，1988）。

早期格式塔治疗师彻底改变了治疗师角色的整个概念。精神分析的改变理论要求治疗师限制个人信息披露或任何其他可能透露治疗师本人的公开存在。甚至办公室也必须以中性的方式进行装饰,例如,没有家庭照片或个人纪念品,这些可能会玷污空白屏幕(blank screen),影响移情。

分析师必须实行中立和禁欲的规则。分析师不允许偏离绝对中立,例如在病人的冲突中采取特定立场,也不允许满足病人的任何愿望。这些都被视为扭曲了移情,干扰了分析工作。据信,分析师可以保持一个真正中立的立场,因此不会对移情产生影响,就好像"中立"立场是非常可能的,不会影响移情。

精神分析的改变理论也要求病人被动。病人的基本规则是在不审查的情况下分享所有的联想。(当然,人们普遍忽略了这条规则不是中立的,而是站在反对阻抗[resistance]的立场上。)在这个模型中,良好的分析工作不包括现象学聚焦(phenomenological focusing)。病人在治疗过程中的所有积极行为,或在分析师认为问题已经解决之前改变自己生活的行为,都被认为是在见诸行动(acting out)并抵制分析工作。

格式塔治疗运动中改变的精神分析的一个基本方面是:精神分析是理论驱动的,而不是主要基于实际经验的。驱动精神分析的理论就是驱力理论(drive theory)。在这一理论中,人格决定因素被认为主要是预设的,而不是社会的或存在的。例如,阉割情结(castration complex)普遍存在于所有文化中的所有人身上,因为每个人天生都有基本的驱力。

格式塔治疗的革命:关注可能性

格式塔治疗不仅对精神分析有所回应,而且开始了一场革命,这场革命根植于对人类能力力量的基本信念。

第一篇　格式塔治疗在美国的最新趋势和我们需要从中学习的东西

觉察和在场的力量

在新模式中，治疗师和病人都是通过在治疗过程和整个世界中积极在场（present）与投入来成长的。

格式塔治疗通过聚焦于人们的觉察强调人们所知道的和可以学到的东西。他们创造了一种新的方法论，这种方法论不是建立在人们不知道的和不能知道的基础上（无意识不能为人们所知，除非通过精神分析中对移情的阐释和分析）。

实验的力量

格式塔治疗是基于实验的力量，尝试新事物，让觉察从新的实验行为中浮现。格式塔治疗不是一种仅限于自由联想和分析移情的方法论，而是为更强有力的方法论腾出了空间。格式塔治疗师和病人可以不受严格的理论驱动的限制，尝试新的行为，并用他们自己的觉察过程对行为进行测试。

这种使用实验态度的替代方法是将新行为视为见诸行动的精神分析态度和使用强化原则控制行为的行为主义态度。实验态度支持治疗师和病人一种更积极的功能运作模式，治疗师没有成为行为的修正者，而病人不因行动而被指责。

此时和此地的力量

格式塔治疗革命是一场运动的一个关键部分，在这场运动中，此时和此地（here and now）是觉察工作、接触及创造新解决方案的焦点。当格式塔治疗师（部分受格式塔心理学和勒温的影响）将其作为格式塔治疗思维方式的核心部分时，20世纪场的概念尚未对治疗产生重大影响。"你此刻（right now）在做

（或觉察到）什么，你是如何做的？"取代了作为典型问题的"你为什么这么做？"

有些人将格式塔疗法描述为"我和汝（Thou），此时和此地，什么和如何"。在当时的治疗现场中，治疗师和病人基于就在那一刻所实际体验、完成或需要的内容进行互动，这是革命性的。在当时的心理学中，对什么和如何进行描述性的、过程的、场的强调，而不是对机械的因果关系进行推测的强调，这也是新的。

两种风格

格式塔治疗中出现了两种截然不同的趋势或风格，而且仍在继续。一种是戏剧的、宣泄的取向，在这种取向中，相比人与人之间的参与，更加强调技术。有时我称之为轰-轰-轰治疗（boom-boom-boom therapy）。另一种风格是努力工作的、人与人之间的、以接触为导向的取向。至少从20世纪60年代中期开始，这两种趋势都处于萌芽状态。两种趋势都是开创性的。一种成为20世纪80年代兴起的许多有影响的疗法的先行者，或者至少是一个早期的范例；另一种是对话的、强调改变的悖论（the paradoxical theory of change）的先驱，这种理论在过去十年里也开始盛行。

1964年，当皮尔斯（Perls）在加利福尼亚州诺沃克（Norwalk）的大都会州立医院（Metropolitan State Hospital）进行年度系列培训时，经介绍我知道了有一种格式塔治疗。他是由阿诺德·拜塞尔（Arnold Beisser）带来的，他现在是洛杉矶格式塔治疗学院（Gestalt Therapy Institute of Los Angeles）的教员，当时是那家医院的精神科培训负责人。

皮尔斯充满戏剧性，反常而自恋。他既吸引又激怒人们。他

第一篇　格式塔治疗在美国的最新趋势和我们需要从中学习的东西

在培训中得到了精神科工作人员和住院医师的回应，也得到了精神病患者的回应，那是任何其他人都没有达到的。

他认为格式塔治疗是一种重要的心理治疗，其基础为皮尔斯、赫弗莱恩和古德曼（Perls, Hefferline and Goodman, 1951）所阐述的理论。他周游全国，演示格式塔治疗。但是，摆脱了纽约市格式塔治疗团体的影响，他炫耀、寻找刺激的倾向，他对病人试图愚弄他的怀疑，以及他的戏剧背景都表露出来了。当他意识到自己无意中鼓励了一种格式塔治疗风格，这种风格比起好的治疗更能"开启"（turn on）时，要使格式塔治疗的流行图像与基本理论保持一致为时已晚。最后，他确实公开反对这种"开启"的态度，并反对将这种态度与格式塔治疗混淆在一起。

当我看到他时，我被他所讨论的哲学中的可能性所吸引（见《我为什么成为格式治疗师》这一篇）。就我个人而言，我觉得皮尔斯不讨人喜欢，对他只有一点点的钦佩。但我发现这种可能性很有趣。

当我和吉姆·西姆金（Jim Simkin）一起工作时，我体验了不同的东西，一种非常不同的风格或倾向。我发现他本人充满关注，善于接触，坦诚而直率。他强调"没有应该"（no shoulds）和"有足够的空间"（there is enough room）这一态度，这对我的成长至关重要（Simkin, 1974）。他是格式塔治疗强调治疗师通过积极的在场来表明他或她的关注的一个范例；他积极地面对病人当前的现实。他强调一个人的选择和行为的所有权、自体调节的责任，并且尝试找出有什么可能的存在主题。尽管他的风格不是现代标准下的对话风格，而且他对共情（empathy）和融入（inclusion）的概念充满怀疑，但他绝对不是戏剧化的，宣泄的，或以技术为导向的。

背景二：对比两次革命（1950 年和 1965 年）
两次革命和两个不同的时代

1947—1951：反对独裁主义

格式塔治疗是在第二次世界大战以后反对独裁主义的时代开始的。它是由具有积极进取态度和革命意识形态的人创立的。他们试图建立一个完整的社会和政治理论。该群体以个人的、政治的和智力的对抗为标志。没有人能免除这一责任，例如，皮尔斯因为不愿意谈论理论或进行个人对话而受到了反对和批评。

由于他们是一个具有革命性、政治上进取的群体，反对僵化的社会实践，因此他们也反对精神分析的僵化就不足为奇了。他们与诸如哈里·斯塔克·沙利文（Harry Stack Sullivan）和埃里希·弗洛姆（Erich Fromm）等精神分析学家有联系，这些精神分析家开始强调自我（ego）而非本我（id），强调社会互动而非驱力理论。

然而，早期格式塔治疗团体比改革的精神分析学家更进了一步，因为他们强调现实接触而非移情，积极参与而非空白屏幕，对话和现象学聚焦而非自由联想和阐释，场理论而非机械论，过程理论而非牛顿和亚里士多德的二分法，而当他们这样做时，便改变了精神分析的基础。

20 世纪 60 年代

20 世纪 60 年代，一种新的格式塔治疗模式在全世界传播开来。这一模式的主要影响因素是弗里茨·皮尔斯、伊萨兰学院（Esalen Institute），以及 20 世纪 60 年代美国的政治和社会状况。

20 世纪 60 年代，"做什么都可以"的时代，是自由流派和无组织的时代。这是一场反叛的运动，不过是一种天真的反叛。它天真地对未经培育的善良和智慧怀有信心。它反智性，反组织，反结构。

在 20 世纪 60 年代的运动中，很少有人支持智性对抗。这场运动是反叛的和革命的，但没有后革命模式。它甚至不知道自己的根。

1950 年，格式塔治疗理论在某种程度上是一种反独裁的政治理论，一种政治无政府主义理论。1965 年，格式塔治疗是一个更大的无政府主义运动的一部分，也就是说，小写 a 的无政府主义。这是一个反对组织的运动，但没有一个真正的政治理论支持无政府主义。

意义是如何产生的

在格式塔治疗理论中，意义（meaning）是背景（ground）之上的图形（figure）的轮廓，是此时此地感兴趣的图形相对于更一般的环境或背景情况（background）。

1950 年的格式塔治疗师在治疗病人时知道背景情况的重要性。大多数人都有良好的临床和哲学背景。他们实践并接受长期的个体治疗，有时甚至还使用沙发。

在 20 世纪 60 年代中期的运动中，背景情况被忽视，甚至被抛弃。例如，病人的发展史经常被忽视。而且许多人在谈论时就好像知道历史是完全不必要的。

在 20 世纪 80 年代，我们已经学会了将此时此地的图形和历史背景综合起来。我们学到了解背景情况是很重要的。治疗和理论已经变得更加有效，但并不像以前那么简单。

轰-轰-轰治疗风格

20世纪60年代的反理论的态度使得被许多人称为格式塔治疗的轰-轰-轰治疗风格的发展成为可能。在20世纪60年代中后期，格式塔治疗发展了这种戏剧化的、以高度宣泄为导向的治疗方法。它傲慢，戏剧化，简单化，承诺快速改变。它植根于20世纪60年代反智性的和天真的反叛态度中，与早期的格式塔治疗运动形成了鲜明的对比。

许多人开始将格式塔治疗等同于夸张的技巧展示并激烈地对抗这种风格。像皮尔斯一样，这种治疗方式引起了人们的注意，它使事情发生得很快。治疗师们可以获得戏剧性的效果来证明这一点。使用这种风格的有魅力治疗师运用技巧和相遇（encounter）来感动人们，认为这会带来长期的成长，对此具有天真的信心。（稍后我们将看到，我们随后学习得更好。）

轰-轰-轰治疗风格用引人注意的花招取代了谨慎的治疗探索。这种开启、快速改变的导向与早期格式塔治疗师的长期治疗形成了鲜明对比，甚至与20世纪60年代熟练的格式塔治疗师的实际操作也形成了鲜明对比。

病人在快速行动型治疗中经常发展出或增强了抗恐惧症的阻抗。害羞的病人被鼓励变得富有表现力，即使他们变得喧闹而大胆。如果不适当地考虑一个人的整体人格，不尊重这个人的阻抗，也不需要通过觉察和同化（assimilation）来进行阻抗，结果往往是未整合的、不可信的和僵化的。

在那个时代，许多人（批评家和拥护者都一样）把格式塔治疗与相遇团体（encounter group）混淆了。虽然格式塔治疗的理论是现象学的并强调良好的接触，但许多团体以"格式塔治疗"的名义使用压力、面质（confrontation）和团体专制。慎重的格式塔治疗方法是基于"没有应该"的，而这些团体使用团体压力和其他有计划的尝试使病人符合团体的目标，例如表达愤怒、合作或者身体接触等。当然，治疗师和病人都倾向于认为这些新规范比旧规范更自由，而没有意识到内摄（introjects）是内摄。

"是"与"让病人采取下一步行动"

主流的格式塔治疗方法论以改变的悖论为中心。它强调了与"是什么""是谁"保持接触，并允许自然成长。轰-轰-轰治疗取向是一种行为矫正取向，强调让病人采取下一步行动。

使下一步的成长成为可能的自体支持（self-support）的增强和让病人达到目标的行为矫正的态度是有区别的。在格式塔行为矫正模式中，阻抗被分解；在现象学的格式塔治疗中，强调的是觉察工作，即和"是什么"进行接触。后一种取向支持病人的成长和浮现出的下一步，而不是由治疗师力争达到的下一步。

格式塔治疗的核心是改变的悖论。在这种取向中，阻抗是被接受和承认的。阻抗被命名和理解。它不被理解为不受欢迎的东西，只是被理解了。在这个模型中，觉察工作整合了冲动（impulses）和阻抗的两极。但阻抗并没有被分解或越过。自体支持得到了增强，因此病人可以在他们的生活空间中经历任何适合自己的下一步。而治疗师的重点也不在于让病人按照治疗师所构想的下一步采取行动。

魅力型领导风格

在精神分析中，被动治疗师向被动病人进行阐释。格式塔治疗始于病人和治疗师的积极投入。不幸的是，随着20世纪60年代戏剧风格的发展和实践，治疗师经常把格式塔治疗标识为以魅力来引领而非进行对话式接触和现象学聚焦。

对于需要魅力的治疗师来说，轰-轰-轰治疗风格是一种自然的媒介。这种风格的特点是戏剧而非实质，是"高峰体验"而非成长。它满足了治疗师的自恋需求，而不是病人的治疗需求。这些戏剧性的技术是为了谁的需求而使用的？我觉得在绝大多数情况下是为了治疗师的荣耀。

吉姆·西姆金对比了古鲁①和治疗师。古鲁是让那些和他一起工作的人爱他，而治疗师则爱那些他与之工作的人。他指的是治疗师在关心和尊重病人的自主性、自体支持和觉察能力的基础上，进行明确、直接、诚实的接触。

早期格式塔治疗师很清楚精神分析的经验教训、持续治疗关系的重要性，以及移情和反移情现象的重要性。他们的实践和理论以同化的方式解释了这些现象。然而，在20世纪60年代和70年代初，格式塔治疗系统过于简单化的特征中有时忽略了这一点。正如我们将在下面讨论的，最近在美国，我们学习（或重新学习）了关系、对话和遵循病人的直接体验（immediate experience）的重要性。

这种魅力型领导风格并没有从病人的智慧、互动或对话所浮现出来的东西中获益。它不为谦虚或数据所困扰。这种方式很少注意不符合治疗师期望的观察数据。练习这种风格的人不寻求长期的数据，也许除了证明他们工作出色的轶事之外。什么对什么

---

① 古鲁（gulu），原指印度的宗教领袖，英语口语里亦指有影响力的教师或权威人士。（无特殊说明，本书所有页下注皆为译注。）

样的病人有效？危险是什么？结果怎么样？在自恋的浮夸模式中，某种程度上我们都是继承人，我们是盲目的。上帝，我们是特别的！

一些证据表明，基于技术、魅力和宣泄的治疗方法并不像魅力倡导者相信的那样有效。格式塔治疗确实为治疗世界带来了新的可能性。戏剧化版看起来比以前好，但人们受到了明显的和不易觉察的伤害。

凡事皆可

20世纪60年代的环境，使这些曲解得以蓬勃发展，特别是在格式塔治疗领域。对理论的回避，特别是对智性冲突的回避，进一步加剧了清晰思维的缺乏并支持了"凡事皆可"的态度。

20世纪60年代恐怖故事层出不穷，这是可以预见的。有太多的过度简化，以及鼓励每个人认为他们就可以出去做治疗的天真的信心。这种态度里有内在的借口和合理化。这就好像治疗的时刻是戏剧性的，令人兴奋的，一次"高峰体验"就足够了。正如魅力四射的领导不需要知道历史，他们认为他们不需要知道他们干预的结果。

格式塔治疗理论在对自己的行为负责的问题上很成熟。但是陈词滥调的教条过于简单化了这一点，并坚持认为病人应该为自己的生活负责，包括他们自己的治疗。在这种陈词滥调下，治疗师对治疗的结果没有承担同等责任。如果治疗不起作用，或者工作坊对病人来说太过密集，合理的解释是病人只需回家并负责发现所需的任何帮助。

这是陈词滥调。许多人谈到了关于治疗师的责任的问题，包括弗里德里克·皮尔斯、罗拉·皮尔斯（Laura Perls）、沃尔特·肯普勒（Walter Kempler）、吉姆·西姆金和其他人。

我最喜欢的恐怖故事之一：我记得吉姆·西姆金在亚利桑那州图森市（Tucson）做过一个周末培训工作坊。一位以往没有过格式塔治疗培训或经验的治疗师来到了工作坊。他在工作坊上从来没有工作过，如果我记忆正确的话，周日早上的最后一节课他没有参加。第二天，星期一早上，他宣称自己是格式塔治疗师。

许多例子没这么明显。许多人在没有系统的督导或理论理解的情况下，通过参加工作坊接受培训，在不知道自己不知道什么的情况下实践格式塔治疗。其中更具攻击性的人甚至蔑视那些主张更严格培训、更严格理论等的人。

有些人几乎不知道如何做被称为格式塔治疗的事情，不知道这个理论，随着时间的推移，他们认为自己有能力培训其他人从事格式塔治疗。以某种方式实践了一段时间，尽管没有任何能力上的或理论理解上的特殊证据，但他们（他们认为）有资格进行培训，甚至开办研究所。

格式塔治疗文献

20世纪50年代初，格式塔治疗文献稀少，但人们对理论的形成有极大的兴趣。有《格式塔治疗》、《自我、饥饿与攻击》、皮尔斯撰写于1948年的优秀论文（Perls，1948），以及其他一些小文章。但智性对话仍在继续，并且他们尊重理论。他们对高质量的思想，而不是过于简单化的理论、商业主义或是任何主义（isms）及内摄感兴趣。

从1950年到1972年，格式塔治疗文献没有任何进展。1969年，当我撰写我的第一篇论文，对格式塔治疗理论与实践进行回顾时，除了1951年以前的文献外，只有一些未发表的介绍性文章被非正式地传阅，还有稀少的口头传统教授格式塔理论（例如：伊萨多·弗罗姆［Isadore From］的著作）。

20世纪60年代，人们对理论的态度发生了变化。与这十年的反智态度一致的是，人们对理论失去了兴趣："抛开你的心智，回到你的感觉。"同时，人们也越来越无力进行理论研究，也就是说，格式塔治疗中更多的人没有背景、培训或气质来进行好的理论分析或继续进行智性对话。

那是最不幸的。因为虽然格式塔治疗没有丰富的文献，但我在格式塔治疗的各种来源中发现了丰富的文献，如马丁·布伯、格式塔心理学、存在主义、现象学、禅宗等。

这个时代在理论上的最终恶化是陈词滥调和海报。皮尔斯和其他人促成了这种恶化。《格式塔祈祷》海报也许是其中最糟糕的。当皮尔斯意识到他正在促成格式塔治疗的劣化时，损害已经造成了。

背景三：七十年代
清醒并慎重思考

从"开启"到"接收"

20世纪70年代，人本主义心理学运动开始发现，宣泄是不够的，并对60年代的令人兴奋的开启态度产生了抗拒。许多人曾天真地认为格式塔治疗是一种简单的疗法，并将其简化为轰-轰-轰，现在发现了灵性（spirituality），找到对跨个人问题的新兴趣。正如他们曾经把格式塔治疗歪曲成一种仅仅面质病人，让病人外化他们的感觉的治疗方法，现在他们向内聚焦，使用各种形式的冥想，等等。现在，人们可以听到"格式塔治疗师"谈论脉轮（chakras）、超感官知觉（extrasensory perception），以及通过按摩灵气（auras）来治愈，等等。

但格式塔治疗的这种取向并不全面，它仍然是格式塔治疗，却没有格式塔治疗框架。理论和实践都没有经过深思熟虑。他们对格式塔治疗没有任何理论上的理解就接收（tuned in）了。许多人没有理解格式塔治疗就离开并进入了实践和思想的新领域，仍然过于简单化且没有一个全面的框架。例如，许多人借鉴佛教，但过于简单化并扭曲它，就像对格式塔治疗他们曾经做过的那样。

20 世纪 70 年代，精神上强调的仅仅是个人的救赎。它没有和格式塔治疗的基本理论相综合（我希望我们现在做得更好）。当然，在格式塔治疗中，自体（self）、觉察、灵性是相关的。觉察和灵性不被视为来自内心，而是被看成来自个体/环境场的对话。

接收态度采用新教徒式地强调个体及其救赎的方式，将个体视为与附加了关系的场相隔离。通过将觉察向内转向自己，以此来发现智慧，这种想法将个体和环境分开，并将觉察（内部的）和接触分开。格式塔理论有好几种被扭曲的方式，这是非常严重的一种，包括失去至关重要的格式塔概念，即每件事和每个人都是内在相关的。格式塔治疗的灵性概念更接近于马丁·布伯，马丁·布伯认为除了我-你或我-它之外没有我[1]，人与上帝的对话依赖于人与人之间的对话，人与人之间的对话只能在人类和上帝

---

[1] 原文表强调的斜体中译对应以楷体。

之间对话的背景下存在。

70年代的这一取向淡化了格式塔理论的另一个重要方面：它几乎不知道社会责任。它本质上是自恋的和奉行个人主义的。这一理论的转变始于60年代"我做我的事，你做你的事"的态度。在70年代这种态度被称为灵性的。

人们可以从社区的关系中看到这一点。一个人遇到了一个可以说"我"的中心人物，他给人一种精力充沛的感觉，看上去有魅力又很高尚，却不关心别人的需要，也不关心团体的需要。他们不会做任何无法令他们自己兴奋的工作。你可能想和这样的人一起唱歌，但你不会想和他共用一个厨房。

慎重思考：超越弗里茨

在70年代，许多人——罗拉·皮尔斯只是其中的一员——说得很清楚，皮尔斯的风格只是格式塔治疗的一种风格。这不是皮尔斯一生中使用的唯一风格，当然也不是格式塔治疗的唯一合法风格。也有人说他的陈词滥调理论并不能代表格式塔理论。有些人，尤其是伊萨多·弗罗姆，根据保罗·古德曼的原则（写在《格式塔治疗》里）教授理论。

不知怎的，专业团体从来没有完全明白这一点。为什么？我们只能推测。像罗拉和伊萨多这样的人在写作上并不多产。他们也不像皮尔斯那样戏剧化。在皮尔斯和他的模仿者们进行了戏剧化的演示，给专业人士和公众留下了不可磨灭的印象之后，他们发表了上述言论。他们并没有像60年代那些轰-轰-轰格式塔治疗师一样在社会大潮中奔跑。

这是具有讽刺意味的历史曲折之一，更有依据且深思熟虑的观点得到的关注较少。另一方面，他们对格式塔治疗理论的重述、澄清和改进,确实引领了格式塔治疗在 80 年代的进一步发展。

70 年代的文献

从 1972 年起,格式塔治疗文献中的"干旱"得到了缓解,更多的文献被创作出来。其中大部分是入门级的。虽然这有时是对《格式塔治疗》中非常难读的散文的改进,但文献很快就变得重复起来。其中大部分甚至都没有处理好格式塔治疗的基本理论,对它的呈现是不准确的。

不仅基本理论没有得到很好的处理,而且人们很少注意哲学、方法和技术的契合。临床讨论很少。过去乃至现在仍然非常需要在复杂的层面上进行全面的临床讨论,同时也需要良好的病例资料。

什么是格式塔治疗?

为什么会产生这个问题

在 20 世纪 70 年代,人们更加关注"什么是格式塔治疗"。产生这个问题是因为格式塔治疗的风格涌现,并且格式塔治疗作为一场运动受欢迎程度不断增长。同时,格式塔治疗的许多从业者对格式塔理论的理解水平也在不断下降。

而且格式塔治疗的滥用变得更加突出。治疗越来越受欢迎,其理论陈述和团体组织却没有得到发展,许多人的格式塔治疗专业背景不佳,所接受的培训也不好,却做了大量糟糕的格式塔治疗。同时许多像格式塔治疗的疗法兴盛起来，包括臭名昭著的"格式塔治疗和……"。

到 70 年代末，格式塔治疗的许多创新被吸收而成为心理治疗的常规做法。许多疗法正朝着格式塔治疗的方向发展。随着客体关系（Object Relations）和自体心理学（Self Psychology）的出现，心理分析变得更具经验性。行为矫正移入了认知行为治疗，离开了行为主义黑匣子概念的残余。

我上面所描述的精神分析和格式塔疗法的旧的简单画面变得越来越站不住脚。新的治疗方法，如结构式家庭疗法（structural family therapy）、埃里克森疗法（Ericsonian therapy）等，为心理分析或行为矫正的旧的选择提供了非常积极的替代方案。

格式塔治疗被定义为特定的技术

专业文献中充满了描述格式塔治疗的具体实践或技术。虽然对我们中的一些人来说，这是格式塔治疗的对立面，但一些格式塔治疗师已经从技术上定义了这种疗法。这成了教条，这就是他们培训新格式塔治疗师的方式。这一模式中格式塔治疗的培训是技术上的训练，治疗成为这些技术的应用。因此，皮尔斯使用的特定的自发性技术成为教条：空椅子、拍打枕头、"诉诸语言"。格式塔治疗的这一定义甚至隐含在那些建议不对特定病人使用此类技术的文章中，就好像这是格式塔治疗的一个特别修改。

格式塔治疗的这种取向显示出对什么是心理治疗缺乏理解，并且显现出深度和灵活性的丧失。在这种取向中，情绪化取代了真正的理解，而宣泄取代了真正的创造力。这样定义的话，格式塔治疗只是行为矫正的另一种形式，但缺乏行为矫正的责任感和诚实。

这是格式塔治疗

当格式塔治疗被定义为等同于一种特定的风格时，格式塔治疗就相应地减少了。无论何种风格被用作模型，都会成为"这是格式塔治疗"。当然，格式塔治疗是一种通用的哲学和方法论，适用于多种多样的风格，针对各式各样的病人，在多种方式和环境中。然而，文献中充斥着作者将他/她自己的综合、结论、临床经验与格式塔治疗相混淆的文章。

格式塔治疗怎么能被简化成它的一种风格呢？我认为这种情况之所以会发生是因为缺乏清晰的思维和理论。如果你不知道一般理论，而且你的老师也没展示过，那么当你看到格式塔治疗以一对一的方式在团体中练习时，就会很自然地认为格式塔团体治疗意味着在团体中进行一对一的治疗。20世纪60年代，当我在一家医院对慢性和急性精神分裂症患者进行格式塔治疗时，我没有使用空椅子技术。在团体中用心理剧、会见伴侣、病房级别的会面等适合当时的环境和病人。这是我在那个背景下所实践的格式塔治疗。如果没有明确的理论，我可能会说"这是格式塔治疗"，或者我可以展示这是应用格式塔治疗态度的多种方法之一。

无论格式塔治疗师做什么

许多人发现关于什么是格式塔治疗的判定的争论是无聊、无用，甚至是危险的。他们想要关注人们所做的而不是信仰、教条或忠诚。这些人想采取的立场不是为了将格式塔治疗简化为技术或教条，而是对格式塔治疗师做什么的灵活理解。我对这种态度表示赞同。实现这一目标的一个方法是把格式塔治疗定义为"无论格式塔治疗师做什么"。我不赞同这个定义。

很遗憾,有庸医、无能者、假充内行的人和被误导的傻瓜在做治疗,其中一些人称自己为格式塔治疗师。由于我们没有认证格式塔治疗师的机制,而那些将格式塔治疗定义为"格式塔治疗师们所做的一切"的人是不会想要这样的机制的,所以我们会说格式塔治疗就是这些无能的治疗师所做的,从而将格式塔治疗降为最为平庸的疗法。

另外,这个定义也提出了问题。好的格式塔治疗就是根据一个清晰的模型做需要做的事情。它不是一张空头支票,做任何你想做的事并称之为格式塔治疗。格式塔治疗是不允许不可靠的。

格式塔治疗是带着自发、活力和创造力自由地做治疗。但这也需要责任:知道你正在做什么的责任;说出你正在做的并与他人分享,以便研究其效果的责任;知道什么有效,关心最佳选择的责任;以及改善治疗的责任。

所有这些都意味着比"格式塔治疗是格式塔治疗师们所做的一切"更为具体地描述了格式塔治疗是什么。

八十年代:我们学到了什么?
时代变迁(美国)

一般社会变革

美国的 20 世纪 80 年代较之 60 年代和 70 年代在时空上已经非常不同。这是雅皮士(Yuppie)时代。在这十年里,人们一直在寻找简单的答案。在 80 年代,自恋是普遍常见的,通常没有

70年代的精神风貌。

对科技的依赖越来越大，同时对人与人之间互动的依赖也在减少。一家人彼此不说话地看电视。职业道德下降，承诺减少。

心理治疗的变化

心理治疗变得越来越复杂。

一方面，人们越来越相信和依赖技术解决方案。这是当前格式塔治疗背景的一个重要方面：在这个科技和按程序治疗的时代，需要更多地强调人与人接触的价值的方法。我相信比以往任何时候都更需要对话和现象学的格式塔治疗，而对"格式塔治疗法术"，即程序导向治疗的需求要少得多。在心理治疗领域所需要的是那些以对话、现象学觉察和场（过程）理论等格式塔治疗理论首要原则为基础的方法。

精神分析

总的来说，精神分析变得更少地以理论为导向而更接近基本体验。它变得不那么刻板了，更注重人际关系。与经典精神分析相比，这对格式塔治疗来说是一个更可怕的可供选择的方法，它比自称是格式塔治疗的轰-轰-轰的治疗方法更接近格式塔治疗的真正意图。

但精神分析不是答案。它仍然缺乏许多格式塔治疗必须提供的理论。它既没有意识理论也没有充分利用现象学聚焦和实验的方法论。它没有一个真正整合人际关系和内在心理的理论。它没有一个包容各种差异的治疗师角色的概念，显然，在与不同类型的病人工作时，需要这些差异。例如，当与边缘型患者（borderline patients）工作时，一些精神分析师采用不同于精神分析的立场，向对话取向靠拢。他们必须为那些通常包含于格式塔治疗实践和理论的做法找到特别的理由。最后，他们没有一个对于他们正在进行的改变而言完全合适的治疗关系理论。他们正在接近格式塔治疗，并且需要与格式塔治疗的包容框架相当的理论。

研究

心理治疗的知识基础总体上有所增长。

研究显示，心理治疗通常有积极的效果。这可没那么戏剧化，因为一些治疗师的伤害或无效性抵消了好的效果（Bergin and Suinn，1975；Lambert，1989）。把良好的治疗和良好的治疗师与有害的治疗实践和较差的治疗师进行平均，产生了一个温和的整体心理治疗的成效，而不是一个更强的治疗效果。

亚隆（Yalom）在他的关于相遇团体的书中阐述了这一点（Lieberman，et al.，1973）。一个格式塔治疗师非常有效，取得了很好的效果，没有任何伤害。这个小组有效地"强调了体验为主导价值观，这一价值反映了许多相遇思想的主旨，但仅在这一组中表现出显著的增长"（Lieberman, et al., p. 126）。该组成员还表示，该小组的环境为开放的朋辈交流（peer communication）提供了更多的机会。

另一方面，第二个格式塔治疗师使用了强烈的、积极激励的、粗暴的魅力型领导风格，在统计组中受伤害人数最大（Lieberman, et al., p. 126）。这个小组的成员自尊心降低，对自己变得不那么宽容并认为环境不够宽松。"有趣的是，尽管（这个团体）具有高刺激性和此时此地的取向……，参与者们对体验的评价降低，变得更具有自体导向和成长导向。"（Lieberman, et al., p. 126）

很明显，从很有疗效到加速精神崩溃这一广泛的结果是由治疗师如何实践造成的。而治疗师使用的标签，例如格式塔治疗师，本身并不表明治疗的质量。

当然，某些做法或态度更适合特定类型的病人。不同类型的病人有不同的风险。这有多复杂已经很明显，而且在匹配治疗师、方法和病人时必须考虑一些因素，例如：病人的类型、治疗的类型、治疗师和病人的性格和背景匹配等等。例如，对抑郁症患者使用觉察消极认知过程似乎通常比主要强调宣泄更有效。对格式塔治疗实践和任何其他类型的治疗来说，这一点一样正确。

格式塔治疗中不断增加的临床经验

格式塔治疗师比几十年前有更多的作为格式塔治疗师的经验。我们从做格式塔治疗和自己个人的治疗经验中学习。我做格式塔治疗已经超过 24 年了，其中 19 年一直在相同的地方做长期心理治疗。例如，观察长期模式的展开，以及它们如何与不同的干预、态度、治疗师和病人相匹配，等等，通过这些方式，这一经历锻炼了我的理解和实践能力。我也通过治疗同一家族中的后代来学习。我还从多年来我个人的治疗中学习。在这方面，我是典型的，而不是独特的。

我们学到的其中一件事情是更清楚地识别模式。我们更清楚地识别不同类型的病人，识别如何与他们工作，以及风险是什么。例如，正如本书其他部分所述，我们学到了很多关于如何处理边缘型和自恋型性格障碍的知识，即治疗的适应证和风险。

总的来说，由于这些不同的因素，这些年来共情和调谐（attunement）在我心中变得越来越重要。

第一篇　格式塔治疗在美国的最新趋势和我们需要从中学习的东西

一些显而易见的普遍教训

没有简单的答案

陈词滥调经常是错误的（说它们"总是"错误将是另一个不准确的陈词滥调）。寻找简单的答案，在接受、使用或做出陈述之前，不愿意或不能对其进行仔细考虑，这看起来与个人成长或治疗系统的成长不相容。

我们需要产生好理论的流程

库尔特·勒温说："没有什么比好的理论更切合实际。"没有好的理论，我们就没有好的大方向。好的理论是明确的，一致的，并且会产生影响。

好的理论是一个理论化的过程，不是永久的或类物的（thing-like），不是教条。它是一个变得清晰而一致的过程。它是对不足和不完善方面的识别。它是一个不断改变、测试、挑战、改善的过程。

我们需要智性对话。真相来自与矛盾的想法斗争，包括诚实的和有能力的反馈。未经表达的或未经他人批判性评论的想法是不可靠的。没有在论坛上发表的专业观点是不可靠的，因为在论坛上，同事们会与之斗争并摧毁它。我们需要通过质疑其理论的和临床的陈述来尊重我们的同事。

我们需要可证实的理论。只有这样，我们才能发现什么是真的或是有用的，什么有效而什么无效。

我们需要格式塔治疗以外的专业知识

我们已经了解到,我们需要从其他角度进行诊断和病例描述。我们需要关于治疗可能性的技术信息。(我们将在本书的应用部分讨论这一点与临床工作的关系。)

而且我们需要来自不同角度的人们的理论分析和哲学讨论的刺激。例如,在过去的几年里,《人本主义心理学杂志》(*The Journal of Humanistic Psycholgy*)发表了一系列关于自体实现(self-actualization)理论问题的文章,这些文章可能对格式塔治疗理论的发展有影响和促进作用,并可能为格式塔治疗的贡献提供一个契机(Geller,1982,1984;Ginsburg,1984)。

培养好的治疗师没有捷径

培养好的治疗师没有捷径。走了捷径,人们往往甚至不知道他们缺失了什么。我记得很多年前,我为洛杉矶格式塔治疗学院教授了第一门综合理论课程。在第一堂课上我的学员们有各种不同层次的经验。我在课上讨论如何应用格式塔疗法治疗精神分裂症。其中一个高级学员,是个有执照的心理治疗师,在体验式培训团体中表现似乎还不错,却连什么是精神分裂症都不知道。她走了太多的捷径。如果她不知道什么是精神分裂症,她怎么会知道自己在见一个精神分裂症患者,更不用说怎么治疗了。

需要更好的文献

我们历经艰难地知道:单纯的演示和流行对于格式塔治疗的持续发展是一个不充分的支持基础。我认为维持格式塔治疗并帮助它发展需要好的文献和格式塔治疗团体内的对话,并且要为非格式塔治疗受众提供更多的好材料。

在还没有发展的情况下，格式塔治疗已经处于流行高峰过后的困境。当流行的浪潮退去，新技术和新思想出现时，格式塔治疗将逐渐消失到没有良好的支持基础（包括理论、对话，以及面向一般专业团体的介绍）的程度。

需要更好地处理我们自己的基本理论

基本理论最好的还是由皮尔斯、赫弗莱恩和古德曼阐述出来的。这需要被理解并形成今后工作的基础。我们不需要赞同《格式塔治疗》中的所有观点，但理论对话需要以一种有能力的方式考虑到这种分析。我们需要把它更多地用于培训、理论建构和对话。然后我们需要超越它。

当我们讨论概念（部分）时，我们需要讨论概念或部分与整体的关系，这涉及对《格式塔治疗》的分析。

改变的悖论

什么是改变的悖论？

你越是试图不做你自己，你就越是保持不变。成长，包括同化他人的爱和帮助，需要自体支持。试图成为不是自己的人不是自体支持。

自体支持的一个主要方面是认同自己的状态。认同你的状态意味着了解你的状态，即你的实际体验、行为、情境。由于一个人的状态随着时间的推移而改变，对状态的认同包括认同状态的流动,一种状态进入另一种状态,也就是说,对运动和改变有信心。

自体支持必须包括认识和接受自己。不了解自己,就不能充分地支持自己——了解自己的需要、能力、环境、职责等等。了解自己却不承认它是被选择的,并且拒绝自己,这是自欺欺人。萨特（Sartre）认为,一个人承认但在做出这种承认的行为中却不认同已被承认的,是"自欺"（bad faith）[①]。例如,我做了一个懦弱的行为并承认自己是个懦夫。但是在承认自己是个懦夫的行为中,我欺骗自己,使自己产生了一种微妙的信念:我承认,但我不懦弱。好像这个懦弱的行为不是被选择的,而是不知何故降临到这个忏悔人的身上。

当治疗师"引导"或"治愈"病人时,治疗师实际上是在逼迫或施压于病人,要求其改变自己。而病人越是被要求达到一个目标,他或她就越会保持根本上不变。推动或力求达到目标导致对推动的阻抗。病人不仅有对他或她自己的有机体功能运作原本的阻抗,而且现在又有了对治疗师侵入的阻抗。后者的阻抗通常是健康的,尽管它也阻碍了通过对原本需要治疗的症结进行工作。

治疗师的推压并不能产生真正的改变有另一个原因。不和执意强求的治疗师的侵入接触,方法之一就是内摄。病人表面上可能顺从或反抗,但在这两种情况下,都可能完全相信治疗师所提倡的:"如果我是一个有能力的人,我会按照治疗师的建议去做。"

如果一个人依照治疗师的推动进行改变,这就不是基于自主和自体支持的。而且,这个人将不会获得自体支持和自主的方法。

---

① 萨特在《存在与虚无》中提出的重要概念,法语原文为 mauvaise foi,直译为"坏的、错误的信心"。

最重要的是，治疗师推动、引导或给病人设定目标传达这样的信息：你现在的样子还不够。这是一个引起羞耻和/或愧疚的信息。简言之，施压的治疗师对患者的自体支持没有好处。

这样的治疗师也许是出于"善意"，但这不会改善状况。我相信推动病人通常满足的是治疗师的需求，而不是病人的需求。看到迅速的变化可能是令人满意和兴奋的，但它是否促进了病人的成长？所产生的移情和理想化对病人价值的增加是否和它们对治疗师的价值的增加一样，我很怀疑。我认为病人可能是最后一个知道这是真的。推动可能会带来某些东西的发现，但通常没有治疗师就没有工具来做。这最多只能让病人有能力继续做治疗师推动病人做的任何事情。这带有非常有限的概括性。

改变的悖论也有相反的一面：一个人越是试图保持不变，他就越会随着环境的变化而改变。如果我们不推动，那么如何对待那些被困住的、试图保持不变而与环境相关时变得更糟的病人？

无须推动和力求达到目标就可以处理被困住的病人的方法是：对话、觉察和实验。这需要耐心。这要求治疗师有这样一种态度，即在这个世界上，有"足够的空间"让病人保留其原有的样子，而且这需要对有机体的成长有信心。

根据我的经验，如果这不起作用，推动也没用，也许在很短的时间内会有点效果。推动对不易改变的病人来说是非常危险的。在罕见的情况中如果它真的起作用，它就会成为令同事们印象深刻的报告。更常见的是，推动导致关系陷入僵局（impasses）。这几乎总是涉及治疗师在互动过程中不承担他/她那部分的责任。如果治疗师很沮丧，这是治疗师的责任。治疗师负责寻找或创造更好的方法。治疗师也需要知道最新技术的限制。而且大多数情况下，治疗师需要能够监督和修通他或她自己的反移情。

觉察、对话与过程

尊重病人

我认为格式塔治疗是以横向关系为基础的疗法。治疗师尽可能平等地对待病人（虽然治疗合同要求的角色不同）。

对于处理治疗师称其阻抗的病人也是如此。病人的阻抗只有未被觉察到并且不是有机体创造性调整的一部分时才是不健康的。阻抗治疗师或格式塔治疗可能是一个健康反应。即使当病人阻抗他/她自己的觉察时，这也可能是健康的。在格式塔治疗中我们的态度是把阻抗带入觉察，使得病人的自体调节被更好的接触和觉察所标记。一个整合而成长的心理情境的完成需要整合而不是消灭阻抗。

病人的防御需要治疗师的尊重，而不是攻击或溺爱。知道防御或回避它们并为它们命名，理解并拥有它们，这是有帮助的。无论是试图消除防御还是迎合它们，都不可能给病人带来改善。目标是让病人了解阻抗，并以充分的觉察来管控它们。而这必须按照病人的步调来进行。

病人最清楚。一些格式塔治疗师赋予病人全部的责任、全部的力量来使自己生病或康复，但随后他们自己又决定推动病人越过他们的防御。在我看来，如果病人有能力为他们自己负责（他们的生活、他们的病理、他们的治疗），那么他们的阻抗，作为他们选择的某样东西，也需要受到尊重，因为它满足了一个重要的需求。

历史上，格式塔治疗与反抗权威和推动不遵从传统规范有关。当我们把自己设定为决定何时该把防御打破的人时，难道我们自己没有变得专制吗？

我认为答案不只在于对病人要宽容。觉察工作必须做，并且决定"支持"而不做觉察工作的治疗师也是不尊重病人和病人的选择。答案是进行对话和明确诊断（这两点将在后面讨论）。

尊重病人包括注意病人能够自体支持的程度。它包括了解病人希望从治疗工作中得到什么、病人对治疗的了解、神志正常与否、认同的一致性、智性等。

在团体中，这就变得更加复杂。因为治疗师有责任观察、承认、尊重所有个体和整个团体的需求。需要慢慢行动的个体可能会引起一个沮丧团体中其他人的推动。团体推动甚至比治疗师的推动更糟糕。在这种情境中，团体需要学会在尊重界限、差异和自主性的情况下面对挫折。

如果一个团体被团体敌对的攻击性所控制，或者甚至，支配团体的是，坚持把多数人的需求强加于少数人，那么这个团体是不安全的。另一方面，如果消极的情绪和想法没有被表达出来，那么这个团体也是不安全的。治疗师负责确定安全需求和平衡。

选择

改变的悖论与作为主要干预的宣泄相冲突。它与打破防御和试图消灭阻抗相冲突。它与使用技术或治疗师的个性直接将病人推向一个预先设定的结果（"健康"）相冲突。

改变的悖论也与治疗师过于简单的接受培训的想法相冲突。根据改变的悖论，好的治疗需要治疗师有好的理论了解、好的个人中心和好的临床理解。

格式塔治疗在美国的进一步发展已经"超越了魅力"。经验教会了我们在多重聚焦的格式塔治疗理论中某种重要的东西，即基于尊重病人个人体验和体验风格的对话式关系与觉察。这需要对临床模式和不可避免的情况有很好的了解。

不重要，并且实际上与好的培训和治疗相对立的则是，由培训师和治疗师组成的明星系统，由此魅力占主导地位。新的方法需要努力工作而不是魅力。心理健康和人类成长的最大化，就像天才一样，是90%的汗水和10%的灵感。

关系：投入和浮现

强调病人与治疗师之间和团体中病人之间的对话投入，并且信任一点，即成长产生于这种投入，我们已经学会了用这些来取代以人格魅力、戏剧性和宣泄为基础的格式塔治疗。

社会维度：关系和治疗效果

心理学对关系的重视程度普遍提高。格式塔治疗同样如此，并且这也部分地反映了格式塔治疗中的社会维度得到更高的评价。

对治疗成功因素的研究始终表明关系的重要性。在精神分析中，人们越来越强调关系，遗憾的是，经常使用的术语仍然把接触与移情混淆。在格式塔治疗中越来越强调治疗关系，在格式塔治疗团体中越来越强调关系。

对一般的社会维度尤其是关系评价更高的另一个方面是，格式塔治疗对家庭和组织越来越重视。虽然在格式塔治疗中，与家庭和组织团体工作并不是什么新鲜事，但治疗师们更加经常地做这种工作，更加频繁地撰写和谈论它，比以往任何时候都更加老练地讨论和实践它。

格式塔治疗进一步发展的还体现在对布伯的"通过会面（meeting）来治愈"的进一步理解，治愈是整体性（wholeness）

第一篇 格式塔治疗在美国的最新趋势和我们需要从中学习的东西

的恢复。布伯相信,只有通过某种形式的人与人的投入,治愈才可能会发生。

全力投入发生在此时和此地。遗憾的是,在20世纪60年代,有些人将此时和此地以一种排他性的、狭隘的方式进行了解释。现在我们更倾向于更充分地分享病人的生活故事,并根据治疗情况分享我们的生活故事。埃尔温·波尔斯特(Erving Polster)的书《每个人的生命都值一部小说》(*Every Person's Life is Worth a Novel*)就是这种强调的一个例子(Polster, 1987)。

在心理学和精神病学中,尤其是按照程序进行的治疗,却有相反的趋势。科技的观点已经有所增长。总体而言,治疗已经朝着技术增长或以技术为导向的方法发展,朝着寻找最快的途径发展。什么技术对抑郁症病人有效?对边缘型患者呢?治疗"食谱",通常被称为手册,更常用于心理治疗的研究。

令我感兴趣的是,即使如此严格地试图规范治疗程序,个体治疗师的人格和治疗关系的质量仍然会为不同的治疗师和不同的治疗师-病人的匹配带来非常不同的结果(Lambert, 1989)。

历史上,格式塔治疗一直处于人本主义的阵营中,提出了替代行为主义和类似的以控制与技术为导向的疗法的方案。我们的重点是与人工作,不控制或改变他们。但是,"一方面是我们的人本主义,另一方面是我们的技术和魅力型领导的倾向,二者之间总是有些矛盾。许多人提出了一个问题,即使用空椅子、拍打枕头、临床使用挫败,以及其他类似方法,这是否真的是人本主义的。最近这个问题则是从是否符合对话取向这个角度来拟定的。

很大程度上我们已经学会了超越技术导向。这是我在这篇论文中所传递信息的一个重要部分。我们已经认识到对话和关系的重要性，认识到改变的悖论与允许改变出现而不是力求达到，还有特别的技巧不重要。尽管如此，在许多地方人们仍然主要接受技巧，以及使用压力和让人们改变的挫败培训。我认为这是对格式塔治疗的一种扭曲。这从来都不是好的格式塔治疗理论，现在当然也不是。

在这个迈向快速技术解决方法的时代，人们比以往任何时候都更需要真正的人本主义的格式塔治疗，即对话——改变的悖论。在家庭治疗中，有一些迹象表明，人们对更具操控性的家庭治疗取向感到不满，并接受强调觉察和对话的、以投入为导向的治疗方法。

对我来说格式塔治疗的本质是整合人与人的投入和一般的临床与技术能力。不管病人的形式和类型如何，这都是正确的。

对话的投入——现实是关联的

对话的现实观认为，所有的现实都是相互关联（relating）的。生活是会面。觉察是有关系的——它的目标是人与有机体环境场的其他部分之间的边界。接触显然也是有关系的：它是人与环境之间发生的事情。我们对自体的感觉是有关系的（这在《格式塔治疗》中讲得最清楚）。我认为，和布伯一致，灵性也是有关系的。

我们通过人与人之间发生的事情成长，而不是通过向内看。内部和外部只是"间接的阐述"或有机体/环境场的差异。

在《格式塔治疗》一书中，皮尔斯、赫弗莱恩和古德曼说，接触是首要的现实。人（自体）是根据人与场的其他部分的相互关系来定义的：

2. 自体是当下的接触系统和**成长的施动者**（Agent of Growth）。

我们在任何生物学或社会心理学的调查中都看到过，具体的研究主题总是有机体/环境场。除了作为这样一个场的功能，任何动物的功能都是不可定义的……

复杂的接触系统在困难的场中需要调整，我们称之为"自体"。自体可以被视为有机体的边界，但边界本身并没有与环境隔离；它与环境接触；它既属于环境又属于有机体。（p. 373）

人们将人与他人之间实际的此时此地关系在格式塔治疗意义上的自体实现，与试图实现自体形象（self-image）进行了谨慎的对比。形象，包括自身的形象，是产品或再现，而不是存在于人类世界中的实际的关系事件。区分格式塔治疗和客体关系，以及其他精神分析取向（新的和旧的），一个方法是，格式塔治疗强调实际的关联，而不是自体-他者（self-other）的形象。格言是：接触实际（contact the actual）。接触实际的他人，还有对你来说，作为一个人，什么是真实的。

只有"我-它"和"我-汝"的"我"。汝，作为人在人的真正的会面中发生了什么。在这种会面中，每个人都被视为一个单独的他人；每个人都被视为他/她自己的终点。对话中的一个人完全知道并确认对方是一个独立的、有同样特殊的意识的人。

在我-它关系中，边界距离被拉开并增厚。在我-它关系中，某物被作为目标，而不是被允许从人作为人的投入中出现。在我-它模式中，有计算、控制、把人当作达到目的的手段。计划、争论、操控人们，都是在我-它模式中。运用他或她的人格使病人恢复健康的治疗师使用的是我-它模式。

没有我-它，人是不可能生存的。它是一个健康的和有机体必需的模式。但是有一个人在我-它和我-汝之间摇摆的我-它。这是一个为我-汝服务的我-它。在以前的论文中，我有时称之为"我-汝关系"，而不是"我-汝时刻"。我已把它换成我认为不那么令人困惑的术语：保留"我-汝"这个表达方法，将其用于布伯在《我和汝》（I and Thou）中如此有诗意地描述过的"在一起"（the coming together）的高峰时刻，而将"对话"这一术语用于在我-它和我-汝之间摇摆的、更广泛的关联（Hycner, 1985; Jacobs, 1989）。

对话的特征

在治疗中，对话指的是一种基于投入和浮现的关系，这种关系不是为了促进移情神经官能症而把病人带到某个地方，或者不让病人在场或得到满足。

在场

布伯用诸如"与……相比而活着""与……斗争""努力处理"这样的短语描述存在性相遇。这意味着既不友好也不残忍地诚实以待。它意味着以一种接触的、实践融入与确认（confirmation）的方式会面并坚守自己的阵地（见下一小节）。它意味着把自己带到与另一个人的边界上，但是不穿越边界或控制对方，即不控制边界另一边的东西。

布伯把"真诚无保留的交流"称为对话或在场的一个特征。完全在场的人们彼此分享意义。对治疗师来说，它意味着与病人分享意义。全部的意义包括绝望、爱、灵性、愤怒、快乐、幽默、感性。在对话式关系中，治疗师作为一个人在场，而不是如分析的立场下那样保留自己或主要作为一个技术人员而起作用。

需要明确的是，无保留的沟通指的是治疗师把他或她自己交给对话，这并不意味着没有区别对待。它指的是活跃的参与，在这个过程中，治疗师会适当并有规律地展示他的或她自己的感受、经历等等。另一个人的本性和情境是与另一个人的对话式接触的有机组成部分。当一个人与一个自恋的、易受伤害的人对话时，他不会像与不那么易受伤害的人讲话那样说话。

在美国，在格式塔治疗中人们越来越多地认识到：在理论上更加一致而且经常更有效的是，告诉病人你是如何受到影响的，而不是通过挫败技巧和其他花招而凭感觉做事，它们可能积极地应对了临床情况并显示出治疗师的某种存在，却避免了对话。在本书的后面部分，我们将讨论，与不同类型的病人（如自恋型人格障碍）工作时，辨别何时及如何做到这一点（以及何时不做）涉及哪些因素。

确认与融入

人们通过别人的确认而成为独特的自己。

确认：他人"让你在场"。当另一个人"想象真实的情况"的时候，也就是说，当这个人把他/她自己放在另一个人的立场上，想象、经历另一个人所经历的事情时，这个人就被确认了。

在这个过程中被确认的是另一个人的存在，他是一个独立存在的人，有一个就像感知者一样独立的灵魂。在最基本的层面上，它确认了另一个人作为一个独立的人的存在。治疗师确认病人存在，病人有影响，并且和其他任何人一样有价值。病人不是看不见的，也不只是他者愿望或形象的对象。

有人描述过看着一个古鲁的眼睛，看到了无限。人们说，当他们看着布伯的眼睛时，他们看到自己被遇见。这就是病人需要从他们的治疗师那里得到的。优秀的治疗师对这个独特的人进行回应。

确认高于接受。它当然包括接收的信息，"有足够的空间"。格式塔治疗在理论和好的实践中对多样性和差异性有着固有的尊重。它是格式塔治疗态度的基石之一。

确认还包括确认你被要求变成什么。虽然没有接受就没有融入和确认，但是有了融入和确认，也就有潜能的确认。接受人们本来的样子并不意味着放弃成长的希望。恰恰相反，正是这种成长为一个人真正能够成为的的人潜力，才是确认的核心。

融入是确认的最高形式

融入是指在保持自我意识的同时，感受到对方的观点。实践融入的人通过他者的眼睛尽可能完整地看一会儿这个世界。而且它不是融合的（confluent），因为实践融入的人同时保持了作为一个独立的人的自我意识。它是自体和他者完全相反的觉察的最高形式。

融入有时与认同和共情相混淆。认同的不同之处在于一个人感觉到自体和他者的同一性，这是一种差异感的丧失。"共情"这一术语有时意味着感受对方的观点，与之相比，融入更加深入，同时"共情"这一术语有时隐含着对一个人的独立存在的觉察，对融入而言，这种觉察更为敏锐。当两个人以对话的方式接触时，融入就像有时浮现的"汝"，需要优雅。当一个人得到支持并让自己与另一个人接触时，融入可以得到充分的发展。

第一篇　格式塔治疗在美国的最新趋势和我们需要从中学习的东西

治疗中的融入

许多格式塔治疗师批评共情是因为融合的危险，即通过相信一个人能真正体验另一个人所经历的而混淆自体和他者的危险。当我第一次展示一份早期论文的草稿时，我在其中讨论了格式塔治疗中的归属问题，吉姆·西姆金问道："这是你将共情偷偷带进格式塔治疗的方法吗"？但是当一个人进入尽可能充分体验另一个人观点的那一极时，融入需要觉察到分离。

融入的实践与现象学观点很好地结合在一起。在现象学中，一切都被公认为从某人的时间、空间觉察角度来看。从严格的现象学观点来看，每个人的现象学是同样真实的。在现象学的框架内进行治疗时，要小心注意病人的实际体验（当然，还有治疗师的体验）和过程。特别要关注从病人的角度来看治疗师和病人之间发生了什么。

虽然在对话治疗中比在分析疗法或行为疗法中有更多的相互关系感，但融入并不是相互的。相互融入在治疗中是有限的。大多数病人在治疗开始时不能实践融入。他们必须在治疗中发展这种涉及融入实践的接触能力。

布伯声称当病人可以实践融入时，治疗结束了。我坚决不同意这一点。病人确实发展了融入的能力，并且有些病人开始时已经具备了这种能力。

然而，如果在一个治疗中，融入是经常相互练习的，它就不再是治疗。治疗的任务、治疗的结构和功能，要求在大多数情况下，融入是单向的。治疗的合同和任务是关注以病人成长为目的的病人的体验。

对于已经可以实践融入的病人，治疗关系可以作为一个论坛，他或她可以处在这种关系中，除非适合他们的治疗需要，否则他们不必实践融入。在这种情况下，他们可以照顾他们自己，可以被治疗师照料，而不是去照顾治疗师。而且，不管病人在实践融入方面有多大的能力，他/她都不能像另一个人（治疗师）那样全面观察自己，而这往往对能够实践融入的病人的成长非常重要。这常常是治疗师开始治疗时的实情。

对话、现象学和精神分析进展

精神分析的一些类型已经更接近病人的实际体验。这是对传统精神分析的巨大改进，当然更有现象学特征。这常常是对20世纪60年代戏剧性的格式塔治疗的一种改进。因此，许多将格式塔治疗在自己头脑中简化为那种特定风格的格式塔治疗的人，进入了新的精神分析模式中的一种，如自体心理学。

但是，即使是最现代的精神分析疗法，对现象学的关注也是有限的。他们仍然来自自由联想和阐释的传统，并没有加强对现象学的重视，将现象学聚焦训练或实验包括进来。实验现象学尚未包括在扩大的精神分析疗法中。

治疗师自体披露（self-disclosure）的量也有限制。这是一件只是有时可以做的事情，要有特殊的理由并表示歉意。如果特定病人的治疗绝对需要它，它也许是合理的。但是对话治疗的真正力量仍然不被重视，分析师的理论和培训不能提供对话环境下的最佳操作。

据说当两个人唱歌时，就会有对话。在格式塔治疗中，我们可以和病人一起唱歌。我们对大多数心理治疗中存在的接触、参与和创造力没有限制。在对话中，我们可以唱歌，跳舞，聊天，披露感情，画画，辩论。我们和病人一起工作，一起奋斗。

在格式塔治疗和精神分析疗法中，对此时和此地这一概念也有不同的用法。即使就我们之前讨论过的格式塔治疗中得到扩展和放宽的此时此地聚焦的观点而言，这也是正确的。此时和此地通过移情概念进入精神分析性心理治疗和精神分析。然而，在精神分析中，对移情分析的数据主要用于解释过去，而不是深化与病人当前关系的对话和实验现象学。

治疗师不能处理移情现象，就不能做好治疗。治疗师忽视发展的问题，也不能做好治疗。然而，在格式塔治疗中，我们确实要处理这两个问题。当然，我们使用我们正在讨论的并将在本书中进一步讨论的对话和现象学的观点。

对话和目标

不能以对话为目标。对话产生于接触者之间。

对话浮现于两者之间

对话是当你和我以一种真实的接触方式聚集在一起时浮现的。对话不是你加我，而是从互动中浮现的。对话是当双方都让自己在场时可能发生的事情。只有当结果没有被任何一方控制或决定时，对话才可能发生。

"尝试"（Trying）使互动不具有对话性。努力达成一个结果并找到达成那个结果的方法，在这个意义上，尝试是一种操纵（manipulation）。当然，操纵也不是坏事。布伯明确表示，我-它对存在是绝对必要的。在《格式塔治疗》中，操纵是用来描述有机体感觉运动性（sensorimotor）活动的运动行为方面的词。显然这可以是健康和重要的。重要的是，每个人都可以并确实在需要时这样做。

但设定目标不是对话。

有时候有人听到人们谈论为了成长而使用对话。这是另一个操纵、设定目标的例子。它利用了另一个人，是我-它的一个例子。它是为了做自己而利用他人。对话的态度是相反的：为了和他者相会而做自己。

试图把病人带到某个地方是一种我-它互动。当格式塔治疗使用技术转变病人并取得一些进展时，它变成一种行为矫正的形式，而不是对话治疗。即使治疗师是凭良心并带有明确的治愈动机而努力达到让病人"健康"的目标，也是如此。

真正的接触不是"使发生"，而是"发生"

每一方都可以把自己的意愿带到边界，带到会面——但只到那里为止。用意愿来控制不是与他者性（otherness）的对话式接触，而是控制他者性。同化他人的接触实际上与某人的需求或形象融合在一起，可以是有机体自体调节的一部分，但它不是对话式接触。在有机体的自体调节中，另一个人被接触并仍然是一个独立的人，那是对话的，尽管那个独立的人的某些方面，那个他者性被某人自己同化。例如，一个人可能有一种我不喜欢的风格。我可以接受有那种风格的那个人。我可以从某些方面知道那人是怎样的，并因此同化他或她的一些东西到我自己身上。但这和操纵使另一个人成为我想要的那样是很不同的。

对话式接触始于将一个人的意愿带到边界，而其余的则需要另一个人的回应和恩典。你准备，用你的意愿。然后，接触要么发生，要么不发生。

这需要对即将发生的事情有信心或信任。它需要信任存在，并且相信背景会支持你和另一个人。它需要相信，不仅在这个人的控制范围内，而且在剩下的有机体/环境的场中有资源。

悖论：你不能以你自己为目标而做你自己

每个人都是独一无二的，但只有通过人的投入，独特的自体才能得到确认、保持和发展。只有在我-汝相遇的接触中，每个人的独特性才得以发展。只有知道我们与其他人在一起怎么样，以及他们与我们在一起怎么样，我们才能真正成为自己并了解自己。

当一个人向内看，进行内省（introspect）、内转（retroflect）等等时，他们并没有与他者性建立密切关系。这是指向自体。在真正的相遇中，指向的是与他者性的会面，是我与非我的相会。

这就是为什么我认为格式塔治疗不是一种"自体"心理学。在自体心理学中，强调指向自体，而在对话治疗中，则强调投入和浮现。

成为你自己（"我"）是通过建立关系来实现的。通过展现原本的你自己，别人可以把你当作**汝**来对待。通过把别人当作一个**汝**来对待，你就会更充分地成为你自己。

第二篇
我为什么成为格式塔治疗师：
再见，吉姆·西姆金

亲爱的吉姆：

我写这封信和文章是为了你的纪念文集。我要把它作为和你的告别来完成。

由于我和你的互动，我的生活发生了根本变化。自从我第一次与你和弗里茨在伊萨兰共事以来，已经19年了。从那时起，我的生活变得越来越丰富，我越来越有活力，与人保持联系，比我自己曾经想象的更富有爱心和成效。我爱你，感激你。

在阅读与你的纪念文集提交的手稿时，我注意到许多人是如何谈到与你的戏剧性相遇的。坚定的西姆金，无论怎样都听从自己内心声音的西姆金，不可撼动的岩石般的西姆金，跳跃到病人性格结构中心的有洞察的西姆金。虽然我确实记得那些与戏剧性品质有关的事件，但我非常欣赏和爱你，是因为你在工作中时时刻刻都表现出一种更加持续的、平凡的态度。我最欣赏你的不是你独特的戏剧般坚韧表现，而是我认为你的贡献比戏剧故事更重要，而且最终更戏剧化。我想解释并承认这种关联的性质，这就是为什么我成为一个格式塔治疗师，以及为什么我继续做一个格式塔治疗师。

第二篇 我为什么成为格式塔治疗师：再见，吉姆·西姆金

1964—1965年间，我第一次通过弗里茨在大都会州立医院的培训课程中了解了格式塔治疗。虽然我对他的接触的强度、他关于远东思想的谈话（有大量的不准确），他在我的同事们身上引起戏剧性反应的能力感兴趣，但就我个人而言，并没有感觉到感动，也没有特别地被吸引成为一个格式塔治疗师。我只是走进了我的下一次格式塔治疗体验，即伊萨兰的高级学习团体。在那里我遇到了你，通过我与你的接触，我作为一个人深深地被感动，并被吸引去学习格式塔治疗。

与你在一起，我第一次尝到了通过从僵局走向超越僵局的生活的可能。当你邀请我做你的心理学助理时，我首次意识到什么是顶尖的心理治疗和心理治疗培训。很久以后，我意识到格式塔治疗的潜力超越了任何一种风格，包括你的。很久以后我学会了如何把我从你那里学到的运用到我自己的风格中，有些更严格地运用了我从你那里学到的，有些则偏离了我从你那里学到的。

但我总是回顾我和你一起的工作，并把它当作一个转折点，我非常感激，并感受到爱和温暖。

在这篇文章中，我努力去描述我从你身上学到的本质的东西，以及为什么我成为一名格式塔治疗师，因为它们是同一件事。

再见，吉姆。我非常感激你为我所做的一切，我爱你。我会想念你。

爱你的
加里
1984 年

当我第一次接触格式塔治疗时，我曾接受过精神分析的心理治疗培训，在社会工作学校学习过，并且是一个从来没有了解什

么是接触、体验或觉察的心理治疗师。我从吉姆·西姆金那里学到了什么是直接的、个人的体验，以及它是多么重要和有价值。不管吉姆做了什么，他总是澄清我的体验，我也知道吉姆总是以他自己的体验为中心来回应我。他往往不告诉我他的体验是什么，但他知道并坚持认为我知道我自己的体验。即使他不喜欢我的某个特质，他也很尊重我的体验——他坚持我们都要明确我是谁并接受原本的样子。"是"取代"应该"。

从吉姆那里，我学会了如何了解我所体验到的东西，还知道了有什么其他可能的重要性。我学会了对我事实上已经做出的选择和现在拥有的选择要明确和负责的重要性。其余的一切都是根据对"是""选择"和"责任"的诚实的觉察得出来。他的观察和实验通常让我对自己的体验有更充分的了解，能把我真实的、直接的体验更好地同静态的、旧的学习区分开来，我固守着这种学习，似乎它正是我现在的体验。吉姆希望尽可能地让病人自己发现（而不是被教导）、发展他或她自己的风格（而不是模仿吉姆），并且如果有潜力，就超越吉姆。

吉姆和我工作。当吉姆工作时，每一个人的觉察和治疗师与病人之间的接触，从来都没有退居理论或其他任何东西之后。他从不因为太乐于助人或自己需要教人而欺骗我，不让我去为自己发现和学习。他建议进行实验，而不是进行"谈论"或行为矫正练习。我通过实验和觉察我的体验学会了如何扩展。

吉姆相信觉察连续谱（awareness continuum）和有机体的自体调节的过程。我学会了和一次体验待在一起，继续觉察它，并知道如何不去打断或回避。对过程和自然转变的觉察取代了痴迷、改革、尝试。

当我和弗里茨一起工作时，我发现自己很困惑。弗里茨让我

第二篇 我为什么成为格式塔治疗师：再见，吉姆·西姆金

面对一个实验，这个实验支持他不去强化我把自己弄糊涂了的行为，但让我更困惑且更要去尝试。我没有感觉到被接触，被理解，被接受，或者被促进。对我来说这和吉姆不一样。当我和吉姆工作时，当我困惑时，他让我成为我的困惑。我觉得我像是在雾中。"成为雾。"我描述了颜色、感觉、像雾一样的我。"和它待在一起。"我真的变得像雾一样无定形，像雾一样灰，像雾一样潮湿。然后我开始改变，不去尝试。雾变得暖和了，我变成了蒸汽。我最后觉得自己还活着，我的颜色改善了，我不感到困惑了。通过和我的体验待在一起（觉察、感受、感觉），没有评判和回避，我成长并变成了一个包含更大潜力的我。我学会了和我自己的过程待在一起是可能的——我可以选择支持我自己。

我曾相信多元化的社会和自体决定（self-determination）。我在社会工作中发现了一些与此相一致的哲学，但不是一种强化而有效的心理治疗方法。我从吉姆和格式塔治疗中发现了它。吉姆说，对他来说，做心理治疗是利用他多余的爱的一种方式。我认为格式塔治疗是一种治疗性的、个人的、等同于多元化态度的疗法。

我认识到有我这样的经历是可以的。从来没有人告诉过我，有我自己的体验，兴奋，愤怒，不耐烦，被攻击，悲伤，质疑，等等，都是可以的。吉姆也可以用他的经历来回应。接触就是欣赏差异。我记得在亚利桑那州的一个研讨会上，吉姆让我告诉团体里的每个人："有足够的空间给我和吉姆。"

我从未想过接受我自己。我只知道拒绝自己。我也学会了接受别人和他们的体验，同时保持我自己的体验。以前我关心过别人，但这被我对他们和我的评判所干扰。我不是关心和接受，而是关注并自以为是地寻求一个真理却不去欣赏差异。在格式塔治

疗中，我学到了一个"没有应该"的哲学思想。是什么，就是什么！从吉姆那里我学到了我不需要是正确的、最好的、完美的，不需要有答案——我学到我可以集中在"是什么"上。

吉姆总是认为每个人都是独立的，都平等地拥有保持现状的权利，拥有自己的经历。他避免操纵，使一个人与另一个人融合。吉姆对任何融合/丧失自我边界的威胁反应强烈（有时太过强烈）。

事后想来，我意识到，如果吉姆口头上明确而直接地表达他是谁，尤其是他的感受和我对他的影响，我常常可以学到更多。如果我问他的话，他通常会告诉我。他的脸上常常流露出不赞成的神情。当时我没有充分地觉察到要去问，他也不会自发地分享他的经验或承担责任，去发现他对我有什么影响。同样，有时他给我留下我记住多年的一个戏剧性陈述、建议、观察，常常不知道我有点困惑和好奇：吉姆的什么经历带来了他的干预。我会下意识地问我自己：吉姆到底在想什么？

吉姆没有追随流行的吹笛手，而是跟随内心的鼓手。利用攻击（aggression）来定义自体，定义我自己的边界，并表明立场，我认识到了很多这方面的诚实和勇气。在我遇见吉姆之前我认为我自己在伦理和道德问题上是诚实而勇敢的。从吉姆那里我得知我常常自以为是，而不是明确而坚定。从吉姆那里我得知我常常变得痴迷而犹豫不决，而不是坚定地坚持我的信仰。当我第一次在加州大学洛杉矶分校心理学系教授和指导研究生时，我指导的一个研究生滥用格式塔治疗来控制、恐吓和修复病人。我含糊其词是因为我不想伤害那个学生。吉姆说："正是因为像你这样的笨蛋，我们这个领域才有这么多糟糕的治疗师。"不温柔，但诚实。我不得不面对我的精神困境（不是最后一次）。

第二篇 我为什么成为格式塔治疗师:再见,吉姆·西姆金

我学会了尊重我自己的攻击。我记得学习那个观点时的情景,当我写的时候,我选择了抓头皮,而不是仔细考虑我面前的知识材料。他帮助我发现,我可以把我的攻击引向外部,这可能是有成效的,可以接受的,甚至是必要的。

我记得吉姆建议让我去俄克拉荷马州的一个团体,我说"我不去……"。那一天我得知我有强烈的"我不去"(I won'ts),然后继续去实验,并发现我是多么强大,而且当我知道我自己"不去"时(体验),能感觉到并明确地表达了它们(接触)。

吉姆对理论不太在行。但他确实知道我的理论建设和我的痴迷之间的区别。有时他对前者诚实地做出反应,尽管常常不老练。但他并不参与我的痴迷。这里有一个经验教训:他能够鼓励我超越他。他理论能力差,并且不能容忍冗长啰唆,但无论如何他还是鼓励我的理论工作。

完成了和吉姆的工作后,我独自探索,并超越了吉姆对持续过程的信任,增加了格式塔理论的复杂性。我发现场理论是我格式塔治疗工作和理论化的必要支持。我探索对话式存在主义(dialogic existentialism)。我发现对直接体验的强调是哲学和研究中被称为现象学的知识传统的一部分,对话式存在主义、现象学和场理论形成了一个更大的整体。后来我把我团体工作、政治学、人类学、东方研究、个体治疗背景和我从吉姆那边学来的经验教训进行了整合。

我从吉姆·西姆金那里学到了基础知识。格式塔疗法成了一个指南针,指引我度过成为一个仁慈而有效的治疗师和人的艰辛。它是一个整合不同方面的框架。对话式接触和觉察连续谱成为存在主义和现象学的操作应用。"工作"成为现象学聚焦的一种操作应用。

我进行了扩展：现在我把精神分析的知识整合到我所做的东西之中，我更关注的是连续性和历史上的先例，我更关注团体过程，我比吉姆更多地谈论理论，我比从吉姆那里学到的还要多地利用身体工作和我个人感受的表达。当基本框架建立在对个体的信任、个体的经验、个体之间的对话，以及对持续过程的信心上时，就很容易成长和整合。谢谢你，吉姆。

第三篇
格式塔治疗的实践回顾

评 论

这篇回顾是作为我在亚利桑那大学获得心理学博士学位的毕业要求的一部分而撰写的。(这不是我的博士论文,我的博士论文是有关一个经验性社会心理学研究的。)它最初是由加利福尼亚州立大学书店在1969年出版的。该论文采用特定的格式,包括许多引文,部分是由于学术要求,尤其是因为我想让大家了解论文数量的稀少,包括那些得到传播却没有发表的论文,以及已发表的论文。1975年,当它发表在斯蒂芬森(Stephenson)的《格式塔治疗入门》(*Gestalt Therapy Primer*)一书中时,它被更广泛地传播。对于有历史头脑的读者来说,它可用以比较后期论文中我的观点和1969年我所发表的观点。

心理学导向经常被二分为强调行为变量和强调现象学变量。尽管一些心理学家已经认识到两者都需要,但许多人并不知道弗雷德里克·皮尔斯创立了一种整合两者的心理治疗。皮尔斯的主要著作(1947; Perls, Hefferline and Goodman, 1951)强调他的理论,而不是他的心理治疗实践。尽管他和他的同事们写了一些强调治疗实践的论文,但这些论文还没有在流行的专业期刊上大量地发表(例如:Enright, 1970a; Levitsky & Perls, 1969; Simkin)。这类治疗的实践,即格式塔治疗,是本文的重点。作为一种存在主义哲学(Enright, 1970a; Simkin; Van Dusen, 1960)、作为人格理论和研究理论(Perls, 1947, Perls et al., 1951)的格式塔治疗,以及格式塔治疗的理论和历史渊源(Enright, 1970a; Simkin)将不会在这篇回顾内被直接考虑。

格式塔治疗的两个目标使得对它的实践回顾尤为重要。一个目标是完全地以此时此地的行为为导向,不培训病人,不排除觉察变量。另一个目标是应用存在主义的态度,而不过于全面和抽象。

心理治疗的模式

要理解格式塔疗法,必须将其与心理治疗的三个流派联系起来:心理动力疗法运动、行为疗法运动和人类潜能运动。本节将不对心理治疗的理论进行理论比较,而是对格式塔治疗的讨论可以有意义地进行的情境或背景做简略叙述。

心理动力心理治疗是以假定病人有一种治疗师将治愈或消除的疾病或障碍为依据的。因为病人得了这种病,人们认为他是不负责任的。治疗师发现病人为什么会变成现在的样子(诊断),而病人的治疗结果来自发现治疗师所发现的东西(洞察)。这种心理治疗方法强调推断出潜在的原因,并将实际行为作为症状而降为次要状态。心理动力学理论家们认为公开的行为是不重要的,除非真正的(隐藏的)原因得到处理。通过强调他们的推论(阐释),动力取向的治疗师们忽视**此时此地**的行为,而强调病人对**彼时**和**彼地**(There and Then)的认知。此外,心理动力治疗师们很少详细地描述他们的方法，以便确切地就心理治疗中发生的行为而进行交流。

行为治疗师们用对实际行为的观察取代了心理动力学运动中心理的、推理的和常常不科学的特征。新的、得到明确规定的技术已经由沃尔普（Wolpe）、斯金纳（Skinner）、斯坦普弗尔（Stampfl）和班杜拉（Bandura）等提出。这些技术源自实验学习实验室，都强调了硬性数据和精确的程序规范。基于未经证实构想的模糊概念和行为阐释从接受行为培训心理学家的全部技能中被消除。在被消除的假设和概念中，有病人不承担责任的重要性、对病因的关注和觉察（意识［consciousness］）的重要性。

这两个流派确实有共同的假定，即治疗师负责让病人改变。治疗师的工作是创造改变；由于他具有专业知识，他对病人做一些事情，或者要求中间人（mediators）对病人做一些产生改变的事情。心理学家操纵病人的环境，从而使符合某种调整标准的行为通过条件作用于病人，而不想要的行为通过条件作用去除。行为治疗师控制这个受试者（病人），而这个受试者（病人），与基本的刺激反应理论（S-R theory）一致，被视为一个被动的刺激接受者。

在心理学中出现了第三种势力，它拒绝接受通过条件作用去除负面行为，以及通过精神分析导向的心理治疗去除精神病理学。人本主义者的反叛将心理治疗视为提高人的潜能的一种方法。第三势力运动的方法将在讨论完格式塔治疗后讨论。在美国心理学领域，格式塔治疗是第三势力运动的一部分，尝试对此时此地的行为进行非操纵性观察并强调觉察的重要性。这种人本主义的环境下行为与觉察的结合使得格式塔治疗成为一个有吸引力的模式。

觉察、对话与过程

格式塔治疗理论

格式塔治疗强调，行为和体验心理学要有意义地结合成一个心理治疗系统，两个原则就需要整合："要完全在此时和此地进行工作"和"要完全关注觉察的现象"（Perls，1966，p. 2）。格式塔治疗师主张既不要去治愈也不要去影响——但把自己看作持续行为的观察者和病人的现象学学习的向导。尽管对这一理论支持的充分理解将需要对心理学、人格和精神病理学的格式塔治疗理论进行详细的检验，但对这一问题的简短探讨将是必要的。

格式塔治疗是基于格式塔理论（对格式塔理论的讨论超出了本文的范围）的。格式塔治疗师们认为运动行为和个人体验的感知质量是由与之最相关的有机体的需要组织的（Perls et al.，1951；Wallen，1957）。在正常的个体中，一个轮廓得以形成，它具有一个好的格式塔的特点，组织的图形是首要的需要（Perls，1947；Perls et al.，1951）。个体通过用一些感觉运动行为接触环境来满足这一需要。这种接触是由感兴趣的图形与有机体/环境场的背景相对照而组织的（Perls et al.，1951）。注意：在格式塔治疗中，感知环境和环境中的运动都是积极的接触功能。

当一个需要得到满足时，它所组织的格式塔就变得完整，并不再施加影响——有机体可以自由地形成新的格式塔。当这个格式塔的形成和破坏在任何阶段被阻碍或变得僵化时，当需要不被识别和表达时，有机体/环境场的柔性和谐（flexible harmony）和流动受到干扰。未满足的需求形成了不完整的、要求关注的格式塔，因此，干扰了新格式塔的形成。

在营养或毒性是可能的这一点上（Greenwald，1969），觉察产生了。觉察总是伴随着格式塔的形成（Perls et al.，1951）。带着觉察，有机体可以调动其攻击性，因此环境刺激可以被接触（被品尝）和被拒绝，或被考虑和被同化。这种接触-同化过程是由攻击的自然生物力操作的。在这一处理过程中，当觉察没有产生（图形和背景没有形成一个清晰的格式塔），或者当冲动没有被表达时，不完整的格式塔就形成了，精神机能障碍就产生了（Enright，1970a）。这种变动的觉察的图形-背景取代了精神分析无意识的概念；无意识是场的现象，有机体不接触是因为在图形-背景形成中的干扰，或者因为它处于和其他现象的接触中（Polster，1967；Simkin）。

觉察在上面形成的点是接触的点。"接触，带来同化和成长的工作，是在有机体/环境的背景或环境中兴趣图形的形成"（Perls et al.，1951，p. 231）。格式塔治疗聚焦于"什么"和"如何"，而不是内容。

> 通过对此时和此地体验结构的统一和不统一的工作，重塑图形和背景的动态关系，直到接触增强、觉察生辉而行为充满活力，这是可能的。最重要的是，一个强的格式塔的完成本身就是治愈，因为接触的图形不是一种迹象，而是它本身就是创造性体验的整合。(Perls et al.，1951，p. 232)

觉察是一种创造性整合问题的格式塔特性。只有觉察格式塔（觉察）才能带来改变。仅仅觉察到内容而没觉察到结构与一个充满活力的有机体/环境的接触无关。

格式塔治疗开始一个过程，就像催化剂一样。确切的反应是由病人和他的环境决定的。治愈不是一个成品，而是一个人学会了如何发展用以解决自己问题的觉察（Perls et al., 1951）。成功的标准不是社会的可接受性或者人际关系，而是"病人自己觉察到增强的活力和更有效的功能运作"（Perls et al., 1951, p. 15）。治疗师没有告诉病人他对病人的发现，而是教他如何学习。

皮尔斯称反应系统或有机体在任何时候与环境的接触为自体（Perls et al., 1951）。自我是有机体的认同和疏离（alienation）系统。在神经官能症中，自我疏离了一些自体过程，也就是说，无法如其所是地认同自体。不是让自体继续组织反应进入新的格式塔，而是自体被损害。神经质的人失去（疏离）了对"是我在思考、感觉、做这件事"的感觉的觉察（Perls et al., 1951, p. 235）。神经质是分裂的，无觉察的，也是自我拒绝的（self-rejecting）。

这种分裂、无觉察和自我拒绝只能通过限制有机体的体验来维持。自然地功能运作的有机体通过感受、感觉和思考来体验。当一个人拒绝他的一种体验模式时，新格式塔的形成就会被形成不完整格式塔的未满足需求所阻碍，因此，要求关注。没有经历需求和冲动，有机体的自体调节被削弱，而依赖于道德的外部控制成为必需（Perls, 1948）。

这种对体验方式的排斥可以追溯到西方文化。自亚里士多德以来，西方人就被教导说，他的理性能力是可以接受的，但感官和情感能力则不是。人类的有机体已经分裂成了这个"主我"（I）和这个"客我"（me）。西方人认同他的君主（理性），并疏离了他的感官和情感模式。然而，没有平衡的有机体的体验，人类不能与大自然完全接触或支持自己，因此，从环境事务中的学习受到损害（Perls, 1966; Simkin）。西方人已经被异化、分裂并脱离与自然的和谐（Perls，1948；Simkin）。

学习通过发现，通过形成新的格式塔即顿悟而发生。当有机体与环境相互作用时，格式塔完成，觉察发展，学习发生（Simkin）。皮尔斯发现他的病人们受自我功能疏离的困扰，开始寻找一种能整合分裂人格的治疗，以便新的格式塔能够形成，病人可以学习，等等（Perls，1948）。他注意到，病人们在与他的交易中显示出了他们的基本上错误的图形-背景形成。这是他创立格式塔治疗的线索。关于这个问题的更全面的讨论可以在文献中找到（Perls，1947，1948；Perls et al.，1951；Simkin；Wallen，1957）。

正如皮尔斯所看到的，基本的治疗困境是病人已经失去了对过程的觉察，通过这些过程，他疏离了（没有觉察到）部分的自体功能运作（self-functioning）。他发现（Perls et al.，1951），通过使用导向觉察（directed awareness）实验，病人可以了解他是如何被阻止觉察的，从某种意义上说，皮尔斯教会了病人如何学习。

格式塔治疗中的治疗改变过程包括帮助病人重新发现他用来控制觉察的机制。导向觉察实验、格式塔治疗的相遇、我们将要讨论的团体实验，都以让病人觉察到他用来控制觉察的习惯性行为为目标。没有这种强调，病人可能会提高他的觉察，但只是以有限和限定的方式。当病人重新体验觉察控制的控制时，他的发展可以是指导并支持自身的。

> 治疗的最终目标可以这样表述：我们必须实现促进自身发展的整合。（Perls，1948，p. 12）

格式塔治疗师给病人的治疗任务都是病人觉察的报告。在治疗中，病人可以获得一些不同于他从治疗之外的经历中获得的东西——一些不同于孤立的知识、暂时的关系或宣泄的东西。治疗可以创造的是一种情境，在那里，一个人的成长问题的核心，即受限制的觉察，是关注的焦点。

对于治疗师和病人来说，皮尔斯的建议是"抛开你的心智，回到你的感觉"。皮尔斯强调使用外部感觉，以及自体觉察的内在本体感受系统。通过使病人重新变得敏感，病人可以再次觉察到他（自我）拒绝觉察和冲动表达的机制。当有机体再次控制感官时，它可以用自己的感觉运动行为来为生存而战，学习并整合，也就是说，接受自己（Simkin）。

当神经症患者——其人格分裂，情感和感官模式使用不足，并缺乏自体支持——试图让治疗师解决他的生活问题时，格式塔治疗师拒绝；格式塔治疗师拒绝让病人将自己行为的责任推给他（Enright，1970a）。治疗师挫败了在核心领域操纵操作的尝试。

在格式塔治疗中，目标不是解决**问题**（Enright，1970a），因为只要病人操纵他人为他解决问题，只要他不使用他全部的感觉运动设备，他就仍然是一个伤残人。格式塔治疗是整体的，认为人类有机体可能没有内部控制层级。格式塔治疗中的病人与治疗师的关系也相应地没有等级。

病人是一个积极且负责的参与者，他们学习实验和观察，以便能够通过他自己的努力发现和实现自己的目标。病人的行为、行为的改变和实现这种变化的工作都留给病人负责。

因此格式塔治疗拒绝了治疗师必须或应该承担调节者（conditioner）或去除影响者（deconditioner）的角色的观念。

第三篇 格式塔治疗的实践回顾

> 每一个病人都期望自己可以通过外部资源达到成熟,他们都搞错了,……成熟不能为他而做,他必须独自经历痛苦的成长过程。我们治疗师除了作为一个催化剂和投射屏幕而给他提供机会外,什么也做不了。(Perls,1966,p. 4)

格式塔治疗师的角色是此时此地行为的参与者和观察者,以及病人的现象学实验的催化剂。病人在"治疗情境中的安全的突发事件(safe emergency)"中进行实验(Perls,1966年,p. 8)。他继续承担着治疗中及治疗外的行为的自然后果。

> 这种治疗方法的基本假定是:如果人们知道问题是什么,并能把他们所有的能力付诸行动,去解决这些问题,他们就可以适当地处理他们自己的生活问题……一旦和他们真正关心的问题,以及他们的真实环境进行好的接触,他们就是独立的。(Enright,1970a,p. 7)

尽管格式塔治疗师不关注心理观念,或过去,抑或未来,但没有内容是事先排除的。过去或未来的材料被认为是当下的行为(记忆、计划等)。格式塔治疗也不是静态的。它的焦点不是寻找行为或心理的原因,也不是操纵刺激后果以引起行为的改变。"与一些强调'洞见'或获悉我们'为什么'要这样做的流派的做法相反,格式塔治疗强调获知我们'如何'做和做'什么'"(Simkin,p. 4)。

在格式塔治疗中,治疗师不像以前的罗杰斯(Rogerian)疗法那样被动,而是相当活跃。关注行为,而不是心理;关注觉察,而不是思辨性的问题,关注此时和此地,而不是彼时和彼地，所有这些都需要治疗师的行动和决断力。

格式塔治疗的目标是成熟。皮尔斯将成熟定义为"从环境支持到自体支持的过渡"（Perls，1965；另见 Simkin）。自体支持含有与他人接触的意思。持续接触（融合）或无接触（后撤[withdrawal]）与真实用意相反（Perls，1947）。自体支持是指在有机体/环境场中的自体支持。融合显然不是自体支持。后撤仍然包含非自体支持的本质。这里的关键是在与环境的互动中，带着觉察，持续使用有机体的感官运动器官（Enright，1970）。这就是自体支持，并带来整合。

当找到"支持和挫败的切实可行的平衡"时，这一过程在自然环境中就完成了。格式塔治疗师们试图达到这一平衡。过度的挫败感，会导致病人与治疗师脱离关系，特别是在个体治疗中。过度的支持鼓励病人继续操纵环境以获得病人错误地认为他无法为自己提供的支持。尽管这种支持性的治疗可能会带来暂时的改善，却不能帮助病人越过僵局点。

僵局点，俄罗斯文学称之为病点（sick point）。"存在性僵局是一种情境，在这种情境中，没有现成的环境支持，病人没有或者认为自己没有能力自己应付生活"（Perls，1966，p. 6）。为了获得或维持来自环境的支持，病人会要些花招。这种操纵或游戏被病人用来维持现状，控制他的环境，并避免独自应对生活中的问题。当神经症患者回避应对时，他回避了任何有机体回避的实际痛苦，此外，"神经症患者避免了想象中的伤害，比如不愉快的情绪。他也回避承担合理的风险。两者都会影响任何成熟的机会"（Perls，1966，p. 7）。

因此格式塔治疗要求病人注意他对不愉快的回避，而他的恐惧行为在治疗过程中得到解决。

总之，治疗师保持了挫折和支持的平衡，同时保持着我和汝的关系——马丁·布伯的此时和此刻的传统。病人开始时努力回避他的实际经验和他的实际行为的后果。因为操纵环境以获得支持并避免意识到他的实际经验，这种方法病人早已学会并练习，所以通常在这方面相当熟练。

> 他通过表现得无助和愚蠢来做此事；他哄骗，贿赂，奉承。他不幼稚，而是扮演幼稚和依赖的角色，期望通过顺从的行为来控制局面。（Perls，1965，p.5）

格式塔治疗技术

精神分析的文献很多，但没有足够清晰地描述在精神分析中发生的实际行为，以便让那些没有实际参与的人理解。《格式塔治疗》的读者（Perls et al.，1951）会发觉，皮尔斯的格式塔治疗的描述在对程序的描述方面并不比精神分析学家更成功。

通过大量的录音带、录像带和电影，可以更清楚地了解格式塔治疗。皮尔斯和他的同事们发表了许多论文，可以从大苏尔（Big Sur）的伊萨兰学院（Isalan Institute）、克利夫兰格式塔学院（Gestalt Institute of Cleveland）及类似机构获得。对包括人格理论、精神病理学理论和觉察连续谱在内的格式塔治疗背景概念的详细讨论，可以在皮尔斯的书中找到。《格式塔治疗》——皮尔斯迄今为止最完整的研究，有一系列的18个实验，读者可以在家里尝试，这些实验构成了皮尔斯在他的心理治疗中工作的关键。这些实验巧妙地搭起了读者的体验和作者们的话语之间的桥梁。

《格式塔疗法》不是为了快速阅读而写的。皮尔斯在态度、技术、语言和理论上有着不同寻常的结构，需要创造性和坚持不懈的努力来吸收。与那些习惯于对所做事情进行精确、明确描述的，接受行为培训的心理学家交流可能特别困难。此外，格式塔治疗和行为治疗的习惯用语也不同。当阅读一个符合公认的类别并使用熟悉术语的心理学家的作品时，获取基本假定和术语所花的时间往往被遗忘。即使去理解皮尔斯理论的基本术语，也需要时间并愿意去仔细考虑新的材料，这是在自己感兴趣的领域进行阅读时的习惯性要求。

格式塔治疗是根据治疗师、病人和背景的个性与需要，有选择地和有区别地实施的。皮尔斯不建议也不赞成模仿他作为一个人运用他的理论的方式。每个治疗师都必须找到自己的方法。

皮尔斯认识到对有机体/环境场的统一性的推论是：场中任何地方的变化都会影响整个场。因此，可以从多角度、多点进行干预，并且直接的结果可以推及场的其他部分。有些变化需要环境变化——例如在环境支持方面。对单一有机体的干预通常可以达到效果，即使是从一维的角度来看，例如感官觉察。然而，皮尔斯本人主张采用多变量取向的方法作为帮助病人走出僵局的唯一途径。格式塔治疗师利用此时此地情境的许多方面来创造成长机会、相遇、实验、观察、感官觉察等等。

心理治疗的实验模式

格式塔治疗，强调自己和世界的觉察连续谱，因而是一种生活和提升自己体验的方式（道）。它是非分析性的。它试图通过对此时此地的非阐释性聚焦来整合分裂的人格（1968年夏季的伊萨兰课程）。

第三篇　格式塔治疗的实践回顾

实际上格式塔治疗中的所有活动都包括导向觉察实验（Simkin）。皮尔斯将实验定义为：

> ……为证实或反驳某个不确定的事物，尤其是在实验者决定的条件下而进行的试验或特别的观察；实验者为发现某种未知的原理或效果，或为检验、确立或说明某些被提出来的或已知的真理而采取的行为或操作；实际测试；证明（Perls et al，1951，p. 14）

实验的目的是为了让病人发现一种机制，他通过这种机制疏离了部分的自体过程，从而避免觉察到他自己和他的环境。格式塔治疗中的所有规则和建议都是为帮助发现，而非为培养某种特定的态度或行为而设计的（Levitsky & Perls，1969）。

典型的实验是让被试以"此时和此地我觉察到……"为开头造一系列句子（Enright [b]；Perls，1948；Perls et al.，1951）。治疗师不断地将病人的觉察（体验）联系起来。治疗师通过问"你现在在哪里？""你现在体验到什么？"等问题让实验持续下去。病人的问题被转化成："现在你觉察到想知道……"当病人开始回避指令时，这也被转化并放进觉察报告："现在我觉察到希望停止。"

这个基本实验的变化是无限的（Levitsky & Perls，1969）。这些实验是按一个分级的系列安排的，这样每一步都会挑战病人，但都在病人的掌握之中。在每一个实验中，病人都可以尝试新的行为，而这些行为只能在自然环境中非常困难地进行实验（Polster，1966）。

通常我们认为实验的控制者和数据的观察者是心理学家。在

觉察、对话与过程

格式塔治疗中，心理学家设置实验，但与病人分享控制和观察。外部行为由心理学家和病人直接觉察到；内部行为由病人通过其内感受器和本体感受器单独感知。两者在整个格式塔中的关系是关注的焦点。人们可以把格式塔治疗看作一个过程，这个过程聚焦于同时进行的内部和外部行为的连续展开。在任何实验中，实验的结果为新的实验指明了方向。当病人可以在没有治疗师的情况下进行实验和体验时，治疗就结束了。

此时此地实验应该注意三个方面：此时的功能概念，观察病人整体行为的作用，以及内省（introspection）和导向觉察之间的区别。

此时

此时是一个功能概念，指的是有机体正在做的事情。有机体五分钟前所做的已不是此时的一部分了。回忆童年事件的行为就是此时——回忆就是此时。皮尔斯说，过去是以"先前功能的沉淀"而存在的（Perls，1948，p. 575）。未来以当下的过程存在，这些过程包括：计划、希望、担心。任何一种时态（过去、当下或将来）的排他性观点，三者之间的隔离（isolation），或三者的混淆，都是混乱的迹象（Shostrom，1966b）。格式塔治疗实验在这个功能意义上操作此时和此地（Levitsky & Perls, 1969）。

观察与身体语言

观察是格式塔治疗实验的核心。观察集中在避免觉察被疏离且难以达到的东西的方法上。当病人表现出不一致时，通常只会注意到他整个交流的一个方面而不是另一个方面，这会报告给病人。言语内容常常与病人的语气和姿势不一致。这不是被无声地记录下来，而是要引起病人的注意。

据说：

> 这种把交谈限制在当下的倾向是可行的，只是因为在格式塔治疗中我们在注意着整个的交流而不是严格的言语交流。相关的过去就在此时和此地出现，如果不是用语言的话，就是用希望能够引起觉察的某种身体的紧张和关注。过分强调语言的重要性是不可能的。一个保持在此时和此地的纯粹的语言治疗将是不负责任和灾难性的。只有积极、系统和持续地努力让病人觉察到他的整个沟通过程，他才可能完全地专注于此时和此地。(Enright，1970a，p. 15)

倾听整个交流需要积极使用和信任治疗师的感觉（Perls，1966）。格式塔治疗是非阐释性的；在活动中，格式塔治疗师清楚地将他的观察与推论分开，并强调前者。例如，格式塔疗法从显而易见物（the obvious）开始并着重指出它们（Perls，1948；Simkin）。显而易见物经常被病人和治疗师忽视。病人的开场白——看见，微笑，握手——是明显的行为，有时比礼节性的口头问候更有意义（Enright，1970a）。

身体语言是整个观察的一个重要部分。身体上的症状被认真对待，并被认为比口头交流更准确地表达了病人的真实感受。西姆金称这种身体症状为真相按钮（truth button）。站在冲突的一方，而后是另一方，通过这个实验，病人"站在冲突的反自体的那一面时，会不可避免地带来身体语言——真相信号"（Simkin，p. 3）。

要求病人夸大一个不知情的动作或姿势可能会带来病人重要

的发现（Levitsky & Perls，1969）。例如：

> 小组中的一个女人在不停地谈论着某事，一个缩着身体、过度拘谨的男人用手指轻敲着桌子。当被问及他是否想对这位女士所说的话发表评论时，他否认对此很关心，但继续敲桌子。他被要求加大敲击力度，更大声、更有力地敲，并持续下去，直到他对自己正在做的事情有了更充分的感受。他的怒气很快就发作了，他猛敲桌子并激烈地表达他不同意那个女人的观点，持续了一分钟左右。接着他说她"就像我的妻子"，但除了这一历史观点外，通过此次经验，他瞥见了他对自己强烈而坚定的情绪的过度控制，以及更直接因而不那么暴力地表达这些情绪的可能性。（Enright, 1970a，pp. 3-4）

没有敏感的观察，在心理治疗中用实验的方法是不可能的。皮尔斯对心理治疗方法的独特贡献在于用行为观察和实验替代阐释。格式塔治疗师不阐释——他观察，创设实验，在治疗情境和其他环境中是一个活生生的人。

觉察实验和内省

格式塔治疗的导向觉察实验与内省不同（Perls et al., 1951, p. 389；Enright, 1970a, p. 11）。在内省中，有机体被分成观察部分和被观察部分。

> 当你内省的时候，你看着你自己。这种形式的内转（retroflection）在我们的文化中是如此普遍，以至许多心理

学文献只是想当然地认为：任何提高自体觉察的尝试必定包括内省。虽然情况并非如此，但任何做这些实验的人都将从内省开始可能是真的。观察者与被观察的部分相分离，直到这个分裂被治愈，一个人才会完全意识到不被内省的自我觉察可以存在。我们以前把真正的觉察比作自燃的煤燃烧产生的辉光，把内省比作将手电筒的光束转向物体，并通过反射光线的方式观察其表面。（Perls et al.，1951，p. 157-158）

要想在行动中观察自己，并最终把自己当作行动来观察，内省是不够的。内省是二元的和静态的。而且，它淡化了通过内部感官感受器而变得可能的身体觉察，反而是思辨的。毕竟，有许多来自内部感受器的感觉输入，有机体可以让其进入觉察或不被觉察。这些形成了可供有机体而不是实验者使用的观测数据。实验者只能推断他没有观察到的东西。

皮尔斯的构想提供了一个替代铁钦纳式内省（Titchnerian introspection）、行为主义的无意识和精神分析推测的方法。内部自我观察是有价值的，尽管它们有点不可靠。外部观察的信度和效度的难度已经够大了；对私人事件推断的信度和效度显然受到更大的怀疑。

皮尔斯意识到这个困难，觉察到即使一个经过训练的观察者也能轻易地用推断污染观察，因此，他强调必须将感官观察和认知推理分开。他不会以感官过程（观察、使用感觉）为代价，向病人提出导致认知过程（推断和想象）的问题。

此外，格式塔治疗的一般策略不取决于病人自我报告的准确性。其实我们只是告诉他，坐下来开始生活，然后指出他在哪里失败，以及他是如何失败的（Enright，p. 6）

觉察、对话与过程

当病人报告他的觉察时，治疗师的观察能够提供一些数据来检查内部观察，因为有机体内部所存在的东西通常以某种方式反映在外部行为中。由于心理治疗师和病人从不同的角度观察同一个有机体，同时使用这两种观察可能有望对基本过程有所启发。

格式塔治疗实验总是回到最基本的体验感官数据。例如，格式塔治疗不问"为什么"，而是关注"什么"和"如何"。"什么"和"如何"适合于精确的观察；"为什么"导致猜测（Enright，1970a；Simkin）。这将在下文进一步讨论。显而易见的、细微的、具体的、生理的过程都在格式塔治疗中得到强调，而这些在临床心理学中往往被忽视。

观察与推理相分离，并强调观察，这适用于内部和外部过程。格式塔治疗师试图确切地说明一个特定的现象学报告代表什么样的体验。治疗师询问确切的感觉，如下例所示：

治疗师：你现在觉察到什么？

病人：现在我觉察到我在和你说话。我看见其他人在房间里。我觉察到约翰在来回扭动。我能感觉到我肩膀的紧张。我觉察到我说这话时很焦虑。

治疗师：你是如何体验焦虑的？

病人：我听到我的声音颤抖。我口干。我说话结结巴巴的。

治疗师：你觉察到你的眼睛在做什么吗？

病人：好吧，现在我觉察到我的眼睛一直在看别处。

治疗师：你能对那个负责吗？

病人：……那个我不看你。

治疗师：你现在能做你的眼睛吗？为它们写对话。

> 病人：我是玛丽的眼睛。我发现很难稳定地注视。我不停地转来转去……等等。
>
> （Levitsky & Perls，1969，pp. 5-6）

这种观察和实验的结果证实了皮尔斯最初对过分强调理性的观察。西姆金写道：

> 到目前为止，我所看到的所有案例中，寻求心理治疗的人在三种最基本的体验模式之间表现出不平衡。我看到的大多数病人非常依赖并过分强调他们的智性发展或体验的"思考"模式。这似乎也适用于我的同事们所看到的大多数病人。大多数时候，这些人和他们的思维过程接触，他们的体验是对过去的幻想（回忆）或对未来的幻想（愿望）（预测）。他们很少能够接触到自己的感受，而且许多人也有感官障碍——看不见，听不见，尝不到，等等（Simkin，pp. 3-4）。

存在主义态度

大多数存在主义治疗重视人际的存在性相遇。格式塔治疗也不例外，而我和汝——此时和此地被称为格式塔治疗的简略描述（Simkin, p. 1；另见 Polster, 1966, p. 5）。在时空上，格式塔治疗把实验定位为导向觉察，把相遇定位为此时和此地。正如马丁·布伯所讨论的那样，治疗关系被视为一种我-汝关系。

存在性相遇的参与者以自体实现的模式起作用（Enright；Greenwald；Shostrom，1967；Simkin）。根据这个模式，有一个从操纵（Shostrom）或死亡（Perls）到实现（Shostrom）或生存（Perls）的连续体。实现者把每个人当作目的（一个"汝"）而不是手段（一个"它"）；操纵者把他自己和他人当作事物来控制，或者允许自己被当作事物来控制。当感受出现时，实现者直接向人们表达他的感受；操纵者判断，后撤，胁迫，传播流言蜚语，只生活在一个时间维度上。操纵者不信任其自然的有机体的自体调节系统，因而依赖于社会的道德规范体系，而不是他自己的支持。

神经症患者带着他特有的操纵支持模式来到治疗师那里。他经常希望放弃他对自己的指导和支持，或者操纵治疗师来放弃他对自己的指导和支持。由于设计或偶然的原因，一些治疗师们同意这些操纵。格式塔治疗师可以拒绝病人寻求的同意、异议或其他支持。通过治疗师认可行为的认可线索进行的选择性强化仅仅是条件作用的一种形式，因此是操纵而不是实现。寻求皮尔斯赞成的病人可能会发现他通过眼神交流和一般态度热情地参与，但没有发现赞成或不赞成的线索。他那专注的凝视使这些病人很不安。这是临床使用挫败的一个例子。格式塔治疗师不因为病人太虚弱无法支持他自己而给他支持。格式塔治疗师可以通过他的兴趣、行为和言语来表示他关心、理解并愿意倾听。这种真正的支持对许多病人是有帮助的。没有与格式塔治疗师有过亲密的、面对面相遇的格式塔治疗的观察者们有时会错过大多数格式塔治疗师所提供的真正支持的强度与温暖，而他们同时冷淡地拒绝指导或对病人负责。

一些存在主义理论家低估技术在心理治疗中的重要性（例如，Carl Rogers，1960，p. 88），而是强调了相遇。沃尔特·肯普勒，一位体验式格式塔治疗师，是治疗师作为人的观点的一位代言人：

在这两条戒律上悬挂着所有的法则——家庭体验式心理治疗的观点正是立于其上：注意当前的相互作用是所有觉察和干预的关注点；治疗师作为一个人全部的参与会给与他一起工作的家庭带来明显而丰富的个人影响（不仅仅是一袋子所谓的治疗技巧）。许多治疗师尽管赞成这样的基本原则，但在实际操作中倾向于回避这种双原则承诺。（Kempler，1968，p. 88）

肯普勒给出了几个冗长的、一字不差的例子来说明他的非技术性（Kempler，1965，1966，1967，1968；简短的说明性例子见 Shostrom，1967，pp. 204-205）。在下面的例子中，肯普勒对一个病人生气，这个病人在治疗过程中一直对他的妻子和肯普勒抽泣。

　　病人：我能做什么？她总是打断我。
　　治疗师：（讽刺地激怒他）你这个可怜的家伙，被那边那个可怕的女人制服了。
　　病人：（低下头）她是好意。
　　治疗师：你在对我哭哭啼啼，而我受不了看到一个成年男人哭哭啼啼。
　　病人：（更坚定）我告诉你，我不知道该怎么办。
　　治疗师：你根本不知道（提议并推动）。你和我都知道如果你想让她离开你，你只要叫她离开你并且你是认真的。那是你能做的一件事，而不是拐弯抹角地道歉："她是好意。"
　　病人：（看起来很诧异；显然他不确定是否和我们两人

中的任何一个碰碰运气，但不愿意再回到哭哭啼啼的孩子的姿势我不习惯那样跟人说话。

治疗师：那你最好习惯它……

病人：你画得真是糟透了。

治疗师：如果我错了，要敢于不同意我，不要等着离开这里，向你妻子哭诉说你不知道在这里该说什么。

病人：（明显地被激怒，说话更有力）我不知道你说得不对。

治疗师：但你觉得我说得怎么样？

病人：我不喜欢。我也不喜欢你这样做。

治疗师：我也不喜欢你做事的方式。

病人：一定有比这更友好的方式。

治疗师：当然，你知道，哭哭啼啼。

病人：（终于生气了）我他妈的想说什么就说什么。你不要告诉我怎么说话……你觉得这怎么样？（他猛击他的手。）

治疗师：我喜欢，比你的哭哭啼啼好多了。你的手在说什么？

病人：我想打你的鼻子……

(Kempler, 1968, pp. 95-96)

格式塔治疗不排除治疗师纯个人或纯粹技术性反应，如果它增强了病人的觉察（Enright, 1970a）的话。

格式塔治疗师在我-汝关系中保留独立的权利。这种独立有助于消除治疗师对功能失调行为（dysfunctional behavior）的强化，并允许治疗师支持、指导自己，从而成为自体实现的典范。

只有在上一节中讨论的仔细观察和觉察下,这才可能实现。

尽管在格式塔治疗中,治疗师被允许自发地做自己,但格式塔治疗师自我承诺,要提高病人的觉察,并使用实验的技术。皮尔斯甚至说他打断任何"没有实验实质的纯语言相遇……"(Perls,1966,p.9)。不管皮尔斯对人际关系模型的哲学信仰是什么,作为一名治疗师,他提倡病人利用自己的感觉来发现,同时为了实验的目的维持一种我-汝——此时和此地的关系。这种相遇的目的是发现,是觉察的增强;这种相遇不是为了宣泄。如果表达是诚实的,它通常不会受到干扰;它可以作为一种学习方法来鼓励,但不能仅仅作为攻击行为的一种安全释放来支持。

治疗师不注意自己的内心反应,专注于为病人设置实验,通过这些人们可以质疑治疗师是否与关系的我-汝模式相一致。格式塔治疗的立场是,治疗师用他的感觉直接与病人接触,执行商定的任务,增强病人的觉察。当关注自己的内心感受时,一个称职的格式塔治疗师必须能够觉察到它们,并在他希望的时候自发地表达出来。没有先入为主的禁令禁止他对病人表达自己的感受。一般来说,道德(应该)要被觉察到——情绪的控制或表达取决于个人。格式塔治疗师的人性反应也被用于它的诊断价值(Enright,1970b)。

与技术与人性反应问题相关的是,影响病人生活中的价值观选择的问题。在格式塔治疗中,有一种态度反对在病人的道德问题上表明立场。格式塔治疗师可以表达此时和此地的感受,或者表达一些他自己的价值观,如果这是为了增强病人对可供选择事物的觉察的话。这不是一种灌输价值观的方式。对比以下两种观点。

巴赫(Bach)说:

> 关于治疗师与病人交流他自己的价值观，我的临床经验表明这会很有用，但是，前提是病人被积极阻止使用这些信息以避免通过模仿找到自己的同一性……我强调，我处理价值问题的方法是只是作为一个参考点来获得看法，进行比较，而不是模仿。作为一个技术通则，我强化和强调治疗中的**自我分化**的体验……而不是认同过程。我认为通过"认同"的成长是一个短暂的过程，而通过"分化"的自体实现是一个终身的自我肯定的生活方式。（Bach，1962，p. 22）

西姆金说：

> 在我看来，治疗师采取"个人立场"，是由于病人感觉受到威胁时而采取的一种防御策略。我觉得，如果治疗师打着"教育"的幌子把自己的价值观强加给病人，这就是一种技术上的错误。尽管在一些情况下，我屈服于自己表达意见的需要，我认为这是我自己的弱点。我的原则是一般应该避免此类陈述，并且应该让病人去发现自己的价值观。（Simkin，1962，pp. 21-22）

西姆金讨论了两个案例（Simkin，1962，pp. 205-209），在这两个案例中，他做出了分享或者不分享他的价值观的判断。

在一个案例中，一个17岁的男孩报告说，他将利用他对他的父亲和一个女朋友的观察来敲诈父亲。西姆金让病人知道，对他来说勒索是不成熟和令人讨厌的。病人清楚地知道他有权利做出他自己的选择。西姆金的理论根据是，这个男孩生活在一个没有足够成熟行为作为榜样的家庭，而治疗师的态度可以作为可能的行为模范的信息源。

在另一个案例中，他报告说，一名22岁的病人正在讨论西姆金认为他自己（和社会）不能接受的行为。治疗师没有把这个告诉病人。做出这一判断的原因是：（1）这个行为为分析提供了良好的材料；（2）治疗师对行为的反对是出于神经症的动机；（3）病人不像前一个案例中的病人那样过度地任由父母摆布。

格式塔治疗师的主要功能是帮助病人学会辨别，因此，直接接触治疗师的价值观可能是必要的。治疗师的作用是帮助病人觉察自己的行为，以及行为的后果和影响。除此之外，价值选择是个人的事情。

对于我-汝关系，责任问题是最关键的。自体实现模式不是强加或推荐给病人的；格式塔治疗师仅仅是拒绝放弃他的自由，或接受病人屈从他的价值。格式塔治疗师负责根据自己的价值观行事，但对病人来说，只有一个处方："在治疗中尝试这种行为作为实验，看看你发现了什么。"如果病人喜欢格式塔治疗模式，他可以选择采用它。在格式塔治疗中，价值观和行为的多样性受到高度重视，病人为他自己负责。如果病人发现治疗师的行为是一个令人满意的模式，那么他可以采用他希望的任何部分。这是他的选择，格式塔治疗师不希望有其他的方式。格式塔治疗师对病人在知悉（觉察）基础上的行为有着深刻的承诺，但对行为多样性的价值也有着同样坚定的承诺。格式塔治疗师不试图欺骗或操纵病人脱离他的行为，只是会让病人脱离他不觉察的状态。

最后一点的重要性怎么强调也不为过。格式塔治疗师不操纵病人接受自体实现模式。一个人必须从格式塔治疗中挑选他可接受的，并拒绝其他（Enright, 1970a; Greenwald; Levitsky & Perls, 1969; Perls, 1947; Perls et al., 1951; Simkin）。格式塔治疗只强调发现和恢复控制觉察机制的价值。皮尔斯 1947 年出版的第一本书《自我、饥饿与攻击》明确指出，每个人都必须像对待食物一样对待心理体验——我们根据自己的需要咬、咀嚼、消化和拒绝食物。格林沃尔德（Greenwald）说："避免有毒的或无营养的东西是使人体验到足够的情感营养和成长的关键点"（Greenwald，1969，p. 6）。对皮尔斯来说，这需要发动攻击（Perls，1947，1953-54；Perls et al.，1951）。

治疗师的自由不是绝对的。肯普勒认为一个人从促使变化的人变成积极的参与者的任何决定都与他自己的需要有关，而不是客观现实，然而他接着说：

> 对于治疗师的这种行为，"自发"一词可能适用。不过治疗师，无论存在与否，都有责任在他自己内心明确地区分自发和冲动行为之间的区别。冲动行为并不是对一个人的全面描述，而是在一个受到束缚的人身上行为的部分逃逸。（Kempler，1968，p. 96）

格式塔治疗坚定而无条件地相信心理治疗师需要临床专业培训和行为准则。格式塔治疗还认为治疗师有责任将他的情绪感受报告与他的直觉分开。格式塔治疗师不说"我觉得你是如此这般的"。格式塔治疗师的直觉或推论被清楚地标记为"幻想""猜测"或"直觉"。

实验性相遇表明消极和积极的感受经常受到审查。病人被鼓励用表达真实的情感来做实验。激烈的言辞并不一定意味着真实的情感已经被直接表达出来了（Shostrom，1967，chapter Ⅳ）。强烈情感可能是避免其他情绪的一种方法。激烈的言语交流经常是一种循环和重复的智力练习，每个人都会在其中构建理由，点名，口头攻击，试图将自己认为应该做的事（判断）强加给对方，表达责备的反应，等等。格式塔治疗师发现，初诊病人往往没有简单而直接的感受陈述能力。下面将讨论这在特定治疗手法方面的含义。

格式塔治疗中的相遇并不意味着通过治疗师或其他病人的面质来强迫改变。在格式塔治疗中，治疗师是开放的，回应的，并表达真正感觉到的感受。有空（Availability）、诚实和开放是关键概念。治疗师是有空的，并是诚实和开放的模范——他创造了一个氛围，在此氛围中病人最有可能尝试这种行为。格式塔治疗师不推动，但会积极地停留在我和汝——此时和此地的框架中。

格式塔治疗工作坊

格式塔治疗可以通过讨论工作坊的使用和格式塔治疗工作坊中具体的操作来说明。

在1966年美国心理学会（APA）大会上发表的一篇论文中，皮尔斯报告说，除了紧急情况外，他已经取消了所有的个体咨询。他认为所有的个体治疗都是过时的，现在他把个体和团体工作整合到工作坊中。然而，他警告说："只有当治疗师在一个团体内与一个病人的相遇是有效且令人印象深刻的，这才对这个团体有效。"（Perls，1966，p. 1）工作坊治疗的优势不是经济问题（尽管这也是相关的），而是治疗的力量。

> 现在，在团体情境中发生了一些在私人面谈中不可能发生的事情。对整个团体来说，处在痛苦中的人看不到显而易

见物，看不到走出僵局的路，看不到（譬如）他的整个痛苦完全是想象出来的。面对这种集体的信念，当他不能操纵治疗师时，他不能用他惯用的**否弃**治疗师的恐怖方式。集体的信任似乎比治疗师的信任更大——尽管有那么多所谓的移情信任。(Perls，1966，p. 7)

皮尔斯提到了工作坊的另一个优点。在工作坊里，治疗师可以通过进行集体实验来促进个人的发展——比如一起胡言乱语，做后撤实验，学习了解气氛，等等。个人可以尝试并学习如何从团体中获得效果。团体学到帮助与真正的支持之间的差异。此外，观察团体内其他人的操纵有助于团体成员的自体认知（self-recognition）。

皮尔斯总结了他处理团体的方法，他说：

换言之，与通常的团体会面不同，我承担着会面的重担，要么进行个体治疗，要么进行群体实验。如果团体玩想法和解释游戏，或者进行类似的**没有任何实验实质的纯语言相遇**，我经常会干预，但任何实质性事情一旦发生，我就不会插手。(Perls，1966，p. 9)

皮尔斯说得很清楚，这似乎是作者对他在团体中的观察，在团体中他可以为个人工作——但他不逼迫。当治疗师-病人双人组在工作时，团体的其他成员观察并在沉默的自体治疗（self-therapy）中参与。皮尔斯在团体中对个体的工作是比较激烈的，但他并不强迫个人参与。更常见的情况是，病人试图施压于皮尔斯，尽管没有意识到这一点。接下来是皮尔斯的一个治疗策略。

与操纵的一方或双方的相遇可用于实验，但不用于宣泄。任何真正的我-汝相遇都必然涉及实验的实质，即发现。在一次真正的相遇中，双方都在变，并且谁也不知道结果。

总结：工作坊包括一对一治疗、团体实验和相遇——三者均以实验为基础。

规则

在设置实验性相遇时，格式塔治疗师们施加了几个规则（Kempler，1965，1966，1967，1968；Levitsky & Perls，1969；Simkin）。

从一个人到一个人

在一个我-汝关系中的沟通必须包括直接的发送和接收。格式塔治疗师会经常问："你在对谁说这些？"换言之，每一条信息都是由一个特定的人对另一个特定的人所做的陈述。每个一般性的陈述都被转化成一种特定的相遇，如下例所示：

> 团体治疗中一位理智化的男研究生平淡地宣布，不针对某个特别的人："我很难与人交往。"在随后的沉默中，他瞥了一眼迷人的护士兼协同治疗师。
> 治疗师："在这儿你跟谁交往有困难？"他能说出护士是祸首，并花了五分钟富有成效地探索了他对这个令人向往但又难以接近的女人的沮丧、吸引和愤怒交织在一起的感受。（Enright，1970a，p. 3）

与人直接交谈相对应的是主动倾听，而不是被动地听见。在格式塔治疗的相遇中,强调倾听,将其作为一个人的行为,而不是被动地接受刺激。每个人都要对自己的陈述负责,对传达陈述给另一个人(我-汝)负责,对积极倾听他人负责。

传播流言蜚语

格式塔治疗师们经常制定一条禁止传播流言的具体规则。传播流言是"当一个人真正在场而且本来可以直接跟他说的时候,谈论他"(Levitsky & Perls, 1969, p. 7;另见 Kempler, 1965, pp. 65ff)。虽然这听起来很简单,但使用这种技术通常会产生戏剧性效果。直接的面质调动了情感和经验的生动性,而不是通过流言蜚语实现的苍白消散(Enright, 1970a)。讨论一个缺席的人时,格式塔治疗师会通过让病人想象和表演与此人的直接对话,并关注其觉察连续谱,尝试实现直接的体验性对话。

问题

尽管问题表面上是对信息的要求,但仔细的倾听和观察表明,它们很少是这样。问题往往是变相的陈述,或要求对方支持。在格式塔治疗中,病人被要求将问题转换成以"我"开头的陈述(Enright, 1970a;Levitsky & Perls, 1969)。这个过程是我-汝关系的延伸,因为沟通是直接、公开和诚实的。从某种意义上说,鼓励病人自信和自体支持正在实现。

语义学

反对提问的规则是旨在帮助病人发现其语言选择对其思维产生影响的几种策略之一。语义澄清可以作为改进观察和传达新观点或态度的工具。词语的选择往往是习惯性的,也是病人觉察不到的。通过解释不同词语的作用和结果，以前没有注意到的区别可以进入病人的聚焦场。格式塔治疗的相遇需要语义的澄清，例如区分情感和认知。为了发现表达感受的好处，病人必须能够将情感（affect）与各种认知过程区分开来。我觉得指情感领域（我感觉到一种情绪）与我觉得指认知领域（我想象，推断，认为，相信，等等）是不同的。

自从皮尔斯出版第一本书以来，增强病人对语言的觉察的工作一直是格式塔治疗的一个重点。在这第一本书中，皮尔斯提到了两种有助于他改进传统精神分析的工具："整体论"（场概念）和"语义学"（意义的意义［the meaning of meaning］）（Perls，1947，p. 7）。皮尔斯认识到"我们仍然试图做不可能的事：借助非整合性语言来整合人格"（Perls，1948，p. 567）。因此，病人被训练以一种能够具体明确任何词的确切指代的方式来区分和标记。如果病人说"我不能"，格式塔治疗师可以让他试着说"我不会"（Levitsky & Perls，1969，p. 5）。模糊的、总括的、二元的概念被具体化、明确化并统一化。

"但是"是一个很好的在语句中生成双重信息的词的例子。在"我爱你，但是我生你的气"这句话中，"但是"之后的词否定了之前的词。"并且"是一个连接词，可以更准确地描绘体验现实。如果一个人同时经历两个事实：爱和愤怒，一个更准确的交流方式是："我爱你并且我生你的气。"

格式塔相遇的一个特别重要的语义转换是将"它"语言（it language）转化成"我-汝"语言。它是一种非人格化的表达形式，模糊了行为人的活动和行动的对象。用这种"它"语言来指代我们的身体、我们的动作和行为是很常见的。

这涉及责任的语义（Levitsky & Perls）。神经症患者经常投射他们的主动和责任感，并认为他们自己处于一个被动的角色：他们有了一个想法，或者他们被一个想法打动了，等等。病人不愿意认同他的一些活动；他已经异化了他的一些自我功能（Perls，1948，p. 583）。"如果将他的语言从'它'语言重组为'我'语言，通过这一单独的调整就可以实现相当大的整合"（Perls，1948，p. 583）。

> 你的眼睛里有什么感觉？
> 它在眨。
>
> 你的手在干什么？
> 它在颤抖。
>
> 你喉咙里有什么感觉？
> 它被噎住了。
>
> 你的声音里听到了什么？
> 它在哭泣。

通过这一简单的——看似机械的——权宜之计，把"它"语言变成"我"语言，我们学会了更仔细地确认所讨论的特定行为，并对其承担责任。

> 不说"它在颤抖"，而说"我在颤抖"。不说"它被噎住了"，而是"我被噎住了"。再进一步，不是"我被噎住了"，而是"我让我自己噎住了"。(Levitsky & Perls, 1969, p. 4)

格式塔治疗帮助人们发现的另一个重要的语义转换是西姆金所说的"为什么旋转木马"（[*why-merry-go-round*] Simkin，p. 3；另见 Enright，1970a，p. 4）。"为什么"这个词，像许多问题一样，要求回答问题的人为自己辩护。回答问题的人最常用"因为"这个词开始他的辩护（或反击），"因为"之后的一切是一种合理化，一种想出来为自己辩护的理由。"我这样做是因为你让我这么做。""我这样做是因为我无法控制自己。"这一轮的理由构建与相遇的精神相违背，因为它回避了自体的责任，具有操控性并涉及对历史的前因后果的推断。

许多病人有一个内部对话，在内部对话中进行"为什么旋转木马"。当人们觉察到自己的某个方面不符合他们理智选择的目标时，他们就会寻找行为的原因（Simkin，p. 3）。找到了正当理由后，他们继续像以前一样行事，因为现在有理由了。

在治疗中，询问"为什么"导致理由构建、推测、历史性和对因果关系的强调而牺牲了功能分析。这就离开了现在维持行为的过程。精神分析导向的心理治疗师和许多病人及其家属经常回避此时和此地。

格式塔治疗师将"为什么""因为""但是""它"和"不能"标记为坏词（dirty words）。每当它们被使用时，治疗师都会注意到它们。因此，觉察不到的某种行为和某些词的使用，被注意到了。每当这些坏词被说出来，治疗师都可以通过吹口哨来引起注意（西姆金口哨[Simkin whistle]）。注意，除其他程序外，这里没有单独改变词汇的理由。简单地说，注意语言是让病人发现的另一个实验方法。

格式塔治疗游戏

通过讨论格式塔治疗中使用的特定方法或游戏可以让原则和技术更具体化。这些游戏用于个体和团体工作中，目的是发现和敏感化（sensitizing）。格式塔治疗提倡的不是停止游戏，而是觉察游戏，这样个体就可以选择他应该玩的游戏，并且可以选择与他自己的游戏相匹配的同伴（Levitsky & Perls，1969，p. 8-9）。下面是一些格式塔治疗实验游戏。本节主要参考了列维茨基Levitsky & Perls，1969（pp. 9-15）。

对话游戏

当观察到一个人内部的分裂时，格式塔治疗师建议病人依次扮演冲突的每一部分并与之对话来实验。这样的实验可以用于任何分裂，例如，攻击与被动，或者用于另一个重要且缺席的人。在后一种情况下，病人假装此人在场并进行对话。常常身体的各部分之间展开对话，如右手和左手。

内部冲突经常发生在一个人作为上位狗（[Top Dog] Perls，1965；Shostrom，1967；Simkin）和作为下位狗（Under Dog）之间。上位狗是一个恃强凌弱、道德化的专制者。典型的上位狗的话语是："我（你）应该（should）。""我（你）应当（ought to）。""你（我）为什么不呢？"大多数人认同他们的上位狗。下位狗为被动性所控制。下位狗给予名义上的默许和借口，并继续阻止上位狗获得成功。肖斯特罗姆（Shostrom，1967）提出的操纵者的类型治疗诊断方案源自皮尔斯最初发现的上位狗/下位狗的冲突。

在格式塔治疗中，这种冲突可以变成病人不同部分之间的公开对话。这通常从单词和短语的语义分析开始，例如："为什么-因为""是的，但是……""我不能""我会尝试……"

绕圈

在团体中进行个体工作时，经常会出现一个涉及团体中其他人的主题。病人可能忙于想象别人在想什么，或者对别人有感觉。治疗师可以建议病人绕圈（make rounds）并将主题与团体中的每个人逐一交流。在绕圈中发展起来的自发而真实的相遇被当作任何其他一种相遇来处理。

未完成事件

任何不完整的格式塔都是要求解决的未完成事件（unfinished business）。通常这表现为未解决和未完整表达的情感。病人被鼓励尝试完成之前的未完成事件。当这个事件是对团体一个成员的未被表达的感受时，病人被要求直接表达它们。格式塔治疗师发现，怨恨是最常见和最有意义的未被表达的感受，并经常用游戏来处理这种感受，在游戏中交流仅限于以"我怨恨（resent）……"开头的陈述。

"我负责"的游戏

格式塔治疗考虑人的所有公开的行为、感觉、感受和思维活动。病人经常通过使用"它"语言、被动语态等来否认或疏离这些行为。一种技术是让病人在每个陈述后加上"……并且我对此负责"。

投射游戏

当病人想象另一个人有某种感受或特质时，他被要求通过尝试亲身体验这种感受或特质来判断这是否是一种投射。病人常常发现他确实有与他想象他在别人身上看到的感受相同的感觉，而且他拥有并拒绝与在他人身上他所拒绝的特质相同的特质。另一个游戏是扮演投射。一个病人做一个描述另一个人的陈述，这个病人被要求扮演他所描述的这个人的角色。

反转游戏

当治疗师认为病人的行为可能是潜在冲动的反转（reversal）时，他可以让病人扮演与他一直扮演的角色相反的角色。一个过于温柔的病人可能会被要求扮演恶意和不合作。

接触和后撤的规则变化

用实验方法对从此时此地的接触中后撤加以处理；病人不是被告诫不要后撤，而是要觉察他何时后撤，以及何时保持接触。一个病人或一组病人有时被要求闭上眼睛并后撤。保持觉察连续谱，病人报告他（他们）的体验。当病人回到此时和此地，满足了他后撤的需要时，注意已经被引到注意的过程本身时，工作继续进行。

排练游戏

病人对团体的反应本身就是一种有价值的治疗材料来源。有些病人害怕将自己的感受暴露给团体的病人，他们受到鼓励，报告与流露自己的感受相关的想象和感受。一个常见的现象是为即将到来的社会角色进行内部排练。怯场是担心会演不好这个角色。觉察一个人此时的角色排练,当另一个人有舞台时不能倾听,以及对自发性的干扰,这些可以通过报告排练觉察和分享排练的团体游戏得到改善。对于相关的现象,比如审查(censoring),处理方法类似(例如,Enright,1970b)。

夸张游戏

小动作和手势会代替和阻挡对情感过程的觉察。格式塔治疗师们观察身体动作并报告它们。一个游戏或实验是让病人重复和夸张一个动作。这增强了对阻断觉察的一种重要方法的感知。(见 Enright,1970b,p. 6;Levitsky & Perls,1969,p. 13)。上面引用了这样一个例子(那个拘谨的男人轻敲他的手指)。

"我能给你一句话吗?"游戏

当治疗师推断出一个未陈述或不清楚的信息时,他可以用一句话来表达,并让病人大声说出这个句子——重复它,简而言之,尝试以确定其程度。

"当然"和"很明显……"游戏

病人常常不能使用并且不信任他们的感觉,结果他们错过了显而易见物,并寻求对他们表达的支持。前者通常是让病人以"很明显……"开头造句来处理,寻求对表达的支持可以通过让病人在每句话后面都加上"……,当然"来实验式地处理。

"你能和这种感受待在一起吗?"

在报告觉察的时候,病人很快逃离烦躁不安令人沮丧的感觉。格式塔治疗师会经常让病人和这种感受待在一起（stay with），和他的觉察连续谱待在一起。忍耐这种精神痛苦是穿越僵局所必需的（Perls，1966，p. 7；1965，p. 4）。

梦的工作

格式塔治疗有自己的方法来处理梦。在格式塔治疗中，梦是用来整合的，而不是用来阐释的。皮尔斯认为梦想是一个存在的信息，不是愿望的达成。它是一个讯息，讲述一个人的生活是什么，以及如何来觉察——觉醒并在生活中占有一席之地。皮尔斯并不认为治疗师比病人更了解自己的梦意味着什么（Perls，1965，p. 7；另见 Enright，1970a，p. 14）。

皮尔斯让这个人将自己的梦表演出来。因为他把梦的每一部分都看作一种投射，所以梦的每一碎片——人、道具或情绪——都被视为这个人被疏离的一部分。这个人接受了各个部分，然后在自体的分裂部分之间发生了一次相遇。这样的相遇常常导致整合。

一个坐立不安、专横、会控制的女人梦见走在一片高大挺拔的树林里的一条弯弯曲曲的小路上。当她成为其中的一棵树时，她感到更加平静，感受到根深蒂固。她把这些感受带回到现在的生活中，然后体验了这些感受的缺乏和实现这些感受的可能性。她成为那条弯曲的道路，眼睛充满了泪水，因为她体验了更强烈的她自己生活的曲折，并且再次体验了如果她愿意的话，将她生活的曲折理顺一些的可能性。

伴侣

格式塔治疗在家庭和婚姻治疗中最有效（Enright，1970a；Kempler，1965，1966，1967，1968；Levitsky & Perls，1969）。作为一个整体的家庭，以及家庭中的个别成员，来治疗未完成事件、不完整的觉察、未被表达的怨恨等等。其他格式塔治疗团体的技术同样适用于家庭治疗。伴侣工作坊非常成功。婚姻伴侣经常发现，他们不将自己的配偶与现状联系起来，而是与理想化的配偶概念联系。

婚姻治疗游戏是已经讨论过的游戏的延伸。举个例子，伴侣可能会被要求面对面，轮流以"我怨恨你，因为……"开头造句，接下来可能是"我欣赏你的是……"其他可能的句子有："我做……来激怒你""我服从……"可以通过以"我明白……"开头造句来强调发现。重点是此时和此地——我和汝，并发现避免直接体验的方法。格式塔治疗伴侣的工作强调发现对当前婚姻相遇的性质的觉察障碍。

上面讨论过的沃尔特·肯普勒在与整个家庭一起工作中取得了戏剧性成果，并强调将治疗师交流自己的感受作为主要的治疗工具。

讨论

行为治疗文献倾向于将替代模型一方面缩小为行为矫正模型，另一方面缩小为医学模型。格式塔治疗无疑是一个第三选择，也是第一个构建了一种心理治疗模型的存在主义学派，避免了以心理动力为导向的心理治疗实践所依据的医学模型固有的缺陷。此外，它是少数几个强调行为观察和实验的体验式心理治疗模式之一。

格式塔治疗和行为疗法有着普通临床医生所缺乏的东西：强调此时和此地可观察的行为。这两种方法都摒弃了无意识和推断的病因学因果概念，取而代之的是对行为的观察。与逻辑实证主义者及激进行为主义者一样，格式塔治疗偏爱功能分析而非因果分析。虽然都强调实验和行为观察的推理验证，但是格式塔治疗不强调量化。这两种取向还指出了由于发现了假定病人不能对自己的行为负责的原因（即病人患有疾病的概念）而产生的不良后果。

然而，格式塔治疗与大多数临床医生一样，关注觉察，虽然它喜欢存在主义现象学的觉察模型胜过无意识的精神动力模型。格式塔治疗对觉察的关注没有牺牲心理学家作为行为观察者的角色。病人的现象学表达与他的感官信息是一致的，而心理学家则通过观察和实验来坚持他的感官信息。导向觉察实验是治疗和调节过程的一种替代方法。个体发现如何为他自己选择的行为负责——如何充分利用他的觉察能力。

行为治疗和格式塔治疗都是以行为科学为基础的。通过观察它们如何把它们自己应用于一个假设但典型的例子，可以看出它们之间的差异。当一个行为治疗师看到一位有个乱发脾气孩子的母亲，他很可能会规定一个行为制度，以消除支持发脾气的母子互动。格式塔治疗师会聚焦于母亲的觉察，孩子做了什么，他感觉到了什么，她如何让自己应该被动地让孩子操纵她。心理学家会觉察实验心理学对这个问题影响的实验结果。格式塔治疗将以此帮助这位母亲成长为一个更充实、更有能力的人。她可能会停止她所做的、一直在支持孩子发脾气的行为，同时获得一个可以类推到其余生（并间接地类推到孩子的生活）的视角。

第三篇 格式塔治疗的实践回顾

历史

《自我、饥饿与攻击》，皮尔斯的第一部出版作品，写于1941—1942年。副标题是《对弗洛伊德的理论和方法的修正》（*A Revision of Freud's Theory and Method*），它代表了皮尔斯早期正统精神分析的实践和后来系统的格式塔治疗实践之间的桥梁（Perls，1947，Introduction to 1966 edition）。虽然后来的作品有所变化，但在这部早期作品中可以看到皮尔斯的许多基本态度。

当皮尔斯写出这部作品时，弗洛伊德理论的许多修正都在国外，包括霍尼（Horney）、弗洛姆和沙利文的思想。然而，这些修订仍然是在心理动力学、医学模式的传统中。实验心理学家当时忽略、拒绝或转变（translating）精神分析，但仍然没有提供一般的临床选择。行为主义、格式塔学派、现象学、存在主义、表意心理学（ideographic psychology）尚未发展出一种具体的、替代精神分析的临床方法。

虽然皮尔斯广泛地借鉴了精神分析、现象学存在主义和操作主义行为主义，但他使用了格式塔心理学的扩展版本作为他的框架。皮尔斯使用了整体语义的取向。对于语义学（意义的意义），皮尔斯似乎是指所有术语的具体行为的参考规范。他呼吁：

> 无情地清除一切仅仅是假设的想法；特别是那些已经成为僵化的、静态的信念，以及在一些人的头脑中，已经成为现实而不是弹性的理论的假设……（Perls，1947，1966 edition，Preface）

对于整体论（场概念）：皮尔斯指的是整体大于部分之和、人类有机体的统一，以及整个有机体/环境场的统一。他认为格式塔治疗纠正了精神分析疗法的错误，精神分析疗法把心理事件视为脱离有机体的孤立的事实，并且把它的理论建立在联想主义（associationism）而不是整体论的基础上。这也是格式塔治疗和大多数行为主义理论的区别。

皮尔斯认为他的心理治疗理论理论上简单，尽管实践中困难（1947，p. 185）。通过社会学习，人们失去了对自身的感受，可以学习心理治疗来恢复这种感觉。再学习不是一个智力过程，但可以比作瑜伽，尽管皮尔斯指出，瑜伽的目的是使有机体迟钝（deadening），而格式塔治疗寻求"唤醒有机体，让生命更充实"（Perls，1947，p. 186）。他在书中加入了一节练习，这些练习后来扩展到他的格式塔治疗系统中（Perls et al.，1951）。

具有讽刺意味的是，现在流行的许多思想最初是由皮尔斯提出和/或操作的，在文献中却很少归功于他。从时间顺序上，他是现代存在主义现象学的心理治疗模式的先驱（1966年版《自我、饥饿与攻击》的序言），而且格式塔治疗仍然是唯一的把存在主义现象学与只针对具体的、此时和此地的行为现实相结合的模型。在过去的十到十五年里，他的许多概念和方法很流行，以各种不同的术语出现，表现出皮尔斯不同程度的直接影响。与缺少文献认可形成鲜明对比的是，皮尔斯在他或他的学生展示格式塔治疗的地方产生了巨大的影响。

虽然《格式塔治疗》（1951）仍然是皮尔斯最完整的作品，但自那时以来，已经有了发展。本文早些时候讨论了其中的一些发展，但没有指出它们的最新来源。在1966年为《自我、饥饿与攻击》（1947）所写的序言中，皮尔斯讨论了其中一些最新的发展，例如，"打破僵局，现状点（the point of status quo），在这一点上一般的治疗似乎被束缚了"，并且认为，除了紧急情况，个体治疗已经过时，工作坊治疗是一种更有效的形式。

在这同一篇序言中，皮尔斯衡量了他所讨论的思想在心理健康领域被普遍接受的程度。他说，觉察理论——以敏感性培训（sensitivity training）和训练团体（T-groups）的名称——已经被广泛接受。自发、非语言表达的重要性也越来越被认可。而且"在治疗环境中，重点开始从恐惧（所谓的客观）的沙发情境转移到一个人类治疗师与另一个人而非一个病例的相遇"。他还提出了一个观点，即人们越来越接受如下概念：此时和此地的现实、作为一个整体的有机体、最迫切需要的支配地位，以及心理事件的治疗与整个有机体的关系而不是脱离有机体的孤立的事实。

皮尔斯的其他观点则没有受到太多的关注。他说：

> 攻击作为一种生物力量的意义、攻击与同化的关系、**自我**的象征性、神经症患者的恐惧态度、有机体-环境的统一还远未被理解。（Perls，1947，Introduction to 1966 edition）

他还指出，虽然越来越多地使用团体和工作坊，但这些通常被视为更经济而不是更有效。在实际的临床实践中，支持和挫败之间平衡的重要性似乎没有得到充分的强调。

模式比较

格式塔治疗、行为矫正和精神分析的理论区别是明显的。在行为矫正中，治疗师对环境刺激的操控直接改变了病人的行为。

在精神分析理论中，行为是由无意识的动机引起的，这一动机在移情关系中显露出来。通过分析移情，压抑被解除，无意识变得有意识。在格式塔治疗中，病人学会充分利用他的内在和外在感觉，这样他就可以为自己而负责并支持自己。格式塔治疗帮助病人重新获得这种状态的关键，即对觉察过程的觉察。行为矫正使用刺激控制来影响，精神分析通过谈论和发现精神上的病（问题）的原因来治疗，而格式塔治疗通过在导向觉察中此时和此地的实验带来自体实现。

其他的心理治疗模式也可以替代行为矫正和精神分析。在过去的十年里，可供选择的第三势力不断增加。罗杰斯（Rogers，1960年后）、巴赫、伯恩（Berne）、舒茨（Schutz）、萨提亚（Satir）、弗兰克尔（Frankl）、格拉瑟（Glasser）、埃利斯（Ellis）等提出了新的心理治疗模式。需要仔细分析来区分这些学派与心理动力心理治疗和行为矫正之间的差别，包括真实的差别和语义的差别。还需要仔细分析来区分格式塔治疗与其他第三势力学派的相似与差异。

第三种势力通常将治疗关系视为人与人之间的直接关系，即我-汝关系优于医生-病人或操纵者-被操纵者的关系。他们都声称是整体的、互动的和存在性的。总而言之，治疗师比在心理动力导向的心理治疗中更积极。所有治疗师都采用团体的方式，如相遇团体、家庭团体、敏感性训练、感官觉察等，他们都是乐观的，并强调人的潜能的实现。

心理动力与第三势力治疗的区别可能是虚幻的。在心理动力心理治疗和大多数第三势力治疗中，假设改变是由于用增进理解的观点谈论病人的生活。在这两种治疗中，随着理解的增进，病人会更加接纳自己。主要的差异似乎是治疗师的活动，乐观与悲观的态度，以及倾向于讨论当前的生活环境，而不是讨论童年。

格式塔治疗名义上是一种第三势力心理疗法。当观察心理治疗中治疗师和病人的实际行为时，第三种势力疗法似乎很相似，而且与精神分析或行为矫正有很大不同。肖斯特罗姆（Shostrom，1967）讨论了以强调相似性的方式实现治疗。本综述将介绍格式塔治疗相较于其他第三势力疗法的独特之处。格式塔治疗与心理动力导向的心理治疗之间的区别不断增大，其独特性正是朝着这个方向发展。

1. 整体论与多维性

尽管许多心理治疗师声称是持整体论的，但事实上许多人是一维论的（Perls，1948，p. 579）。皮尔斯认为，只有综合性心理治疗才能综合，只有具有综合性视野的治疗师才能发现并解决核心困难。治疗师们经常有盲点，即他们看不到的地方。他们将避免吸收强调这些领域的学派的见解。对改变有矛盾心理的病人经常寻求那些盲点落在他们困难区域的治疗师。生物心理社会观越全面，就越有可能在培训治疗师或帮助病人时发现任何困难。格式塔治疗认为整个生物心理社会领域，包括有机体/环境，都很重要。格式塔治疗积极使用生理的、社会学的、认知的、动机的变量，在基本理论中没有排除任何相关维度。

2. "此时"与改变的机制

强调病人当前生活环境的现代观念在某种意义上是此时，而不是弗洛伊德观念下的彼时。然而，在格式塔治疗中，"此时"是一个功能概念，指的是此刻做的行为。当讲述一个人昨晚所做的事情时，此时一个人正在讲述，昨天晚上是彼时。在讨论五分钟前的一次邂逅时，那次邂逅就是彼时。以回想过去为代价，此时此地的直接感受和行为的体验被轻视。这种对直接的、对原始经验的强调，带来了一种不同于大多数其他心理治疗模式的对改变过程的解释。

大多数治疗师认为改变是随着知识、洞察或觉察的增加而发生的。他们在如何定义知识和需要什么样的知识上存在分歧。在格式塔治疗中，知识并不等同于口头表达或对自己所说的话。心理动力作家从真正的洞察和智性的领悟方面讨论这一区别。格式塔治疗所传授的知识是，如何从直接的原始感官的体验数据中转移注意力。格式塔治疗实验的一个特殊目标是受试者所使用的机制，由于情绪的问题，他用这一机制代替了活跃的此时和此地。正是通过回到对这一机制的觉察——先前并未觉察到——格式塔治疗病人可以分析他支持不满意行为的过程，并获得在未来独立地提高觉察的工具。

在罗杰斯、巴赫、伯恩、格拉瑟、埃利斯和萨提亚的治疗中，强调内容、问题、社会互动分析和生活环境的讨论。这不同于格式塔治疗对"此时"的强调。在格式塔治疗中，谈论就像在某些第三势力疗法中一样是禁忌。取而代之，格式塔治疗使用实验。

3. 作为实验的心理治疗

格式塔治疗是真正意义上实验性的；它体验自己，或尝试一个行为，看其是否合适——"实际经历一个或一些事件"（Perls et al.，1951，p. 15）。通过观察存在性相遇可以看到这种强调。格式塔治疗与其他存在主义心理疗法共享我-汝——此时和此地治疗关系的信念。

但格式塔治疗使用这一相遇来体验生活并去发现。格式塔治疗中的角色扮演不是去练习新的行为，而是让病人学会辨别哪些行为满足他的需要。在格式塔治疗中，关系是没有疗效的；学会发现是有疗效的。实验不仅仅是一个格式塔治疗技术——它是所有格式塔治疗固有的一种态度。格式塔治疗可以被称为一个导向觉察连续谱的表意觉察实验过程。

实验焦点是格式塔治疗的独特之处。它受到东方宗教特别是道教和禅宗，以及现象学实验的影响。如果没有这种强调和由此产生的技术，就无法维持第 4 点（下文）所讨论的看法。除了此时和此地的实验之外，另一种选择是重新调整——要么像在行为矫正中那样公开地、系统地进行，要么像在大多数心理治疗中那样隐蔽地进行。尽管格式塔治疗经常发现与其他第三势力疗法相同的病人过程，但在格式塔治疗中，终点是发现的过程，而不是发现本身。

促使格式塔治疗改变的，与其说是整体觉察的提高，不如说是觉察能力的提高。舒茨和位于拉霍亚（La Jolla）的西方行为研究所（Western Behavior Research Institute）使用的练习似乎提高了人们的觉察，但往往没有关注人们习惯性地避免对不愉快经历的觉察的机制。

弗吉尼亚·萨提亚（Satir，1964）帮助一个家庭的每个成员识别感受和关于自体的想象——作为感受基础的他者，以及他者对自体的看法。沟通的线索追溯到婚姻的开始。然而，病人此时聚焦于过去而不是当前问题的过程，病人避免觉察自己的感受而关注他人期望的过程，没有得到强调。

罗杰斯认为无条件关心的治疗师和病人之间的相遇会促成改变。这种相遇和谈论产生了与格式塔治疗不同的心理治疗方法，尽管这两个系统有着哲学上的血缘关系。两者都使用相遇，并且都以积极的成长为目标。格式塔治疗不谈论；格式塔治疗用实验去发现此刻（right now）一个人是如何在操作并且不去觉察操作。

4. 治疗师的价值体系的位置

格式塔治疗师唯一接受的"应该"（道德的）是病人应该觉察。每个人都必须接触环境中的新元素，并自己决定哪些是有营养的并去同化，以及哪些是有毒的并去回避的。这种区别随着主导需求的不断变化而变化。格式塔治疗并没有预见到什么样的行为更适合任何特定的人或任何特定的时间。巴赫（Bach, 1962）表示更愿意去灌输一些价值观。

当病人有行为选择时，格式塔治疗致力于提高病人对前因、有机体的反应、行为的后果等等的觉察。在安全的治疗情境下，可以体验神话和恐惧，这样病人就可以自己决定什么是有营养的，什么是有毒的。与埃利斯的取向相反，病人而不是治疗师决定什么对他来说是不合理的。例如，许多病人都赞同口头报告负面情绪是危险的这种荒诞的说法。通过直接口头表达负面情绪的实验，病人可能会发现，在某些情况下，这种行为是相当值得的。此外，他可能会意识到不表达这些感受所付出的代价。

在格式塔治疗中，道德是以有机体的需要为基础的（Perls, 1953－1954）。相比之下，在许多第三势力心理治疗中，如敏感性培训团体，对团体的适应、对团体和谐的承诺与合作都是含蓄的和/或明确的"应该"。在格式塔治疗中，治疗师或团体的压力并不被用来达到这一目的，因为攻击被视为一种自然的生物力量。当病人觉察到他可以表达或抑制他的攻击的方法、攻击和毁灭的区别、他的行为的后果时，格式塔治疗师就相信病人可以做出他自己的选择。

皮尔斯明确地认为人们有能力进行自体支持，而不是脆弱的，或者需要从内在或外在的现实中得到保护。他也不认为人们需要他作为一个独裁者来强迫改变。消除强制，他也消除了许多保护病人不受治疗过程影响的需要。病人已经拥有了对他来说最佳的、避免不可同化信息的机制，并且病人自己可以最好地判断哪些信息对他有用。当最大化地使用团体压力时，对一些病人的保护可能是治疗师的活动的一个必要部分。那些坚持认为人们需要压力型社会面质的人也假定人们需要治疗师的保护，这是一致的。许多使用面质技术的人倾向于认为治疗进程必须等待一段精心培育的关系。另一方面，在格式塔治疗中，病人可以从第一次实验性相遇中学习。

这与巴赫、伯恩、萨提亚和舒茨的方法形成对比。萨提亚认为系统即家庭系统的维持是最重要的。巴赫和舒茨都有他们所追求的明确规范。巴赫为婚姻斗争制定了规则；有好的和坏的方法可以跨越个体差异。在婚姻治疗中巴赫和舒茨都无限制地劝告病人与团体和/或他们的配偶分享秘密。

相比之下，格式塔治疗有一个不同的游戏或技巧来处理秘密："我有一个秘密"的游戏（Levitsky & Perls，1969，p. 11）。病人被要求想出一个被严密保护的秘密："他被告知不分享这个秘密本身，而是想象（投射）他认为其他人对此会如何反应"（Levitsky & Perls，1969，p. 11）。这个方法可以通过让每个人吹嘘他的可怕的秘密得到扩展，因此对秘密未觉察的依恋进行工作可作为一种成就。与舒茨和巴赫关于分享秘密的一般建议相比，对愧疚、羞耻感、感觉和避免觉察到它们的机制的了解会产生不同的收益。一个类似的例子是，伯恩的目标是消除游戏。在格式塔治疗中，目标是提高觉察，以便病人能够选择。

5. 暴力与毁灭

当人们有暴力冲动时，舒茨允许并鼓励人们真实的暴力行为。虽然格式塔治疗鼓励攻击，但暴力被视为企图毁灭。格式塔治疗工作坊与舒茨的工作坊相反，是非暴力的。企图消灭和伤害他人的行为避免体验一个人自己的不快情绪。通过暴力使自己的愤怒见诸行动，与体验的增加、直接的感受表达和我-汝关系背道而驰。格式塔治疗将攻击和冲突作为自然的生物心理社会力量而接受，并鼓励尝试保持消极感受，并且在口头报告中直接地表达它们（Enright，1970a；Perls，1947，1948，1953－4；Perls et al.，1951；Simkin）。

6. 临床培训

尽管格式塔治疗对临床心理学家的培训有修改建议（Enright，1970b），类似于罗杰斯（Rogers，1956）提出的建议，但格式塔治疗并不主张放弃专业的临床培训。经过临床培训的心理学家开始认识到心理病理学的范围和人类的局限性。虽然未经临床培训的心理学家们对临床心理学做出了有重大价值的贡献，但他们不具备从事心理治疗的资格。一些新的心理治疗方法是由没受过临床培训的心理学家提倡和实践的。格式塔治疗对这种发展表示遗憾。创新的心理治疗已经得到了大量的宣传，并且有些报道称，对一些工作坊有适应不良的社会和心理的反应。笔者认为，这是由于一些人类潜能治疗师缺乏专业的临床培训，以及因此也缺乏对人类局限性的觉察。当然，专业培训包括许多学科——心理学、护理学、社会工作等等。使用非专业助理完全是一个单独的问题。

7. 适用范围

格式塔治疗文献尚未阐明其适用的病理学的确切范围,以及对精神病患者、精神变态者、儿童和其他人需要哪些修改或附加技术。但格式塔治疗是一种临床理论,是由临床心理学家们为广大病人发展出来的。细节还在研究中。这与非临床心理学家开发的敏感性培训形成了对比,后者是为已经运作的商人而开发的。下面会讨论在这一点上进一步工作的必要性。

8. 技术本身

顺便说一下,格式塔治疗有很多独特的技术,上面讨论过一些。这些技术可以在不同的框架中使用,尽管意思变了。类似地,来自不同学派的技术可以在格式塔治疗框架内使用。例如,本文作者发现,在与住院精神病患者工作时,在格式塔治疗框架内的心理剧技术比格式塔治疗中通常使用的对话技术更有效。

批评

在格式塔治疗中有一些需要领域(need areas)将在本节讨论。总的来说,这些领域指出了格式塔治疗中尚未开发的潜力。由于本文并未直接回顾格式塔治疗人格和学习理论,也没有关于基础研究的看法,因此这里不讨论这些方面的批评。

虽然我们没有讨论格式塔治疗对基础研究的意义,但定义的精确性和验证性研究的领域是密切相关的。

艾瑞克·伯恩认为操作性定义在这个领域是不可能的(Berne,1964)。鉴于罗杰斯和他的同事们进行了广泛的研究,这一看法很难维持下去。在皮尔斯的著作中，没有任何证据反对更精确的验证形式；他只是选择不花时间做这种类型的研究。

皮尔斯没有提供量化的、统计的证据来证明格式塔治疗有效。他讨论了这个问题：

> "你的证据呢？"我们的标准答案会是，我们所呈现的没有什么是你无法根据自己的行为来亲自证实的，但如果你的心理构成是我们所描绘的实验主义者的，这将不会让你满意，在尝试一个简单的非语言的步骤之前，你就会大声要求口头的"客观证据"。（Perls et al., 1951, p. 7)

皮尔斯提供了一系列的、有操作指南的分级实验，可以用来验证格式塔治疗的有效性，而且他包含了一个参与这些实验的受试者的代表性评论样本。这些实验很清楚，任何感兴趣的读者都可以复制。

尽管这一体系存在漏洞（Levitsky & Perls, 1969, p. 9; Polster, 1966, p. 6），但有一个重点是将知识与无知分开。格式塔治疗在臼齿的框架内提出了想法，但要关注分子的细节。虽然皮尔斯没有客观地衡量他的术语，但他的讨论强调具体的观察和具体的体验，而不是推理和推测。从这个意义上说，格式塔治疗是一种经验理论。

尽管皮尔斯也提供现场演示和复制品（电影、录音带、录像带和几个在格式塔治疗文献中展示的案例：Kempler, 1965, 1966, 1967, 1968; Perls, 1948; Laura Perls, 1956; Polster, 1957; Simkin, 1962），但系统的、详细的案例记录数量不足。最详细的记录是由罗拉·皮尔斯做的（Laura Perls, 1956）。

如果在调查开始时,某一领域需要量化且客观的研究和验证技术,那么可以将其局限于狭隘而无菌的主题。限制一门科学的主题是可疑的有效性。格式塔治疗的主题似乎很重要。格式塔治疗涵盖了新的领域,探索了新的假定,却牺牲了精确的验证来换取表意实验心理疗法的价值。皮尔斯没有错误地认为自己有答案,而是欣然承认自己对这个领域的无知(Perls,1948)。此外,格式塔治疗并没有宣称它是唯一有效的方法(Enright,1970b)。对于那些定义心理学的人来说,举证责任更重,以便将不同的取向从这个领域排除。

皮尔斯提出了一个关于洞察和程序的金矿,可以被用在心理治疗中并被有实验头脑的心理学家们利用。但很少有格式塔治疗师做大量的工作来实现格式塔治疗研究的可能性(例外情况见Shostrom,1966a,1966b,1967)。如果对相关文献进行回顾,明确格式塔治疗的实验预测和临床预期,那么即使这项研究不是立即进行,也会有帮助。

在格式塔治疗中,很大一部分要由临床医生自己决定。在专业责任范围内,对治疗师的风格和个性有相关规定(Polster,1966,p.4-5)。格式塔治疗文献中甚至没有对不同病人诊断群体的技术和理论进行修改的问题的确切表达。笔者从非正式讨论和个人经验中了解到,格式塔治疗已用于不同的病人群体,但其结果并未在文献中发表。有一个特别的需要是,界定格式塔治疗的应用范围。

同样,病人也有很大的责任。心理治疗的基本工作是由病人完成的,格式塔治疗师是一个指导者和催化剂。治疗师的工作是提出实验和观察,它们戏剧性地、清晰地描绘了所研究的知觉场。未能做到这一点可能是由治疗师引起的临床失败的一个原因

(Perls，1948)。然而，发现和利用发现的基础工作是病人的责任。

皮尔斯根据每个读者自身经验进行的验证是独一无二的。这与精神分析学对评论家进行分析的要求，与行为矫正严格遵循实验测量标准有很大不同。精神分析论证是一种针对个人、只接受系统内的验证的论证。分析所需的时间和费用使这一论点不可接受。格式塔治疗实验可以从格式塔治疗中尝试（Perls et al.，1951）或在周末工作坊上进行。这段时间的花费与体验任何不同于人们习惯的取向所需的时间相当。一个开放而批判的态度是需要的，但对这个系统的信心并不是检验格式塔治疗的必要条件。笔者观察到，格式塔治疗通常只有在与格式塔治疗师进行了一次个人相遇后才被体验和欣赏；一次相遇往往使参与者获得一个非参与观察者无法获得的视角。

这里还涉及一个实验室实验无法回答的价值问题。技术成功的客观证据不能回答价值问题：临床医生是否需要控制病人的行为？最终，这个问题由每个人决定。格式塔治疗师们认识到这一点，因而提供格式塔治疗，让个人选择是否对他有用。

皮尔斯提供了一种专门针对此时此地行为的疗法，没有排除觉察变量，也没有对这种行为进行调节。它确实用一种独特的心理治疗系统来应用存在主义的态度，并以独特的方式验证系统。笔者接受了皮尔斯的提议和挑战来自己验证格式塔治疗，并发现该系统就个人和专业而言都是令人兴奋、有创造力和有用的。每个人都有责任决定格式塔治疗对自己的潜力是否值得个人实验、心理治疗应用或基础研究使用。

第四篇
格式塔治疗：争论

评　论

在1987年写的这篇文章中，我概述了格式塔治疗的历史，以及这些年来态度的改变。我讨论了关于面质、治疗师的可见性和在场、关系的连续性、理解病人的整体性格结构、格式塔治疗在团体中的模式、思维和理论的重要性、与精神分析和其他取向的关系等方面的临床态度的最新变化。

当乔·怀桑要求《格式塔期刊》编委会的成员写下对格式塔治疗在过去十年中变化的思考时，我问我自己，我们对这一发展有何了解，我也想弄明白，我们如何知道我们认为我们知道的格式塔治疗在世界上地位的准确性。我们认为我们正在以格式塔治疗在世界上的实际样子看待它，但我们真正看到了多少，在多大程度上，我们"看到"了我们想看到的？我相信我们以前欺骗了我们自己。我对《格式塔期刊》十周年征集和出版各种看法表示赞赏，因为那样至少为纠正评论和辩论创造了机会。

在过去的十年里，《格式塔期刊》在创建一个论坛方面发挥了重要和急需的作用，在这个论坛上，我们可以描述，记忆（出版），分析，讨论，辩论格式塔治疗的历史、哲学、方法论、社会学等等。在这期《格式塔期刊》中，我们有另一个机会开始来纠正这样一个事实：在我看来，我们在格式塔治疗中对解释经验主义和哲学观点的关注不够。我们确实谈论过这样的问题，但往往只是重复那些既没有经过理论或经验的充分检验，也没有通过重复而得到改进的概论。

光荣与失望的开始（1965—1975）

在过去的十年里，格式塔治疗变得非常流行，并且抱负无限。

1965年，我最初开始格式塔治疗时，社会和治疗界正处于一个反叛和革命的时代。如果我们愿意摆脱僵化和冒险的桎梏，允许创造力出现，一切似乎都有可能。一种天真的信心和对实验的希望与对传统的摒弃是密不可分的。对于格式塔治疗来说，这是十年飞速成功的开始。

传统的弗洛伊德精神分析是一个容易反叛的目标。它僵化而教条，智性化，很少关注并很少尊重病人或治疗师此时此地的体验，规定不管环境，特定的治疗师或病人的个性、感觉、需求如何，治疗师都应克制个人表达的存在，它不能整合主动技术，是场理论时代的牛顿学说。

当然，格式塔治疗的意义在于它与背景的关系，尤其是它的诞生和与精神分析的分离。一些格式塔治疗师肯定感激精神分析和它的价值，但在光荣的十年里，这一点并不明显。在那些日子里，一种光芒从格式塔治疗中散发出来并包围着它。在那个特定的十年里，人们对传统的理论、实践和哲学几乎没有什么欣赏。这就好像格式塔治疗可以自己完成任何事情，并涵盖一切。

格式塔治疗在乐观主义浪潮中上升到了受欢迎的高处。尽管文献有限，但口头的传统似乎指向了巨大的哲学可能性，而在工作坊中戏剧性的治疗工作指向了巨大的临床可能性。虽然格式塔治疗的哲学和实践文献中似乎明显存在空白，但格式塔治疗界信心高涨，态度积极而乐观。

也许这种情况的顶峰是皮尔斯在20世纪60年代后期推广的格式塔治疗风格（乔尔·拉特纳［Joel Latner］称之为"加利福尼亚风格"）。那是一个反叛、扩张、富有表现力的时代。变化和风险是好词；稳定、谨慎、可预见性是坏词。失去了平衡，失去了一半的自然极性。强调过程和当下时刻，而不是平衡地承认结构和连续性。

这种风格将兴奋和轻松的努力视为"自然"，而将谨慎的考虑视为神经症。20世纪60年代末流行的"开启"风格和70年代初流行的"接收"风格（在这种风格中，粗暴的相遇、叫喊、捶打、空椅子等让位于强调身体、冥想等）都是如此。在许多格式塔治疗师的风格中，格式塔治疗的人际-内在心理的焦点逐渐被一种内在心理的态度所取代——没有对哲学上的变化进行明确的评论。在这种风格中，成长开始被视为在内在之中找到解救途径，而不是通过觉察-接触的过程找到解救方法。

在某种意义上，20世纪60年代的主题是反叛、社会抗议、实验和情感表达，把个人的"我"带给他人。在20世纪70年代早期，有一个对立的观点：寻找内心的宁静。20世纪70年代，人们越来越认识到自恋是一个社会和临床问题。在20世纪80年代，我相信我们正在走向一种综合，一个更加平衡的观点。

新的可能性带来的兴奋包括了许多弱点。格式塔治疗的迅速发展和公开展示鼓励了表演技巧、开启和过于简单化。伊萨多·弗罗姆将此称为格式塔治疗的戏剧化（From，1984；另见Resnick，1984）。格式塔治疗经常被视为一种闪光的技术展示。技术得到比工艺（craft）更多的宣传；技术得到比方法论更多的宣传；方法论比哲学得到更多的宣传。这种宣传扭转了格式塔治疗的实际重点。

1968年，我在写一篇关于格式塔治疗理论的评论时，发现了23篇发表的文章和10篇未发表的论文。在我看来，对于一个有20年历史的体系来说，这似乎是不足的，不足但前景光明。到了70年代中期，格式塔治疗的出版物有了令人鼓舞的增长，有未出版的文章和正在出版的新书。随着《格式塔期刊》的刊行，有了一个发表格式塔治疗论文的真正论坛。格式塔治疗似乎正在推进中，乐观主义是有道理的。

当然失望是不可避免的。作为格式塔治疗师，我们知道："期望大，失望也大。"在没有足够的理论和专业视角的情况下，对实验的天真的信心需要通过面对局限和失望而成熟。有必要在格式塔治疗实践的实验室里进行艰苦的工作，以测试概论，并根据我们在格式塔治疗实验中发展出的洞察来修改我们的实践、哲学和方法论。光荣的态度有一部分是错误地认为没有纪律、牺牲，不用努力完成智性任务，我们也可以完成伟大的事情。

在《格式塔治疗》发表后的前25年里，格式塔治疗理论所依据的开创性工作在一个迅速变化的领域里进行了25年，缺乏先进水平的理论阐述或进展。

到70年代中期，精神分析变得更加复杂精妙，其文献也更加有用。科胡特、冈特里普（Guntrip）、克恩伯格（Kernberg）、马斯特森（Masterson）、马勒（Mahler）、萨尔兹曼（Salzman）、谢弗（Schaffer）等作家不能轻易地被忘掉。罗杰斯、根德林（Gendlin）等人超越了早期罗杰斯取向的被动性。行为治疗随着认知行为矫正、行为咨询和其他的改变而变得更加复杂精密。折中主义的心理治疗师们将格式塔治疗的许多见解融入他们的实践中。

在其他疗法扩展期间，许多标榜"格式塔治疗技术"和"格式塔治疗"的人几乎完全没有接受过格式塔治疗的培训。许多评论家、批评者和其他人误解了格式塔治疗的理论和实践。我们的文献造成了对格式塔治疗的误解，而且我们几乎没有采取什么措施来纠正这些指责和误解。那些真正理解格式塔治疗的人，并没有创作出既能准确描述格式塔治疗哲学，又能被一般专业观众认可为代表格式塔治疗真正是什么的文献。有很多优秀的文章和书籍，但没有一本是《格式塔治疗》的决定性的续篇。真正反映格式塔治疗的文章和那些不能反映的文章无法被分辨出来，因为整个理论解释得不够清楚，无法形成一个标准，用来比较文章。

在1965—1975这十年的大部分时间里，我们被自己的声望和成功所欺骗，似乎没有注意到我们在行业中的地位在70年代中后期下降了。

在过去的十年里，我们也意识到一些令人警醒的临床经验。可能最引人注目的事实是，一些病人，特别是自恋型精神障碍患者，按照皮尔斯60年代晚期的格式塔治疗风格没有得到很好的治疗，正如他们按照传统的精神分析没有得到很好的治疗一样。随着得到确认的自恋型人格障碍患者数量的增加和格式塔治疗师们对其临床经验的吸收，格式塔治疗的实践和理论发生了变化。

对边缘型患者来说，格式塔治疗可能是其治疗选择，即便如此，他们还是要求修改和提高格式塔治疗的水平。1965—1975 十年间的文献对此完全缺乏阐明。

我们的临床和理论态度需要改善的并不局限于这些自体障碍（self disorders）。治疗系统，就像个人一样，必须学习和成长才能生存。成长需要认真对待批评。高质量的关注和培训需要发现什么是有效的和无效的，哪些是吻合的，什么是可以改进的，并且任何改变都必须孕育、同化到整个系统中。在下一节中，我们将讨论始于 20 世纪 80 年代的这些改进中的一些。

考虑一个有临床意义的需要理论更新的例子：许多早期格式塔治疗师在成为格式塔治疗师之前，接受过精神分析的诊断、理论和治疗方面的培训。他们作为格式塔治疗师而工作，有很多不被承认的背景。随着传统的临床智慧被贬低而不是被整合，随着时间的推移，新格式塔治疗师们在没有这种背景的情况下接受培训，他们提供的治疗和培训往往是不够的。部分来自精神分析背景的未被承认的观点是缺失的，在过去的 10 年里，理论中没有任何地方承认这种需要。现在我们已经开始纠正我们的集体自体形象的不准确，它限制了我们培训和治疗的质量和相关范围。

从积极的方面来说，对缺陷的觉察和关注这种觉察的失望感带来了收益，我将在下一节详细阐述。在消极方面，许多人未能对进一步发展的需要做出积极的反应。许多人只是贬低格式塔治疗和/或转向其他体系。为什么有些人没有将从其他体系中新发现的精华整合到格式塔治疗的联系中，对此的思索可能是有指导意义的。我认为培训的局限性、理论技能和气质在很大程度上解释了这种变化。

建立一个完整的系统，同化而不是内摄，负责提供有效性的经验证据，做好哲学分析，对于这一切所需的智性工作的数量，许多临床医生——不仅仅是格式塔治疗师——缺乏经验，没受过培训，或懒得去做。遗憾的是，格式塔治疗在学术界没有支持基础。

我也认为这在格式塔治疗场景中是非常复杂的，因为许多人还没有深入了解格式塔治疗理论或作为理论基础的哲学。此外，格式塔治疗师们也有可能不太倾向于完成这项任务所必需的哲学分析。当然，这在1965—1975年间似乎是真的。这个特殊的问题并不局限于那些没有接受过格式塔治疗培训的人，那些自称为格式塔治疗师的人同样要面对。这可以在格式塔治疗中写作、演讲、教学和培训他人的许多人身上看到。

值得注意的是，我并不是说格式塔治疗只有一种阐释，或者说格式塔治疗的信条已经以一种明确的方式被阐明了——远远没有。然而，有些人似乎不理解格式塔治疗的哲学基础，许多人不知道他们不知道，也没有表现出关心的迹象。有些人试图在不理解《格式塔治疗》（格式塔治疗理论中最具权威的来源及其背后的哲学）的情况下改变格式塔理论。

有时由那些不知道基本理论的人提出的，或是隐含在他们的教学中的格式塔治疗的定义，是将格式塔治疗简化为技术和陈词滥调的定义。不了解格式塔治疗的基本理论，就无法阐明其本质。留给他们的是格式塔治疗的原子结构，仿佛一个治疗系统可以无限地延展，而不必理解整体（或更准确地说，部分与整体之间的关系）。

其结果是"格式塔和……"。格式塔治疗如何同化，能同化多少，不了解这些的人对格式塔治疗的理论和实践所具有的概念，被简化为其潜力的一小部分。然后他们进行了不充分的治疗，或者只是在格式塔治疗中添加了新的材料而没有整合，并构建了他们的特别实践。任何缺失的东西、任何漏洞，都是通过在格式塔治疗中附加一个纠正性的东西来解决，而没有系统的改变或同化。

"和-总结"的"格式塔疗法和……"的态度，将格式塔治疗的要素与其他体系的要素结合起来，使每个治疗师都能不切实际地相信，他或她对任何新的技术或见解的任何一种结合，都可能具有说服力和创造性，是有效的。我们理论文献的薄弱使这种情况得以继续。

事实上，新的盲目创造常常被作为一个解决所有问题的热潮——在有些人看来就像是一个蛇油销售的宣传用语。没有一种系统的方法来区分哪些应该被包含或被排除，如何包含，或者需要做哪些改变来解释格式塔治疗和所补充的源系统之间的差异。有些人把一切都包括在他们对格式塔治疗的定义中，有些人把很少的内容包括在其中，并将对他们实践的任何补充都定义为非格式塔治疗。

对格式塔治疗的边界缺乏清晰的认识，表明他们不清楚格式塔治疗的特征。目前尚不清楚这在多大程度上与格式塔治疗理论的不明确有关，在多大程度上与我们书面文献的不足有关，在多大程度上与格式塔治疗师们的理论训练不足有关。

我观察到一个共同的顺序。首先，格式塔治疗的理论没有被很好地学习。例如，许多学员要求在不学习理论或方法论的情况下学习技术。对于我见过的大多数的这类学员来说，这通常是他们性格发展的延续。他们拒绝对格式塔治疗有更透彻的了解，因此常常用技术或陈词滥调来定义格式塔治疗，而其本质没有得到重视。格式塔治疗文献中的陈词滥调部分支持这种态度。

结果是他们无法区分哪些可以被同化（以及如何同化），哪些不能（以及为什么）。他们对格式塔治疗有了狭隘理解之后，开始实践他们的版本"格式塔治疗和……"他们不得不这样做，因为他们不明白格式塔治疗不仅仅是一套特定的技术，不重视格式塔治疗的同化能力，也许根本不知道同化和内摄的区别。他们经常认为这不是一种限制，而是他们先进地位的标志，因为他们不受智性一致性、表达清晰度或经验成熟性的"严格"要求的限制。当他们面临局限或缺陷时，他们可以将问题归因于格式塔治疗缺乏发展，而不是面对自身的发展不足。

明确的统一性需要清晰的边界。边界意思是包括和排除。一个过于宽泛而模糊的格式塔治疗定义，使格式塔治疗师相信他们可以在任何组合中包含任何东西，保护一个人免受歧视、损失和失望，不必用其他人可以研究和批评的术语来描述一个系统。

我们被称为格式塔治疗（或"格式塔治疗技术"，抑或"格式塔治疗和……"）的盲目的特别方法所伤害。我们被持续的天真和公众对格式塔治疗的轻视所伤害，这些人抛弃和轻视格式塔治疗，用先前对格式塔治疗所使用的浮夸的方式继续鼓吹下一个万能之计（和下一个）。当有能力的格式塔治疗师们在不知情的情况下谈论、撰写和反驳格式塔理论时，我们也受到了伤害。

在过去的十年里，格式塔治疗中的漏洞的复杂程度一直在加大。在过去的五年中出现了一些积极的迹象，这些迹象表明，作为一个团体，我们可能已开始努力解决将格式塔治疗转化为一个更成熟的体系的问题。《格式塔期刊》和由该杂志主办的年度会议提供了一个论坛，可以对我们的历史、理论、临床应用和研究进行评估与对话（是的，格式塔治疗师们可以进行智性对话）。尽管我们整个文献的数量、质量和一致性还不够，但我看到近年来人们越来越重视哲学辩论的必要性，创设了案例研究的论坛，至少对研究文献进行了回顾，对研究采取了积极的态度。

过去十年的文献包括了一些优秀的文章，这些文章阐述了格式塔疗法的各个方面，并且/或者阐明了 1965—1975 年期间最明显的格式塔治疗风格是如何扭曲或失去格式塔治疗的一些本质的。其中包括 G. 布朗（G. Brown，1974/1977）、I. 弗罗姆（I. From，1978 and 1984）、R. 海克纳（R. Hycner，1985）、J. 拉特纳（J. Latner，1983）、L. 皮尔斯（L. Perls，1978）、E. 波尔斯特（E. Polster，1985）和雷斯尼克（R. Resnick，1984）。

这一开始并不太快。对于过去十年里迅速变化的治疗和社会环境要警醒，而不是自满。已经出现了可能性的扩展，一种大大改进的精神分析，它是格式塔治疗的一个明显的替代方案，是治疗模式的融合。越来越多的人要求对什么疗法、什么治疗师、什么技术、针对什么样的病人和多长时间有更复杂的区分。对有效性验证的政治压力越来越大，要求第三方付款仅用于经证实的治疗，职业之间为了市场份额的竞争越来越激烈，等等。在这种背景下，意识到格式塔治疗的局限性对于生存至关重要。在今后十年里，我们还有许多工作要做，以继续我们已经开始的工作。这些漏洞仍然太深，不能让人自满。

危机：格式塔治疗正在迎接挑战吗？(1976—1986)

格式塔治疗在迎接挑战吗？我认为在 20 世纪 80 年代，格式塔治疗在五个方面慢慢开始了急需的改变（因为这些在文献中没有被完全阐明，这些变化的程度尚不清楚）：1. 更成熟的存在主义态度；2.改变了的临床态度；3.团体治疗取向中的改变；4.更好地重视思考；5.对精神分析和其他疗法采取更加折中的态度。

1.更成熟的存在主义态度

在过去的十年中，通过加强对人际关系的关注，越来越尊重病人的现象学，以及开始处理连续性的问题，格式塔治疗忠实于其存在主义的传统。这种更成熟的存在主义态度是一个更复杂的临床方法论的基础，也是一个吸收新的精神分析见解的框架。

人们越来越认识到，对瞬间接触、兴奋、感官觉察和情感表达的重视只是一种更完整的存在主义态度的组成部分。没有更详细说明的治疗师的积极个人在场只是一个真正对话存在的构成要素（参见，例如 Hycner，1985）。我认为我们已经开始看到对话哲学是固有的，但在早期的格式塔治疗的构想和实践中没有被完全阐述。

通过格式塔治疗中的对话态度而获得的觉察，最近强调了对话存在主义的融入概念，重新强调了病人的现象学。现象学态度不是单纯强调病人的主观感受、兴奋和表达，而是一种人与情境的有序的现象学关系，是主观与客观的整合。

一个真正的存在主义的态度包括，对病人的存在感兴趣，理解谈论病人的过去和现在的、在治疗环境之内和之外的体验的必要性（例如，参见 E. Polster，1985）。

20世纪80年代的态度不仅聚焦于病人的觉察和表达，而且聚焦于病人与治疗师（以及团体中的其他病人）之间的关系，并且越来越关注什么样的接触对特定的病人来说是有助于治疗的。伊萨多·弗罗姆评论道，空椅子和梦的阐释这样的技术是完全的投射，这是格式塔治疗欣赏治疗师和病人的关联的一个例子（I. From，1978，1984）。

关系不仅是接触时刻的总结，而且是一个包括连续性的整体。尽管格式塔治疗总是强调良好的接触/在场，但它往往是间歇性的，并没有强调随着时间的推移对病人自体同一性（self identity）的觉察。对话的重点已经强调了治疗师和病人（汝）之间的发展是治疗的必要条件，以及我与他者性的关系是健康功能运作的必要条件。虽然人与他人之间的关系的概念是格式塔治疗的接触、同一性和边界概念的一部分（见 I. From，1978），但是格式塔治疗文献并没有完全解释关系的连续性，以及人与人之间的相互依赖（见 G. Brown，1974，1977），而文献作为一个整体显示出不一致的认识论观点（见 Latner，1983）。

接触的概念对于对话至关重要，而我们的接触概念直接带来一个成熟的对话概念。"我和汝，此时和此地"这句格言在格式塔治疗中早已被提及。然而，在格式塔治疗中，对对话的解释才刚刚开始。皮尔斯普及的风格也无助于解释——他没有分享他的过程，只展示了一个戏剧化的格式塔治疗。他常常把病人的知觉当作对手的知觉来处理。

虽然这一理论强调自体和他者的觉察，但其内涵，尤其是陈词滥调，更强调我而不是我与你。在它退化的形式中，这似乎是一种"开启"的态度，有时无意中提出了这样一个概念：觉察瞬间的冲动，表达并采取行动，不管冲动发生的背景如何，也不管冲动与真正的有机体的自体调节（包括所有的需要和价值观）之间的关系如何，不管长期目标和其他人的需要如何，都是成熟的意义所在。随着社会的变化，谁是我们的病人的平衡也发生了变化，这种缺乏清晰性的问题变得更加棘手。

现在格式塔治疗对"创造的"或"创造性调整"的兴趣也被对"调整"的兴趣所平衡。20世纪60年代，格式塔治疗的流行形式针对的是紧张的神经症患者，特别是需要放松的治疗师，鼓励病人"做你自己的事情"的态度是有些道理的。病人往往是过度社会化的，需要更多的自主权和创造力——更多的我。其他人的需要和义务的重要性，已经被学习和过度学习了。

格式塔治疗的理论阐述有时忽略了背景和一般情境需要的责任，包括其他人的需要，但特别重要的是，也忘了去阐明治疗师对治疗气氛、对治疗师的治疗风格所产生的后果并且对反移情负责。有时这会导致医源性功能障碍（iatrogenic dysfunction），如羞耻感增强、自恋浮夸的鼓励和见诸行动。

虽然格式塔治疗的基本理论强调接触和支持——人际接触和后撤的自体支持——定义的不明确和不一致往往导致理论和实践上的混乱。人们讨论自体支持的方式是常常把自体支持和自足（self-sufficiency）混为一谈，并且对任何融合的暗示都有过分消极的态度。正常而健康的功能运作中的相互依存和合作的重要性被这一点所掩盖。这种混乱可能是由皮尔斯和其他格式塔治疗师否认他们的相互依赖所助长的。

现在，依赖和共情的需要开始以一种更加积极和区分的态度去面对。人们已经更多地认识到，治疗师的治疗在场包括确认患者的"好吧"（OK-ness），并在对病人和病人的情况进行现实评估的情况下，确认其成长潜力。所需的在场可能还包括面质病人和让病人感到沮丧——但通常不涉及60年代那种自动对质的态度。治疗师必须注意，在病人成长的特定阶段，病人寻求的依赖是否必要。这一变化使我们更温柔地进行治疗工作，接受和欣赏病人的现象学，以及阶段性的融合和依赖的需要。

在团体中，一对一的工作通过强调团体中的关系或团体作为一个整体而变得越来越平衡，觉察工作聚焦于团体内的关联，并为团体成员进行更多的治疗创造时间和空间。更多的时间和空间可以用来讲述病人的故事。(这将在下面讨论。)

我希望大家都准备好聚焦于关联性（relatedness），从二元到共有，欣赏被不加选择地抛弃的传统价值观，如责任、工作、荣誉、以卓越为荣。

2. 改变了的临床态度

我们的临床工作随着存在主义成熟度的增长而发生了变化。这种改变包括对病人和病人的现象学采取更温和、更善于接受、更开放而直接的态度，治疗更是治疗师和病人之间的合作冒险，治疗师更具个性且易受伤害的在场和可见性，更强调治疗关系的连续性，更强调每个人整体性格的发展、对背景可变情况（如听病人的故事或历史）的兴趣，以及对诊断更高的水平和关注度。我们还将在后面的章节中讨论团体工作态度的变化，以及与精神分析有关的变化。

(1) 合作与对抗性治疗关系

在皮尔斯 20 世纪 60 年代的风格中，病人未受过训练和缺乏经验的觉察，以及由于觉察发展不良而导致的行为，常常被视为不尊重和怀疑。当病人不支持直接而真实的接触时，皮尔斯认为病人主要是对治疗师做了一些事情。他说得好像病人的行为主要是为了愚弄治疗师，而治疗师的主要任务是让病人沮丧。

治疗通常不被视为治疗师和病人的合作冒险，而是视为对手之间的冒险。尽管有人提到了格言"我和汝，此时和此地"，但在操作上缺乏会面的真正对话性态度和对病人的确认。不是与病人交谈并分享自己的过程、反应等，而是有一种明显的倾向，即聚焦于让事情发生。皮尔斯没有分享他的个人过程，只有他在创作治疗性戏剧时的兴奋和创造力。这种格式塔治疗的许多隐瞒和面质是通过神秘化和轻视而催生羞耻感。

我发现，在过去的十年里，比起早些年更注重技术和挫败的态度，带有清晰与直接的善良在提高觉察、自体责任和病人全心全意的实验方面更具临床疗效。我发现了一些简单的干预措施，比如向病人反映我如何察觉病人的现象学，并明确地分享我自己的前景和困境，通常比使用空椅子、身体工作、动作演出（enactment）、梦的工作等更有效。所有这些技术都有一席之地，但对我来说，接近病人和临床工作的平衡和态度已经发生了改变。

这种新的态度引起了一些警觉。例如，吉姆·西姆金对通过融入的概念将共情概念重新引入格式塔治疗是非常警惕的。他认为在"共情"中有一种内在的混淆与融合，还有一种与治疗师能感觉到病人感受的神话共谋的危险。当然，当临床医生把共情和感觉混淆起来，并且知道另一人的感受时，这是融合。然而，共情（如果定义得当）本质上不是一种边界混淆，它并不意味着感受别人的感受。

在过去的十年里，我发现自己不那么害怕这种潜在融合的危险，而是更信任觉察工作的合作和支持取向。当病人感到被理解和支持时，它有助于病人发展他或她自己的支持，并增强对他或她支持自己能力的信心，比起让我自己承担中断病人寻求融合的态度的重担，它更有力量。

旧的态度有一个悖论：在谴责拯救病人的同时（"鸡汤"），治疗师承担责任消除成长障碍，让事情发生——从而产生对治疗师的另一种依赖，不经意地鼓励了内摄和移情，并增加了治疗师因病人的下位狗行为而感到沮丧的可能。

(2) 治疗师的在场和可见性与巫术

这种新的对话态度意味着表明治疗师更多的是一个整体的、有缺陷的人，而不是一个大师或巫师。这个对话态度包括更加强调治疗师的个人在场和分享，即分享仍在进行过程中的治疗师过程，分享瞬间感受（不只是将其作为治疗师设计的一个实验或面质的基础），并更多地分享治疗师的生活（在临床相关和有用时）。这意味着，如果病人需要更慢地工作，愿意更慢地工作，则鼓励病人选择使用何种技术进行实验，并且，最重要的是对感到沮丧、无聊、不知所措、愤怒等承担个人责任。

(3) 关系的连续性与此时此地的情况

这种新的临床态度包括增强对治疗关系连续性的重要性的觉察，不仅强调瞬间接触，而且强调持续的关系。我相信病人和治疗师之间的关系是决定治疗成功程度的最大因素。将持续的治疗关系视为最重要，这种态度与考虑每个人的性格及其如何发展密切相关。

(4) 每个人的整个性格随着时间的推移而发展

背景恢复一直是改变了的临床态度的一个方面。

经典精神分析强调背景。例如，它收集了有关病人整个病史的信息，以及这个人的性格如何随着时间的推移而发展的详细信息。在这个过程中，此时此地的活力丧失了。格式塔治疗强调后者，在这个过程中失去了一些有价值的背景。近年来，格式塔治疗正朝着一个综合背景环境和此刻的图形的方向发展。

我在持续的格式塔治疗中的经验是，我需要更多地关注病人的故事、历史，与病人的关系将情境和意义赋予了此时此地。我发现病人的生活脚本、过去的经历、发展史价值更大了，并且注意到许多病人需要通过有关他或她的生活正在发展的每周新闻来开始他们的治疗。我给自己对故事的好奇心更大的自由，而且坚持回到此时和此地的速度变慢了。

这种对一个人的背景的关注，实际上与对格式塔治疗此时和此地的意义的准确理解是一致的。此时和此地是这个人觉察的时间和地点。一个人的觉察是此时此地，但觉察的对象往往是房间外发生的事情，来自过去或所期望之事。当一个人觉察到当下的活动是记忆、期盼等等时——觉察具有与对有机体而言很重要的事物接触的兴奋性和敏锐性——可以说这个人是以当下为中心的。尽管此时和此地一直是格式塔治疗理论，但在1965—1975年间的陈词滥调引导许多人去实践，似乎只有对在当下这一刻这个地方出现的事件的感觉才是此时此地，而对历史、发展、生活事件等都不注意。

这种对背景感兴趣的新态度更符合格式塔治疗理论，并带来了更深入的工作，在工作中捕捉到病人生命的流动，并触及意识、发展和关系的核心问题的核心。它还导致了一些此时和此地的魅力与敏锐性的丧失，而这些都可以通过更加严格的此时和此地的、以表达为导向的干预来实现。

人们越来越强调看一个人当前生活的背景，例如，越来越多地使用家庭和伴侣治疗。当然，这直接对应于对他者性和关系连续性的存在性关切的增加。希望背景的恢复也将带来对文化和社区的重新重视。

更加重视诊断和病例讨论是这种强调个性发展、强调治疗关系连续性的临床态度的一个必要组成部分。

要使格式塔治疗不仅仅是一个阶段性的治疗，它有责任知道哪些病人需要强调什么，知道什么时候治疗发展得很快，知道哪些特殊类型的病人有哪些特殊类型的脆弱性，知道不同类型的病人需要发展的不同顺序，知道对具有特殊性格结构的病人进行即时和中期干预（intermediate intervention）的长期效果。

《格式塔期刊》为案例讨论而创造的空间可用于此类讨论。我们需要做更多这样的事情。在这个过程中格式塔治疗能很好地利用精神分析的见解。

例如，格式塔治疗对接触、边界、个人责任、对话的态度是治疗边缘型患者的自然选择。但要有效地做到这一点，我们还必须处理分裂（splitting）的知识、治疗指征和典型的动态问题。例如，在治疗的早期，边缘型患者必须对他或她的行为负责，否则病人希望得到照顾的愿望就会猖獗，因为边缘型患者分裂并失去了对实际情况的局限性、支持自己的必要性和支持自己的能力的任何背景觉察。

如果治疗关系无意中助长了边缘型患者融合的幻想，那么治疗的开始似乎很顺利。这常常会带来破坏性的结果，往往在第二年，那时可能的现实完全不符合治疗早期所激起的原始幻想。同时，由于在病人的责任和坚持病人在治疗中尽早开展治疗工作的问题上缺乏足够的面质，病人没有发展出应对失望和遗弃感所需的自体支持的工具。在这一点上，积极的移情变成一种潜在的精神病的消极移情。

这不能只从此时此地的警觉去收集而没有提及受精神分析影响的好处。只有注意治疗的连续性、诊断、对发展模式的了解和临床经验的分享，才能获得治疗初期事件的长期效果。我讨论这个例子只是为了说明在格式塔治疗中诊断和临床讨论的必要性——对任何特定类型病人的治疗的严肃讨论超出了本文的范围。

另一个例子是自恋型人格障碍，这些病人特别需要治疗师细致、慢速、尊重并带着确认地关注他们的体验。这样的病人不能很好地处理边缘型患者需要的那种面质。尽管边缘型患者在发展工具处理情绪化的东西之前通常会讨论历史、发展的信息，但是自恋型人格障碍患者通常需要得到鼓励，把当下与相关的过去经历联系起来。要特别注意一点：病人的经验和病人对发展因素的觉察必须是治疗初期的基础。然而，病人需要面对现实的实际行为。这为治疗师创造了一个困境。如果有一篇关于格式塔治疗师治疗此类病人的经验的文献，我们可以互相学习，这将非常有帮助。

3. 团体治疗取向中的改变

格式塔治疗常常被错误地等同于一种特殊的团体治疗和对团体治疗的态度。皮尔斯在他生命的最后10年所使用的风格是严格的一对一的模式，治疗师在团体中（热椅子模式），其他参与者只是观察者。小组以"圈"（rounds）开始，所有"工作"以"我想工作"开始，以"有什么反馈吗？"结束，团体中的关系模式就像车轮的轮辐，治疗师在中心，所有的互动都通过治疗师进行。

虽然这不是格式塔治疗的唯一方式，在理论上不是格式塔治疗所必需的，也不局限于格式塔治疗，但它似乎最流行，当然也最广为人知。现在人们更频繁地发现过程/互动风格的格式塔团体和混合模型。此外，团体作为一种治疗方式在包括个人、伴侣和家庭治疗在内的一系列其他方式中被有区别地使用。人们不再认为任何有意愿的病人都能在团体中完成全部治疗。

在所有格式塔治疗工作中，目标都是个体的觉察、对接触和后撤的支持、自体责任等等。但对人们的存在性相遇、人们彼此间关系的强调更多了。所有其他的互动都被用来帮助觉察工作，也是一个练习和实验的机会。另一种选择是允许其他团体成员在个人的一对一工作期间参与。

尽管对关系连续性的强调和对背景变量的关注似乎与工作坊矛盾，这种对话的强调也可以在工作坊中体现出来。在工作坊中，这意味着更加强调团队中的关系，将其作为觉察的媒介，意味着更大的空间，让病人讲述自己的故事（即使是在工作坊上），治疗师的立场更像是一个合作者而不是一个培养格式塔治疗弟子的权威。

尽管有些人可能认为，病人在一个团体中讲述自己的病史所花的时间会减少团体互动，但事实往往恰恰相反。与单纯的此时此地的过程取向相比，其他团体成员通常更容易与了解病史的病人建立联系。比起团体中的其他人，一个训练有素的格式塔治疗师在此时和此地、没有历史的基础上通常更好地与病人产生联系。

新风格有明显的风险，就像旧风格一样。这一收益也带来了一些损失。"谈论"可能会增加，学习一些传统格式塔工具的比率和敏锐性也会降低。当其他人被鼓励与治疗师一起参与其他病人的一对一工作时，会有风险，包括：工作碎片化，其他人太乐于助人，小问题被提出或问题提出的顺序不好，指向病人的攻击性强于病人需要处理的支持，等等。如果治疗师不能很好地处理团体过程和浮现的个性问题，也不能很好地处理其他活动，如格式塔方法论的引入，那么团体就有恶化为一个说唱团体的风险，变得过于解释或对抗。

治疗师必须具备一定的技能和态度来减少负面结果的可能性：机智、其他病人的训练、治疗师的坚定、谈判、辨别力。另一方面，团体可以成为一个人治疗中非常强大、具有支持性、人道而令人兴奋的部分。在病人寻求平衡和成长的过程中，它可以是一个持续的家庭基地。

4. 更好地重视思考

在20世纪60年代，知识分子常常受到轻视。思维只被认为是有机体和环境之间的一道屏障。智性活动的数量和质量较差。皮尔斯在理论话语方面的弱点在早年被纽约市团体的其他成员的智性话语的质量所抵消。20世纪60年代，媒体和公众的注意转向了皮尔斯和加利福尼亚。格式塔治疗脱离了纽约市团体智性刺激的影响，发展出一种与这个时代的反智性偏见相吻合的反智性偏见。智性对话暂停。（尽管理论陈述的实际外延并不总是如此轻视智性，但其内涵和语气确实如此。见 Polster，1985。）

1965—1975年这一时期可以称为口号和陈词滥调的时代。格式塔治疗的智性生产是零散和草率的。例子比比皆是。"现实是由个人创造的"被错误地归因于格式塔心理学，即使是对格式塔心理学的粗略阅读也会表明，这不是他们所提倡的。陈词滥调，比如"抛开你的心智"和"用你的眼睛"，好像一个人在没有大脑活动的情况下可以觉察并进行接触，或者好像眼睛在没有中央大脑处理的情况下可以看见。

有时格式塔治疗对此时和此地的阐释留下的印象是：除了此时和此地——不是作为一个人当下意识在时空中的位置的此时和此地，从字面上来说，没有什么存在或重要的。当然，有些人写得更老练，更准确，没有简化为陈词滥调。如果严格的此时和此地真的如陈词滥调所说的那样得到了遵守，那将比启蒙运动更接近脑损伤。即使是对场理论（作为格式塔治疗和格式塔心理学建立的基础）有粗略理解，也会弄清楚一点，即"此时"是什么必须从某种角度来定义。没有绝对的此时和此地。

在临床层面上，我们更多地就病人的思维过程进行工作。这样的工作有助于病人觉察到未经检查的、可能是非理性和/或无功能的旧观点。例如："如果有人感到受伤或对我感到愤怒，那是件可怕的事情。"这样的工作还包括研究一个人思维过程中更微妙的方面。例如，表现出歇斯底里的风格，打断意识流以防止加深的情绪体验并草率下结论，这样的人在他们的思维过程中也会这样做——例如，由于过早地从思维过程的开始跳到结论，因而无法解决抽象问题。

在格式塔治疗理论中，我看到现象学、对话/存在主义和场理论的讨论有所增加。这需要继续下去。我认为我们还需要更多地谈谈在所有临床干预中的实验态度，以及我们所说的现象学的解释。我们已经从对话的角度讨论了治疗态度的变化。我们需要讨论在格式塔治疗中对话态度与其他态度之间的差异，对话的含义、风险和限制，以及对话态度在不同诊断群体中的应用。我们需要更多地阐释场理论，例如过程和结构，或者作为首要重点的场和人。场理论如何与系统论相适应？

在这一切中，我看到关注的增加，发表文章的增加（主要是在《格式塔期刊》上）。然而，如果我们作为一个治疗系统要生存和繁荣，我认为在未来十年中我们需要更多的增长。

例如，在作为格式塔治疗中另一个重点的对话治疗中，我一直非常感兴趣的是，人们越来越认识到关系即持续关系的重要性。强调关系是格式塔治疗的一个必要方向，强调对话开始定义什么样的关系最适合格式塔治疗。

然而，人们提出了许多问题。格式塔治疗中的对话方法有什么不同？那些不支持对话的病人用什么方法？那些需要追踪自己经历而不考虑治疗师现象学的病人用什么方法？有没有什么病人，一般的格式塔治疗，尤其是特别的对话取向是可向其建议的或禁止的？在决定何时通过分享治疗师的现象学表现出更多的在场，以及何时表现出更多的对融入的强调时，有哪些考虑因素？如果病人需要持续的治疗、持续的对话和倾听他们的故事，我们如何在一个有时间限制的工作坊上进行对话？在对话格式塔治疗中，是否存在技术反应的空间，例如空椅子或呼吸工作？为什么？对话取向与身体取向一致吗？它们是如何整合的？如果你重视病人的早期养育，你如何将此与自体责任感的存在主义观点结合起来？

5. 对精神分析和其他疗法采取更加折中的态度

在过去的十年里，我们开始非正式地承认我们向其他专业人士、疗法、研究等借鉴观点并继续依赖他们，尽管我在文献中很少读到这方面的内容。我们不得不应对其他治疗模式的增长，我们必须与之竞争，格式塔治疗可以从中学习，我们可以教给它们——如果我们以出版的形式区分和区别。我指的是如神经语言程序学（NLP）、生物反馈、短期动态疗法、埃里克森主义（Ericksonianism）、悖论治疗（paradoxical therapy）等疗法。

对我们来说，客体关系理论和科胡特理论有一些特殊的亲和力。他们的描述比那些精神分析作家的描述更具现象学意义，他们的取向较少受到驱动理论支配，对格式塔治疗师更有用。他们对人类如何发展、对没有觉察到的人类互动的意义，以及对不同类型病人治疗的顺序和发展的详细描述，对我们来说是非常有价值的。

然而，他们仍然是分析师，他们的许多信念、态度、临床方法与格式塔治疗有很大的不同。我们已经开始接受，但讨论这种相互影响的文献在质量和数量上都很不理想。

如上所述，与新的精神分析取向的发展相平行的，是在任何传统疗法中都效果不佳的病人的觉察不断提高。新的精神分析现象学描述和新的治疗态度改变了许多格式塔治疗师的实践。当然它们已经改变了我的实践。将发展理论和人格理论及其描述吸收到格式塔治疗中，将其整合到格式塔治疗中需要做哪些改变和修改，有关这些方面的讨论很少。我希望以上讨论的我们存在主义态度不断成熟的这一改变和其他改进，是我们开始扩大我们吸收这种新观念的努力的一部分。我认为，我们在过去十年中已经开始了，许多工作仍摆在我们面前。

格式塔治疗与新的精神分析取向之间的差异需要阐明，包括在精神分析模式中现象学的有限的和非实验性的使用，以及基于移情的对话关系与对话模式的治疗关系的对比。如果没有一个理论上的解释，那么增加的共情与不加辨别的对话态度的结合将有恶化为满足病人的需求，而不是促进探索和实验的危险。例如，治疗师以对话但临床上过于简单的方式"分享"会导致治疗师被培养（而不是自然发展的）的理想化，增加对治疗师的投射认同，增加病人缺乏自体支持能力的感觉。同时也存在着一种危险，即精神分析文献的内射会导致将原因归结于环境，并增加病人对自己无须负责的信念。

讨论与总结

近年来，显然我们的实践需要改进，我们的理论需要阐明、修正和创建，我们的文献需要扩展。

1965—1975年间盛行的格式塔治疗态度失去了早期纽约城市团体格式塔治疗的一些优点。在当前的十年里，我们可能会重新对诞生之初的格式塔治疗哲学有更好的认识。至少，我希望我们对基本哲学的考虑比1965—1975年间要更周全。

有许多社会变化一定影响我们的工作，而我们忽视这些变化只会带来极大的危险。社会学条件的改变创造了新的临床需求。强大的精神药物、第三方偿付和健康维护组织（HMOs）方面的政治气候变化，对讨论我们的工作施加了压力，要求提供常见的诊断标签和治疗有效性的证明，以及关于何时有效的证据，如由谁、对谁、以何种方式进行讨论。虽然格式塔治疗诊断理论的研究工作已经开始，例如托德·伯利（Todd Burley）和林恩·雅各布斯，两人都属于洛杉矶的格式塔治疗研究所，但目前我们必须与现有的诊断系统连接。

心理治疗市场的僵化和治疗师数量的增加增强了不同职业和信仰的治疗师之间竞争的气氛。我们利用新专家并与之竞争：治疗抑郁症、惊恐障碍、注意缺陷障碍的精神药物；性治疗；生物反馈；等等。病人有非常广泛的治疗方式可供选择，包括戏剧化的埃里克森式治疗，生物反馈，由脊椎指压治疗师、自助小组等提供的心理学相关的工作。病人现在选择的治疗方式范围之广使得我们必须处理文献的弱点。我们不再是街区里叛逆的小孩子了——我们只有履行诺言才能生存。

我们正在一个变化的社会中进行心理治疗，我也认为是时候对这个社会做更多的评论了。我们的一些临床实践更适合于20世纪60年代，而不是80年代。例如，20世纪60年代的重点是与紧张、顺从但一般功能正常的神经症患者工作。现在更多的病人是以自体为中心的,功能失调,不能以线性方式发挥功能,对"创造性"感兴趣而没有必要的约束,无法建立和维持亲密关系。我不知道格式塔治疗和其他疗法是否已经成为这一发展的一部分。不过,我相信在我们强调的问题上一定要考虑到这一点。

  目前还不清楚我的推测和断言在多大程度上是正确的。我从想弄明白我们自体概念的准确性开始写这篇文章,我也以同样的问题来结束。研究的缺乏使我们处于一个没有镜子而梳着头的人的位置。我相信我所指出的趋势是真实的,尽管我可能夸大了我们在过去 10 年中所做的工作,并低估了还有多少工作要做。我希望我们正在做需要做的事,但我不知道是否如此。

  我很感激这期《格式塔期刊》给予我们的机会,以及这本杂志在整体上给我们带来的机遇。我希望我们会看到更多的文章,真正涉及哲学/理论和临床讨论,包括对病例、诊断和研究的讨论。

第二部分
格式塔治疗的理论

第五篇
格式塔治疗

评 论

本文于1981年与詹姆斯·S. 西姆金合著,可能是我写过的最好的格式塔治疗概论。它作为格式塔治疗章节收入1989年科西尼(Corsini)和韦丁(Wedding)合著的《当代心理治疗》(〔Current Psychotherapies〕第4版)。此处刊载得到了出版人即伊利诺伊州艾塔斯卡公司F. E. 皮科克(F. E. Peacock)的善意允许。这是吉姆·西姆金和我为《当代心理治疗》第三版联合撰写的1984年章节的略经修订版本。1984年的版本完全改写了吉姆自己为第二版《当代心理治疗》所撰写的版本。我在1989年版本中的修改较小,并且是在吉姆去世后做的。

概论

格式塔治疗是由弗雷德里克(弗里茨)·皮尔斯和罗拉·皮尔斯于20世纪40年代创立的一种现象学存在主义治疗。它向治

觉察、对话与过程

疗师和病人教授觉察的现象学方法，其中感知、感受并行动与阐释并调整先前存在的态度是不同的。说明和阐释被认为不如直接感知和感受到的可靠。格式塔治疗进行中的病人和治疗师对话，即交流他们的现象学观点。不同观点成为实验和持续对话的焦点。目标是让来访者觉察到他们在做什么，他们如何做，以及如何能改变他们自己，并同时学会接受和重视他们自己。

格式塔治疗更多地关注过程（正在发生的事情）而不是内容（正在被讨论的）。<u>重点是此刻正在做什么、正在想什么和正在感觉什么</u>，而不是过去做的、也许会做的、可能会做的，或应该会做的。

基本概念

现象学观点

现象学是一门学科，它帮助人们远离他们惯常的思维方式，以便他们能够区分当前情境下实际感知和感受的与过去残余物之间的差异（Ihde, 1977）。格式塔探索尊重、使用并澄清了"未被学习所阻碍"的直接而"天真"（naive）的知觉（Wertheimer, 1945, p. 331）。格式塔治疗将当下的"主观"感受和"客观"观察作为真实而重要的数据。这与把病人的经历视为"仅仅是表象"并用阐释来寻找"真正意义"的方法形成了对比。

格式塔现象学探索的目标是觉察或洞察。"洞察是知觉场的一种模式，其方式使得重要的现实显而易见；它是一种格式塔的形成，在这个格式塔中，相关的因素与整体有关"（Heidbreder，1933，p. 355）。在格式塔治疗中，洞察是对所研究的情境结构的清晰理解。

没有系统探索的觉察通常不足以发展洞察。因此，格式塔治疗使用聚焦的觉察和实验来获得洞察。一个人如何觉察对于任何现象学的研究都是至关重要的。现象学家不仅研究个人的觉察，而且研究觉察过程本身。病人要学习如何觉察到觉察。在格式塔治疗中，治疗师和病人如何体验他们的关系是特别值得关注的（Yontef，1976，1982，1983）。

场理论的观点

作为格式塔现象学观点基础的科学世界观是场理论。场理论是一种探索的方法，它描述了事件当前所属的整个场，而不是根据事件的"性质"所属的类别来分析这个事件（例如亚里士多德的分类法）或一个单线性的、历史的、因果的序列（例如牛顿力学）来分析事件。

场是一个整体，在这个整体中，各个部分之间有着直接的关系和互相回应，没有一个部分不受场中其他地方发生的事情的影响。这个场取代了离散的、孤立的粒子的概念。在他或她的生命空间中的人构成了一个场。

在场理论（field theory）中，没有任何行动是遥不可及的；也就是说，产生效果的东西必须触及在时间和空间上受到影响的东西。格式塔治疗师在"此时和此地"工作，对"此时和此地"如何包含过去的残余，如身体姿势、习惯和信仰非常敏感。

现象学场由观察者定义，只有当一个人知道观察者的参照框架时才有意义。观察者是必要的，因为一个人所看到的在某种程度上是这个人看东西的方式和时间的函数。

场的方法是描述，而不是推测、解释或分类。重点是观察、描述和解释正在研究的事物的确切结构。在格式塔治疗中，治疗师的直接观察无法获得的数据通过现象学聚焦、实验、参与者的报告和对话进行研究（Yontef，1982，1983）。

存在主义观点

存在主义以现象学的方法为基础。存在主义现象学家关注的是人们的存在、彼此的关系、直接经历的欢乐和痛苦等等。

大多数人是在传统思想未阐明的背景下生活的，这种背景掩盖或避免承认世界是怎样的。一个人在世界上的关系和选择尤其如此。自我欺骗（self-deception）是不真实的基础：生活在这个世界上不是基于自己的真实，这将导致恐惧、愧疚和焦虑的感受。格式塔治疗提供了一种真实而有意义地对自己负责的方式。通过觉察，一个人能够以有意义的方式选择和/或组织自己的存在（Jacobs，1978；Yontef，1982，1983）。

存在主义的观点认为，人们在不断地改造或发现自己。"一劳永逸"地发现人性的本质是不可能的，总是有新的视野、新的问题、新的机遇。

对话

治疗师和来访者之间的关系是心理治疗最重要的方面。存在主义对话是格式塔治疗方法论的一个重要组成部分，是存在主义视角关系的一种表现。

关系从接触中发展。通过接触，人们成长并形成同一性（identities）。接触是"客我"（me）和"非客我"（not-me）之间的边界体验,是与"非客我"互动的体验,同时保持与"非客我"分离的自体同一性(self-identity)。马丁·布伯(Martin Buber)说,这个人("我")只有在与他者的关系中,在我-汝的对话中,或在我-它的操控性接触中才有意义。格式塔治疗师更喜欢在对话中体验病人,而不是使用治疗的操纵(我-它)。

格式塔治疗帮助来访者发展他们自己期望的对接触或后撤的支持(L. Perls,1976,1978)。支持指任何使接触或后撤成为可能的事情:能量、身体支持、呼吸、信息、关心他人、语言等等。支持调动接触或后撤的资源。例如,为了支持接触带来的兴奋,一个人必须吸入足够的氧气。

格式塔治疗师通过参与对话而不是操控病人达到某个治疗目标进行工作。这种接触的特点是坦诚的关心、温暖、接受和自体责任。当治疗师把病人推向某个目标时,病人不能负责自己的成长和自体支持。对话的基础是体验他人的真实,展示真实的自体,分享现象学觉察。格式塔治疗师说出他或她所表达的意思并鼓励病人也这样做。格式塔对话体现了真实性和责任感。

格式塔治疗中的治疗关系强调对话的四个特点。

1. *融入*。这是把自己尽可能完全地投入另一个人的体验中,而不去判断、分析或阐释,同时保持一种独立、自主的存在。这是一种直接体验中的现象学信任的存在性的、人际的应用。融入为病人的现象学工作提供了一个安全的环境,交流对病人体验的理解,有助于提高病人的自体觉察。

2. *在场*。格式塔治疗师向病人表达自己。她有规律地、明智地、有区别地表达观察、偏好、感觉、个人的经历和想法。因此,治疗师通过建立现象学报告的模型来分享她的观点,这有助于病人了解信任并使用直接体验来提高觉察。如果治疗师依赖于理论推导的阐释，而不是个人的在场，她会引导病人依赖现象而不是他自己的直接体验，以作为提高觉察的工具。在格式塔治疗中，治疗师不使用在场来操控病人遵守预先设定的目标，而是鼓励病人自主调节。

3. **致力于对话。**接触不只是两个人对彼此所做的事情。接触是人与人之间发生的事情，是从他们的互动中产生的东西。格式塔治疗师屈服于这个人际过程。这是允许接触发生，而不是操纵、制造接触和控制结果。

4. **对话是活的。**对话是所做之事而不是所谈论之事。"活的"强调的是做事情的兴奋和直接性。对话的方式可以是舞蹈、歌曲、文字，也可以是在两个或更多的参与者之间表达和转移能量的任何形式。格式塔治疗对现象学实验的一个重要贡献是扩大了范围，包含了非言语表达对经验的解释。然而，这种互动受到伦理、适当性、治疗任务等方面的限制。

其他体系

扬特夫指出：

> 格式塔治疗、行为矫正和精神分析的理论区别是明确的。在行为矫正中，治疗师对环境刺激的操控直接改变了病人的行为。在精神分析理论中，行为是由无意识动机引起的，这种无意识动机在移情关系中表现出来。通过分析移情，压抑被解除，无意识变得有意识。在格式塔治疗中，病人学会充分利用其内在和外在感官，这样他能够进行自体负责和自体支持。格式塔治疗帮助病人重新获得这种状态的关键，即对觉察过程的觉察。行为矫正［通过］使用刺激控制

来影响，精神分析通过谈论和发现精神上的病［问题］的原因来治疗，格式塔治疗通过此时此地的导向觉察实验带来自体实现。(1969，pp. 33 - 34)

行为矫正和其他主要试图控制症状的疗法（例如，化疗、电休克疗法［ECT］、催眠等）与格式塔治疗和心理动力疗法形成鲜明的对比，因为后者主要通过病人借由洞察学会了解自己来促进变化。

格式塔和心理动力治疗的方法论运用一种接受关系和技术，以帮助病人通过情感的和认知的自我理解发生改变。在精神分析学中，病人的基本行为是自由联想，分析的主要工具是阐释。为了鼓励移情，分析师不直接表达个人身份（没有"我"陈述）并实践"节制规则"（Rule of Abstinence）；也就是说，治疗师不满足病人的任何愿望。这种方法适用于所有的心理动力学派：经典学派、客体关系学派、自我心理学学派、科胡特学派、荣格学派。心理动力治疗师将他或她的人隔离开来，目的在于鼓励明确地建立在移情（而不是接触）基础上的关系。

在基于真实接触的关系中，治疗师和病人的在场是积极的并且有疗愈作用，格式塔治疗通过使用这种在场来促进理解。移情，在它出现的时候被探索和工作，格式塔治疗师并不鼓励移情（Polster, 1968）。在格式塔治疗中，性格问题通过对话和现象学的方法得到明确处理。

在格式塔治疗中，病人的直接体验被积极使用。病人不是自由联想同时被动地等待治疗师的阐释和随后的改变，而是被看作一个学习如何自我疗愈的合作者。病人"工作"而不是自由联想。"我能做些什么来解决这个问题呢？"是格式塔治疗中经常出现的问题，而且经常有答案。例如，一对性生活有困难的夫妇可能会被要求练习感官聚焦（sensate focusing）。

与任何其他疗法相比，格式塔治疗更加强调任何存在都是此时和此地，以及经验比阐释更可靠。病人被教导去区分谈论5分钟前（或昨晚或20年前）发生的事情和体验现在是什么两者之间的差别。

精神分析学家阿普尔鲍姆（Applebaum）观察到

> 在格式塔治疗中，病人很快学会区分观念（ideas）和构思（ideation）、陈旧的强迫症路径和新思想、经验之陈述和陈述之陈述。追求随着格式塔的浮现而浮现的经验和洞察的格式塔目标比治疗师给出的洞察更有效，确实帮助病人和治疗师得出并保持这些重要的区别。（1976，p. 757）

行为矫正、现实治疗和理性情绪疗法等疗法不能充分利用病人的经验来做到这一点。在罗杰斯疗法中，强加给治疗师的被动性严重地缩小了治疗传授这些区别的范围或力量。

大多数治疗系统的实践鼓励理智化：谈论病人信念的非理性，谈论治疗师认为病人应该做出的行为改变，等等。格式塔治疗方法论运用积极的技术，澄清体验。格式塔治疗师通常会在治疗时间内尝试一些新的东西。与大多数其他疗法不同，在格式塔治疗中，通过实验发现的过程是终点，而不是感受、想法或内容。

精神分析学家只能使用阐释。罗杰斯治疗师只能反省和澄清。格式塔治疗师可以使用任何技术或方法，只要（1）它们的目的是提高觉察，（2）它们从对话和现象学的工作中浮现，并且

(3) 它们在伦理实践的范围内。

对当下的控制和责任掌握在病人手中。过去病人在心理上与环境相互作用，而不是创伤的被动接受者。因此，病人可能从父母那里收到了羞辱的信息，但吞下这些信息和自责的是他自己，从那时到现在，让这种羞辱在他内心延续的也是他自己。这一观点与心理动力学态度不一致，但与阿德勒（Adler）和埃利斯的观点一致。

这一观点使病人对自己的存在，包括他们的治疗更加负责。当治疗师认为过去导致当下，而病人被他们不易获得的无意识动机所控制时，他们被鼓励依赖治疗师的阐释，而不是他们自己的自主性。

在治疗中，治疗师承诺去直接地改变病人的行为，病人和治疗师的直接体验不受尊重。这将格式塔治疗与大多数其他疗法区分开来。怨恨的病人可以通过表达怨恨来提高觉察。如果治疗师认为这是一种宣泄的方式，那就不是格式塔治疗的现象学聚焦。

在格式塔治疗中没有"应该"。格式塔治疗不强调应该是什么，它强调觉察到是什么。是什么，就是什么。（What is, is.）这与任何"知道"病人"应该"做什么的治疗师形成对比。例如，认知行为矫正、理性情绪治疗和现实治疗都试图改变治疗师判断为非理性、不负责任或不真实的病人的态度。

尽管格式塔治疗阻止通过聚焦于认知解释智性化来打断有机体的同化过程，但格式塔治疗师们确实对信念系统进行工作。澄清想法、阐明信仰、共同决定什么适合病人都是格式塔治疗的一部分。格式塔治疗不强调避免体验（困扰）的想法，鼓励支持体验的见解。格式塔治疗阻止治疗师自我陶醉地教导病人，而不与病人接触并加快病人的自体发现。

许多人声称他们实践了"TA（沟通分析［transactional analysis］）和格式塔"，通常这些人使用 TA 理论和一些格式塔治疗技术。技术不是格式塔治疗的重要方面。当这些技术被用于分析的、认知的方式中时，它们不是格式塔治疗！这样的组合通常会中止、阻碍现象学存在主义方法的有机体的觉察工作或使其无效。更好的组合是将 TA 的概念整合到格式塔框架中。因此，父母、成人和儿童的自我状态、交叉沟通（crossed transactions）、和生活脚本（life scripts）可以被转换成格式塔过程语言，以实验和对话的方式进行工作。

另一个与其他疗法不同之处是格式塔治疗真正尊重整体论和多维性。人们对他们的行为、想法和感受表现出他们的苦恼。"格式塔治疗认为整个生物心理社会的场，包括有机体/环境，都很重要。格式塔治疗积极使用生理的、社会学的、认知的、动机的变量。基本理论中没有排除任何相关维度"（Yontef, 1969, pp. 33-34）。

历史

先驱

格式塔治疗的历史始于弗里茨·皮尔斯的专业发展及其所处的时代精神。在获得医学博士学位后，皮尔斯于 1926 年作为库尔特·戈尔德施泰因（Kurt Goldstein）在脑损伤士兵研究所的助理去了美因河畔法兰克福（Frankfurt-am-Main）。在这里，他接触了戈尔德施泰因和阿代马尔·格尔布（Adhemar Gelb）教授,并遇到了他未来的妻子罗拉。当时美因河畔法兰克福是知识发酵的中心,皮尔斯直接和间接地接触到一流的格式塔心理学家、存在主义哲学家和精神分析学家。

弗里茨·皮尔斯成了一名精神分析师。他直接受到卡伦·霍尼和威廉·赖希(Wilhelm Reich)的影响,间接受到奥托·兰克(Otto Rank)等人的影响。皮尔斯尤其受到威廉·赖希的影响,他在20世纪30年代早期是皮尔斯的分析师,"他首先让我把注意力集中在心身医学的一个最重要的方面——运动神经系统作为铠甲的功能"(F. Perls,1947,p. 3)。

应该注意到对皮尔斯智性发展的三个影响。一位是哲学家西格蒙德·弗里德伦德尔(Sigmund Friedlander),从他的哲学中,皮尔斯融合了差异思维与创造性冷漠的概念,在皮尔斯的第一本书《自我、饥饿与攻击》(1947)中有详细阐述。当皮尔斯和家人一起搬到南非时(先是从纳粹德国逃出来,然后是逃离纳粹占领的荷兰),皮尔斯也受到了南非总理扬·史末资(Jan Smuts)的影响。在成为总理之前,史末资写了一本关于整体论和进化论的重要著作,事实上,这本书从一个格式塔的视角审视了更广阔的生态世界。史末资创造了"整体论"(holism)这个词。第三位是语义学家阿尔弗雷德·柯日布斯基(Alfred Korzybski),他对皮尔斯的智性发展产生了影响。

罗拉·波斯纳·皮尔斯(Laura Posner Perls)是格式塔治疗的共同创始人。她对皮尔斯的影响是众所周知的,她在《自我、饥饿与攻击》中写了一章。她在认识皮尔斯时是一名心理学学生,1932年获得法兰克福大学的理学博士学位。她与存在主义神学家马丁·布伯和保罗·蒂利希(Paul Tillich)接触并受他们影响。在格式塔治疗中,许多的格式塔、现象学和存在主义的影响是通过她来实现的，尽管她的功劳和影响力受到她名下著述甚少的限制（Rosenfeld，1978）。

虽然皮尔斯是一名训练有素的精神分析师，但他是那些被经典弗洛伊德精神分析的教条主义所激怒的人之一。20 世纪 20 年代、30 年代和 40 年代是对牛顿实证主义（Newtonian positivism）的巨大发酵和反叛时期。在科学（例如，爱因斯坦的场理论）、戏剧和舞蹈、哲学、艺术、建筑和存在主义上领域正是如此的。罗拉和弗里茨都生活在一种被现象学存在主义影响渗透的时代精神中，这种影响后来被吸收到了格式塔治疗中（Kogan，1976）。其中包括承认创造个人存在的责任和选择、存在先于本质，以及存在主义对话。

格式塔心理学为皮尔斯提供了作为整合框架的格式塔治疗的组织原则。格式塔是指一组元素的结构或模式。格式塔心理学家们认为，有机体本能地感知整个模式，而不是碎片。整个模式具有无法通过分析各部分来收集的特征。感知是一个主动的过程，而不是被动接受感官刺激的结果。所有的情境都被认为具有内在的组织性。当有机体利用他们在此时和此地直接体验的天赋才能时，他们具有准确感知的能力。现象学研究和治疗的任务是利用这种能力来洞察正在被研究的结构。因为人们在整个模式出现时会自然地感知到它们，所以实际的觉察比阐释和教条更值得信任。

开端

皮尔斯的《自我、饥饿与攻击》写于 1941—1942 年。1946 年这本书首次在南非出版时加了副标题《弗洛伊德理论和方法的修正》（*A Revision of Freud's Theory and Method*）。1966 年出版的这本书的副标题改为《格式塔治疗的开始》(*The Beginning of Gestalt Therapy*)。"格式塔治疗"这一术语最早被用作弗里德里克·皮尔斯、拉尔夫·赫弗莱恩和保罗·古德曼写的一本书的书名(1951)。不久之后,纽约格式塔治疗学院成立,总部设在弗里茨·皮尔斯和罗拉·皮尔斯在纽约市的公寓。这间公寓用于研讨会、工作坊和小组活动。当时和皮尔斯一起学习的人有保罗·韦茨(Paul Weisz)、洛特·韦登菲尔德(Lotte Weidenfeld)、巴克·伊斯门(Buck Eastman)、保罗·古德曼、伊萨多·弗罗姆、埃利奥特·夏皮罗(Elliot Shapiro)、利奥·查尔芬(Leo Chalfen)、艾里斯·圣圭拉诺(Iris Sanguilano)、詹姆斯·西姆金和肯尼斯·A. 费希尔(Kenneth A. Fisher)。

20世纪50年代,全国各地都设立了密集的工作坊和研究小组。1954年于纽约市举行的美国心理学会大会之前,在为期三天的时间里,举办了一个专门的密集工作坊,仅限15名合格的心理学家参加。在克利夫兰、迈阿密和洛杉矶也举办了类似的工作坊。1955年克利夫兰研究小组成立了克利夫兰格式塔学院。

弗里茨·皮尔斯于1960年搬到西海岸,当时西姆金为他安排了一个格式塔治疗研讨会。皮尔斯、沃尔特·肯普勒和詹姆斯·西姆金于1964年夏天在伊萨兰学院举办了第一次格式塔治疗培训工作坊。这些培训工作坊在皮尔斯和西姆金的领导下一直持续到1968年。皮尔斯移居加拿大后,西姆金与伊尔玛·谢泼德(Irma Shepherd)、罗伯特·W. 雷斯尼克(Robert W. Resnick)、罗伯特·L. 马丁(Robert L. Martin)、杰克·唐宁(Jack Downing)和约翰·恩赖特(John Enright)一起,继续在伊萨兰提供格式塔治疗培训,直至1970年。

在开始阶段,格式塔治疗开创了许多后来被折中心理治疗实践接受的思想。治疗师和病人之间直接接触的兴奋、对直接体验的强调、积极实验的使用、对此时和此地的强调、病人对自己的责任、觉察原则、对有机体自体调节的信任、人与环境的生态相互依存、同化原则和其他这些概念对一个保守派来说是新的、令人兴奋和震惊的。在这一时期，心理治疗的实践在旧的、传统的精神分析驱动理论的取向和主要由格式塔治疗开创的思想之间被二分。这是一个扩展的时期，各种原则相互整合，并把对原则的说明和去除留给未来。例如，格式塔治疗因此率先在接触关系中使用治疗师的主动在场，但没有详细考虑什么构成了一个治疗的对话式在场。

现状

全世界至少有 62 家格式塔治疗机构，而且名单还在继续增加。事实上，在美国的每个主要城市都至少有一个格式塔学院。

全国性组织尚未建立。因此，对研究所、培训师和受训人员没有既定的标准。每个学院都有自己的培训标准、学员选择标准等等。在最近的过去，组织一次为培训师制定标准的全国性会议的尝试没有成功。对什么是好的格式塔治疗或好的格式塔治疗师没有一致认可的标准。因此，格式塔治疗的消费者有责任仔细评估自称为格式塔治疗师或进行格式塔治疗培训的人的教育、临床和培训背景（见 Yontef，1981a，1981b）。

《格式塔期刊》主要致力于格式塔治疗的文章。《格式塔理论》发表关于格式塔心理学的文章，包括一些关于格式塔治疗的文章。文献目录信息可从科根（Kogan，1980）、罗森菲尔德（Rosenfeld，1981）和怀桑（Wysong，1986）获得。

随着格式塔治疗经验的增长，早期的治疗方法已经改变。例如，早期的格式塔治疗实践常常强调临床上使用挫败，这是一种自足（self-sufficiency）与自体支持的混淆，以及治疗师将病人解释为具有操控性时表现出的粗暴态度。这种取向倾向于强化羞耻导向病人的羞耻。在格式塔治疗实践中，出现了一个趋向于更柔和的运动，治疗师更直接地表达自己，更多地强调对话，减少了刻板技术的使用，增加了对性格结构描述的强调（使用精神分析的表述），并且增加了对团体过程的使用。

因此，与参与到新模式中的格式塔治疗师在一起，病人更容易遇见对自体接纳的强调、治疗师温和的态度、更信任病人的现象学，以及对心理动力主题更明确的工作，对包括团体成员之间的关系，在团体中正式的、一对一工作的减少等在内的团体过程的重视也有提高。总体上来看，人们也越来越重视理论指导、理论阐述和用认知工作。

人格
人格理论

生态相互依存：有机体/环境场

一个人通过自体与他者的分化，以及连接自体与他者而存在。这是边界的两个功能，要想与自己的世界保持良好的接触，就必须冒险去探索和发现自己的边界。有效的自体调节包括接触，在接触中一个人从有潜在的营养或毒性的环境中觉察到新奇。滋养的东西被吸收，其他的都被拒绝。这种差异化接触必然带来成长（Polster and Polster，1973，p. 101）。

心理代谢

在格式塔治疗中,新陈代谢被用作心理功能的隐喻。人们通过咬下适当大小的一块(可以是食物、想法或关系),咀嚼它(考虑),并发现它是有营养的还是有毒的。如果有营养,有机体吸收它并使它成为它自身的一部分。如果有毒,有机体把它吐出来(拒绝它)。这需要人们愿意信任自己的味觉和判断力。辨别需要主动地感知外部刺激,并处理这些外部刺激和内感受性数据(interoceptive data)。

边界的调节

自体和环境之间的边界必须保持可渗透性,以允许交流,但要足够坚固,以保持自主性。环境包括有待筛选的毒素。即使是营养的东西也需要根据主导需求加以区别对待。代谢过程受体内平衡规律的支配。理想情况下,最迫切的需要使有机体充满活力,直到它被满足或被更重要的需要所取代。生活是一个需要的进程,满足和未满足,达到体内平衡,并继续到下一刻和新的需求。

接触边界的扰乱

如果自体和他者之间的边界变得不清楚、失去或不可渗透,这就会导致自体和他者之间区别的扰乱、接触和觉察的扰乱(见Perls, 1973; Polster and Polster, 1973)。在良好的边界功能运作中,人们在连接和分离之间、在与当前环境的接触和从环境中后撤出注意之间交替。接触边界在融合(confluence)和隔离中以极性相反的方式消失。在融合(熔合[fusion])中,自体和他者之间的分离和区别变得如此不清晰，以致边界消失了。在隔离中，边界变得如此不可渗透，以致连接失去了，也就是说，他者对自体的重要性从觉察中消失了。

内转是自体内部的分裂，是自体对自体各方面的阻抗。这是以自体代替环境，如对自己做一个人想对别人做的事，或为自己做这个人想别人为自己做的事。这种机制导致隔离。自足的幻觉是一个内转的例子，因为它以自体取代了环境。虽然一个人可以自己呼吸和咀嚼，但空气和食物必须来自环境。内省是一种内转，可以是病态的或健康的。例如，克制表达愤怒的冲动可能有助于应对危险的环境。在这种情况下，咬嘴唇可能比说些刺耳的话更有作用。

通过内摄，外来物质没有区别或同化地被吸收。把整个吞下产生了一个"仿佛"的个性和顽固的性格。内摄的价值观和行为是强加给自体的。与所有接触边界扰乱一样，吞咽整体可能是健康的或病理性的，这取决于环境和觉察的程度。例如，听一堂课的学生，在充分觉察到他们正在这样做的情况下，可能会在没有完全"消化"的情况下抄写、记忆和机械重复材料。

投射是一种自体与他者的混淆，是由于将真正的自体归因于外部某物而产生的。一个健康投射的例子是艺术。病理性投射来自对所投射之物没有觉察和不承担责任。

偏转（$deflection$）是指当一个人有礼貌而不是直接表达的时候，通过转换方向避免接触或觉察。偏转可以通过不直接表达或不接收来实现。在后一种情况下，那人通常会感到"未受影响"；在前一种情况下，那人往往效率低下，对无法得到想要的东西感到困惑。偏转可以是有用的，当觉察到它满足了情境的需要时（例如，当情境需要冷静时）。其他偏转的例子包括：不看人，啰唆，含糊，轻描淡写地谈论而不是和人交谈（Polster and Polster，1973，pp. 89-92）。

有机体的自体调节

人类的调节在不同程度上要么是（1）有机体的，也就是说，基于对是什么的相对完整而准确的认识，要么是（2）"应该的"，基于对某些控制者认为应该或不应该的任意强加。这适用于内在心理调节、人际关系调节和社会群体调节。

"只有一件事应该得到控制：情境。如果你理解你所处的情境，让你所处的情境控制我们的行动，那么你就学会了应对生活。"（F. Perls，1976，p. 33）皮尔斯用一个开车的例子解释了上述问题。与预先计划的"我想每小时行驶 65 英里"计划不同，一个了解情境的人在夜间会以不同的速度行驶，在交通堵塞时以不同的速度行驶，或者在疲劳时仍然以不同的速度行驶，等等。在这里，皮尔斯明确表示，"让情境控制"是指通过对当下环境的觉察，包括自己的愿望，而不是通过认为"应该"发生的事情来进行调节。

在有机体的自体调节中，选择和学习是整体性的，是身和心、思想和感觉、自发性和深思熟虑的自然结合。在应该主义的调节中，认知处于主导地位，没有感觉和整体的觉察。

显然，与边界调节有关的一切都不可能完全觉察。大多数互动是通过自动的习惯性模式，以最低的觉察进行的。有机体的自体调节要求习惯的行为在需要时能完全觉察到。当觉察没有根据需要出现和/或没有组织必要的运动性活动时，心理治疗是一种提高觉察和获得有意义的选择和责任的方法。

觉察

觉察和对话是格式塔治疗中两种主要的治疗手段。觉察是一种经验形式，它可以被松散地定义为与自己的存在、与是什么保持联系。

罗拉·皮尔斯说：

> 格式塔治疗的目的是**觉察连续谱**，自由的、持续存在的格式塔的形成，在该情形下，有机体、关系、团体或社会最关心和最感兴趣的东西变成格式塔，进入前景，在这里它可以被充分体验和面对（被承认，被解决，被整理，被改变，被处理，等等），这样它就可以融入背景（被遗忘，或被同化和整合），并把前景留给下一个相关的格式塔。(1973，p.2)

充分觉察是在全面的感觉运动、情感、认知和充满活力的支持下，与个体/环境场中最重要的事件保持警惕接触的过程。洞察，一种觉察形式，是立即理解场中完全不同的元素的明显统一。觉察接触创造了新的、有意义的整体，因此它本身就是一个问题的整合。

有效的觉察以有机体当前的主导需求为基础并被其激发。它不仅包含自知（self-knowledge），还包含直接了解当前情境，以及自体在那种情境下的状况。对情境及其要求，或对某人的需要和选择的反应的任何否定，都是对觉察的干扰。有意义的觉察是对这个世界上的一个自体的觉察，处于与这个世界的对话中，并伴随着对他者的觉察——它不是一个专注于内心的内省。觉察伴随着拥有，也就是说，知道自己对自己的行为与感受的控制、选择和责任的过程。没有这一点，人可能会对经验和生活空间保持警惕，但不会对他或她有和没有什么能力保持警惕。觉察是认知的、感官的和情感的。一个人口头承认他的处境，但没有真正地看到它、了解它、对它做出反应、感受到对它的反应，是没有充分觉察，而且也没有充分接触。觉察的人知道他做什么，怎么做，他有其他选择，并且他选择做他自己。

觉察的行为总是在此时和此地，尽管觉察的内容可能是久远的。记忆的行为是此时；所记住的不是此时。当情境需要觉察过去或对未来的预期时，有效的觉察会考虑到这一点。例如：

病人：（看起来比平时更紧张）我不知道就哪方面进行工作。

治疗师：你现在觉察到什么？

病人：见到你很高兴，但我对今晚和我老板开会感到很紧张。我已经排练并准备了，而且我在等待的时候，已经试着支持我自己了。

治疗师：你现在需要什么？

病人：我想把她放到空椅子上和她谈话。但是我太紧张了，我需要做些身体上的事情。我需要移动，呼吸，发出噪音。

治疗师：（看着，但保持沉默。）

病人：这取决于我，嗯？（暂停。病人起身，开始伸展，打哈欠。动作和声音变得更加有力。几分钟后，他坐了下来，看上去更柔软，更有活力。）现在我准备好了。

治疗师：你看起来更有活力了。

病人：现在我已经准备好探究是什么让我对今晚如此紧张。

自体拒绝和完全觉察是相互排斥的。对自体的拒绝是对觉察的扭曲，因为它是对一个人是谁的否定。排斥自己同时也是对"我是谁"的困惑和自我欺骗，或高于表面上承认的"自欺"态度（Sartre，1966）。说"我是"似乎是对另一个人的观察，或者似乎这个"我"没有被选中，又或者不知道一个人是如何创造和延续那个"我是"，这是错误的信心，而不是有洞察的觉察。

责任

根据格式塔治疗的观点，人们是负责任的；也就是说，他们是决定他们自己行为的主要动因。当人们把责任与责备和应该相混淆时，他们给自己施加压力，操控自己；他们"尝试"，而不是综合而自发的。在这种情况下，他们对环境的真正需要、要求、反应，以及在这种情境下的选择都被忽视，他们过分地服从或反抗"应该"。

格式塔治疗师相信明确区分选择和被给予的重要性。人们对自己选择做的事情负责。例如，人们代表环境对自己的行为负责。把自己的选择归咎于外部力量（如基因或父母）是自我欺骗。为自己的不选择负责，典型的羞耻反应，也是一种欺骗。

人们对道德选择负责。格式塔治疗帮助病人根据自己的选择和价值观发现什么是道德。格式塔治疗非但没有提倡"什么都可以"，反而把最重要的义务即选择和评价放在每个人身上。

概念的多样性

格式塔治疗人格理论主要是由临床经验演变而来的。重点是支持我们作为心理治疗师的任务的人格理论，而不是全面的人格理论。格式塔治疗理论的建构是场理论的，而不是遗传和现象学的，或者概念的。

虽然格式塔治疗是现象学的，但它也处理无意识，也就是说，在需要的时候没有进入觉察的东西。在格式塔治疗中，觉察被认为是在接触中，而不觉察被认为是脱离接触。不觉察可以用各种现象来解释，包括学习关注什么、压抑、认知定势（cognitive set）、性格和风格。西姆金（Simkin，1976）将人格比作一个漂浮的球——在任何既定时刻，只有一部分暴露在外，其余部分则被浸没。不觉察是由于有机体通常被自己的内部环境或幻想所淹没而不与它的外部环境接触，或是由于对外部的固着而与它的内在生活没有接触。

格式塔治疗改变的理论

孩子们全盘接受（内摄）思想和行为。这导致了一种强制性道德，而不是一种与有机体相容的道德。因此，当人们按照自己的意愿而不是他们的"应该"行事时，他们经常感到愧疚。有些人投入了大量的精力来维持"应该"和"想要"之间的分裂——解决这个分裂需要承认他们自己的道德，而不是一个内摄的道德。"应该"刻意阻碍这样的人，他们越想成为不一样的人，阻抗就越大，没有任何改变发生。

拜塞尔提出了这样一种理论，即改变不是通过"个体或另一个人胁迫性地企图改变他"而发生的，而是如果一个人投入时间和精力去成为"他自己"，"完全处于他目前的位置"，就会发生（Beisser，1970，p. 70）。当治疗师不接受改变推动者的角色时，有序且有意义的改变是可能的。

格式塔治疗的概念是觉察（包括拥有、选择和责任）和接触带来自然的、自发的变化。强迫改变是一种实现形象而非实现自体的企图。带着觉察的自体接受，以及按照现状存在的权利，有机体可以成长。强制的干预减缓了这一过程。

格式塔心理学的简洁性（Prägnanz）原理指出，场会将自己形成总体环境允许的最佳格式塔。因此，格式塔治疗师也相信人们天生就有健康的驱力。这种倾向存在于自然界，人是自然界的一部分。对显而易见物的觉察，即觉察连续谱，是一种人可以有目的地使用的工具，来引导这种自发的健康驱力。

场的分化：极性与二分法

二分法是一种分裂，在这种分裂中，场不被视为一个分化成不同的、相互关联的部分的整体，而被看成一种竞争的（或）和不相关的力量的组合。二分法思维干扰了有机体的自体调节。二分法思维倾向于不容忍人与人之间的多样性和对一个人的悖论真理。

有机体的自体调节使得各部分相互结合，并形成一个包含各部分的整体。场通常被分成两极：相互补充或解释的对立部分。电场的正负极是场理论的典型模式。极性的概念把对立面视为一个整体的部分，就像阴和阳一样。

有了这种场的极性观点，差异被接受和整合了。缺乏真正的整合会造成分裂，如身-心、自体-外在、幼稚-成熟、生物-文化，以及无意识-意识。通过对话，可以把各个部分结合起来，形成一个有区别的统一的新整体。两分法如理想自体（self-ideal）和贫乏自体（needy self）、思想和冲动、社会要求和个人需要可以通过整合成一个分化为自然两极的整体来治愈（Perls，1947）。

健康定义一：作为极性的好格式塔

好格式塔描述了一个以清晰和良好形式组织起来的知觉场。一个结构良好的图形在一个更广泛和不太明显的背景下很明显地突出。突出东西（图形）和情境（背景）之间的关系是意义。在好格式塔中，意义是清楚的。好格式塔给健康下了一个无内容的定义。

在健康方面，图形根据需要而改变，也就是说，当需求得到满足或被更迫切的需求所取代时，它会转移到另一个焦点。它的变化不会太快以致阻止满足感（如歇斯底里症），也不会太慢以致新的图形没有空间去承担有机体的支配地位（如强迫）。当图形和背景被二分时，这个人只剩下一个脱离情境的图形或一个没有焦点的情境（F. Perls et al., 1951）。在健康方面，觉察准确地代表了整个场的主导需求。需要是外部因素（场的物理结构、政治活动、自然行为等）和内部因素（饥饿、疲劳、兴趣、过去的经验等）的函数（function）。

健康的定义二：创造性适应的极性

格式塔治疗健康功能的概念包括创造性调整（*creative adjustment*）。一种只帮助病人适应的心理治疗产生顺从和刻板行为。一种只会让人们把自己强加于世界而不去考虑其他人的心理治疗则会产生病态自恋和一种与世界隔离的、否认自体实现的世界。

一个表现出创造性互动的人为自体和周围环境之间的生态平衡负责。

这就是理论背景（F. Perls et al., 1951），其中一些看似个人主义甚至无政府主义的格式塔治疗陈述被最准确地考虑到。个体与环境形成两极。选择不是在个体和社会之间，而是在有机体和任意的调节之间。

阻抗是极性的一部分，由一个冲动和对该冲动的阻抗组成。被视为两分法的阻抗通常被看成"坏的"，在这样的背景下，结果只不过是病人遵循个人的指令，而不是治疗师的指令。阻抗被视为极性，与被抗拒的特征一样，是健康不可或缺的组成部分。

格式塔治疗师关注意识的工作过程和意识的阻抗过程。许多格式塔治疗师回避"阻抗"这个词，因为它带有贬义的二分法含义，它将这个过程表示为一种治疗师和病人之间的权力斗争，而不是作为病人的自体冲突，需要融入一个和谐分化的自体。

僵局

僵局是一种外部支持不到位，并且此人认为自己不能支持他自己的一种情境。后者在很大程度上是由于此人的力量被分为冲动和阻抗。最常见的应对方法是操纵他人。

一个进行有机体的自体调节的人要为自己所做的、他人为自己所做的和自己为他人所做的负责。人与环境交流，但对人的生存调节的基本支持是自体。当个体不知道这一点时，外部支持就变成了自体支持的替代品，而不是自体的营养来源。

在大多数心理治疗中，这种僵局是由治疗师的外部支持来回避的，而病人并不认为自体支持是足够的。在格式塔治疗中，病人可以通过僵局，这是因为在不做病人的工作的情况下强调爱的接触，也就是说，没有抢救或婴儿化。

心理治疗
心理治疗理论

治疗目标

在格式塔中,唯一的目标是觉察。这包括在特定领域更高的觉察,以及病人根据需要将自动习惯带入觉察的更强的能力。在前一种意义上,觉察是一种内容,在后一种意义上,觉察是一个过程。觉察作为内容和觉察作为过程随着治疗的进行,都进展到更深的层次。觉察包括了解环境、选择的责任、自知、接纳自己,以及接触的能力。

初诊病人主要关心问题的解决。格式塔治疗师的问题是病人如何支持自己解决问题。格式塔治疗通过增强病人的自体调节和自体支持促进问题的解决。随着治疗的进行,病人和治疗师将更多的注意力转向一般的人格问题。在成功的治疗结束时,病人指导大部分的工作,并且能够整合问题解决、性格主题、和治疗师的关系问题,以及调节他或她自己觉察的方法。

格式塔治疗对那些愿意对自体觉察进行工作的病人和那些希望自然掌握其觉察过程的病人最为有用。虽然有些人声称他们有兴趣改变自己的行为,但大多数寻求心理治疗的人主要是想减轻不适。他们的抱怨可能是普遍的不适、具体的不适,或对关系的不满。病人通常希望,不适的缓解来自他们的治疗师做的工作,而不是他们自己的努力。

心理治疗最适合那些通过拒绝自己、疏远自己、欺骗自己而产生焦虑、抑郁等的人。简言之，那些不知道他们如何加深自己的不快乐的人是首要候选人，只要他们愿意接受觉察工作，特别是自体调节的觉察。格式塔治疗特别适合那些在智性上了解自己却没有成长的人。

那些想在没有觉察工作的情况下缓解症状的人可能更适合于行为矫正、药物治疗、生物反馈等等。格式塔治疗的直接方法有助于病人在治疗早期做出选择。但是，病人在接触或觉察工作中的困难不应自动解释为他们不想工作。对整个人的尊重使格式塔治疗师能够帮助病人明确"不能"（can't）和"不会"（won't）之间的区别，并了解内在障碍或阻抗，如先前的学习、焦虑、羞耻和对自恋伤害的敏感性，阻止觉察工作。

没有"应该"

格式塔治疗中没有"应该"。在格式塔治疗中，病人的自主性和自我决定比其他价值观更为重要。这不是一种应该，而是一种偏好。没有应该的道德准则优先于治疗师为病人设定的目标，并将责任和准许病人的行为留给病人（当然，社会的禁令和要求不会仅仅因为病人处于格式塔治疗中而中止）。

如何进行治疗？

格式塔治疗是一种探索，而不是行为的直接矫正。目标是通过意识的增强来成长并获得自主。格式塔治疗师不是保持距离和解释，而是会见病人并指导积极的觉察工作。治疗师的积极在场是充满活力并令人兴奋的（因此温暖），诚实和直接。病人可以看到、听到，并被告知他们的经历、看到的东西、治疗师的感受、治疗师作为一个人的样子。成长发生在与真实的人之间的实际接触中。病人主要不是通过谈论他们的问题，而是通过他们和治疗师如何互动，来了解他们是如何被看到的，以及他们的觉察过程是如何受到限制的。

聚焦的范围从简单的融入或共情到主要由治疗师与病人的现象学产生的练习。相对于两位参与者的直接体验，一切都是次要的。

格式塔治疗的一般取向是促进探索在治疗之后和没有治疗师的情况下最大限度地发展所要继续发展的方法。病人经常被留下而处于未完成却充满思考的，或者"被打开的"，再或有任务要做的状态。这就像一块从烤箱中取出后继续烹饪的烤肉。在某种程度上，这说明了格式塔治疗可以在每周更少的疗程中如此密集。我们与没有我们而发生的成长合作；我们在需要的地方启动。我们提供促进病人自我提高所需的便利程度。我们促进成长，而不是完成一个治愈过程。

皮尔斯认为，心理治疗的最终目标是实现"促进自身发展的整合"（Perls，1948）。这种促进作用的一个例子是在一堆雪中切开一个小洞的比喻。一旦排水过程开始，从一个小洞开始的底座会自行扩大。

成功的心理治疗实现了整合。整合需要认同所有重要的功能，而不仅仅是病人的一些想法、情绪和行为。对自己的想法、动作或行为的任何拒绝都会导致疏离。重新拥有让人完整。因此，在治疗中的任务是让病人觉察到先前被疏离的部分并品尝它们，思考它们，如果它们是自我相容的（ego-syntonic），就同化它们，或者如果它们被证明是自我疏离（ego-alien）的，拒绝它们。西姆金（Simkin，1968）曾用蛋糕的比喻来鼓励病人重新拥有他们认为自己有毒的或不可接受的部分：虽然油、面粉或发酵粉本身是令人讨厌的，但它们对整个蛋糕的成功是不可或缺的。

我-汝关系

格式塔治疗和其他疗法一样，关注病人。然而，这种关系是横向的，因而不同于传统的治疗关系。在格式塔治疗中，治疗师和病人说同一种语言，即以当下为中心的语言，强调两位参与者的直接体验。在格式塔治疗中治疗师和病人都表现出完全在场。

格式塔治疗从一开始就强调病人的体验，以及治疗师对病人觉察不到的东西的观察。这使病人能够平等行事，他可以完全获得他自己的体验数据，这样他就可以从内部直接体验治疗师从外部观察到的东西。在阐释系统中，病人是个外行，没有解释的理论基础。其假定是，重要的内部数据是无意识的，不被体验。

格式塔治疗关系的一个重要方面是责任问题。格式塔治疗强调治疗师和病人都是自我负责的。当治疗师认为自己对病人负责时，他们与病人的不自我负责相勾结，从而加强由于相信病人不能支持和调节他们自己而进行操控的必要性。然而，治疗师对自己负责和病人对自己负责是不够的——还有一个由病人和治疗师组成的联盟，他们必须时刻小心，并有能力去照顾它。

治疗师对如下事项负责：他们在场的质量和数量、对他们自己和病人的了解、保持一种非防御的姿势、保持他们的觉察和接触过程清晰并与病人相匹配。他们对自己行为的后果、对建立和维持治疗氛围负责。

觉察、对话与过程

觉察到"什么"和"如何"

在格式塔治疗中，对病人做什么和如何做有一个持续而仔细的强调。病人面对的是什么？病人如何做出选择？病人是自体支持还是阻抗？直接体验是一种工具，它通过继续关注更深更广的领域而超越最初的体验。格式塔治疗技术是实验的任务。它们是扩展直接体验的手段。这些手段不是为了把病人带到某个地方、改变病人的感觉、恢复健康或者促进宣泄而设计的。

此时和此地

在现象学治疗中，"此时"从病人当下的觉察开始。首先发生的不是童年，而是此时所体验的。觉察此时发生了。先前的事件可能是现在觉察的对象，但是觉察过程（例如记忆）是此时。

此时我可以接触我周围的世界，或者此时我可以接触回忆或期望。不知道当下、不记得或不期望都是扰乱。当下是过去和未来之间不断变化的过渡。通常病人不知道他们现在的行为。在某些情况下病人生活在现在，好像他们没有过去。大多数病人活在未来就好像那是此时。所有这些都是时间觉察的扰乱。

"此时"指的是此刻。在治疗时间里，当病人指的是他们治疗时间之外，或者早于治疗时间的生活时，那不是此时。在格式塔治疗中，我们比任何其他形式的心理治疗都更倾向于此时。过去几分钟、几天、几年或几十年中对当下而言很重要的体验得到处理。我们试图从谈论转向直接体验。例如，与一个不在现场的人交谈，而不是谈论那个人，这可以调动更直接的情感体验。

在格式塔治疗中，我和汝、什么和如何、此时和此地的方法论经常被用来对性格和发展心理动力学进行工作。

例如，一名 30 岁的女性病人正在接受团体治疗。她处于治疗的中期。她说她对团体里的一个男人很生气。一种合理且经常使用的格式塔方法是"对他说"。相反，治疗师采取了不同的策略：

治疗师：你听起来不仅生气，而且需要做更多。

病人：［看起来很感兴趣。］

治疗师：听上去、看起来你被激怒了。

病人：是的，我想杀了他。

治疗师：你好像觉得无能为力。

病人：是的。

治疗师：无能为力通常伴随着愤怒。你对什么感到无能为力？

病人：我不能让他承认我。

治疗师：［治疗师对她之前和那个男人相遇的观察与这个说法一致］你不接受。

病人：不接受。

治疗师：而且你的愤怒程度似乎是比这个情境所需要的更大。

病人：［点头并停顿。］

治疗师：你在经历什么？

病人：我生活中有很多这样的男人。

治疗师：像你父亲那样？［这是以前和病人一起工作的结果，不是瞎猜。工作进展到重新体验来自她父亲的自恋伤害，父亲对她从来没有反应。］

觉察、对话与过程

心理治疗的过程

格式塔治疗可能具有比任何其他系统都更为广泛的风格和模式。它被用于个体治疗、团体、工作坊、夫妻、家庭和儿童的工作中。它在诊所、家庭服务机构、医院、私人诊所、成长中心等都得到实践。各种模式的风格在许多维度上有很大的不同：结构的程度和类型；使用的技巧的数量和质量；治疗的频率；关联的摩擦-自在；关注身体、认知、情感、人际交往；了解和处理心理动力主题；个人相遇的程度；等等。

格式塔治疗的所有风格和模式都有共同的、我们一直在讨论的一般原则：强调直接体验和实验（现象学），使用直接接触和个人的在场（对话存在主义），并强调"什么"和"如何"，以及"此时和此地"的场概念。在这些参数中，干预根据治疗师和病人的背景和个性来设计。

方法论的核心是强调"工作"与其他活动的区别，特别是"谈论"，工作有两层含义。首先，它指的是一种深思熟虑的、自愿的和有纪律的承诺，去利用以现象学为中心的觉察来增加一个人生活的范围和清晰度。当一个人从谈论一个问题或以一种普遍的方式与某人在一起，转向研究自己在做什么，特别是觉察到自己是如何觉察的，那么他就是在工作。第二，在团体中，工作意味着成为治疗师和/或团体注意的主要焦点。

技术上的差异并不重要，尽管治疗接触的质量和类型，以及治疗师的态度和强调与病人需求之间的契合很重要。技术只是技术：整体的方法、关系和态度是至关重要的方面。

然而，对一些技术或策略的讨论可能会阐明整个方法论。这些只是说明什么是可能的。

病人聚焦技术

所有聚焦于病人的技巧都是对"你现在觉察到（体验）什么?"这个问题的阐述，以及对"尝试这个实验并看看你觉察到什么（体验）或学到了什么"的指示。许多干预措施很简单，只需要询问病人觉察到什么，或者更狭义地说："你感觉到什么?"或"你在想什么?"

"和它待在一起。"一个常见的技巧是遵循带有指示的觉察报告："和它待在一起"或"感觉出来"。

"和它待在一起"鼓励病人继续保持所报告的感觉，这有助于增强病人加深和完成一种感觉的能力。例如：

病人：[看起来很悲伤。]

治疗师：你觉察到什么?

病人：我很悲伤。

治疗师：和悲伤待在一起。

病人：[眼泪流了出来。然后病人绷紧了身子，看向别处，开始显得若有所思。]

治疗师：我看到你绷紧了身体。你觉察到什么?

病人：我不想和悲伤待在一起。

治疗师：和不想做的事情待在一起。将不想做的事情用话语表达出来。[这种干预可能会使病人觉察到对软化（melting）的阻抗。病人可能会回答："我不会在这里哭——我不信任你"，或者"我很惭愧"，再或"我很生气，而且不想承认我想念他"。]

觉察、对话与过程

演出。在这里，病人被要求把感觉或想法付诸行动。例如，治疗师可以鼓励病人"对那个人说"（如果在场）或使用某种角色扮演（例如，如果那个人没有出现，则对空椅子讲话）。"用话语表达出来"是另一个例子。眼睛里含着泪水的病人可能会被要求"用话语表达出来"。演出的目的被当作一种提高觉察的方法，而不是一种宣泄情绪的形式。它不是万能药。

夸张（Exaggeration）是一种特殊的演出形式。一个人被要求夸大一些感觉、思想、动作等等，以便感受到更强烈（尽管是人为的）的演出的或幻想的视野。动作、声音、艺术、诗歌等的演出，既能激发创造力，又能治疗。例如，一个男人在谈论他母亲时没有表现出任何特别的情感，他被要求描述她。他描述不出来，有人建议像她那样行动。当病人采用她的姿势和动作时，他觉察到强烈的情绪。

引导幻想（Guided fantasy）。有时，相较于演出，通过视觉化，病人能更有效地将体验带到此时和此地：

病人：我昨晚和我的女朋友在一起。我不知道怎么发生的，但是我阳痿了。[病人提供更多细节和一些过去的事。]

治疗师：闭上眼睛。想象现在是昨天晚上，而且你和女朋友在一起。把你每个时刻所体验的东西说出来。

病人：我坐在沙发上。我的女朋友坐在我旁边，我兴奋起来。然后我就变软了。

治疗师：我们再来一遍，慢一点，更详细点。对每个想法或感觉印象都要敏感。

病人：我坐在沙发上。她过来坐在我旁边。她摸我的脖子。感觉又温暖又柔软，我兴奋了——你知道，硬了。她轻抚我的手臂，我很喜欢。[停顿，看起来很吃惊]然后我想，我过了如此紧张的一天，也许我不能勃起。

这个病人觉察到他是如何造成了他自己的焦虑和阳痿的。这个幻想再现一个发生了的事件、以便更好地接触它。幻想可以是一个预期的事件、一个隐喻的事件等等。

在另一个案例中，一个就羞耻和自体拒绝进行工作的病人被要求想象一位母亲，她说的和所指的是"我爱你，就像你现在这样"。当幻想被详细描述时，病人关注她的体验。这种幻想有助于病人觉察到好的自体照顾的可能性，并可以作为一个过渡，以整合好的自体养育。这种意象可以用于两个疗程之间的工作，或作为一种冥想。它也会增加对遗弃、丧失和糟糕的养育方式经验的感觉。

放松和整合技术。通常，病人被常规思维方式的枷锁所束缚，以至不允许替代可能性进入觉察。这包括传统机制，如否认或压抑，但也包括影响病人思维方式的文化和学习因素。一种技术是让病人想象被认为是真的情况的对立面。

整合技术将病人不放在一起或主动分开（分裂）的过程结合在一起。病人可能会被要求用语言表达一个消极的过程，如紧张、哭泣或抽搐。或者当病人口头报告一种感受，也就是一种情绪时，她可能会被要求确定在身体的具体位置。另一个例子是要求病人表达对同一个人的积极和消极的情绪。

身体技术。这些技术包括任何使病人觉察到他们的身体功能运作，或帮助他们觉察到他们如何利用他们的身体来支持兴奋、觉察和接触的技术。例如：

病人：［泪流满面，下巴收紧。］

治疗师：你愿意做个实验吗？

病人：［病人点头。］

治疗师：做一些深呼吸，每次呼气时，让你的下巴松弛地向下移动。

病人：［深呼吸，呼气时让下巴下垂。］

治疗师：和它待在一起。

病人：［开始软化，哭泣，然后呜咽。］

治疗师披露

鼓励格式塔治疗师做"我"的陈述。这样的陈述促进治疗的接触和病人的聚焦，并且是有区别的和明智的。使用"我"来促进治疗工作需要治疗师的技术技能、个人智慧和自体觉察。治疗师可以分享他们所看见的、所听到的或所闻到的。他们可以分享他们如何受到影响。治疗师觉察到的而病人没有觉察到的事实被分享，特别是当这些信息不太可能在治疗时间内的现象学工作中自发地被发现，然而被认为对病人很重要时。

心理治疗的机制

旧的赤字，新的优势

孩子需要一个抚养的、有机体/环境的、生态平衡的父母关系。例如，母亲必须确保孩子的需要得到满足，并促进其潜力的发展。孩子需要这种温暖的、养育类的镜像。孩子也需要奋斗、挫败和失败的空间。孩子还需要限制来体验行为的后果。当父母因为需要一个依赖的孩子或缺乏足够的内在资源而无法满足这些需求时，孩子就会发展出扭曲的接触边界、觉察和低自尊（lowered self-esteem）。

不幸的是，孩子经常被塑造成去满足父母对他们自己需求的认可。结果，自发的人格被人为的人格所取代。其他孩子开始相信他们可以让别人满足自己的需要，而不必考虑别人的自主权。这导致了冲动的形成，而不是自发性的形成。

病人需要一个治疗师，他将以一种健康、接触的方式建立联系，既不通过以牺牲病人的探索和修通为代价纵容病人而迷失自己，也不通过不恭敬、不热情、不接受、不直接或不诚实产生过度的焦虑、羞耻和挫败。

对自己的需要和优势的觉察下降、阻抗而不是支持他们的有机体自体，这样进入心理治疗的病人是很痛苦的。他们试图让治疗师为他们做他们认为不能为自己做的事情。当治疗师们赞同这一点时，病人就不再重新拥有并整合他们失去的或从未开发的潜能。因此，他们仍然不能以有机体自体调节的方式运作，对他们自己负责。他们没有发现他们是否有自主存在的力量，因为治疗师满足他们的需求而没有增强他们的觉察和自我边界（［ego boundary］见 Resnick，1970）。

随着格式塔治疗的进行，以及病人对觉察、责任感和接触的学习，他们的自我功能运作得以改善。因此，他们获得了深入探索的工具。在没有退行治疗（regressive treatment）所必需的退行（regression）和过度依赖，也没有移情神经症所带来的暂时性能力丧失的情况下，可以探索形成期的童年经历。没有假定病人是由过去的事件决定的，童年的经历被带到当下的觉察中。病人积极地将移情材料投射到格式塔治疗师身上,从而为更深入的探索提供了机会。

以下两个例子展示了,具有不同防御的病人需要不同的治疗,但有相似的潜在问题。

汤姆是一个 45 岁的男人,以他的才智、自足和独立而自豪。他没有觉察到他有未满足的依赖需要和怨恨。这影响了他的婚姻,因为他的妻子觉得不被需要和低人一等,因为她接触到了需求并展示了它。这个男人的自足需要尊重——它满足了需要,部分是建设性的,是他自尊的基础。

病人:[骄傲地]小时候我的妈妈太忙了,我只能学会依靠自己。

治疗师:我很欣赏你的力量,当我想你是这样一个自立的孩子,我想抚摸你,给你一些父母般的抚慰。

病人:[流泪]没有人能为我做那些。

治疗师:你看起来很伤心。

病人:我记得小时候……[探索导致了对父母不在身边的羞愧反应和对自力更生的补偿性觉察。]

鲍勃是一个 45 岁的男人,他感到羞耻,对任何不完全积极的互动的反应都是孤立他自己。他一直不愿尝试自我滋养。

病人:[呜咽的声音]我不知道今天该做什么。

治疗师:[看着不说话。]

病人：我可以谈谈我的一周。［疑惑地看着治疗师。］

治疗师：我现在感觉到被你拽着。我想，你想要我指导你。

病人：是的。怎么了？

治疗师：没什么。我现在不想指挥你。

病人：为什么不呢？

治疗师：你可以自己指挥。我认为你在引导我们离开你内心的自体。我不想和你合作。［沉默。］

病人：我感到茫然。我感到失落

治疗师：［看着不说话。］

病人：你不打算指挥我，是吗？

治疗师：是的。

病人：好吧，让我们就我认为我不能照顾好自己进行工作吧。

［病人指导了一项富有成效的工作，使自己觉察到对父母不在身边而产生的遗弃焦虑和羞耻感。］

挫败和支持

格式塔治疗平衡挫败和支持。治疗师探索而不是满足病人的愿望，而这让病人感到挫败。提供接触是支持性的，尽管诚实的接触会阻止操纵。格式塔治疗师表达自己，强调探索，包括探索欲望、挫败和沉溺。治疗师对病人的操纵做出反应，没有增强，没有判断，也没有故意挫败。温暖和坚定的平衡是重要的。

改变的悖论

矛盾的是，一个人越是试图成为不是自己的人，他就越是保持不变（Beisser，1970）。许多病人专注于他们"应该是"之物，而同时抵制这些应该。

格式塔治疗师试图通过让来访者认同每一个相互冲突的角色来实现整合。来访者被问到他或她在每一个时刻体验到什么。当来访者能够觉察到这两个角色时，整合技术被用来超越二分法。

格式塔疗法中有两个公理："是什么，就是什么"和"一件事带来另一件事"（Polster and Polster，1973）。改变的媒介是与治疗师的关系，治疗师通过展示他或她真正是谁并理解和接受病人来进行接触。

觉察到"是什么"带来自发的改变。当一个通过操纵寻求支持的人发现治疗师接触和接纳，并且不配合他的操纵时，他可能会觉察到他在做什么。这个"啊哈！"是一个新的格式塔、一种新的观点、一种新的可能性的尝试："我可以和某人在一起，并且不操纵或被操纵。"当这样的人遇到"治疗性"串通、嘲笑、思维游戏、破坏游戏等时，这种觉察的提高是不可能发生的。

在这条路上的每一个点上，这个新的"啊哈！"都可能发生。只要治疗师或病人能看到新的可能性，并且病人想学习，新的"啊哈！"就是可能的，并且伴随着它们，就有了成长。觉察工作可以在病人愿意的任何地方开始，只要治疗师觉察到并将其与整体联系起来。格式塔治疗接下来的过程带来了整个场的改变。调查越彻底，重组就越激烈。有些变化几年后才能理解。

格式塔治疗中的病人负责他们的生活。治疗师有助于人们注意去打开受限的觉察并接触边界受限的区域；治疗师给边界差的区域带来坚定和限制。随着感知的准确性和生动性的提高，随着呼吸变得更充分、更放松，随着病人进行更好的接触，他们将治疗的技能带入他们的生活。有时候，亲密感和工作的改善就像一种优雅的行为，因格式塔工作而发生，而病人没有将提高与治疗中所做的工作联系起来。但是有机体随着觉察和接触确实成长了。一件事确实带来另一件事。

应用

问题

格式塔治疗可以有效地用于任何治疗师了解并感觉舒服的病人群体。如果治疗师能够与病人建立关系，就可以应用对话和直接体验的格式塔治疗原则。针对每个病人，一般原则必须适应特定的临床情境。如果病人的治疗是遵照"格式塔治疗"进行的，那么它可能是无效的或有害的。精神分裂症患者、反社会者、边缘型患者和强迫症神经症患者可能都需要不同的方法。因此，合格的格式塔治疗实践需要的背景不仅仅是格式塔治疗，还有诊断、人格理论和心理动力学理论的知识。

个体临床医生在格式塔治疗中有很大的自行决定权。个体治疗师根据治疗风格、个性、诊断考虑等进行修改。这鼓励并要求治疗师承担个人责任。在人格理论、精神病理学和心理治疗的理论与应用方面，格式塔治疗师受到鼓励而拥有坚实的基础及足够的临床经验。在治疗性相遇中，参与者受到鼓励，去实验新的行为，然后在认知和情感上分享各自的体验。

传统上，人们认为格式塔治疗对"过度社交化的、克制的、约束的个体"是最有效的（焦虑的、完美主义的、病态性恐惧的和抑郁的来访者），其不一致或受限的功能主要是"内部限制"的结果（Shepherd，1970，p. 234 - 235）。这些人通常只表现出对生活的最低享受。

尽管谢泼德的陈述准确地描述了格式塔治疗有效的群体，但目前格式塔治疗的临床实践包括了对更广泛的问题的治疗。

格式塔治疗在"皮尔斯式"工作坊风格上的应用比一般的格式塔治疗更为有限（Dolliver，1981；Dublin，1976）。在谢泼德关于限制和警告的讨论中，她指出限制适用于任何治疗师，但是在工作坊情境中，以及对于那些没有受过良好培训或对精神紊乱的病人群体没有经验的治疗师来说，这些限制应该特别地加以注意。

与精神病患者、混乱的或其他严重精神紊乱的人一起工作更为困难，需要"谨慎、敏感和耐心"。谢泼德建议，不要在不可能对病人做出"长期承诺"的情况下从事此类工作。精神错乱的病人需要治疗师的支持，在他们深入探索和强烈体验精神错乱病人心理过程的"压倒性痛苦、伤害、愤怒和绝望"之前，他们至少要对他们自己的自然康复能力有一点信心（Shepherd，1970，pp. 234 - 235）。

与紊乱更为严重的人群工作需要如何平衡支持和挫败的临床知识，以及性格动力学的知识，需要辅助支持（如日间治疗［day treatment］和药物治疗），等等。一些在一次工作坊上似乎有意义的陈述在更广泛的背景下应用时显然是无稽之谈。例如，考虑一下在治疗见诸行动的病人背景下的"做你自己的事情"！

仔细阅读格式塔治疗文献，如《当今格式塔治疗》（*Gestalt*

Therapy Now，Fagan and Shepherd，1970)、《格式塔治疗的发展优势》(*The Growing Edge of Gestalt Therapy*，Smith，1976) 和《格式塔期刊》，将发现格式塔治疗用于危机干预、贫困计划中的贫民区成年人 (Barnwell，1968)、互动团体，精神病患者和几乎任何可以想象的群体。不幸的是，文献中提供的例子（并且只有少量的）没有充分解释受关注的必要改变，而且也没有讨论负面结果。

格式塔治疗已被成功地应用于治疗广泛的"心身"疾病，包括偏头痛、溃疡性结肠炎和颈背痉挛。格式塔治疗师们已经成功地与夫妻，以及在处理与权威人物关系和范围广泛的内在心理冲突方面有困难的个体进行工作。格式塔治疗已被有效地应用于精神病和严重的性格障碍。

因为格式塔治疗产生影响并且容易达到强烈的、经常被隐藏的情感反应，所以有必要建立安全岛，使治疗师和病人都能舒适地返回。治疗师也必须与病人待在一起，直到他或她准备好返回这些安全岛。例如，在一次特别的充满情感的体验之后，可以鼓励病人与治疗师，或者一个或多个团体成员进行视觉的、触觉的或其他类型的接触，并报告体验。另一种安全技术是让病人来回穿梭于与治疗师或团体成员在此时的接触以及病人彼此经历的充满情感的未完成情境之间，直到所有的情感都被释放，并且未完成情境得以完成。

格式塔治疗强调个人责任、人际接触，强调提高对"是什么"的觉察的清晰度，这可能对解决现在的问题有很大的价值。一个例子是格式塔治疗在学校里的应用 (Brown，1970；Lederman，1970)。

评价

格式塔治疗师对正式的心理诊断评估和非数学研究方法论非常不感兴趣。没有统计方法可以告诉病人或治疗师什么对他或她有效。对大多数人有效的东西并不总是对某个特定的人有效。这并不意味着格式塔治疗师不支持研究；事实上，洛杉矶格式塔治疗学院已经提供了资助研究的资金。皮尔斯没有提供格式塔治疗有效的量化统计证据。他确实说过，"我们没有任何东西是你无法根据自己的行为来证实的"（F. Perls et al., 1951, p. 7）。在《格式塔治疗》一书中，提供了一系列的实验，可以用来检验格式塔治疗对自己的有效性。

每个治疗过程被看作一个实验、一个存在的相遇，治疗师和病人都参与预期的风险承担（实验），包括探索迄今为止未知或禁止的领域。治疗师帮助病人使用现象学聚焦技能和对话式接触来评估哪些是有效的，哪些不是有效的。因此，不断进行具体研究。格式塔治疗"为表意实验心理治疗的价值牺牲了精确的验证"（Yontef, 1969, p. 27）。

哈曼（Harman, 1984）回顾了格式塔的研究文献，发现关于格式塔治疗的质性研究（quality research）很少。他确实发现研究表明，在格式塔治疗团体之后，自体实现和积极的自体概念得到增强（Foulds and Hannigan, 1976; Giunan and Foulds, 1970）。

由莱斯利·格林伯格（Leslie Greenberg）及其同事进行的一系列研究（Greenberg, 1986）试图了解并解决心理治疗研究中对情境缺乏关注，以及过程和结果研究不幸分离的问题。格林伯格研究了治疗中的特定行为和变化过程，并得出了特定的结果。他们的研究区分了三种类型的结果（直接、中间和最终）和三个层次的过程（言语行为、事件和关系）。他们在出现情节类型的情境下研究言语，在发生关系的背景中研究这些事件。

在一项研究中，格林伯格检验了使用双椅技术来解决分裂。他将这种分裂定义为"一种言语表现模式，在这种模式中，来访者将自体过程报告为自体或倾向的两个部分"。他总结道："根据［他研究的］原则进行的双椅操作被发现有助于加大体验的深度，提高有效的心理治疗的指标……并促进与寻求咨询的人群一起解决分裂。"（Greenberg，1979，p. 323）

L. S. 格林伯格和 H. M. 希金斯（H. M. Higgins）的一项名为《双椅对话和聚焦于冲突解决的效果》的研究发现，"双椅对话似乎产生了更直接的冲突［分裂］体验，并以有助于解决冲突的自我面质（self-confrontation）的形式鼓励来访者"（Greenberg and Higgins，1980，p. 224）。

哈曼（Harman，1984）发现了许多比较格式塔治疗师与其他治疗师的行为的研究。布伦宁克（Brunnink）和斯克勒德（Schroeder）比较了心理分析专家、行为治疗师和格式塔治疗师，发现格式塔治疗师"提供了更直接的指导、更少的语言引导、更少的来访者关注、更多的自我披露、更大的主动性和更少的情感支持"。他们还发现格式塔治疗师的"访谈内容倾向于反映一种更具经验性或主观性的治疗方法"（Brunnik and Schroeder，1979，p. 572）。

格式塔治疗文献中没有声称格式塔治疗被证明是"最好的"。理论上没有理由认为格式塔治疗会比其他遵循良好心理治疗原则的疗法更加普遍有效。比起观察行为、态度和后果的过程研究，一般的结果研究产生的有用结果可能要少。这方面的一个例子是，西姆金在工作坊（"集中学习"）上对格式塔治疗有效性的评估，与"分散"的每周治疗形成对比。他发现了集中学习的优越性的证据（Simkin，1976）。

关于什么构成好的治疗的一些格式塔治疗观点得到了一般研究的支持。在罗杰斯的理论传统中，关于体验的研究证明了任何治疗师强调直接体验的有效性。格式塔治疗也强调个人关联、在场和体验。不幸的是，一些治疗师经常公然地违反格式塔治疗模式下的良好心理治疗原则，但仍然自称为格式塔治疗师（Lieberman，Yalom and Miles，1973）。

治疗

不断发展的个体格式塔治疗

虽然格式塔治疗以主要适用于团体而闻名，但它的支柱实际上是个体治疗。《当今格式塔治疗》中可以发现几个例子（Fagan and Shepherd，1970）。案例阅读的注释书目可在西姆金著述中（Simkin，1979，p. 299）找到。

格式塔治疗从第一次接触开始。通常情况下，评估和筛选是作为持续关系的一部分进行的，而不是在单独的诊断测试和社会历史记录阶段进行的。评估的数据是通过开始工作获得的，例如，通过治疗性相遇。评估包括病人对格式塔治疗框架内工作的意愿和支持、病人和治疗师的匹配、通常的专业诊断和特征鉴别、治疗频率的决定、辅助治疗的需要和医疗咨询的需要。

治疗的平均频率是每周一次。使用格式塔方法，在这个频率下，通常可以达到相当于精神分析的强度。通常，个体治疗与团体治疗、工作坊、配偶或家庭治疗、运动疗法、冥想或生物反馈培训相结合。有时病人可以使用更频繁的治疗，但他们往往需要时间间隔来消化材料，更频繁的治疗可能会导致过度依赖治疗师。治疗的频率取决于病人在两次治疗之间能坚持多久而不丧失连续性，并且代偿失调或复发的程度较低。治疗的频率从每周五次到每两周一次不等。除非病人每周与同一位治疗师一起参加一个团体，否则少于每周会面一次明显会降低强度。除精神病患者外，一般每周不超过两次，并且绝对禁止边缘型人格（borderline personality）障碍每周超过两次。

在整个治疗过程中，治疗师鼓励和帮助病人为他们自己做决定。何时开始和停止，是否做个练习，使用何种辅助疗法，等等，都会与治疗师讨论，但病人做出这些选择的能力和最终的必要性得到治疗师的支持。

团体模式

格式塔治疗团体的治疗时间从 1.5 小时到 3 小时不等，平均为 2 小时。一个典型的 2 小时团体最多有 10 个参与者。格式塔治疗师通常实践最大限度的团体异质性，以及男性和女性之间的平衡。需要对参与者进行筛选。任何年龄都适合格式塔治疗，但一个持续进行的个人实践小组通常从 20 岁到 65 岁不等，平均年龄在 30 岁到 50 岁之间。

一些格式塔治疗师遵循皮尔斯的指导，在团体环境中进行一对一的治疗，并使用"热椅子"结构。"根据这种方法，一个人向治疗师表达他对处理某个特定问题的兴趣。然后，重点在病人和团体带领者（我和汝）之间扩展了的互动上。"（Levitsky and

Simkin，1972，p. 240）。一对一的治疗平均 20 分钟，但从几分钟到 45 分钟不等。在一对一的工作中，其他成员保持沉默。工作结束后，他们就他们如何受到影响、他们所观察到的情况，以及他们自己的体验与进行工作的病人的体验有何相似之处给出反馈。近年来，一对一的工作已经扩大，也包括非聚焦于特定问题的觉察工作。

在 20 世纪 60 年代初，皮尔斯写了一篇论文，他说：

> 不过，最近，除了紧急情况外，我完全取消了单独的治疗。事实上，我认为所有的个体治疗都是过时的，并且应该被格式塔治疗的工作坊所取代。在我的工作坊里，我现在把个体工作和团体工作结合起来。(Perls，1967，p. 306)

这一观点当时并没有得到大多数格式塔治疗师的认同，也不是目前公认的格式塔理论或实践。

一些观察者将格式塔治疗师的团体工作方式描述为在团体环境中进行个体治疗。对于那些使用刚才讨论的模型，而不强调或处理团体动力、争取团体凝聚力的格式塔治疗师来说，这个陈述是有效的。然而，这只是格式塔治疗的一种风格——许多格式塔治疗师确实强调团体动力。

更多地使用团体当然是在格式塔方法论中，并且越来越多地被用于格式塔治疗（Enright，1975；Feder and Ronall，1980；Zinker，1977）。这包括当一个人做一对一的工作时，团体成员更多地参与，团体中每个人都在处理个人主题，强调团体中的相互关系（接触），以及对团体过程本身的处理。领导者提供的不同程度和类型的结构包括有结构的团体活动或无结构的团体活动、观察团体向自身结构的演变、鼓励一对一的工作等等。格式塔团体通常从一些练习开始，通过分享在此时此地的体验，帮助参与者向工作过渡。

一种经常使用的模式是，通过关注团体成员之间的接触和团体中一对一的工作（鼓励其他成员参与工作），促进觉察的提高。这种方式鼓励了更大的流动性和灵活性。

工作坊风格

一些格式塔治疗和大量的格式塔治疗培训是在工作坊中进行的，这些工作坊被安排在限定的时间内，有些工作坊短到一天。周末工作坊则可能持续 10 到 20 个小时或更久。较长的工作坊持续时间从一个星期到几个月不等。典型的周末工作坊成员包括一个格式塔治疗师和 12 至 16 个参与者。如果周期较长（从一个星期到一个月或更长），一个治疗师可以最多看到 20 人。通常，如果一个团体的参与者超过 16 人，就要使用联合治疗师。

因为工作坊的生命是有限的，而且参与者可以利用的时间就那么多，所以通常会有很高的"工作"动力。有时，会制定规则，以便在其他参与者都有机会进行一次工作之前，没有人可以进行第二次工作。其他时候，没有这样的规定。因此，取决于他们的意愿、胆量和动力，有些人在一个工作坊上可能会得到几次强烈的治疗关注。

虽然有些工作坊是按已建立的团体安排的，但大多数工作坊是第一次集合人员。与持续进行的团体一样，理想的做法是在工作坊之前筛选病人。一个未经筛选的工作坊需要一位有丰富病理学经验的临床医生，并小心保护可能易受伤害的团体成员。面质的或有魅力的格式塔风格在一些参与者中特别可能加剧现有的精神上的病（Lieberman et al.，1973）。

其他治疗方式

格式塔治疗在家庭工作中的应用已由沃尔特·肯普勒（Kempler，1973，p. 251‑286）详细阐述。对肯普勒工作最完整的描述出现在他的《格式塔家庭治疗原则》中（*Principles of Gestalt Family Therapy*，1974）。

格式塔治疗也被用于短期危机干预（O'Connell，1970），作为视觉问题的辅助治疗（Rosanes-Berret，1970），用于心理健康专业人员的觉察培训（Enright，1970），用于有行为问题的儿童（Lederman，1970），用于培训日托中心的工作人员（Ennis and Mitchell，1970），用于向教师和其他人传授创造力（Brown，1970），用于垂死的人（Zinker and Fink，1966），并用于组织发展中（Herman，1972）。

管理

格式塔治疗师的病例管理往往是非常实用的，并且受支持人与人之间关系的目标所指导。预约通常由治疗师通过电话安排。办公室装饰反映了治疗师的个性和风格，并不是有意的中立化。办公室的设计和布置要舒适，并避免在治疗师和病人之间放置办公桌或餐桌。通常情况下，物理布局为运动和实验留下了空间。治疗师的着装和举止通常都很随意。

费用的安排因人而异，除了直截了当，没有特定的格式塔风格。费用直接与病人讨论，通常由治疗师收取。

强调边界清晰，病人和治疗师都要负责处理手头的任务。"工作"或治疗，从第一刻开始。治疗期间不做任何记录，因为它会干扰接触。如果需要的话，治疗师对会后的笔记记录负责，并负责保护笔记、录像或磁带和其他临床材料。治疗师设定付款条件、取消政策等等。违反或反对则直接讨论。共同做出决定，双方都应遵守协议。治疗师安排办公室，使其免受侵犯，并在可能的情况下，给办公室隔音。

评估过程是治疗的一部分，并是相互的。评估过程中涉及的一些考虑因素包括决定个体和/或团体治疗、评估治疗师建立信任、关怀关系的能力，以及让病人在充分取样后决定治疗师和治疗是否合适。

直接讨论关系中出现的问题，无论是从处理具体问题的角度，还是从探索任何相关特征的生活方式或关系过程的角度，这都将有助于病人探索。始终以两位参与者的需求、愿望和直接体验指导探索和问题解决。

案例

佩格（Peg）最初出现在一个格式塔培训工作坊中，在那里她就她对已经自杀的丈夫所怀有的悲痛和愤怒进行工作。他的去世让她承担了抚养他们孩子的全部责任，并开始离开家在外面工作以养活自己和家人。当时她已经将近 40 岁了。

佩格以相当大的勇气和主动性，在她居住的南加州大城市组织了一个由著名服务机构赞助的危机诊所。她是参与西姆金（Simkin, 1969）拍摄的一部格式塔治疗培训影片的 11 人之一。以下文字摘自电影《在此时》（*In the Now*）：

> 佩格：我有一个……反复出现的梦。我站在彭德尔顿营地旁边的地上。有一个开阔、起伏的乡村。到处是宽阔的、

纵横交错的土路。绵延起伏的丘陵和山谷……在我的右边，我看到一辆坦克，就像在军队里一样——大型履带船用坦克……有一系列这样的坦克，而且它们都被紧紧地关着，它们在这些山峦和山谷中隆隆作响，排成一列，全都被关上了。我站在路边，手里拿着一盘托尔豪斯饼干。它们是热的。它们就在盘子里——我就站在那里，我看到这些坦克一辆接一辆地过来。当坦克经过时，我站在那里，我看着坦克。当我往右边看的时候，我看到一只——一双闪亮的黑色鞋子，一辆坦克从山上过来，鞋子在这辆坦克的踏板之间跑来跑去。就在鞋子出现在我面前的时候……那个男人弯下腰，坦克继续前进，他向我走来，他是我最好朋友的丈夫。我总是会醒来。我总是会中止我的梦……然后我笑了。看起来不再那么好笑了。

吉姆（Jim）：是的。你在做什么？

佩格：试着阻止我的牙齿打战。

吉姆：你反对什么？

佩格：我不喜欢现在的焦虑和恐惧的感觉。

吉姆：你在想什么？

佩格：滑稽可笑。

吉姆：好的。开始嘲笑。

佩格：佩格，你真可笑。你很胖……你很懒。你只是个滑稽人物。你在假装自己长大了，却没有长大。在看的每个人都知道你内心是个孩子，伪装成一个39岁的女人……这是一个可笑的伪装。39岁你一事无成。可笑的年龄。你很滑稽。你有一份你根本不知道该怎么做的工作。你在制订各种宏伟的计划，但你没有足够的头脑去执行，而且人们会嘲笑你。

吉姆：好的，现在请四处看看，并注意人们是怎么嘲笑你的。

佩格：我害怕看。［环顾四周，慢慢地］他们似乎对我很认真。

吉姆：那谁在笑你呢？

佩格：我想……只是我的幻想……我的……

吉姆：谁创造了你的幻想？

佩格：我。

吉姆：那谁在笑你呢？

佩格：是啊。就是这样。我……我真的在笑不好笑的事情。我不是那么无能。［暂停］

吉姆：你真正擅长什么？

佩格：我对人很好。我不妄下判断。我很擅长管理家务。我是个好裁缝、好面包师，我……

吉姆：也许你会让某人成为一个好妻子。

佩格：是的。

吉姆：也许你会让某人再次成为一个好妻子。

佩格：我不知道。

吉姆：那就说那句话。"我不知道我是否能让某人再次成为一个好妻子。"

佩格：我不知道我是否能让某人再次成为一个好妻子。

吉姆：对这里的每个男人都这么说。

佩格：我不知道我是否能让某人再次成为一个好妻子……

［再重复了这个句子五次。］

吉姆：你体验到什么？

佩格：惊喜。哇……我以为我不会让任何人再成为一个好妻子了。

吉姆：好的。

吉姆：你现在体验到什么？

佩格：满意。高兴。我感觉很好。我感觉完成了。

虽然佩格的"入场券"是一个梦，但前景是她对被嘲笑的焦虑和幻想。梦是一个开始的工具，而且，与经常出现的情况一样，这项工作带来了一个最不可预测的结果。

在制作培训影片的周末工作坊上，佩格遇到了一个吸引她的男人，而这个男人反过来又被她吸引。他们开始约会，几个月内就结婚了。

接下来是格式塔治疗的第二个样本，选择性地从一本书中摘录，以说明一些技巧（Simkin，1976，p. 103 - 118）。这是一个由六名志愿者组成的工作坊的简缩记录。上午的课程包括演讲示范和电影。

吉姆：我想先说说我此刻在哪里，以及我正在经历什么。在我看来，这些灯光、摄像机和周围的人都是人造的。我被技术材料、设备等压得喘不过气来，我更感兴趣的是远离灯光和摄像机，和你们多接触。［询问小组成员的姓名并介绍他自己。］

我想你们都看过这部电影和演示，我更愿意在你们准备好工作的时候和你们一起工作。我将重申我们的合同或协议。在格式塔治疗中，合同的本质是说你在哪里，你在任何特定时刻经历了什么,如果你可以,保持觉察连续谱,报告你聚焦在哪里,你觉察到了什么。

* * * * *

我想首先让你们说你们是谁,有什么计划或期望。

汤姆(Tom):现在我有点紧张,不是因为技术设备,因为我已经习惯了。和你在一起我觉得有点奇怪。今天早上我很不高兴,因为我不同意你说的很多事情,我觉得对你充满敌意。现在我或多或少地接受作为另一个人的你。

吉姆:此时我正在注意你的脚。我想知道你能否给你的脚一个声音。

汤姆:给我的脚一个声音?你是说我的脚感觉如何?它会说什么?

吉姆:就这样继续做,作为你的脚,看看有没有什么要说的。

汤姆:我不明白。

吉姆:当你告诉我关于今天早上感到的敌意时,你开始踢了,我想你还有些东西要踢。

汤姆:嗯,是的。我想也许我还有点想踢,但我真的觉得那不太合适。

* * * * *

拉沃娜(Lavonne):现在我感觉很紧张。

吉姆:你在和谁说话,拉沃娜?

拉沃娜:我只是在想今天早上,我当时觉得充满敌意。

我还是觉得我有点敌意。

吉姆：我觉察到你在避免看我。

拉沃娜：是的，因为我觉得你很傲慢。

吉姆：没错。

拉沃娜：好像我可能会和你发生争执。

吉姆：可能。

拉沃娜：所以避免眼神交流是一种斗争的推迟。我不知道它们能否解决。

吉姆：你愿意告诉我你对我的傲慢有什么反对之处吗？

拉沃娜：嗯，这不太舒服。如果我有问题，我跟你谈，你傲慢，那只会让我傲慢。

吉姆：你说的就是你的回应。你的经验是你这样回应。

拉沃娜：是的。对极了。在这所大学里，我觉得我必须自大，必须时刻防卫。因为我是黑人，人们对我的反应不同……不同的人……我觉得我大部分时间都必须保持警觉……

* * * * *

玛丽（Mary）：我想就我对大儿子的感情，以及我和他之间的斗争进行工作——只是，我怀疑这事实上是我和自己之间的斗争。

吉姆：你能跟他说这个吗？说他的名字，然后对他说。

玛丽：好吧。他叫保罗（Paul）。

吉姆：把保罗放在这里［空椅子］，对保罗说。

玛丽：保罗，我们有很多摩擦。每次你独自开车出去，我都讨厌你。但是……

吉姆：等一下。对玛丽说同样的话。玛丽，每次你独自开车出去，我都讨厌你。

玛丽：很合适。玛丽，每次你独自开车出去，我都讨厌你，因为你不是个好母亲。

吉姆：我不知道你的"因为"。

玛丽：不，这是我的理由。我对自己做瑜伽也是这样。

吉姆：听起来你认同保罗。

玛丽：是的。我知道。我羡慕他的自由，甚至在还是个孩子的时候他就去了树林。我羡慕他去树林的能力。

吉姆：告诉保罗。

玛丽：保罗，即使当你还是个小男孩的时候，你也会星期六出去一整天，不告诉我你要去哪里，而是直接去，为此我羡慕你，我非常羡慕你，我觉得很受伤，因为我不能去。

吉姆：你不能，还是你不会？

玛丽：我不会做的。我想去，但我不会去。

吉姆：对的。我身边总有人在提醒我我能做什么，而不是真的让我生气。

玛丽：这就是我对自己所做的。我不断提醒自己我能做什么并且不会去做。然后我什么也不做。我停滞不前了。牢牢地固定在那里。

吉姆：我想让你和你的恶意接触一下。把你的恶意放在这里，和玛丽的破坏者谈谈。

玛丽：你这个白痴。你有时间做你的工作。你也有精力去做你的工作……你浪费掉了。你参与了很多事情，所以你会有借口不做你的工作，或做任何其他事情……[停顿] 你只是花时间让你自己痛苦并使你的生活复杂化。

吉姆：这是怎么回事？［指着玛丽的手］

玛丽：是的。握紧拳头……不行。

吉姆：你握紧拳头了吗？

玛丽：是的，我想是的。

吉姆：好的。你能和你的另一部分接触吗——你慷慨的自体？

玛丽：我不太了解我慷慨的自体。

吉姆：做你握紧拳头的自体，只是说："慷慨的自体，我和你没有接触，我不认识你，等等。"

玛丽：慷慨的自体，我不太了解你。当你送给别人礼物而不是给自己时，我想你时不时地在努力。你拒绝给很多你可以给的东西。

吉姆：刚才发生了什么事？

玛丽：我排练了。我只是没有和我慷慨的自体说话。我在和……主要是和你说话。我是拒绝给予部分。

吉姆：我很难想象你是个不给予的人。你一开始就表现得很有活力，并且……对我来说，你很愿意给予。

玛丽：我不知道我是否真的在给予。有时候我觉得我真的给了，而我给的东西不被作为礼物接受。有时我想给予却做不到，有时我觉得我给予太多了，我不该给。

吉姆：是的。这就是我开始感觉到的。有些受伤。你看起来像是受伤了——在过去。在这个过程中你一直很脆弱，而且不知怎么地就受伤了。

玛丽：在某种程度上我受伤了。

吉姆：对我来说，你现在看起来很疼，尤其是眼睛周围。

玛丽：我知道，我不想那样做……我不想表现出来。

吉姆：好的。你愿意阻止伤害吗？

玛丽：[捂住眼睛] 我那样做的时候，我看不见你。

吉姆：没错。

玛丽：当我那样做的时候，我看不到任何人。

吉姆：非常正确。当我阻止我的伤害时，没有人存在。这是我的选择。

玛丽：这也是我的选择。

吉姆：我很高兴看到你。对我来说，你在这一刻很慷慨。

玛丽：你对我很慷慨。我觉得你很慷慨。我听到你回应我，我觉得我在回应你……

吉姆：我想知道现在你能不能回到保罗身边一会儿。和他相遇，并探索发生了什么。

玛丽：保罗，我想对你热情，我想对你慷慨，我想我这样做可能会伤害你。你现在六英尺高了，有时候我很想走到你跟前，给你一个晚安吻，或者用手臂环抱着你，我再也做不到了。

吉姆：你不能？

玛丽：我不会。不会的，因为，呃……我被推开了。

吉姆：你受伤了。

玛丽：是的，我受伤了。保罗，如果你想把我推开，我想这是你自己的事，但这并不能阻止我受到伤害。

吉姆：我喜欢一句话，我相信是尼采曾经对太阳说的："你对我发光不关你的事。"

玛丽：我一直希望，保罗，你25岁的时候，或者你去参军的时候，诸如此类……我能吻你道别。[停顿]我会尽量记住尼采对太阳说的话。

吉姆：好的。我喜欢和你一起工作。

玛丽：谢谢你。

总结

30年前，弗里茨·皮尔斯预言格式塔治疗将在20世纪70年代形成自己的体系，并在70年代成为心理治疗的一支重要力量，他的预言已经得到了充分的实现。

1952年，大概有十几个人认真地参与了这场运动。1987年，有几十家培训学院、数百名心理治疗师已经接受过格式塔治疗的培训，还有成百上千没有受过训练或训练不足的人自称为"格式塔学者"，成千上万的人已经体验过格式塔治疗——其中许多人治疗效果相当好，而其他人的治疗效果则有问题或很差。

由于格式塔治疗师不愿意设定严格的标准，因此选择和培训格式塔治疗师的标准有很多。有些人体验了一个周末工作坊，认为自己有足够的能力做格式塔治疗。其他的心理治疗师花了数月和数年的时间接受培训成为格式塔治疗师，并对格式塔治疗所需要的和所产生的简单、无限的创新性和创造力有着极大的尊重。

尽管格式塔治疗吸引了一些寻求捷径的人，但它也吸引了大量扎实、经验丰富的临床医生，他们发现格式塔治疗不仅是一种强大的心理疗法，而且是一种可行的人生哲学。

那些寻求快速解决方案和捷径的人将继续寻找更绿的牧场。格式塔治疗将在未来几十年内与其他实质性心理治疗一道，占有自己的一席之地。在未来的许多年里，它将会继续吸引富有创造性的、以实验为导向的心理治疗师。

格式塔治疗在心理治疗理论和实践中开创了许多有帮助的并富有创造性的创新。这些都已被纳入一般做法，通常没有得到认可。现在格式塔治疗正在进一步阐述和完善这些原则。不考虑标签，存在主义对话的原则，使用病人和治疗师的直接的现象学体验，对有机体自体调节的信任，对实验和觉察的强调，治疗师的"没有应该"的态度，病人和治疗师对自己选择的责任，所有这些都形成了一种良好的心理治疗模式，格式塔治疗师和其他人将继续使用这种模式。

总而言之，引述列维茨基和西姆金（Levitsky and Simkin，1972，pp. 251-252）的下面这一段话似乎是恰当的：

>如果我们选择一个关键的想法作为格式塔取向的象征，那么它很可能是真实性的概念，对真实性的追求……如果我们在真实性的无情之光中注视治疗和治疗师，很明显治疗师不能教他不知道的东西……一个有些经验的治疗师很清楚他在向病人同时传达着他（治疗师的）自己的恐惧和勇气、他的防御和开放、他的困惑和清晰。治疗师对这些事实的觉察、接受和分享可以非常有说服力地证明他自己的真实性。显然，这样的实力不是一夜之间就可以获得的。它将被更加深刻地学习和再学习，这种学习不仅贯穿一个人的职业生涯，而且贯穿这个人的一生。

第六篇
格式塔治疗理论：临床现象学

评 论

本文写于1976年，为《现代治疗》（Modern Therapy）一书介绍格式塔治疗而作。文中我主要从觉察和现象学的角度来描述格式塔治疗。它的价值在于，除了作为一个易读的导言外，对于格式塔治疗师和受训者来说也是一个关于觉察和现象学的初步探讨。1979年，它发表在《格式塔期刊》上。它被翻译成其他几种语言，包括法语和塞尔维亚-克罗地亚语。

格式塔心理学是一种实验现象学取向，它以一种整体论概念框架为基础，这种框架被称为场理论（与物理学中的场理论非常相似）。虽然格式塔治疗（GT）是精神分析（弗洛伊德、赖希、霍尼、兰克等）的产物，并受到存在主义（布伯、蒂利希、萨特）的重大影响，但其潜在的整体论的和现象学的结构是格式塔心理学的临床衍生物。格式塔心理学与格式塔治疗的联系，甚至对于大多数格式塔治疗师来说都没有得到充分的理解，也没有在格式塔治疗文献中得到充分的讨论。不幸的是，这个非常重要的

第六篇 格式塔治疗理论：临床现象学

主题必须留给更专业的论文（见 Perls，1973）。

"格式塔"这个词（Gestalt，复数：Gestlaten）指的是形状、轮廓或整体，即结构实体，它使整体成为一个有意义的统一体，区别于各部分的单纯总和。自然是有序的，它被组织成各种有意义的整体。在这些整体中，图形是与一个背景相关的，而这种图形与背景的关系是有意义的。

一个好的格式塔是清晰的，图形/背景关系对人的即时需求的变化模式做出反应，并使之充满活力。好的格式塔既不太死板、太坚固，也不是变化太快、太脆弱。具有治愈作用的觉察是形成清晰格式塔的觉察，这个格式塔具有的图形由这个人每个时刻的主导需要组织和激发。

行为和体验不仅仅是不相关联部分的总和。一个人的行为和体验形成一个具有好格式塔的最佳品质的统一体或有组织的整体。每一个整体都围绕着一个新出现的前景或图形进行组织，这个前景或图形由人的主导需要自发地激发，并且给予了积极或消极的评价。当一个需要被满足时，它组织的格式塔就变得完整，不再需要有机体的能量。当格式塔的形成和破坏被阻碍或变得僵化时，当需要没有被识别和表达时，未满足的需要形成不完整的格式塔，迫切要求注意，干扰新格式塔的形成。

"我从正在进行的写作中抬起头来，发现自己口渴了，我想喝杯水；走进厨房，我倒了一整杯水，把水喝完，然后回到我的书桌旁。我注意到在我写作的房间里阳光明媚，很凉爽；猫在互相玩耍，外面有车辆经过。几分钟前所有这些都像现在一样真实，但当时我没有注意到。我忽略了它们，先是接触到体内水分不足的地方，然后接触到水龙头，我的操纵系统围绕着水进行组织。在我的环境中有许多可能性，但我围绕我的渴而安排，优先于其他可能性。并不是我被场随机地、积极地刺激着，而是我的感官围绕着我的口渴而组织着。"(Latner, pp. 17-18)

通过这个格式塔过程，人类以有秩序和有意义的方式调节自己。这种自体调节依赖于两个相互关联的过程：感官觉察和攻击的使用（注意：在格式塔治疗中，攻击是一种力量，生命能量，没有正面或负面的道德暗示）。

为了生存，人必须与环境交换能量（例如呼吸、进食、触摸），同时作为一个实体，与环境保持某种程度的分离。遇到的每件事的哪一部分接受，哪一部分拒绝，具有有机体自体调节的人自己进行挑选和选择；他接受对他有营养的东西，拒绝对他有毒的东西，利用他的觉察来分辨，利用他的攻击来摧毁或破坏外来的新奇刺激（精确地"解构"[de-structure]），将营养部分融入自体（同化），排斥或排泄出不可用的部分。在没有同化过程的情况下，吸收任何颗粒整体都是内摄的。例如，一个婴儿吞下一粒玉米而没有将其解构，也就是说，没有咀嚼它，他的胃肠道内就有一个内摄物，一个异物。它出现在他的粪便中，没有变化，他也没有得到任何营养。因此，信仰、规则、自体形象、角色定义等也经常被整体吞下去（被内摄），后来形成了"性格"的基础，即僵化和重复的行为，对当前的需要没有反应。在没有觉察和同化的情况下诱导病人接受任何外在目标都会抑制生长。

第六篇　格式塔治疗理论：临床现象学

什么是觉察？

觉察是一种体验。它是一个与个体/环境场中最重要的事件保持警觉接触的过程，具有充分的感觉运动、情感、认知和能量的支持。一个持续不断的觉察连续谱会带来一个"啊哈！"，即对该场中不同元素明显统一性的即刻把握。觉察总是伴随着格式塔的形成。新的、有意义的整体是由有觉察的接触创造的。因此，觉察本身就是一个问题的整合。

既然理解格式塔治疗取决于理解觉察这一格式塔治疗的概念，我建议仔细而深思熟虑地重读前一段和下面的推论。每一个推论都特指在整个人的生命空间中某个特定情境的觉察。虽然所有的生物都有某种觉察、某些体验世界和面向世界的方法，但人们拥有一种特殊的、以部分觉察而生存的能力。例如，一个神经症患者可能会在没有感知或不知道自己的感受的情况下考虑现状，或者没有认知层面的了解，而用身体去表达情感。这两种形式的人类觉察都是不完整的，不是我们在格式塔治疗中寻求的觉察。

推论一：觉察只有以有机体当前主导需要为基础并由其激发时才有效。没有这一点，有机体（人或动物）有觉察，但不知道营养或毒性在哪里对他来说是最严重的。如果没有生物体的能量、兴奋、情感投入这个浮现的图形上，这个图形就没有意义、力量或影响。例如，一个男人在约会，却在担心即将到来的面试。他没有觉察到从约会中他需要得到什么，因此减少了与她接触的兴奋和意义。

推论二：没有直接了解处境的现实，以及一个人是如何身处这种情境，觉察是不完整的。在某种程度上，外部或内部的情境被否认，觉察就会被扭曲。一个人如口头承认自己的处境，但实际上并没有**看到**它、**了解**它并对它做出**反应**，此人就没有觉察，也没有完全接触。一个人知道一点自己的行为，但在感受上、身体上并不真正**知道**他做什么，怎么做，不知道他有其他选择，而选择他现在的状态，那么这个人并无觉察。

觉察伴随着拥有，即知道自己的控制、选择、对自己的行为和感觉负责任的过程（确切讲，反应-能力［response-ability］，做出反应的能力，是决定一个人自己行为的首要因素）。没有这一点，这个人可能会对自己的经验和生活空间保持警觉，但不会对他拥有的和没有拥有的力量保持警觉。因此，在功能上，充分的觉察等同于责任——当我完全觉察时，我立即能够反应（response-able），而且，如果没有觉察，我就不能承担责任。

说"我是"或"我知道"，并相信它不是被选择的，或相信"我是如何"消失于口头咒语，这是自体欺骗或自欺（萨特）。**觉察**必须包括自体接纳，真正的自体承认。承认"我是"如何的行为并不意味着一个人超越了被承认的东西。然而，人们常常以一种微妙的态度觉察到自己的某些东西，这种态度高于表面上被承认的那种态度。用自体拒绝的态度"觉察"到一个人是怎样的，是如此错误的认知。它既说"我是"，又否认"我是"，把它说得好像是另一个人的观察，实际上是说："我是那样的，但现在我承认，我承认的不是那样的。"这不是对自己的直接了解，而是一种没有真正了解的方式。这既是对自己的了解，也是对自己的否定。因此，仅仅知道自己对一个问题不满意，而没有直接地、密切地、清楚地知道，要创造并延续这种情境需要做什么、如何做，这也不是觉察。

推论三：觉察总是**此时**和**此地**的，并且总是在改变，在不断发展并超越自己。

觉察是感官的，而不是魔力的：它存在着。所有存在的东西都是如此，**此时**和**此地**。过去作为记忆、遗憾、身体紧张等而存在于**此时**。未来除了作为幻想、希望等不存在于**此时**。在格式塔治疗中，我们强调觉察是知道**此时，在"现在是"的情境下，我正在做什么**，而不是把**"现在是"**混淆为"过去是"，或"可能是""应该是"。根据我们当下的兴趣和热切的关注，激发关注的图形，我们知道觉察什么。

觉察的行为总是在此时和此地，尽管觉察的内容可能是遥远的。要知道"**此时我记得**"和在没有觉察的情况下进入记忆是非常不同的。觉察是体验和知道此时我正在做什么（以及如何做）。

此时每时每刻都在改变。觉察是一种新的结合，排除了一种不变的看待世界的方式（固定的性格）。觉察不能是静止的，而是在每个新的时刻更新的定向过程。静态的"觉察"是对感觉到的流动觉察的抽象表示。相比任何预先设定的、抽象的想法，我们更信任不断发展中的觉察。

格式塔现象学和改变的悖论

格式塔治疗是一种存在主义治疗（见下面的人本主义和技术部分）。"现象学"这一术语已经开始与强调主观变量或意识而非行为或客观变量的任何取向相联系。格式塔治疗运用了现象学意义中更具技术性的层面：格式塔治疗创造了一种基于操作性存在主义方法论的治疗方法。

现象学寻求理解明显的或由情境所揭示的东西，而不是观察者的阐释。现象学家把这称为"既定的"。体验性地进入情境，并允许感官觉察去发现什么是显而易见的/既定的，现象学正是通过这种方式工作的。这就需要训练，特别是感知什么是**当下**的，什么是**现在**的，不事先包括数据。

现象学的态度是识别和悬搁（bracketing）相关事物的先入之见。现象学描述结合了观察到的行为和体验性个人报告。现象学探索的目的是对"**现在是**"进行越来越清晰而详细的描述，并不再强调将是、可能是、曾经是和或许是什么。

人们常常看不到就在眼前的东西，而且没有意识到它。他们想象，争论，迷失在幻想中。这种经过过滤的感知和对当前情境的即时、充分的把握之间的差异，最能被那些为一个深奥的答案而努力，却发现简单而明显的"啊哈"的喜悦的人所领会！

开始治疗的病人往往不能说出他们说的是什么意思或他们想说什么，因为他们没有觉察。他们已经失去了他们是谁和谁应该过他们的生活的意识。他们已经失去了这样的感觉：这就是我在想的、感觉的、做的。在他们观察、描述和试图知道他们在做什么和如何做之前，他们要求治疗或者要解释为什么。因此，某些他们试图解释、证明的东西其确切存在他们并不清楚。他们错过了显而易见物。

这些病人通过两个相关的过程来保持这种不清晰：思考而不整合感官和情感，并且更多地攻击他们自己而不是接触和同化。他们的行为格式塔的形成，更多的是因为这两个僵化的性格习

第六篇　格式塔治疗理论：临床现象学

惯，而不是出于当前的需要（见下面的神经症部分）。

病人需要做的是尝试实验新的体验模式和心理生物能的新用途。病人需要看、做、应付和学习。治疗时间提供的情境足够安全以保证实验，并且具有足够的挑战性以保证面对现实。在格式塔治疗中，我们称之为"安全的突发事件"。如果治疗师太乐于助人，病人就不必做任何事情，如果治疗师强调言语内容（例如，为什么-因为），病人就可以不做实验或不去感受而思考。如果病人只在治疗过程中重复他已经使用的过程，例如，强迫（预测、分析、问为什么）、被动和无创造性（"告诉我该怎么做"），那么病人很可能不会有什么改善。

格式塔治疗的基础是，病人学习运用他们自己的感官，为他们自己探索、学习并找到自己解决问题的方法。我们教授病人觉察他在做什么和他在怎么做的过程，而不是谈论他应该是怎样的，或者他为什么像现在这样。我们给病人一个工具——从某种意义上说，我们教他做饭，而不是给他喂饭。

传统的心理治疗是以内容为导向的，在治疗过程中，实际的重点是所谈论的内容。格式塔治疗是以过程为导向的，其重点在于觉察病人如何寻求理解。我们做的不只是讨论，我们是"工作"。工作指的是现象学实验，包括有引导的觉察练习和实验。这些练习不仅是为了让病人觉察到某些事，而且是为了让他们觉察到如何觉察，并且作为推论，是为了让他们觉察到他们如何避免觉察。

在传统的言语治疗和行为治疗中，有一个外在的目标：病人现在不那么好。通常情况下，病人和治疗师都同意这一点。在这些治疗中，治疗师是一个改变的推动者，病人会进入某种理想状态（内容目标），试图成为不是现在的他。在格式塔治疗中，改变的发生首先被认定为清楚地了解和接受既定事实：你是谁和你是怎样的。我们唯一的目标是学习和使用这个觉察过程。

格式塔治疗的改变理论（《改变的悖论》[Beisser，1970]）指出：

> ……当一个人变成他现在的样子，而不是试图变成不是他现在的样子时，变化就发生了。改变不是通过个体或其他人的强制性改变他的企图而发生的，但如果一个人花时间和精力去成为他现在的样子——完全投入他目前的状况——改变就发生了。通过拒绝改变的推动者的角色，我们使有意义和有序的改变成为可能。

格式塔治疗师拒绝扮演"改变者"的角色，因为他的策略是鼓励甚至坚持让病人待在他的情形中并成为他现在的样子。他认为，改变不是通过"尝试"、胁迫或说服，或是通过洞察、阐释或任何其他类似的方式发生的。相反，当病人放弃——至少在目前——想成为什么样的人，并试图成为他自己时，就会发生改变。前提是，一个人必须站在一个地方，这样才能有坚实的立足点来移动，没有这个立足点则很难或不可能移动。

通过接受治疗来寻求改变的人至少与两个敌对的内心派别发生冲突。他总是在他"应该"和他认为自己"是"之间徘徊，从不完全认同任何一方。格式塔治疗师要求病人充分投入自己的角色，一次一个。无论他开始扮演什么角色，病人都很快就会换到另一个角色。格式塔治疗师只是简单地让他成为此刻的他。

病人来找治疗师是因为他希望被改变。许多治疗方法把这一点作为合法的目标来接受，并通过各种方式试图改变他，建立了皮尔斯所说的"上位狗/下位狗"二分法。一个寻求帮助病人的治疗师已经离开了平等主义的立场，成为一个行家，病人扮演着无助的人，但他的目标是他和病人应该平等。格式塔治疗师认为，上位狗/下位狗二分法已经存在于病人体内，其中一部分试图改变另一部分，治疗师必须避免陷入其中一个角色。他鼓励病人将这两个角色都作为自己的一部分而接受，一次一个，以此来试图避免这个陷阱。

如果病人放弃成为他不想成为的人，哪怕只是片刻，他也能体验到他是什么样的人。投入并探索一个人是什么样的，忍受一个人存在于世的方式这一现实，通过觉察和选择给予一个人成长的中心和支持。觉察通过接触和实验发展起来，其基础在于：想要知道一个人需要什么，愿意与寻找既定事实相伴随的困惑、冲突和怀疑共存，愿意承担寻找或创造新的解决方案的责任。"人只有通过真实的本性，而不是野心和人为的目标，才能超越自己"（Perls，1973，p. 49）。

人本主义与技术

格式塔治疗的现象学工作是通过一种关系来完成的，这种关系以马丁·布伯的我和汝——此时和此地的存在主义模型为基础。通过这种模式，一个人完全而强烈地参与到手头的人或任务中，每个人都被视为一个汝，一个目的本身，而不是一个"它"，一种达到目的的事物或手段。当两个人中的任何一个人都有各自独立的存在和个人需求，相互接触，认识到并允许他们之间的差异时，关系就会发展。

每个人都要为自己负责，为自己的对话负责。这意味着每个人都要对他是否允许自己影响对方、是否受到影响和能量是否被交换负责。如果双方都允许的话，聚在一起就像一支舞蹈，伴随着接触和后撤的节奏。然后可能有连接和分离，而不是隔离（失去连接）或融合（熔合或丧失独立性）。

要拥有这种舞蹈，就必须允许双方调节自己，而不被支配、拯救或抑制。每个人都是根据对方的舞蹈来调节自己，而不是试图编排对方的舞蹈。如果放松互动的僵化内容有利于双方之间浮现的风险，就需要相信可能会发生的事情。对方在面对坦诚对话时能够调节和支持自己，这也需要一种信任。

在格式塔治疗中，我们既是人本主义的，也是技术的。有一种技术，它嵌入一个矩阵，在这个矩阵中，两个人一起工作进行实验，以提高病人自己体验的能力。这项工作可能聚焦于一项任务，比如梳理病人的一个问题，也可能聚焦于关系本身。这项工作，无论是有结构的还是无重点的，都将感知、感觉和思考统一成一个在此时的觉察的连续谱。

我们允许每个人进行自体调节，而不以我们的外在目标代替他们的自体调节模式。我们观察病人何时打断和拒绝自己，对自己缺乏信心，希望我们接管。但我们相信病人行为的有序和有意义，以及他处理生活的能力。我们不使用语言或修复方法来操纵病人，使其生活在一个理想中，即便是我-汝的理想。

然而，我们可以做的不仅仅是拒绝"改变我"的合同。我们有一个完整的现象学技术可以使用。我们可以提出一种方法，病人可以冒着风险去做一些可能会给他自己带来新体验的新事情。我们的目标是觉察任何功能失调行为的结构/功能，并且我们使用现象学技术来服务于这个目标。

格式塔治疗的每一个治疗干预都是基于视觉和感受的。有时我们只是分享我们看到的（反馈）或我们在反应（披露）中的感受。有时，我们所看到的和感觉到的会给病人某种视野，让其更清楚地觉察。我们重视技术创新，也重视披露和提供反馈。技术产生于我-汝之间的对话，而我-汝有时需要技术干预。例如：病人说话时不看着治疗师。对话被打断了，因为病人在说话，但没有特别针对任何人。此时真正的对话需要治疗师的积极回应。可能性：（1）"你没看着我"；（2）"我觉得被冷落了"；（3）"我建议做个实验：停止说话，就看着我，看看会发生什么"。

因此，格式塔治疗将口头工作与给病人的任务结合起来。这是非常强大的，正如新的衍生自马斯特斯和约翰逊（Masters and Johnson）的疗法最近所发现的。这些任务随着治疗师和病人的创造力与想象力的变化而变化。这包括感知外部世界的工作、享受自己的身体、极性对话（大声或书面）、表达模式（梦、艺术、运动、诗歌），永无止境。这些有时会与用于开启、宣泄或治疗捷径的噱头相混淆。在格式塔治疗中，这些任务都嵌入我-汝关系，并且都被用于继续对治疗师-病人二元体、对病人通过觉察解决问题并成长的探索。

这些任务给病人一些事情做，这些事情是新的，是一种新的可能的体验方式。重复一遍：重点不只是任何一种体验，或甚至任何一种觉察，而是自体调节所必需的觉察，特别是对觉察过程本身的觉察。

通常病人有一种先入为主的观念，认为治疗只是谈话，并且改变是自动发生的。他们对尝试一项实验的要求反应是困惑、不情愿、害怕。随着工作开始产生新的知识，充满真正的兴奋、真正的改变，病人会以不同的方式做出反应：有时病人真的感觉到令人愉快的可能性，渴望得到更多——有时，当他们真的被一种能使他们清楚他们正在做什么并且他们需要改变的方法吓坏时，最重要的是，当他们被真正改变的前景吓坏时，他们会反对这种"噱头"。

注意，虽然这种方法寻找的是显而易见的、表面的东西，但是它远非"表面的"。在传统治疗中，只有通过线性地走到遥远的地方（过去或非常"深"）——那里被认为是决定因素所在的地方——才能理解病人生活的真正结构（线性因果关系）。但是根据场理论，所有有影响的力量都是当下的，在空间或时间中被移除时不会产生影响。觉察培训达到了此时和此地力量的实际结构/功能，这种力量调节着病人的存在。随着治疗进入后期，这一点变得更加明显，因为病人觉察到了更简单的过程，而以前为病人所回避的、存在于当下的强大的其他基本力量也变得明显。

只有完全地在此时和此地工作，不排除这个场的任何部分，这才是有效的。首先假定这个场的某个部分不重要（违反现象学原理），可能会排除接近现在可用的过去体验（例如在身体语言或隐藏的假设中）的此时此地剩余物。纯粹地口头表达，并尝试此时和此地，这样则会错过太多而没有效果。纯粹的非言语行为也会遭受同样的错误。

神经症患者

神经症患者不让自己觉察、接受并允许自己真正的需要来组织自己的行为。他不让自己的兴奋完全地、创造性地进入每一个需要，而是打断他自己：他用自己的部分能量来对抗自己，用部

第六篇 格式塔治疗理论：临床现象学

分能量来控制治疗师的一半对话。这是他必须做的，因为他依靠"导师"（guru）来修复他。神经症患者不能完全拥抱我-汝，因为他的性格很刻板，他的自体支持降低了，而且他通常认为他不能从他的重复和不满意的行为模式中成长。

他试图与治疗师融为一体，利用自己的力量，而不是让自己发展。他对自己边界的感觉很弱，因为他拒绝对他自己各方面的觉察（例如：投射），他接受外来事物，就好像它们是他自己（例如：内摄）。因此，神经症患者失去了对"现在是"的觉察。

因此神经症患者是分裂的，觉察减退，并且拒绝自体。只有通过限制觉察，才能维持这种拒绝自身各方面并分裂的统一过程。因为随着充分和持续的觉察，被拒绝的部分将被接触，并最终整合。

这种自体拒绝和不觉察减少了神经症患者容易获得的自体支持。他开始相信他不能进行自体调节和自体支持，因此必须操纵他者以告诉他如何做，否则就迫使自己按照他没有同化而吞下的僵化规则（"性格"）来生活。他要么努力自足，要么依赖他人，但不利用他的自体支持来滋养接触并且后撤。因此，神经症患者把自己和他人当作事物来控制，并允许他自己被如此控制。

因此，神经症患者使治疗的情境成为旧情境的一种重复：有人告诉他如何做，他阻抗或默许。如果治疗师认为他最清楚什么对病人有好处，问题就会加剧。即使病人按照指示改变，他也是这样做，但并没有学会如何调节自己。无论是这一点，还是治疗师的理想和病人的阻抗之间的斗争，都无法令人满意。这不是采用所寻求的这种或那种行为改变，而是病人对病人行为的觉察，以便他能够利用他自己的力量来支持他自己，而不是阻断他自己。

虽然许多病人为了改变而来，不想成为现在的样子，但他们不想对自己做真正的改变。他们希望治疗师为他们做这件事，或者使他们更好地玩同一个游戏。他们抗拒成长，把精力投入让治疗师失败中。这最后的动机几乎总是出于对初诊病人的直接觉察。

问题不是病人操纵，即管理他的环境，而是他操纵他人，帮助他更舒适地保持残疾状态，而不是在与其环境的给予/接受、接触/后撤关系中基于自体支持进行操纵。治疗师必须同情病人的真实需求，给予病人亲密的、专有的、无要求的关注，同时挫败微妙的神经质操纵，从而迫使他"将所有的操控技能导向对其其真实需求的满足"（Perls，1973，p. 108）。

> ……如果治疗师克制自己……他剥夺了这个领域的主要工具，他对病人正在进行的过程的直觉和敏感性。那么，他必须学会带着同情和挫败工作。这两个要素可能看起来不完整，但治疗师的艺术是将它们熔合成一个有效的工具。为了仁慈，他必须残忍。他必须对整体情况有一个相关的觉察，他必须与整个场有接触——包括他自己的需要和他对病人操控的反应，以及病人对治疗师的需要和反应。而且他必须自由表达它们。（Perls，1973，p. 105）

与神经症患者工作，我们接触并分享我们的观察、我们的情感反应，以及我们的创造/艺术能力。我们给病人所需要的反馈，即使病人认为反馈不相关（例如：身体语言）或太痛苦而无法承认（例如：他如何行为）。我们与病人分享我们对他的体验，包括我们的情绪反应。我们拒绝指导病人的生活，但确实指导他们进行练习和实验来提高觉察。

格式塔治疗师通过他的兴趣、行为和言语来表示他关心、理解并愿意倾听。这种"真正"的支持对许多病人来说是充满滋养的。格式塔治疗的观察者如果没有与格式塔治疗师进行亲密的、二元的相遇,有时会错过大多数格式塔治疗师提供的"真正"支持的强度和温暖,而他们同时"冷漠"地拒绝指导或拒绝对病人负责。

有时我们的接触让病人很沮丧。例如,病人可能寻求我们的同意或不同意。我们经常拒绝。因此,寻求同意或不同意的病人可能会发现,格式塔治疗师通过眼神交流和一般的态度认真地参与,但找不到同意或不同意的线索。治疗师不转移的凝视会让这样的病人感到不安。这是临床上使用挫败的一个例子。给予微妙的赞同暗示将是一种条件反射的形式,它让病人更加努力地给治疗师留下深刻印象而不是表达自己。

考虑这样一个强迫症患者:他只以认知模式体验世界,不会冒险做新的事情。他告诉自己他应该怎么做,并回答"是的,但是……"或"我不能",或"也许下次"。他害怕有人建议他尝试一种新的体验模式,并把这个建议当作命令。他还将描述性的、非评价性的陈述视为判断或评价。他没有就描述进行工作或听从建议进行实验,而是和治疗师玩着他和自己玩的同一个"是的,但是……"游戏。我们不能强化这一点。

我们重视有机体的自体调节和实验,这些价值观指导我们的干预。病人需要探索,这样他就可以自己学习如何在每种情境下选择适合他的体验模式。这种作为工具的**觉察**与作为内容(洞察)的觉察形成对比,后者伴随着分析治疗和行为改变,而无需行为矫正的**觉察**培训。

对于病人我们没有"你应该"的说法。他可能会问:"没有应该?你是说我不应该有应该?"不,病人决定是否有应该,治疗师描述。"你的意思是,我可以做任何我想做的事,而且这样是可以的?"又是一个误解。病人所做的一切不都是可以的。我们所做的事情有法律、社会、经济、道德等方面的后果。我不会对"做你自己的事"给出我的许可,我也不要求你许可"我做我的事"。我对我的选择负责,并坚持你对你的选择负责。我帮助病人为自己而看,实验、验证他们自己的行为,为他们自己而评估。这就是格式塔治疗中"做你自己的事情"的意思,自己体验世界(实验、感觉、感受),做出你自己的选择,并找出你是否有足够的支持。

评估和成熟

病人能够通过格式塔的形成和破坏的过程来调节自己,即由他的主导需要组织和激发,清晰而自发地将他的行为和觉察形成整体/统一体,此时格式塔治疗是成功的。这样的人会"觉察"——具有上述讨论的觉察的特征——会与他的生活空间中最重要的事件接触,有流入他的行为的兴奋感、责任感和自体调节,能够冒险进行新的探索,等等。

因此,我们将成熟定义为一个连续的过程,而不是达到一个理想的最终状态。成熟的人参与这个过程。换一种说法,他参与了创造性调整的过程。创造性调整是人与环境之间的一种关系,在这种关系中,人(1)负责任地接触、承认和处理自己的生活空间,并且(2)负责创造有利于自己福祉的条件。没有"创造性"的"调整"可能意味着仅仅符合外在标准。没有"调整"的"创造性"可能指功能失调的虚无主义。个人行为只有在应对环境的背景下才是成熟的。而且，在没有个体负责创造有利于满足他的最基本需求和价值观的条件下，应对或调整也不能满足这一定义。工作、爱、主张、顺从等等，只有当它们是创造性调整的一部分时才是成熟的。

格式塔治疗成功的衡量标准是病人对自己的体验和判断有多清楚，而不是依赖于对调整的任何外在测量。我们期望病人学会如何自己体验任何过程，包括格式塔治疗，以及满足或阻挠其重要需求的程度。这意味着他必须知道自己需要/想要/喜欢什么，并对自己的价值观、判断和选择负责。

这种成熟和觉察只有在病人和治疗师清楚、明显地看到时，才能有效、可靠地确认格式塔治疗的成功。成功是由外在可见的行为和内在体验来衡量的。病人必须有不同的感觉：他必须感觉到变得更加清晰、兴奋、幸福，进行探索，等等。病人的体验和治疗师对公开行为的观察应该有明显的一致性。每一种内在的觉察都应该伴随着一种外在的表现，也就是说，病人对更大活力的感觉应该表现在可观察到的生理变化上。这种成功的明显证据未能向治疗师或病人展示，则表明需要通过进一步的现象学探索来解释。

心理治疗模式比较

传统谈话疗法的基础仍然是精神分析。病人的行为和经验都不可信，因为两者都被认为是由推断的、不可观察的、隐藏的

"真实"原因即无意识动机决定的。病人有的是一种无法获得的无意识和一种无力而不可靠的意识。(接受一个人当前行为的遥远原因通常被称为"洞察"。)无意识的概念在格式塔治疗中被觉察概念的变化的图形/背景所取代,其中某些现象由于图形/背景形成中的干扰或由于此人在与其他现象接触而不被接触(见Perls,1973,p. 54)。但数据是可用的,可以直接并立即教导病人去关注它。它不是无法获得的。格式塔治疗中的觉察被视为一个强大而富有创造性的综合者,它可以包含以前不知道的东西。

在传统的心理治疗中,对无意识行为动机的信念使病人依赖于治疗师的解释,而不是他自己的觉察探索。治疗师知道,病人要么通过学习治疗师已经知道的东西而康复,要么得到治疗师的"支持",直到治疗师认为病人有足够的自我力量(ego strength)去倾听治疗师所知道的东西。

治疗师"知道"的是对过去事件的解释和推测,这些过去事件被假定会引发(合理化?)当下的行为。这种线性因果关系模式降低了此时和此地的力量的重要性,这种力量在结构上支持行为并可供病人进行感官探索。只有通过移情,才能进入此时和此地,然后才能去解读病人的歪曲。

所有这些都提高了治疗师的地位,却牺牲了病人的利益;这使得病人的定位方法即他自己对他的所见所感的感觉无效。这在功能上等同于说,病人对自己不用负责,不能了解自己,而是有一种疾病或残疾,治疗师会治愈或消除。即使那些表面上拒绝医学模式的人在实践中也常常持同样的态度。这正是格式塔治疗的我和汝模式所反对的态度:假定病人不如某个"汝"。

这些谈话疗法和更积极的模式如行为矫正之间存在分裂。新的"第三势力"据称是一种新的选择。不幸的是,许多"新的"

第六篇 格式塔治疗理论：临床现象学

心理治疗仅仅是谈话疗法或修复疗法的更新。许多新疗法声称是存在主义的，却缺乏存在主义的方法论；大多数新的"存在主义"治疗的方法不是现象学的。通常，这些"新"疗法只是一种用了不同的语言（新内容）、有轻微的方法论改变（例如：更积极）的传统谈话治疗。

在这些"新的"谈话治疗中，治疗师仍然扮演着改变的推动者的角色，相信他们比病人更清楚病人应该如何。他们认为病人的任务是学习他们已经知道的（内容），而不是学习一个过程。因此，许多人在人文和技术上都很薄弱，当然也不能把两者整合起来。他们也缺乏觉察的现象学观点，更相信自己的分析。他们缺乏因果关系理论来取代过时的线性因果关系模型。除了本我冲动和外部强化的总和之外，他们缺乏一个足以解释自我存在的同化理论。

更积极的第三势力疗法也不是现象学的。使用噱头以产生想要的情绪表达或开启的相遇团体，旨在产生理想身体的身体疗法，旨在产生原始尖叫的疗法，所有这些都与行为主义有两个共同点，这两点使它们区别于格式塔治疗（和任何现象学）：（1）它们强调外在行为，并且不强调病人所看到的世界；（2）他们的目标是控制那种行为，而牺牲了带来有机体自体调节的觉察培训。如果目标是情绪表达，那么团体会促使病人情绪化，而不是教他觉察并接受他表达和不表达情绪的冲动。行为主义者从科学的角度来进行这一修复，强调明确的术语、特定的技术、学习理论、客观的数据等。相遇团体的领导们往往在没有足够的支持基础的情况下进行修复。

在格式塔治疗中，我们拒绝在谈话和行为之间的任何分裂。为了成为现象学者，我们必须使用所有的数据——病人意识的数据和我们观察到的数据。充分关注觉察现象，并且使用一个新的、更具说服力的觉察定义，由此我们将行为的和体验的心理学整合到一个心理治疗系统中。这一新定义的要素包含在觉察的许多定义中，但大多数其他治疗师并不坚持将它们全部包含在一个统一的概念中。

通过和此时此地的觉察工作，以及治疗师没有"应该"地进行工作，格式塔治疗的病人可以立即开始学习。这种立即的改变令人兴奋，也令人惊恐。有些人被误导，认为格式塔治疗承诺立即成长或一条简单的道路。什么都离不开事实：格式塔治疗认为成长不可能是瞬间的。觉察和成长可以立即开始，但成长是一个过程，而不是做了正确的事情的瞬间最终结果。在格式塔治疗中，我们共享这条道路，不试图通过成为病人的修复者或无所不知的父母/导师来欺骗病人。

我们通过从一种爱的我-汝关系中产生的觉察来看到成长，在这种关系中，病人的独立性、价值和感知能力受到尊重。这与罗杰斯的理论非常相似，但有一些明显的不同。罗杰斯从以来访者为中心的取向开始，把治疗师这个人排除在外，后来他提倡治疗师和病人之间完全的相互关系。在格式塔治疗中，关系不完全是相互的，而是聚焦于病人的学习（这是布伯的概念）。而且，在格式塔治疗中，治疗师被完全包括在内：负面感受、感官和身体语言的反馈、创造性（提高觉察的创造性方法）、引导觉察工作的技术反应，以及阻止病人寻求帮助的意愿。

大多数病人希望治疗师能治愈他们。如果治疗师为病人做病人能为自己做的事，如果他太同情病人，他就强化了病人自己的信念，即病人不能调节和支持自己。如果治疗师需要以这样的方式帮助病人，病人就会继续是依赖的，神经质的，不去发现他能为自己做些什么。"鸡汤即毒药"(Resnick，1975)。如果治疗师责怪、逼迫病人或不赞成，也会产生同样的效果。

治疗师需要以一种关怀的方式与病人现在的样子连接，不要"帮忙"。治疗师必须努力恢复病人觉察自身需求、自身优势、创造应对世界新方法的潜力。简言之，治疗师必须支持病人表达他自己的自体支持。

总结

治疗是一个完全不同的框架，而不仅仅是另一种谈话治疗、另一种行为治疗或另一种相遇治疗。这是一个新的框架，在这个框架内治疗师必须创造他们自己的工作风格。格式塔治疗不仅仅是一套技术。如果治疗师、受训治疗师或病人使用他们的感官/体验工具和对格式塔框架的理解，使格式塔态度适应每一种环境，那么促进**觉察**、有助于学习使用**觉察**工具的任何技术都可以在这个系统内使用。口号和天真的倡导者，以及没有充分理解的评论家不足以代表格式塔治疗。人们甚至在没有理解场理论、我和汝、现象学，或甚至没有阅读基本的格式塔治疗文献的情况下，就创办了格式塔治疗的"研究所"，教授格式塔治疗并写书。

在每一个格式塔事件中，总是有两个方面是其他系统经常视为相互矛盾或分离的：(1)在我-汝——此时此地对话中参与者的直接的个人需要，以及(2)觉察工作的技术要求。每个治疗干预都有两个方面：每个干预都是一个带有觉察工作（现象学）含意的技术事件，也都是一个表达治疗师需要的人类事件。人本主义对话与觉察"技术"整合进到格式塔治疗。有些人观察格式塔治疗并推断其理论必然是什么，从而得出他们的格式塔理论，他们常常混淆了这一点。人们不必在技术专长和人本主义关怀之间做出选择。

格式塔治疗非常强大，因此可能被滥用。这对格式塔治疗师提出了很高的要求。当他工作时，他必须足够成熟，相较于病人的其他需求，例如娱乐，他必须能够自发地对病人的觉察更感兴趣。将技术性工作与接触和人性化结合起来，需要对个人的反应如何影响病人的觉察和成长需求进行透视和培训。"我做我的事"的口号被错误地用作一个屏幕，用于显示那些在没有教导病人聚焦、觉察并对自己在世界上的生活负责的情况下开启的相遇。

我们利用我们人的/技术的潜能，通过体验和实验来澄清显而易见物。我们重视我们对他者和我们自己在所经历的情境中感知的直接原始数据，并保持觉察的连续谱，不管是困惑还是痛苦，直到有机体的自体调节得到恢复。每个元素都被视为满足一个需求，因此被允许成为前景，一直保持（处理和沟通），直到需求得到满足，此元素成为背景。这种有机体的自体调节取代了僵硬的人为调节。与分析、调节和谈论相比，新的觉察、我-汝的接触/探索，以及有机体的自体调节对于促进成长而言更令人兴奋，更为强大。

允许病人发现和探索，尤其适合我们这个社会秩序不断快速变化的现代社会。在格式塔治疗中，一个人学习如何在任何情况下运用自己的觉察，而不是试图通过适应一种情境来保持健康。这需要超越安慰剂效应、自发缓解等，并学习引导自己如何学习和改变的结构。

第七篇
格式塔治疗：对话的方法

评　论

　　这篇深奥难懂的文章于 1981 年首先作为未发表的论文传阅，并于 1983 年以德语发表。此处是它第一次以英文正式出版。在本文中，我仍然使用"我-汝"这个术语来指代"我-汝时刻"（布伯诗中的"汝"）、"我-汝态度"和"我-汝关系"。随后，我采用了理查德·海克纳（Richard Hycner, 1985）推荐的语言风格，即使用"我-汝"（I-Thou）这一术语仅指汝的巅峰时刻，用"对话"这个词来指态度和关系。因此，本文中的"我-汝态度"和"我-汝关系"与我在以后的文章中提到的"对话式态度"和"对话式关系"是相同的。这篇文章有很多材料，我在别处不讨论。

背景

　　格式塔治疗理论是关于什么是好的心理治疗的理论。它整合了来自不同来源的想法、观察和技术。因此，读者将发现许多观点并不是格式塔治疗所独有的。

一个完整的心理治疗系统明确或含蓄地包括：（1）一个意识理论，包括一个关于寻求什么样的觉察或洞察的观点和达到那个目标的方法；（2）一个关于治疗师和病人之间治疗关系的态度或建议；（3）一个科学理论。

格式塔治疗可以通过它在这三个方面的原则的特殊结合来确定。格式塔治疗师的许多其他陈述并不是格式塔治疗所必需的。例如，对于生活的一般建议，通常来自特定的时代精神（例如，"做你自己的事"），并不重要。任何特定的技术（例如，打枕头或对着空椅子说话）或风格（例如，在团体设置下的一对一治疗）也不重要（L. Perls, 1978）。重要的是：什么是好的心理治疗。

格式塔治疗定义

三个原则限定了格式塔治疗。无论治疗师的标签、技术或风格如何，任何受这些原则规范的治疗都无法与格式塔治疗区分开来；任何违反这三种原则的治疗都不是格式塔治疗。而且，三者中任何一个被正确和充分理解的原则都包含了另外两个。

原则一：格式塔治疗是现象学的，它的唯一目的是觉察，它的方法论是觉察的方法论（见 Yontef, 1976）。

原则二：格式塔治疗完全以对话存在主义为基础，即我-汝接触/后撤过程。

原则三：格式塔治疗的概念基础或世界观是格式塔，也就是说，它是以整体论和场理论为根基的。

我们的觉察技术是基于现象学的。格式塔治疗的科学理论是场理论。场理论对于理解几个关键概念很重要，例如"此时""过程""极性"。然而，这个主题将在另一篇论文中讨论。本文讨论原则二及其与原则一的关系。

为什么要写一篇关于对话的论文？

什么是对话？在通常的用法中，它是一起交谈。存在主义对话是当两个人作为人相聚时发生的事情，每个人都会对他者、对我和汝产生影响并做出反应。这不是一系列准备好的独白。这是一种专门化的接触方式。正是在后一种意义上，这个术语被用于格式塔治疗。存在主义对话指的是包括我-汝关系的行为（Friedman，1976b）。在格式塔治疗中，对话被扩大到包括两个人作为人的会面，即使没有语言，例如，使用手势或非语言的声音。一个钢琴家可以和管弦乐队对话。两个舞者可以无言地对话。

格式塔治疗自创立以来，一直强调以治疗师的积极在场作为主要手段的治疗。这与传统的精神分析师的被动角色不同，对后者来说，阐释是治疗师与病人接触的唯一形式。"我-汝"对话对格式塔治疗的意义，正如移情神经症对精神分析的意义。因此，虽然传统的精神分析和格式塔治疗的目标是相似的，但方法论是不同的。

虽然早期格式塔治疗文献中使用的语言与本文不同，而且不精确，但这是一种早期的对话治疗形式。有时，这是在没有直接提及"对话"一词的情况下处理的（Enright，1975；Kempler，1965，1966，1967，1968，1973；F. Perls，1947，例如，在 pp.

82，88，185；F. Perls et al.，1951，pp. xi‑x，88；Polster，1966；Polster and Polster，1973；Shostrom，1967；Simkin，1962，1976，Yontef，1969，1976）。与许多格式塔治疗概念一样，理论阐述缺乏。在实践中，格式塔治疗确实显示了治疗师的在场，这是对话治疗的开始。这种在场往往缺乏明确的理论解释的指导。当然，没有具体的规定，责任就会减少。

本文的第一部分将讨论理解心理治疗中对话的背景概念。第二部分将论述我-汝关系的特点。

现象学和觉察

格式塔治疗文献强调了原则一，即提高觉察的方法论。许多文章从觉察的目标和觉察工作中使用的技术（练习和实验）的角度讨论格式塔治疗方法（Hatcher and Himelstein, eds.，1976；F. Perls，1947，1948，1951，1973；L. Perls，1956；Polster and Polster，1973；Zinker，1977）。长期以来，这种文献需要对觉察本身进行更具技术性的讨论。《格式塔治疗：临床现象学》（Yontef，1976）开始了这样的讨论。这里简要总结一下我们讨论原则二的背景。

觉察是一种体验。这是一个与个体/环境场中最重要事件保持警惕性接触的过程，有充分的感官运动、情感、认知和能量支持。一个持续和不间断的觉察的连续谱带来一个"啊哈！"，立即掌握场中完全不同的元素的明显统一性。新的、有意义的整体通过有觉察的接触被创造。因此，觉察本身就是一个问题的综合。

推论一：觉察只有在以有机体当前的主导需要为基础并被其激发时才有效。

推论二：如果不直接知道情况的真实性和自己的处境，觉察就是不完整的。觉察是伴随着"拥有"的，即知道自己对自己的行为和感情的控制、选择、责任的过程。

推论三：觉察总是在此时和此地，并且总是改变，逐步发展，并超越它自己。觉察是感官的。

个体通过习惯（低于觉察阈限的调节）或有意识的选择来调节自己：觉察是个体可以通过选择来调节自己的手段。现象学是格式塔治疗用来了解觉察过程的方法。我们的目标是学习足够的知识，这样觉察可以发展而为有机体自体调节所需。

现象学寻求理解，这种理解其基础是环境（包括有机体和环境）所揭示的或显而易见的事物，而不是观察者的阐释。现象学家称之为"既定的"。现象学的工作方式是通过体验的方式进入情境，并允许感官觉察去发现什么是显而易见的/既定的。

这就需要训练，特别是感知何为当下的，何为"现在是"，不能事先排除任何数据。

现象学的态度是识别和悬搁（搁置）相关事物的先入之见。现象学描述结合了观察到的行为和体验的、个人的报告。现象学探索的目的是对"现在是"进行越来越清晰而详细的描述，并不再强调"将来是""可能是""过去是"和"或许是"。

人们常常看不到就在眼前的东西，而且对之没有意识。他们想象，争论，迷失在幻想中。这种经过过滤的感知和对当前情境的即时、充分的把握之间的差异，最能被这样的人所领会：他们为一个深奥的答案而努力，发现的却是一种简单而明显的"啊哈！"的喜悦！

格式塔治疗现象学是一门部分继承了格式塔心理学，并用实验来解释的实验现象学。

接触

接触是原则二最基本的方面。

接触是通过移动（moving）向连接/合并（merging），也移动向分离/后撤来认识自体和他者的整个过程。接触是关系的基本过程。它需要欣赏自体和他者之间的差异（Polster and Polster，1973，F. Perls，1948；1973；L. Perls，1978）。因此，接触包括四个方面：（1）连接、（2）分离、（3）移动和（4）觉察。承认/欣赏差异需要觉察。承认对方需要同时觉察到自体和他者。

尽管"接触"一词指的是连接和分离的过程，但有时它被滥用了，只是指整个过程中的连接方面。"接触"这个术语在这里的使用及其在格式塔治疗中通常的使用方式，将更准确地描述为接触/后撤的过程。

人存在于个体/环境场。这个场是由边界划分的。这些边界不是实体，而是过程。边界是一个分离和连接的过程。区分一个人和他周围环境的边界叫作自我边界（Ego-Boundary）。通过区分自己（客我）与非客我，个体吸收营养并排出多余的东西。接触过程是"会面的器官"（Perls et al.，1951），与环境的接触。

有效的边界是可渗透的，允许有机体和环境之间的互动。一个封闭的边界就像一堵墙，在这堵墙里，有机体对外界封闭自己

（隔离），并试图自给自足、自我滋养。一个过于开放的边界通过独立本体的丧失（融合/熔合）威胁有机体的自主存在。一个有效的边界需要足够的渗透性以允许营养进入，以及足够的非渗透性来保持自主，并阻止毒物。有效的边界是足够灵活地从一个开放/封闭程度到另一个程度。调节熔合和孤立两极之间的边界需要觉察。

接触过程是"带来同化和成长的工作；它是在有机体/环境场的背景或情境下形成一个感兴趣的图形"（Perls et al.，1951, pp. 290 - 291）。雅各布斯指出："这个定义隐含了接触的两个基本特征：第一，接触必然带来生存和成长。第二，接触包含与感兴趣的图形建立关系的行为；一个人必须移向或移离这个图形"（Jacobs，1978，p. 28）

隔离是由于缺乏连接而没有接触。它与融合完全相反，融合是由于缺乏分离（同义词：熔合或合并）而没有接触。接触是连接和分离之间的移动。

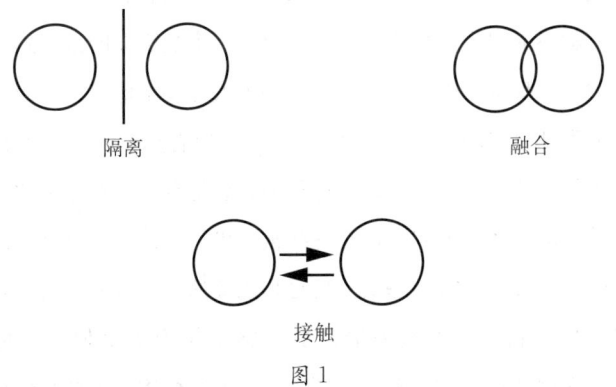

图 1

一个人接触时，他连接并保持他单独的存在、他的自主权。当两个人互相接触时，他们连接（甚至暂时合并）并保持各自的身份。虽然一个人可以与一个无反应的实体（无生命的或非接触的人）连接和分离，但充分发展的人类接触是两个独立的人以连接和分离的节奏移动的相互过程。

对话式关联是这种相互接触的一种特殊形式。在对话接触中，双方感兴趣的图形是作为一个人与另一个人的互动。

随着移动，人显示出自己的一部分，以满足他的需要和情境的要求。其他方面是背景。随着情境的变化，部分背景变得相关，并被分享。因此，随着移动进入和离开他者，随着时间的推移，有一个自体的不同方面的分享。没有移动，自体的某些方面就成为固定的背景，是不可用的，因此是隔离的。因此，连接也是固定的。这就变成习惯了，而不是一个活生生的过程。没有移动就没有觉察，只有习惯。

隔离者长期习惯性地从边界上后撤，不是与环境相联系，而是在他自己和外部之间有一道保护墙（见图1）。在现象学上没有"他者"可以区别。但是，如果没有一些关联、一些"他者"，一个人就不能引人注目或存在——成为一个被定义的人，感觉活着。为了实现这种隔离并还活着，一个人分裂了他自己，而且他自己的各部分之间建立了关系（内转）。内省和自言自语就是这样一种隔离的过程。经历这一过程的人总是有一个幻想中的关联来代替外部接触。他们通常与一些被内摄的"他们"融合。既有融合的愿望又有融合的恐惧。自足是隔离的一个方面，而不是格式塔治疗的目标。格式塔治疗的觉察工作确实增加了自体支持——它包括充当行动者、从环境中获取有机体的维持和生长所必需营养的人。

融合是自体和他者之间没有分化，屈服于同一性（sameness）。一个人的偏好在病理上服从/从属于另一个人的偏好，这是融合的一种形式。融合是一个人独立身份的丧失。作为临时过程，它是连接过程的高潮，是后撤或隔离过程的丧失。性高潮可以看作融合。

当相互接触的分离方面不复存在时，融合的时刻也消失了，并且有**我们**，熔合——自我边界的消失。但正如隔离自己的人用融合充满他的思想一样，融合的人用恐惧和孤独的渴望来思考。为了保持融合，必须孤立、否认并投射可能会危及融合、可能会促使分离或分裂觉察的力量（例如，公开的愤怒）。这个人抓住并依赖**他者**，以排除存在并维持一个独立的实存（existence）。融合的人没有足够的自体支持来建立一种自主的关系。

隔离的人和融合的人都不欣赏差异。隔离的人不允许墙内有差异，只把融合视为另一种选择。融合的人要求他人是相同的，并认为另一种选择是隔离。这样，接触和后撤的中间地带或极性就丧失了，融合或隔离的二分法就变成了前景。

两种模式说明了这一点：

1. 两个人相互融合，隔离墙把他们与其他人隔开（见图2）；

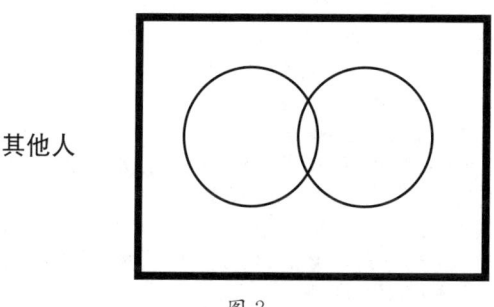

图2

2. 一个人消除了与他的重要他者的差异,达到了融合。当融合受到差异性、自主性和接触的威胁时,这个人完全后撤进隔离或终止关系。

我-汝:存在的基础

格式塔治疗是存在于两种意义上的。在一般意义上(1966;Kaufman,1956;Sartre,1946),它强调了每个病人存在于现在的生活和治疗时间的每一个时刻(Van Dusen,1960)当下的、人性的方面。既然调节力被认为是当下的,病人就可以有觉察地选择和控制他的存在[①]。当人们相信存在一种"本质"时——正如在经典精神分析驱力理论和心理决定论(psychic determinism)中那样——存在和选择不被强调,本质(例如,不可改变的驱动)被视为因果关系,有机体作为一个整体几乎没有潜力超越其本质的决定力量。

格式塔治疗存在的第二个意义是指一种对关联的特定的态度,这是格式塔治疗的一个决定性特征(Simkin,1976)。在哲学层面上,它被称为对话存在主义。在关联的层面上,它可以互

---

① 人类不拥有一个存在——他们是他们的存在。他们通过行动创造他们的存在——通过存在于世(being-in-the-world)。人们是过程——一个人是"非物"(no-thing),人们是他们的行动和他们的经验。萨特认为没有绝对的"人性"(human nature)。一个人不是由任何先验观念或柏拉图的本质决定的。自在(en soi)存在的客体产生于蓝图(blueprint)——他们的本质。人们自为(pour soi)地存在,决定他们自己的存在。然而,有一个人的"核心",指的是"真正的自体",这有时被称为"本质",但不应该被视为像柏拉图的本质那样的绝对、静态且具体化的概念。我用"核心"来指信念、思想、感情、行为和感觉,它们把人统一为一个人,给他一种"这就是在我心中的我"的感觉。因此,"核心"是一个人最珍贵、最脆弱的一方面。"核心"所指之物对作为一个整体的自体来说是真实的。自体是一个活生生的过程,不是一个静态实体。

第七篇　格式塔治疗：对话的方法

换地称为我-汝对话、相遇或存在性相遇。马丁·布伯是对话存在主义（Friedman，1976a，1976b）的一位雄辩而有说服力的支持者。

格式塔治疗文献讨论接触，但没有充分说明，这是一种由布伯讨论的、一个成功的治疗关系所必需的特殊类型的接触。我-汝作为一种特殊的人际会面的互动形式，也许是最发达的接触形式（Jacobs，1978）。这是一种关系媒介，通过它，觉察增强，病人恢复他的成长。这种对关系的存在主义态度和对意识的现象学态度只是一个更大的整体的一些方面（Van Dusen，1960）。

我永远是我-汝或我-它中的我。我-它中的我说"他""她"或"它"。另一个人不被直接称为一个人。"我-汝"中的我说"你"，而另一个人则直接被称呼为一个人。汝的态度是他者值得尊重，并且不被当作达到另一个目的的手段。一个人可以以一种我-汝态度单方面地对待另一个人，但是我-汝的最高形式是在两个人之间，每个人都说"你"。这个"汝"是使人成为整体的关系事件或"会面"。在格式塔治疗中，我们用我-汝态度联系，并希望一个完整的、相互的汝得到发展。

我-汝是一种接触的形式。在隔离中没有接触、我-汝或其他东西。在融合中没有接触，因为相同消除了任何对差异的理解。在我-它中，存在着对另一方来说作为操纵对象的关联。另一方不被直接称呼为一个人。一个人的特别人性的和个人的方面仍然不被允许与另一个人的这一方面相连接。这是一个冻结的我-它接触，不会从我-汝流出或流入我-汝。

一个具有我-汝态度的人可以称呼另一个人（我-汝），而不把另一个人当作一个被操控的对象（我-它），然而这个我-汝并不完整——也就是说，一个相互的我和汝还没有被发展。要么对方不够信任,要么双方都有我-汝的态度,但仍然没有足够的支持在两者之间有一个汝,也就是说,没有发生相互关系。这个接触也可以被认为是一个我-它,是一个潜在的我-汝。

所有流派的关爱的和人本主义的治疗师通常都会把我-它和我-汝的态度混合在一起,有时会认为他们是严格意义上的我-汝。有时治疗师以我-汝的态度对待病人,但并不清楚"汝"的关系事件还没发生。

心理治疗中对关系的不同态度需要一个不同的觉察和方法的理论。例如,精神分析学家可能会假设,由于未经分析的病人的动机是无意识的,目前是不可用的,因此病人不能进行自体调节,自体调节意味着能够做出对他有利的最佳选择。这种行为将病人客体化为它。它要求治疗师成为一个家长式的、仁慈的父母形象,治疗是通过一种被促进的移情神经症而不是我-汝进行的。与这种关系的态度相对应的技术是广泛使用阐释。因此,心理决定论对应于分析师的移情诱导立场的非对话式关联。

如果现象学和/或存在的态度是至为重要的,那么即使是看到移情的此时方面,并且充满关爱和共情的精神分析师,也会超出其意愿地进行不同的联结。在后一种情境下,病人所知道的东西会受到更多的尊重。治疗师的推理和直觉被正确地识别为由治疗师所拥有,而病人和治疗师致力于确定以下二者之间是否存在重叠:阐释,以及病人以现象学方式聚焦于解释领域时,在自己身上觉察到的东西。

它的关系是垂直的,而汝的关系是水平的。如果一个心理治疗师或身体治疗师认为,他最清楚病人应该如何表现或开放,身体应该如何看起来是理想的,病人必须使用某种技术或设备,或者治疗师的建议应该作为要遵循的指令来对待,那么他也是把病人作为一个它来对待。格式塔治疗师利用自己的魅力或格式塔技术，在没有对话基础和病人的觉察与自体支持的情况下，迅速改变病人，这是另一个垂直治疗的例子，与培养病人的能力相比，它更大地满足了治疗师的自我。病人可能会有暂时性的高潮，但他不知道自己在做什么，如何在做，以及如何支持自己的成长。那些带着一种如果没有治疗师，病人就无法自体调节的固定信念与病人会面的治疗师，没有把对方当作一个人来对待。

"应该主义的"调节

从生命的最初时刻起，个体就面临外部的社会化力量，如需求、理想、模范等。这些外部标准可以被自动拒绝、考虑和整合/拒绝，也可以被自动接受和吸收。最后一种可能性是不经同化而内摄或吸收。应该主义的调节是建立在"被内摄的应该"（introjected shoulds）和"正在内摄"（introjecting）的基础上的。应该是"应当"（ought）的陈述，告诉个体如何通过外部标准来调节自己的行为，而不考虑有机体的需要和内部优先级的权衡。应该是固定的实体，而不是有机体的过程，缺乏灵活性和反应能力。一旦一个人开始应该主义的调节，他就会产生新的"应该"，这些"应该"是由自体强加给自体的，而不是整个自体的命令。

另一方面，当个体分析、品尝、挑选和选择并同化他所相信的其他人的判断，拒绝不适合他的判断时，他是通过有机体的自体调节来调节的。有机体的自体调节需要感知外部现实及其需求，以及内部需求、情感和信仰的能力，然后从整体上了解环境中适合此人的东西。"适合"需要在真实的内在自体和个体/环境场的外在方面之间建立联系。格式塔治疗师致力于一种整合调节，这种调节以相互冲突需求（例如：社会的和冲动的）的辩证综合为基础，被称为有机体的自体调节。这超越了人/环境的二分法。

基于"应该"的调节是固定而不灵活的，因为它是基于一个不变实体的，而不是考虑外部需要和内部需要而产生的辩证整合。一个人的固定的，而不是对当前情境做出反应的那个方面，是这个人的性格。有时，当在特定情况下表达健康的冲动不安全时，有机体的自体调节会使人们避免这样做。这种自体压抑往往成为习惯，导致僵化的、长期的性格冲突。

当一个人缺乏发展的成熟/支持来面对环境压力并选择同化或拒绝时，依从（Compliance）利用了内摄，并且是一种功能性的应对形式。当这种依从变成自动的并失去觉察时，刻板的性格就出现了。性格是习惯性调节，而不是对当前环境的充满完全觉察的反应。显然，性格是必要的，因为它提供了一个稳定的关联基础。一个人不能通过对每种情境的所有方面有觉察地重新反应来调节自己。社会也不可能存在这样的不可预测性。不受觉察支配的则由习惯性的调节模式所支配。它在需要时对觉察的发展起作用。

应该主义的调节总是在人的内部造成分裂——这是内在的二元论。这是因为它的基础是未同化的内摄，也就是说，人内部的外来过程。通常对"应该"的神经质反应要么是习惯性的自动反抗，要么是伪装成遵从（conformity）的自动反抗。更具特征性的病理反应包括反社会的见诸行动和分离力量的完全分裂。所有的二元个人内在机制同时构成自我边界问题，因为人与一个方面有联系，而反对与另一个方面有关联。

一个病人寻求改变，不仅是出于健康的愿望，而且是出于一种应该主义的、自体拒绝的立场："我应该做得更好。"人们常常用"不会"伪装成"不能"来抵制这些"应该"。（他对他自己说他不能做得更好，但实际上是不会。）他的力量被剥夺了，阻抗的健康力量也没有得到承认。这些"应该"是什么没有得到检查并且对当前存在的人没有价值。被剥夺的力量，即病人身上的"洞"，是治疗师的功劳。不爱自己的病人可能希望治疗师爱他。皮尔斯建议，一个好的诊断这些洞在病人什么地方的指标是，注意到病人试图从治疗师那里得到什么（Robert Resnick，个人沟通）。当治疗师扮演改变的推动者或救援者的角色时，他们扮演病人内部战斗的一方，因此失去了真正帮助病人整合分裂的可能性。

有机体的自体调节

有机体的自体调节的基础是承认与一个人的内在需要和环境需要，以及内在资源和环境资源有关的完整的一大批感官、心理和情感数据。有机体的自体调节是建立在同化的基础上的，而不是在没有足够意识去发展觉察的情况下进行内摄或拒绝。以承认和同化为基础的调节带来整合的反应。由于许多自体调节过程在任何时刻都没有觉察，因此有机体的自体调节是不仅仅建立在有意识的心理觉察上的。然而，觉察在有机体的自体调节的人身上根据需要发展。

同化需要觉察引导的生物能量（"攻击"是格式塔术语）。这些过程是内部/外部边界的一部分。它们既不是对人强加外在的、应该主义的调节，也不是对外在强加个体的东西（如病态的自恋或小气）。相反，整合的反应是对公认而整合的冲突力量的负责任的综合。

注意个体与环境二分法概念与个体/环境场的概念之间的区别，个体与环境是一个更大整体的两极。一个与场相分离的概念化的个体通常被视为具有一个只依附于有机体的、不可改变的、先天的本质（亚里士多德的一个概念）。在格式塔治疗中，我们看到了来自有机体/环境场的成长潜力。（场理论是适合于理解这一区别的概念框架。）有机体的自体调节的改变不是一个长期隐藏的本质的展现，而是一种发展的东西，只有当它生活在这个世界上时才为人所知。有机体只存在于一个环境中。

应该主义的调节是实体式且一劳永逸的。有机体的自体调节是一个不断更新的过程。它本质上是一个基于反馈和持续创造性调整的系统。这是一个连续的生物心理社会过程，需要对自体、他者和社会中的新需求与不断变化的资源保持一个觉察连续谱和时刻的警惕。

有机体的自体调节是一个自然的过程，通过接触/后撤的过程发挥作用。因为这是对整个场的认可，所以在需要的时候，不同的方面根据需要会自然地出现在前景中。应该主义的调节是人为的，通过将场二分发挥作用；它通过融合和隔离的过程发挥作用。应该主义的调节只承认一条正确的道路。

波尔斯特陈述了格式塔治疗的两个原则（Polster and Polster，1973）。两者都是有机体的自体调节的方面。（1）是什么，就是什么；（2）一件事从另一件流出。我们强调是什么，并遵循连续前景的发展。变化是从承认"是"而不是提倡"应当"开始的，这是临床现象学探索的核心过程。

对有机体的自体调节的信心意味着接受病人目前的状态（他"正是"[be-ing]），同时也确认他的"生成"（becoming）——他的成长和改变的内在潜力，从他现在表现自己的方式，直到他的潜能的更充分表现。

试图通过强制改变、有"应该"和自我判断等来改变与通过提高觉察和自我接纳（即通过认可自己是怎样的一种感觉）来改变，两者之间存在一个关键的区别。有了后者，你可以了解自己，并随着有机体的自体调节而成长，然而，用改变的推动者的取向，你会分裂成推动坚持理想的力量和阻抗的力量。格式塔治疗的觉察和对话工作旨在增强有机体的自体调节的能力，而不是发展一个符合格式塔治疗心理健康标准的新角色。

没有改变的推动者的治疗

病人来接受治疗，要求改变，通常是建立在二元的和"应该"的基础上，试图成为他们所不是的样子。病人对自己产生分裂，要求治疗师在其内心冲突中站边。许多治疗师签订了这样的合同，并报告了一些积极的结果。也有很多关于挫败的报告。格式塔治疗改变的理论是，一个人越是试图成为他现在所不是的样子，他就越是保持不变（Beisser，1970）。尝试在这种基础上改变的治疗师，选择改变病人的某些特定方面，代价是增强了抑制有机体的自体调节的自体分裂过程。

一些治疗师强调接受是成长和治愈之路。由此报告了一些积极的结果。一些治疗师，尤其是存在主义治疗师，谈论接受，但扮演改变的推动者的角色。一个治疗师能不仅仅是接受病人，同时还不做像我们讨论的那样改变的推动者吗？

如果治疗师将治疗任务定义为通过我-汝关系、利用现象学聚焦来提高"是什么"的觉察，那么他可以接受病人并积极促进生长，而不必成为一个改变的推动者。这样，治疗师是一个从不觉察转变到觉察的"推动者"或促进者。这是一个过程目标，而不是一个方向或内容的目标。类似地，如果治疗师将他的关系任务定义为对话式接触，他就可以积极地提高病人的觉察，而不必成为改变的推动者。例如，治疗师可以中立地观察并有选择地分享观察结果和他个人受到的影响。带着觉察的接触会带来成长。

精神分析也强调接受关系和洞察。然而，精神分析中的接受关系是通过非现象学的阐释来工作的，它采取了非对话式关联的心理学立场。在格式塔治疗中，我们相信现象学的存在主义方法最好地促进了病人的**有机体自体调节**和治疗师的关爱的、准确的共情等品质。作为一种主要工具的移情神经症阐释减少病人的责任感，鼓励移情，使人与人之间的接触变得困难，并且可能强化认知防御。

接受和悬搁是任何现象学对话治疗的基础。在格式塔治疗中，我们通过使用治疗师的洞察（例如，心理分析的知情理解）来指导现象学聚焦，从而在不成为改变的推动者的情况下强化洞察的发展。

例如：一个野心勃勃、精力充沛的人拒绝任何被照顾的愿望。治疗师有一种来自直觉或理论分析的想法，认为病人有强烈的被照顾的愿望，并阻抗觉察到这一点。直接可观察到的、表明可能潜在需求的行为可能很少。两种可能的干预措施：

- 通过阐释干预："你真的希望得到照顾，但是你在否认。"

第七篇　格式塔治疗：对话的方法

・格式塔治疗干预："我想建议一个实验。想象你是个小男孩，你妈妈说：'我真的爱你。让我拥抱你。'现在想象一下，并告诉我你体验到什么。"

现象学干预和阐释都是以治疗师对病人的需求和动态的理解为指导的。然而，格式塔治疗的干预不是阐释的。

现象学工具的选择是以了解病人的性格为指导的。选择一个实验，而不是治疗师更具口头对抗性的陈述，可能是因为知道这个强迫症患者可能会通过参与一场顽固的权力斗争或通过智性化来避免觉察到他对依赖的渴望。如果是一个歇斯底里的病人，治疗师可能会强调镇静和认知技巧，而不强调"戏剧化"的技巧，因为歇斯底里的病人很可能会通过见诸行动或表现出戏剧化、假亢奋来避免承认。例如（在一个团体中：病人以一种肤浅的方式在人与人之间来回走动，引起注意而不承认被注意），治疗师："尝试一个实验。只与一个人保持联系。"（病人这样做。）"注意你没有承认他所给你的注意。"

另一方面，如果病人情绪低落，治疗师可能会选择一种让他站起来做某事的方法。例如，治疗师："让我们站起来。现在想象一下你的妻子在这里，不用言语，用动作向她表达你自己。"

没有规则的觉察，这些技术就只是实验性探索，治疗师就会变成一个改变的推动者，病人不会对自己聚焦觉察的工具产生信心，而这些实验就变成了修复的尝试。通过现象学聚焦，治疗师可以教导并允许病人获得洞察，处理过去的未完成事件，发现办法以增强当前服务于有机体的东西，并重新评估此人身上曾经拥有却不再存在的特征。

心理治疗可以更有效地接受和洞察，通过使用直接的现象学工作来承认阻抗和回避，例如，培训病人，使其觉察到他避免觉察的过程。通过使用现象学聚焦和公开对话，病人可以同样地觉察到他目前的关联过程，包括移情和其他副交感神经的歪曲。在这种情况下，过程是指病人知道自己在做什么和如何在做。正如在精神分析中一样，关系是被明确地处理的，不过这是通过使用现象学聚焦和对话，而不是培养移情神经症，然后再由治疗师阐释。

格式塔治疗的聚焦在于什么需要被探索，而不是什么需要被改变。格式塔治疗师悬搁并观察到对病人的调节来说，最重要的是怀有信心，相信增强的觉察和接触带来成长。体验式探索是中性的，解释了"是什么"，并强调了在与世界对话中，有机体的自体调节的前景。这种承认"是什么"包括接受不快乐、卡住、不觉察、沮丧、阻抗，是。是，句号。整个人都被观察和被接受。这是增强、恢复或开始每个病人与世界对话的基本支持。

直接以变化为目标，而不是承认是什么并从那里开始成长，这违反了对话和现象学的态度。自体接纳和充分觉察为有机体决定的成长提供支持。病人往往会过早地从承认"我是怎样的"转变为"我能对此做些什么"。这是一种通过双重努力改变自己的一种否认的形式（Yontef，1976）。

有时病人错误地认为治疗师不接受他现在的样子。有时治疗师不接受病人现在的样子，却欺骗自己相信他接受了。探索的工作必须包括治疗师和病人是如何相互影响的，以及他们是如何受到每个新觉察的影响的。如果个体在觉察工作的处理中导致了不一致、挫败等感受时，病人需要将其纳入与治疗师的对话，治疗师必须以非防御的方式促进探索。

在没有改变的推动者的治疗中，治疗师是现象学的研究顾问和对话促进者。治疗师对环境负责，根据对他最重要的东西来行动，对话式地联系，而病人根据自己的需要来调节自己，以回应治疗师和治疗环境。治疗师帮助病人认识到他的反应和他对治疗师进行有效回应的能力。

做一个好的格式塔治疗师取决于治疗师的个人需要和病人治疗任务的要求之间的重叠。在格式塔治疗中，倾向于向病人表达自己和需要促进病人自体决定与自信反应的治疗师，比需要严格控制或需要抢救病人的治疗师更自然。

信任有机体的自体调节的过程意味着不通过治疗诱导的移情来促进治疗，也不相信如果治疗师只接受足够的移情和一致，一段关系可以是完美的。病人有自己的调节系统。双方带着觉察并为了提高觉察而建立了良好的关系，这是格式塔治疗过程的核心。病人选择并调节自己的权利和力量限制了治疗师，而且意味着病人可能会做一些偏离治疗师健康理念的事情。这不仅仅取决于治疗师。

治疗师负责环境、他的接触、能力、关心。病人的生活和治疗工作是病人的责任。治疗师部分的能力是了解和承认/确认病人自己所不知道的方面。和核心人物接触，治疗师必须有自己的观点，了解病人的观点，冒险，面质，面对愤怒，使用创造性技术，并允许挫败。在觉察的意义和真正会面的意义上承认"是"，这是治疗——它是生活和学习的自然过程。

对话式关系的特征

关系是一个发生的事件，它是一个过程。这个过程发生在两个人之间。关系是建立在接触过程之上的，必须满足上面讨论过的接触的要求：连接、分离、移动和觉察。为了建立联系，两个分离的自我定义的人必须联系和相互承认，他们还必须保持各自的身份。在格式塔治疗中，这种关系是围绕着增强对有机体的自体调节所必需的觉察这个任务而形成的。格式塔治疗师的接触是以我-汝关系为模型的。在所有形式的接触中，一个人的核心与另一个人的核心接触，具有最大的力量来治愈一个人内部的交战各方。

治疗中的技术任务技能和治疗师的个人接触都是必不可少的。良好治疗所需的接触质量已被许多人评论。大多数人同意治疗师需要关怀和理解，尽管对于什么是关怀，或者关怀应该如何被直接表现，几乎没有一致意见。例如，经典精神分析学家的关怀肯定不同于经典罗杰斯疗法。

对话取向要求治疗师以热情、直接、开放和关心的态度接近病人。但是当你考虑得更具体的时候，什么才是关怀呢？并非任何关怀都是疗愈或对话的。关怀是一种与接触过程相关的品质，并且只有作为接触过程的一部分时才具有效力。它是一种把对方作为一个人而真正相遇的品质。这不仅仅是一种感受或为病人做些什么——它是人与人之间的一个过程。

我们将讨论格式塔治疗我-汝对话式关系中接触的五个特点。

1. 归属

治疗师尊重病人的现象学经验，他恭敬地进入病人的现象学世界，体验它的本来面目，接受病人的本来面目。

治疗师与病人接触，同时允许自己受到病人和病人体验的影响。他试图透过病人的眼睛看世界。布伯将我-汝中的一个元素

第七篇 格式塔治疗：对话的方法

称为融入，它处在我-汝两极的他者一极上，即把自己包含在病人的世界中（Buber，1965a，1965b）。通过实践融入，治疗师同时与病人联系并收集病人信息。

为了进入另一个人的世界而不是羞辱它，现象学治疗师悬搁，即把他自己生活的视角和他对数据构成的信念放在一边，欣赏另一个现实和另一组数据的同等有效性。

这是一种允许的态度，在这种态度中，治疗师理解并接受另一个人，而不会正面或负面地判断另一个人的态度或行为。

2. 在场

治疗师展示他的真实自体。

他充分尊重自己的真实自体，在实践融入的同时，了解它，保持它，更愿意表现它，而不是"看上去"（seeming）——看来他好像是别的什么东西。非常关心而想要看起来中立，或者害怕而想要看起来平静，再或者生气而想要看起来接受和爱，这样的治疗师，是"看上去"而不是在场。

在对话治疗中，治疗师通过他的诚实而不是他一贯的温柔表现出他的关怀。他不仅允许病人做他自己，而且允许他自己的真实反应。这不仅仅包含热情的接受。格式塔治疗师还表现出自我怀疑，表达限制、愤怒和厌倦，分享他对病人的某些方面的观察，病人否认这些方面，自主的治疗师却会观察到；最重要的是，他有足够的独立视角，对病人的性格有一个清晰和准确的概念来指导工作。

布伯谈到在特定的时刻接受对方本来的样子是成功治疗的一个必须但非充分的条件。一个成功的治疗师也确认这个人的最大潜能（Friedman，1976a，1976b）。这样的治疗师超越病人当下的表现，朝着病人正在长成的那个人工作。确认意味着不仅接受病人所知道的，而且接受被否认/疏离的他的存在的方面。这就需要治疗师的自主性和在场，以及他的实践融入。真正的人与人之间的会面通常需要给出一些不需要的东西，例如准确的反馈。这种确认的在场有时被误听为不接受、拒绝病人当下的样子。

3. 致力于对话

对话的治疗师真正致力于对话；他允许控制"之间"的东西。

融入和在场是对话的必要基础。综合起来它们的意思是治疗师以这样一种方式进行接触，他允许自己受到病人的影响（归属），并允许病人受到治疗师作为一个人（在场）的影响。他观察病人是怎样的，而不是分析和认为病人应该怎样，他以共情的方式在病人的现象学世界中体验，并表达与病人的任务相关的他内心的自体。

治疗师以我-汝的态度，而不是以控制、支配、操纵、利用病人或其他形式的我-它的态度进行这种接触。对对话的承诺意味着明确地根据一个人的经验进行关联，并尊重他人的经验。

不进行我-汝接触，一个人就做不好格式塔治疗。但进行接触不是建立关系。

两个人，每个人都有不同的存在和个人需要，当他们彼此接触，认识并允许他们之间的差异时，关系就发展了。这不仅是两个人独白的结合，而且是两个人进行有意义的交流。

对对话的承诺不仅意味着每个人都向对方表达自己的内心自体，而且接受对方的自体表达，还具体地指允许结果由双方"之间"决定，而不是由任何一方控制。屈服于唯一的控制意味着每一方都受到另一方的不同影响，对对话过程有一种允许和奉献。在格式塔治疗中，相比任何特定的结果，以及治疗师或病人控制，对话的过程得到更大重视。

我们可以通过意志力和选择来"进行"接触。但在更深层的意义上，我们无法进行接触。相互接触是一个关系事件，当两个人在我和汝的态度中生活并进行接触时，有时会发生。相互接触是被允许的。

对比：

(1)"进行接触"，即一个人"在那里"，保持接触并努力建立一个全面的关系，无论病人做什么，治疗师都可以情绪饱满，分享，接触；

以及，

(2)"允许接触"，这需要两个人，而且必须通过一种超越接触的优雅行为来实现。

当两个人以我-汝的互动态度向彼此展示和表达他们真实的自体时，他们之间有时会出现情感能量的自由流动。当双方都放弃控制自己和对方，并允许汝发生时，这是可能的。布伯说，一个人可以选择慈爱地行动，但不能选择感受爱，这是一个人允许发生的事情。

要拥有这一关系事件，双方必须可以、愿意和能够支持接触。在治疗中，相互接触通常是在准备工作——进行接触、学习现象学聚焦、承认阻抗——之后发生的。不幸的是，即使在两个人允许他们自己做真实的自己，并且他们的存在包括诚实地支持接触、支持我-汝关系时，他们之间也可能不存在相互接触。责任的一个重要部分，无论是专业方面的还是其他方面的，都是在

"就是这样"时，知道并接受限制。这是向两者之间妥协的部分。

一个人不可能事先知道我-汝关系是否会发生。我们分开生活，我们希望我们"进行接触"。我们可以以允许对话或可能加深对话的态度进行接触。但是，如果我们试图让我-汝关系发生，在尝试的过程中，我们就把我们自己和/或他人当作一个被操纵和理想化的对象。例如，试着去爱，以便让我-汝关系发生：治疗师的愤怒、挫败、后撤需要就变得隐蔽了。如果不允许这些过程，以及他的爱和温柔公开化，那么这种接触是在被称为病人和治疗师的两个理想的人之间进行的，而不是在两个真实的人之间进行的。有时，在我-汝关系中，面质是必要的（Buber，1965a；Jacobs，1978，p.105）。在人们出现之后，展示他们自己，冒风险——然后，只有那时，我-汝关系才有可能发展。

许多治疗师公然或暗中主张病人接受他们描述的我和汝，从而违背了我和汝。当治疗师将开放、关怀、信任等作为人们遵守的良好原则，并以此作为健康的标准时，这些"人本主义者"就强加了一个外部蓝图或标准，一种新的专政，以此来调整人们。这就是我们之前所说的一个"应该"，但是人本主义的"应该"仍然是一个"应该"。当一个团体带领者想要病人分享所有的内心秘密，或者后撤和隐私的需要得不到尊重时（可能称之为阻抗），当智性受到诋毁或技术反应不被允许时，当治疗师试图阻止病人经历任何挫折时，或者一般而言，当他要求的相互关系是如此完整，以致消除了专业治疗师和病人之间的角色分化时，这就对我和汝允许的方面造成暴力伤害。

格式塔治疗的目标只是觉察，以及和觉察一起的自我责任与选择。治疗师调整人们的任何理想都违背了这一点：理想的关联、理想的身体、理想的能量流。这意味着病人可能是一个成熟、善良的人，他也可以选择操纵、隐秘等等。即使是完全的觉察也不是一种"应该"，只是一个人为了自体调节而学习和使用的一种工具或过程。没有理想的觉察过程。格式塔治疗帮助人们觉察到他们自己的觉察过程，以便他们能够负责任、有选择、有区别地进行挑选——甚至选择何时何地去觉察他们自己的觉察。

对话和觉察都是开放的过程，以当下为中心，而不是以封闭的、内容导向的标准为中心。对对话过程的承诺符合觉察的目标，因为对话自然会提高觉察，而且觉察是对话的一个必要方面。对对话过程的承诺不符合任何其他目标的首要地位。如果改变一个特定的行为是目标，那么它会产生改变病人的压力，这与对话和现象学探索都是相反的。治疗师可以通过对话和现象学来探索开放性和表现力，也希望病人变得更加开放或表现力更强；治疗师不能既是对话的，又将开放性或表现力作为一个人的干预的主要目标。

对于心理治疗师来说，坚持对对话和过程目标的承诺，需要相信每个人的内在价值和人有机地调节自己的能力。在没有过度保护、忽视或控制的情况下进行接触，需要这种自体决定的价值或信念。最终展示一个人的自体并允许两者之间的控制是一种投降的形式，一开始是以信心为基础的，而后有希望地通过经验数据来加强。

4. 非利用性

格式塔治疗是一种非利用性、非操纵性的人与人之间的关系，在这种关系中，治疗师将每个人都视为他自己的目的。虽然治疗中的相互关系并不完整，任务/角色存在分化，但治疗师不鼓励或进入等级状态系统，即关系是平等的。

至少可以讨论四种利用形式：(1) 被当作达到目的之手段的人；(2) 语言的不平等（垂直）；(3) 治疗师没有完全做好他的工作；(4) 没有注意到适当的语境限制。

(1) 被当作达到目的之手段的人。我和汝的接触不仅意味着承认和接触作为一个人的他者，而且还认识到他者和我自己一样，是他自己有价值的目的。

作为他自己的治疗师与作为他自己的病人以"病人作为自身目的"的方式接触，并且唯一的目标是提高觉察。当一个人按照这种人际模式行事时，一个人会全力以赴地把自己和手头的人或任务联系在一起，每个人或任务都被当作一个汝，一个它自身的目的，而不是一个它（达到目的的物或手段）。要做到这一点，治疗师必须更关心进行自体决定的人之间诚实接触的过程，而不是任何其他结果。①

当一个人被视为一个范畴，作为一个要被分析、拯救、改造、欺骗的对象时，这个人被视为一个它，作为达到救世主自我满足的手段，或者某个外部目标或目的（如心理健康、社会公正等等）。这个人未被接触。在格式塔治疗中，我们把每个人、每次相遇、每个时刻都视为目的本身。这个人的行为是被双方一致

---

① 我们是否保持我们的没有外部标准（应该）的立场，即使在面对潜在的暴力，违反治疗师的限制和精神病的情况下，病人的存在也应该遵从这个立场？是的，尽管我们的干预措施改变了。在这些情况下，最重要的是，治疗师必须保持努力，以非道德的和非防御的方式与病人接触。这确实包括治疗师表达和坚持他自己的个人限制，表达他的希望、愿望和感受。有时它包括采取行动限制或让病人入院治疗，为病人安排社区服务等。在这些行动中，专业超越了治疗师的狭隘角色。虽然对话哲学和现象学是有帮助的背景，但在这种情况下，确切的行动过程取决于整个情况，包括社会背景和整个的专业培训，而不仅仅是他作为心理治疗者的角色。

判断为积极的还是消极的，或者这个相遇是否会带来"治愈"，相较于对"是"的这种强调来说都是次要的。

治疗师有很多价值观，比如希望社会进步。如果在治疗过程中，这些其他目标的重要性不被认为是次于病人的自体决定的，那么病人将被视为一个它。每个人都有他自己的选择能力、他自己的自体调节、他自己的价值观。格式塔治疗师尊重病人的选择（并承担积极和消极的后果），即使他们不同意或不赞赏这种选择。如果处于对话和悬搁，不带说服或权威态度的情境下，治疗师与病人分享自己的价值观就是有价值的。格式塔治疗是基于这样一种信念：如果治疗是通过我-汝对话而不是通过改造病人来完成，那么产生于这种接触和社会进步的个人成长、觉察和责任将得到最为有利的实现。

治疗师也不仅仅是一个达到目的的手段，因为治疗师也是一个人。如果治疗师仅仅是病人内在自体实现的一种手段，那么人与人之间的关系就会减少，觉察的范围也会缩小。治疗师自己和病人自己真正意识到彼此有觉察的接触。

（2）语言的不平等（垂直）。埃克斯坦（Eckstein）指出，在精神分析治疗中，病人和治疗师讲不同的语言，即，病人自由联想和治疗师解释（R. Eckstein, lecture, 1978）。在格式塔治疗中，病人和治疗师说的是以当下为中心体验的同一种语言。不同语言的取向是一种垂直的方法，治疗师对病人或为病人做一些事情。在垂直关系（Simkin, 1976）中，角色超越分化，参与者被置于一种等级关系中。仅由治疗师指导的病患医疗模式和干预就是一个垂直态度的例子。消费者保护和整体的健康运动在某种程度上是朝着横向关系发展的运动。

为病人而做或对病人做，却未给他留下工具，让他知道如何

觉察、对话与过程

为他的成长工作负责，这种做法总是垂直的，并且通常也是一种心理上的利用。由于治疗师的屈尊（垂直）干预，他可能会感觉好些，而且不知道该怎么做，从而强化了他对自己的弱点和不负责任的信念。因此，治疗师以牺牲病人为代价获得影响力和地位。

我-汝关联是平等的、没有利用的，以对话和平等合作为特点。治疗师负责为对话创造气氛，并促进病人进行现象学实验。对话提供了成长的背景或媒介，觉察"工作"提供了一种工具或方法，以加强对成长的聚焦，病人可以为自己而使用这种聚焦。在通过对话成长的过程中，病人学会了他真正能做的事情。任何不强调这种横向对话的疗法，我都不称为格式塔治疗。

这种横向取向影响技术的使用方式。用"格式塔技术"使病人达到目标是垂直的，不是格式塔治疗。这种对病人的操纵将格式塔觉察实验转变为程序，它减少了病人的责任和支持（L. Perls, 1978）。这在一定程度上是利用性的，因为治疗师是以病人为代价来获得提高的（例如，有魅力的治疗师和感恩的病人）。

病人的内在、有机体的自体在觉察中浮现并进入这个世界，这就是疗愈。这是通过会面，在人与人的对话中发生的。会面（不是治疗师）是疗愈，因为会面是分享内在自体。正是这种会面解释了病人内心的洞。

在垂直关系中，治疗师既不自愿分享自己的私人世界，也不鼓励病人进入。治疗师的"我"仍然是私人的或隐藏的，而病人是公开或秘密地被引导到移情而不是我-汝的关系中。格式塔治疗师展示了他们自己，并致力于觉察这种关系的发展。移情神经症是不受鼓励的，移情问题通过对话和现象学的方法被彻底地探索和修通。

在垂直治疗关系中，关注的焦点是病人及其问题、病理学和历史，而这往往被认为是除去了实际的关系——而此时的关系只是通过移情和其他需要改变的病人歪曲的概念而形成的。这将真正的关系置于背景中，并使其保持浅薄。在横向关系中，重点是彼此完全在那里，充分地看到和听到，并以当下为中心的方式表达。水平对话是进入病人存在的中心的矩阵。在格式塔治疗中，对话和目前的存在是前景，移情则是随着它的出现和干扰而被处理的。

"没有应该"是横向态度的一个方面。每一方都有自己的价值观、好恶、需要和愿望，而且两者都是同样的自我决定和自我负责。一个应该主义的治疗师以上下级纵向的方式对待病人。一个暗地里认为病人有责任满足他（治疗师）的需求的治疗师滑入纵向关系中。例如：一个感到无聊的治疗师把这归因于病人（"你很无聊"），并期望病人变得更有趣。治疗师可以是非利用的和横向的，并且，当他的需要对治疗工作很重要时，他表达它们。这样的干预需要治疗师是谨慎的，并仔细地关注病人的支持水平和他（治疗师）对自己挫败的责任。

这种横向关系是建立在相信每个人都对自己负责的基础上的。这意味着每个人都是决定自己行为的主要因素，并对自己的心理治疗负责——字面意思是"能够反应的"（response-able）。通过觉察每个人都知道自己重视什么、拥有什么能力，以及没有什么能力。有了对对话的承诺，两个行使自主权的人之间的接触可能会产生某种东西。（注意：关于治疗师的责任见下面第三节。）

（3）治疗师没有做好他的工作。治疗师与病人有一个隐性契约，治疗师违反该契约是一种利用形式。因为没有做好自己的工作的治疗师利用了病人。

良好的心理治疗需要技术能力和良好的关联。不同的系统和治疗风格对于什么是良好的关联和需要什么样的技术干预看法各不相同。我认为不管是哪一种治疗流派，当一个心理治疗师不为他在关联和管理技术模式方面的能力负责时，病人都会被利用。没有他者，不管是真实性还是使用或创造技术的技能都是不够的（Buber，1967，p. 165；Yontef，1969）。

格式塔治疗中治疗师的工作至少包括：设置对话氛围；实践融入；显示他的在场；致力于对话；不去利用；经历关系；做实验现象学体验的指导者，并对病人的性格有一个准确而整体的临床描述。

虽然相互性和横向态度是格式塔治疗观点的一部分，但相互性并不完全。例如，治疗师的工作就是他一个人。尽管病人对治疗师的每一项任务都负有对应的责任，但不管病人的行为如何，这都不会减少治疗师做他的工作的必要性。

莫里斯·弗里德曼（Maurice Friedman）提到接触、信任和融入的相互性（演讲和个人交流，1979年2月25日）。在心理治疗中，融入的相互性是不完整的（Buber，1965a，1965b，1967，1970；Jacobs，1978，pp. 114ff；Simkin，1976，p. 79）。合同是聚焦于病人。此外，病人来接受治疗时所具有的对话和觉察的支持通常比治疗师的要少。例如，病人在治疗开始时往往不能准确地理解治疗师（Buber，1965a，1970）。如果治疗师能准确地理解病人，他在这种情况下就有更多的能力去反应，即有更多的反应能力。此外，如果病人试图像治疗师理解病人那样，尽可能地准确、完整地理解治疗师，那么这往往会使病人无法通过移情性歪曲和他长期带有的其他盲点来工作。

第七篇 格式塔治疗：对话的方法

格式塔治疗师乐于相遇，让病人观察治疗师的行为，谈论治疗师的生活和感受——如果病人想这样做的话。但是我们的合同是让治疗师在一段时间内使用他所有的资源来提高病人的觉察。治疗师可以和病人一样从中成长，但是合同聚焦于病人身上；虽然环境要求在心理治疗中治疗师的某些方面成为前景，但格式塔治疗并不要求治疗师和病人的"分裂"。分裂可以由病人或治疗师的惰性或神经症维持。

因此，虽然格式塔治疗师的态度是横向的，但他们对病人和治疗师的聚焦并不是完全相互的。病人的隐私被这样的问题侵犯了："你现在正在经历什么？"焦点放在病人身上，因为人们假定这是病人希望和需要的。但是，病人在某些时候说他不想那样做，他不想被看见或不想关注治疗师的权利和愿望受到尊重。这不被假定为阻抗。（治疗师也是一个人，可能也有保密的需要。在良好的格式塔治疗中，必须直接而公开地处理这一问题，而不是将病人的要求变成"阻抗"或对禁忌或方法论原则的违反。）

作为一个专业人员，治疗师有责任带他自己去会面，准备接触病人，了解和帮助他。通过在会面之前和会面期间如何支持自己，他准备好以便能够做到这一点。病人通常不让自己准备好以同样的方式接触、了解并帮助治疗师。随着治疗的成功进行，相互关系变得更加完整。

当治疗师的缺点至少在一定程度上导致进展不足时，治疗师把责任（责备？）放在病人身上是一种利用。

在这些情况下（此时，我很少能实现或无法实现令人满意的整合），我要么缺乏令人信服地向他们展示需要改变和重新定位的能力，要么我自己整合不足，无法觉察到关键的阻抗（Fritz Perls，1948，p. 578）。

据我所觉察到的，我希望我的病人好转。如果他们没有觉察，那么我必须寻找我没有觉察到的东西，或者让他们在持续的关系中觉察（Laura Perls，1970，p. 126）。

如果病人能准确地理解治疗师，治疗就必须结束，这是真的吗？布伯认为是这样的（Buber，1967，p. 173）。在格式塔治疗中，我们发现，当你从精神分析转向现象学取向，从移情基础转向对话基础进行治疗时，病人能够进行我和汝联系，与之相伴的是，治疗往往会增加效力。在治疗过程中，病人较少受到干扰，可以做出更多贡献，更大的成长随之发生。

在格式塔治疗中，我们教授一种工具——对话的和现象学的工作。这些都可以转向除了"准确地看到治疗师"以外的领域，例如，准确地看到自体，提高觉察，选择生活方式，出现的新的缺陷，等等。在精神分析中，受到布伯谈到治疗时的影响，一旦童年和移情的内容得到处理，理论上就没有任务了。这是一个医学模型或病理学模型，而不是一个成长或成熟的模型。

布伯对待治疗的态度有两个危险。它倾向于假设治疗师的视野是准确的，而病人的视野是不准确的（Buber，1970）。这只是有时候是真的。它也有使我和汝成为一个"应该"即一个治疗目标的危险。我们在格式塔治疗中的目标是觉察——包括觉察它、觉察汝、觉察一个人如何做并如何进行双向的连接，由此而觉察选择的能力。觉察使选择和关联"我和汝"关系成为可能。有了这些知识，一个人可以继续深入的觉察工作。

有人声称，如果治疗师在没有人为地采用纵向立场（看上去）的情况下能够真实地与人接触，那么他在做治疗和不做治疗时都是一样的；如果不是，治疗师就是"虚伪的"。确实，如果一个人不采用作为治疗师的一面，他的性格结构显露出来，那么他的"像治疗师的"和"不像治疗师的"特征会在治疗中或治疗外显现出来。但是人们在不同的情境中确实是不同的。一个人作为爱人、老师、治疗师、父亲、被告是不同的；治疗不同于友谊。根据亚里士多德的思想，无论环境如何，性格都会依附于一个人。根据作为格式塔治疗基础的场理论，性格是人的一种功能，人所处的场是一个部分。作为一个治疗师时，一个关怀的且训练有素的方面以一种不总在其他情境中出现的方式变得突出。治疗师负责另一个人的成长工作，如果没有心理治疗的明确合同，这将是冒犯的和侵扰的。如果没有治疗关系的限制，病人的自体探索和暴露就不会那么安全。治疗提供了在限制范围内的挑战。

使用引人注意的花招是利用（不真实的）吗？或许：不使用它们是利用？我认为治疗师需要把他的整个自体和他的资源用于治疗任务。当一个技术性策略会增强工作时，拒绝使用或使用一个"噱头"来避免必要的个人相遇，二者将是同等程度的利用。

（4）未注意适当的限制。格式塔治疗师与病人之间的完全专业治疗关系还有其他限制。治疗师破坏治疗关系的行为不被本文所写的任何东西所宽恕。治疗师负责维持有利于我-汝关系的氛围，并成为对话和觉察工作的技术要求方面的专家。有些行为被排除在完全关系之外，因为它们与觉察工作或对话的不一致，因为所涉个体（任何真正关系的一部分）的敏感性、对话一方的限制，或是我们所身处的社会的伦理或法律的限制。

例如，感到羞耻的病人在面对取笑、幽默或轻率时不能进行觉察工作（这被体验为在羞辱他们，显示他们是多么荒谬和不恰当）。幽默是关联的一个重要方面，但是使用幽默的治疗师有责任不使用它来让病人更羞愧。在这种情况下，对话和觉察工作需要治疗师谨慎行事，以免治疗师的自由和创造力变成一种利用。

与专业人员签订的隐性合同的一部分是，必须遵守某些外部限制。不遵守这些限制是利用的一种形式。其中包括：一定的能力水平、特殊的知识基础、对病人福利的奉献，以及对道德准则和某些规定的、双方同意的限制的遵守。

"心理学家道德标准"（Ethical Standards of Psychologists）原则5规定：

> 5. 消费者的福利
>
> 心理学家不断地认识到他们自己的需要，以及他们与客户相比固有的强大地位，以避免利用他们的信任和依赖。心理学家尽一切努力避免与客户的双重关系和/或可能损害其专业判断或增加客户被利用风险的关系。这种双重关系的例子包括对待雇员、受督导者、亲密的朋友或亲戚。与客户发生性关系是不道德的。（Ethical Standards of Psychologists, 1977 Revised, American Psychological Association）

业务关系会干扰治疗师和病人的治疗态度，并使接近世界圆满性的关系复杂化。治疗是生命的准备，而不是生命的替代品。当治疗师也是外部当事人时，病人如何处理与治疗师的关系？

治疗师和病人之间的性关系至少是一种双重关系。这违反了大多数专业协会的道德准则，在加州，这也违反了法律。如果治疗师真的与病人有性行为，他就失去了作为治疗师的视角，而以情人的视角来看待问题。病人有权假定治疗师遵守行会规则，或在开始时告知病人。此外，病人有权假设专业人员将继续这样做（尤其是在面对诱惑时）或停止作为治疗师。由于权威和魅力，病人对治疗师产生了移情，在男女性利用的社会背景下，治疗师能与病人进行非利用的性行为也是值得怀疑的，更不用说这样做了，病人同样会这样认为。治疗师是在利用，是正当的还是不正当的：病人对治疗师的感知干扰了进行治疗所必需的信任。

另一方面，如果治疗师进入性关系是因为"这对病人有好处"，他就是不真实的，因此与格式塔治疗所建立的对话态度相反。我个人认为，一个与病人有性关系的人不能成为这个病人的合格的格式塔治疗师。

这是一个悖论，治疗师和病人在治疗情境之外的性爱可能会使关系在某种意义上更加圆满、真实并具有相互性，但在另一种意义上，我-汝的亲密关系和觉察工作的深度会比关系向商业、性等方面的全面发展被截断时小。外部边界可能有助于加深边界内的关系。植物的充分生长有时需要修剪或截短。

5. 经历关系

接触就是生活，而不是谈论生活。它是做和体验，而不是分析。它是当下正在和病人一起经历。疗愈是在对话中生活。格式塔治疗师让会面带来的全部活力展现出来。

接触与即时性和生命相关联——此时。关联是生活，而不是讲故事。它是跳舞、行动、表演，而不是在黑板上谈论跳舞、行动、表演。格式塔治疗师以体验而不是概念为中心。他们活在此时，而不是分析过去。他们用各种各样的技巧把过去的未完成部分带到此时，这样我们就可以探索它，品尝它，表演它，看到它，而不仅仅是谈论它。

格式塔治疗没有设定规则，反对治疗师的自体披露和行动主义。在移情神经症治疗的背景下，自发地将自己暴露在病人面前，跳舞，带着喜悦、愤怒或柔情的爆发，是见诸行动、倒退、自恋的放纵，以及分析探索的冲动性和破坏性。在格式塔治疗的背景下，这些可能是带着觉察强化我-汝关系亲密性的一个重要部分。不同类型的探索表明治疗师有不同的态度或指导方针。

从来自格式塔治疗关系的深层、生动且有意义的表达中，区分歇斯底里行为、倒退、见诸行动、精神代偿失调是非常重要的。一些批评家傲慢地认为格式塔治疗师不知道这些差异，或者更准确地说，他们认为，如果在格式塔治疗病人身上出现歇斯底里或自恋，那么格式塔治疗师就是造成或者鼓励这种差异，或者不知道这种差异。我也听过将个体格式塔治疗师的自恋归因于格式塔治疗。这种行为出现在任何形式的心理治疗中。

我的一个学生有一个病人正陷入僵局。病人的想象是他被淹死了——这种情感是当下的，没有被压抑。病人感到"疯狂"和不知所措，因为他超出了他的习惯性控制。这名学生的一个精神分析导师认为病人的表现是代偿失调，而没有看到在这种情况下，这是从压抑和人为过渡到生命的绽放。

格式塔治疗关系是一个完整的关系，包括人类状况的大多数方面：感受、思想、自发性、程序实验、技术、创造性、战斗、爱、令人沮丧的无聊等等。任何遗漏都是病人或治疗师的盲点，并会因此减少关系。如果我们不适应病人觉察之外的人际的、个人内部的或有意的行为，我们就会减少关系。我们努力把有暗点的地方带入觉察。

第七篇　格式塔治疗：对话的方法

总结

格式塔治疗是一种将对话和现象学结合成统一的临床方法论的心理治疗体系。理解方法论需要理解上面讨论的某些概念：现象学、觉察、接触、存在主义关联、有机体的和应该主义的调节，以及没有改变的推动者的治疗。我们讨论了格式塔治疗中对话式关系的五个基本特征。需要进行深入阐述，特别是对于实践中常见的错误。

第八篇
格式塔治疗：格式塔心理学的继承

评 论

本文发表于 1981 年 8 月由格式塔理论学会（Society for Gestalt Theory）在国际心理学家委员会会议（International Council of Psychologists Conference）上主办的一个研讨会。当时它的标题是《格式塔治疗：过去、现在和未来》（"Gestalt Therapy: past, present and future"），副标题是《格式塔治疗：格式塔心理学的合法派生物？》（"Gestalt therapy: A legitimate descendent of Gestalt psychology?"）。它于 1982 年用英文发表在德国期刊《格式塔理论》（*Gestalt Theory*）上，摘要用德语写成。它也以塞尔维亚-克罗地亚语出版过。

格式塔治疗一开始是被当作对经典精神分析的修订的（Perls, 1947, 1948; Polster, 1975b）。很快它就成为一个完整而自主的系统，将不同来源的智慧整合到一个统一的临床方法论中（Perls, Hefferline and Goodman, 1951）。当它创立时，临床发展和特征性的关注，以及精神分析的重要观点被用于一个与精神分析非常不同的框架中（特别是作为一种治疗方式）。在制定格式塔治疗系统时，格式塔概念是极其重要的。

然而，人们对格式塔治疗系统是否与格式塔心理学有很大关系提出了质疑。有些人甚至认为格式塔治疗和格式塔心理学在基本观点上是矛盾的（Henle，1978；Sherrill，1947）。笔者持如下立场：格式塔治疗的基本方法论在哲学上（如果不是历史上的话）直接从格式塔心理学衍生而来。爱默生（Emerson）和史密斯（Smith）认为"没有人在缺乏足够的格式塔心理学背景下，能很好地理解格式塔治疗"（Emerson and Smith，1974，p.8）。我们将讨论由此得出的基本原则，以及格式塔治疗在格式塔方法临床应用中的存在主义哲学。

格式塔心理学家和格式塔治疗之间的隔阂，以及对格式塔治疗的普遍误解都是由一些情况造成的。一个因素是格式塔治疗与弗里茨·皮尔斯的错误等同，就好像格式塔治疗是"皮尔斯式的"（Perlsian），皮尔斯的风格常常是非学术的和鲁莽的。他对格式塔心理学的知识和理解是有限的。他的广受欢迎的陈词滥调引起了人们的注意，并被许多人视为格式塔治疗的代表。这种风格与任何好的学术都是不相容的，包括经典格式塔学者的谨慎的科学取向。此外，如果没有仔细的定义，没有充分的、全面的格式塔治疗视角，那么这些说法不仅与格式塔心理学不符，而且也有内在矛盾。

并不是所有的格式塔治疗都是皮尔斯式的（Dolliver，1981；Dubin，1976）。格式塔治疗不仅是由弗里茨·皮尔斯创立的，而且是由罗拉·皮尔斯（她有很好的格式塔心理学基础）、伊萨多·弗罗姆、保罗·韦茨、保罗·古德曼和其他人共同创立的（L. Perls，1976、1978；Rosenfeld，1978）。随后，其他许多人产生了重大影响，例如：埃尔温和米丽娅姆·波尔斯特（Erv and Miriam Polster，1977）、詹姆斯·西姆金（Simkin，1976）、约瑟夫·辛克（Josef Zinker，1977）。弗里茨·皮尔斯仍然受到过多的关注。此外，正是皮尔斯的通俗著作受到了关注，他和其他人在理论上更令人满意的更大学术努力却遭到忽视（例如，Perls，Hefferline and Goodman，1951）。

另一个因素是格式塔治疗中缺乏先进的文本，并且缺乏一个清晰且分化良好的格式塔治疗模式。如果格式塔治疗师没有阐明什么是格式塔治疗，那些对格式塔治疗和其他系统进行比较的人恰当地进行工作将有困难。目前，人们越来越重视格式塔治疗中的模型构建，格式塔治疗的未来在很大程度上取决于这一努力的成功与否（Yontef，1981a，1981c）。

本文旨在概述源于格式塔心理学的那些格式塔治疗系统的原则，并指出这些原则与格式塔心理学的关系。因为这只是一个概要，所以本文最低限度地进行阐述。

以狭隘、零碎的方式比较格式塔治疗和格式塔心理学是非常不合适的。两者之间可能相似或不同的确切细节不如整体结构重要。这是格式塔的方式。使用共同的词（例如，图形/背景）或对场的某个特定方面的强调不同（例如，有机体的变量）既不能表明两者之间的基本联系，也不能表明两者之间的分离。

尽管人们可以将柏林学派格式塔学者（科夫卡［Koffka］、科勒［Köhler］、韦特海默［Wertheimer］）的观点视为一种正统的观点，并用它们来判断"格式塔"一词应有的权利，但是将柏林学派格式塔学者在其背景下所做的与格式塔治疗师在其背景下所做的相比较会更有用。从这个角度看，更容易洞察格式塔治疗和格式塔心理学的本质联系。

第八篇　格式塔治疗：格式塔心理学的继承

两种格式塔运动的格式塔取向都是现象学场理论的一种形式。其核心是一种探索模式（Wertheimer，1983，p. 3）。在这一点上，我们可以通过注意这个方法的两个方面来为我们以后的讨论做铺垫：(1) 它以信任直接的、天真的经验为基础，这意味着包括体验、客观和主观、内部报告和外部观察的所有数据；(2) 它寻求对功能性相互关系的洞察，这构成了所研究的任何情境的整体内在结构（Köhler，1969）。

这种方法与格式塔心理学提供的主要研究模式形成了鲜明的对比（有关概述，请参阅 Heidbreder，1933，以及 Wertheimer，1945）。冯特（Wundt）和铁钦纳（Titchener）的内省主义并不相信直接的（"天真的"）感知，而是相信它是基于错误的。人们必须接受培训，才能了解"真相"：人们只能感知品质和属性（例如：线条、颜色、形状），并学会推断、标记这些品质和属性，并将它们形成有意义的物体。我们看不到像椅子或桌子之类的东西，而需要被教导。内省主义研究的对象被教导去报告"纯粹"知觉的性质和属性。因此，内省主义者不仅不相信直接知觉，而且还具有原子论的观点。例如，心不是一个整体，而是其内容的总和。

行为主义者对他们的刺激-反应理论也持原子论态度，他们也不相信或不考虑研究对象报告的他们所经历之事。体验的主观数据被特别明确地排除在外（Köhler，1947，例如，p. 34）。[①]

在临床上，格式塔治疗面临着类似的情况。当时（20世纪40年代）的精神分析学家努力理解整个病人，但持有一个不相

---

① 目前，由于一些行为主义者关注 S-O-R（刺激-有机体-反应）的"有机体"，这不太成立了。

信病人有意识的体验的理论①，在寻找本体时它主要是二元的、原子论和亚里士多德式的，并设想人是被他无法控制的力量所驱动的（Stewart，1974）。当行为主义者最初进入临床实践现场时，他们仍然是原子论者，并轻视经验。这两种方法都没有利用病人直接体验的力量，将其作为探索的工具（即现象学聚焦），也没有包括所有类型的数据（Yontef，1969，1976）。

格式塔治疗与格式塔心理学有着相同的任务，但处在不同的背景下。韦特海默说，要在不同的情境下做同样的事情，你必须用不同的方式做（Wertheimer，1945）。格式塔治疗与格式塔心理学在许多方面不同，不是因为哲学或方法不同，而是因为情境不同。同一个图形作为背景（环境）的函数有不同的含义。临床环境与从事基础研究的学术心理学家有着不同的要求。例如，在基础研究中，研究者决定看什么。在心理治疗中，病人呈现数据、他/她自己和他/她的现象学。

格式塔心理学和格式塔治疗都在寻求对力量的洞察，这些力量为被研究的情境、过程或事件提供了内在结构。两者都包括所有类型的数据，因为二者都是经验丰富的，并且有意义地扎根于当代的情境中。

在本文的其余部分，我们勾勒出格式塔心理学和格式塔治疗的格式塔方法、现象学场理论，以及此方法在存在主义心理治疗的格式塔治疗模式中的应用。

---

① 在海因茨·科胡特的影响下，现在的一些精神分析学家并非如此。

第八篇　格式塔治疗：格式塔心理学的继承

现象学场理论

1. 感知者的直接体验

> 心理学似乎有一个单一的起点，就像所有其他科学一样：我们天真而无批判地发现的这个世界。（Köhler，1947，p. 7）

用场取向研究的是在体验中给出的现象，而不是在所呈现的现象背后假定或推断的力的本体。场的研究方法是描述性的，它描述了什么和如何（结构和功能）。这与分析或分类取向形成对比，例如亚里士多德的方法，关注"为什么"变化的原因（Lewin，1935）。

格式塔的场取向是现象学的（Yontef，1969，1976）。它研究一个人在某一时刻所体验的"场"。现象学把某一时刻直接而天真地体验到的东西作为唯一的数据（Ihde，1977；Köhler，1947；L. Perls，1976）。

在场取向中，所有现象都被视为合法的和适当的调查对象。没有任何现象被归类为偶然，甚至是独特的或非重复的事件（Köhler，1947，1969；Lewin，1935）。

以现象学的术语来说，任何事件都可以被研究或体验。"所体验的"并不仅仅是指或主要是指"主观的"或"感受的"，它包括"客观的"体验或外部感受，也包括情绪和其他"主观的"体验。对行为的系统观察和对感受的澄清一样,都是现象学所固有的[①]。现象学治疗师不仅观察、信任和加速病人的全部体验,而且他/她特别关注病人体验的哪些方面受到抑制或忽视。那些当前重要且不在病人当前觉察范围内的事项被带入觉察。

由于现象学探索是建立在体验的基础上的,所以将所体验的与假定的、设想的、学习或推断的元素区分开来是绝对必要的。韦特海默将此称为"不受学习影响的"体验(Wertheimer,1945年,p.211)。胡塞尔(Husserl)称之为悬搁(Ihde,1977)。偏见——形而上学的偏见,关于什么构成数据、个人价值的偏见——在现象学的调查中被放在一边或"放在括号里",让实验对象在没有污染的情境下体验"既定的"东西。

格式塔治疗强调"此时",这是它得到最广泛宣传却最不被理解的一个方面。现象学场理论将感知者的经验定位于时间和空间——此时和此地。这意味着觉察的过程总是发生在此时和此地,尽管觉察的对象可能在彼时或彼地。根据爱因斯坦的观点,在现代物理学的场理论中,没有超距作用——具有影响的作用是同时而具体地存在的(Einstein,1950,1961;Koffka,1935;Lewin,1935)。例如,体验过被母亲遗弃的感觉的病人在治疗师的办公室里讨论这个问题。回忆和感觉发生在治疗时间的此时和此地,但体验的对象发生在过去。格式塔治疗对当下的强调是格式塔心理学的一个直接影响(Wallen,1970)。

直接的或相关的是相对于观察者的而不是绝对的。对于研究运动的爱因斯坦场理论来说,它是相对于一个被认为是静止的参

[①] 因此格式塔治疗对可观察行为的强调不是"行为主义",而是它现象学的一个固有的方面。

照体的。在现象学场理论中，场的研究是由观察者的体验界定的。在选择研究主题时，一些个体（科学家、实验对象、治疗师或病人）定义了主题，并且在这个场内，探索是根据所体验的东西进行的。①

总结 格式塔取向是一种场现象学取向，它描述而不是假定或解释。直接体验被用来深入了解这个场的基本结构。偏见——例如内省主义的偏见——被悬搁。在格式塔治疗中，目标与此一致，因为觉察是我们唯一的目标（Simkin，1974；Yontef，1969，1981b）。例如，病人的麻烦行为和与之相关的强化模式是格式塔治疗师现象学研究的适当主题。作为一项实验，建议改变行为或强化计划，这是一种获得洞察的方法，（即觉察：关于其定义，见 Yontef，1976 年及下文）与现象学态度非常一致。不考虑洞察而试图将修复行为作为最终目标，这不是现象学的方法。②

例如：病人认为除非完美，否则他是不可爱的。探索这种思想对他的治疗工作至关重要。毫无疑问，他的治疗师——格式塔治疗师或其他人——并不同意这个病人的观点。格式塔现象学取向将探索这个主题，但不会为病人做出选择，它是非理性的想法，同样也不会去改变病人的想法。探索可能包括但不限于：对相关历史经验的调查；与一个因他不完美经常拒绝或曾经拒绝他的人对话；披露相反的数据（观察病人的不完美，并表达治疗师对病

---

① 这个场可以是有机体/环境场中参与者的体验的场，例如：对话参与者之一。它可以是由一个第三方观察者的体验定义的场，第三方观察者认为自己不在所研究的互动范围内。外部观察者也是有机体/环境场的一部分，这个场包括被研究的互动、"外部"观察者，以及观察者和被观察者之间的互动。
② 这种方法可能会产生行为改变并带来觉察的提高。然而，这种方法不是现象学的。这很可能是一个"黑箱"行为主义理论的例子。

人的反应);探索病人对一个他所爱的但不完美的人的感受;描述他"完美的自体";想象一个无条件地爱他的"好父/母";发表声明,证实或反对"非理性"的想法,并观察身体和情绪的反应。

2a. 固有结构

> 格式塔心理学的基本前提是,人的本性被组织成模式或整体,它是由个体在这些项中体验,并且它只能被理解为构成它的模式或整体的函数。(Perls, 1973, pp. 3-4)

经验是结构化的,而不是零碎的,这是一个非常基本和重要的格式塔信念(Wertheimer, 1938, 1945)。这是现象学探索的一个发现,是与实验、悬搁和信任体验有关的信心的必要支持。这与宇宙是有序而确定的一般的场概念是一致的(Einstein, 1950, 1961)。

我们从分离的整体上感知。我们看到物体突出(图形)或与背景区分,并且也可以内部区分为若干部分。我们不像铁钦纳和一些早期行为学家所相信的那样看到孤立的刺激。我们也不认为世界是一个巨大的整体——"一个巨大的、繁茂的、充满嘈杂声的混乱"——就像威廉·詹姆斯(William James)声称的那样。

整体的一些属性是偶发的,而不是任何单一部分所固有的(Emerson and Smith, 1974)。一个整体有其自身的特点,而不仅仅是各个组成部分的总和或合计("和-加和性的"[and-summative])(Wertheimer, 1938b)。因此:整体不只是部分的总和。更重要的是,整体是一个决定其部分的场(Köhler, 1969)。

存在各种整体,其行为不是源自其个体元素的行为,而部分过程本身由整体的内在性质决定的(Wertheimer,1938,p. 2)。

此外,意义是格式塔——包括知觉格式塔——的固有部分。它不是被添加的。这种格式塔观点将唯物主义的机械决定论与生机论(vitalism)的理想主义意义结合起来(Koffka,1935;Köhler,1947)。每一个事件都有顺序和意义,并被这样感知。

相互之间和整体之间的功能相互关系中的多种力量构成了这个场(勒温的关联性原则,Lewin,1935)。这些力量提供的结构不仅是机械的,而且是动态的,并且是这个场固有的(Koffka,1935;Köhler,1947,1969)。有一个内在的统一体(Wertheimer,1938)。只有当部分之间存在"具体的相互依赖"时,整体才是一个有意义的整体,而不是部分的"纯粹的加和性的"聚集(Wertheimer,1938b)。

场的观点的另一个方面是,场不是由隔离的部分或粒子组成的,这些部分或粒子被空的空间所包围,并在一定距离内受到其他粒子的影响。

> 空的空间仅仅是几何上的虚无,从物理学中消失了,取而代之的是一个绝对分布的应变和应力系统……(Koffka,1935,p. 42。另见 Einstein,1950,1961)

能量是整个场的一个方面。由于粒子是持续能量场的一部分,因此场的任何部分的变化都会影响场的其余部分。任何变化都通过场扩散。这个顺序不是像混凝土渠道引导水那样被机械地强制执行的。这个顺序是场力的动态决定的。

这种方法实用性的一个例子可以从简洁性的原理应用于问题解决中看到。简洁性原理认为,在整体条件的允许下,场的形成是尽可能有秩序的——尽可能干净和明确——直接性和经济性、稳定性和强度。包含问题的情境也包含其解决方案（Wertheimer，1945）。因此，在心理治疗中，通过现象学聚焦和对话来描述一个情境，就产生了在情境中固有的解决方案。

整体之结构的概念是格式塔治疗目标的关键。格式塔调查寻求对场的结构特征的理解。目标是洞察，结构清晰（Köhler，1947；Wertheimer，1945）。在胡塞尔的现象学中也有类似的强调（Ihde，1977）。

笔者先前定义了觉察，并将其作为格式塔治疗的目标加以讨论（Yontef，1976）。我现在要补充的是，在心理治疗中寻求的觉察旨在获得格式塔心理学所定义的洞察：

> 洞察是知觉场的一种模式形成，在这种形成方式之下，重要的关系是显而易见的；它是格式塔的形成，在这个格式塔中，相关的因素就整体而言是到位的（Köhler，引自 Heidbreder，1933，p. 355）。

2b. 场的结构和"有机体的"因素

有些人讨论了格式塔心理学与格式塔治疗的关系，似乎格式塔心理学认为场的结构是外部因素的功能，而格式塔治疗认为重要的因素是内在的，即"有机体的"（Sherrill，1974）。

两个格式塔团体都设想了包括外部力量和内部力量的整体情境（Köhler，1938；Perls et al，1951）。整体是两极的，而不是两分的或未分化的。在格式塔治疗语言中，我们研究有机体/环境场。场作为一个整体有多种决定力量。哪些是重点，取决于所研究的实际情境。什么是图形取决于手头的任务。

情境包括个体的和外部的（其他人、社会、无生命力量）因素。当研究基本感知的过程，例如，对客体作为客体的感知时，情境在很大程度上取决于感知者作为一个整体和"在那里"的东西之间的直接联系。在这个层次上的感知主要不是通过学习或由有机体的因素决定的。一张桌子很容易被视为一张桌子，而不用考虑有机体的兴趣、感受等等。然而，如果研究动机水平提高的受试者（如饥饿的受试者）的模糊刺激，则知觉可能会受到他们的动机状态的影响。这是整个情境的函数。实验中，如果一个人研究任务中断和未完成格式塔，他将看到结果因诸如受试者如何自我卷入（ego-involved）任务等"有机体的"因素而不同。

在心理治疗中，我们经常处理比基础研究的理想情境更复杂的情境。在这种情境下的组织和其他复杂程度相似的情境意味着一些刺激会比其他刺激需要更多的有机体能量，个体也会组织自己的感知。情境是由有机体和外部变量控制的。格式塔心理学和格式塔治疗在这一问题上的区别仅仅在于它们的操作环境。例如，格式塔心理学家科勒，就像格式塔治疗师一样，讨论他自己觉察过程的组织。[1]

---

[1] "……整个发展必须从一幅天真的世界图景开始。这一起源是必要的，因为没有其他的基础可以产生一门科学。在我看来，这幅天真的图画可以被看作许多其他事物的代表，此刻，它包括一个蓝色的湖，湖周围有黑暗的森林，一块大的、灰色的岩石，坚硬又凉爽，我选择了它作为座位，一张纸，我在上面写字，一种微弱的风的声音，风几乎吹不动树木，一种船和捕鱼的强烈的气味特征。但这个世界上还有更多的东西：不知何故，我现在看到，尽管它没有与现在的蓝色湖水融为一体，却是另一个更温和的蓝色湖水，在那里，我发现几年前的自己，从伊利诺伊州的湖岸望去。当我独自一个人时，我完全习惯于看到成千上万种这样的风景。这个世界上还有更多：比如，我的手和手指在纸上轻轻地移动。此时，当我停止写时，再次环顾四周，也有一种健康和活力的感觉。但在接下来的一刻，我感觉到我内心的某个地方有一种黑暗的压力，这种压力往往会发展成一种被猎杀的感觉——我答应在几个月内准备好这份手稿。"(Köhler, 1947, p. 7)

众所周知，一般治疗师，尤其是格式塔治疗师，致力于提高病人对他们的感受的敏感性。不是那么为人所知的是，格式塔治疗的格式塔理论同样要求重视使病人对外部环境敏感。没有世界觉察的自体觉察只涉及了有机体/环境场的一部分。

韦特海默（Wertheimer，1945）讨论了一个在工作中遇到问题的女人。起初，他无法理解那个情况，因为她的讨论是如此地专注于自己，以致她只聚焦于她的感受，而没有描述整个情境。有些人错误地认为格式塔治疗会重复这个女人的神经症。专注于自己并不能产生洞察。

另一方面，有些临床情境下，来访者充分地描述了外部情境，但不知道他或她自己的情绪、想要的东西、需要或想法。格式塔治疗的一个贡献是它将格式塔心理学的洞察应用于对身体的、情感的和动机过程的觉察（Wallen，1970）。格式塔探索的目标是结构清晰（洞察），让实际的缺陷决定关注哪些变量。

3. 系统实验

现象学场取向利用系统的实验来寻找一个对所研究的现象结构的真实描述。艾德（Ihde）称之为"变分法"（［variational method］Ihde，1977）。现象学取向使用实验而不是阐释作为研究或治疗的主要工具。实验使人能够自己感觉到什么是合适的或真实的（Simkin，1974）。

笔者认为所有格式塔治疗技术都是一种实验手段。这与使用行为矫正方法进行实验形成了对比。例如，根据这个概念，让某人重复并大声说一些在治疗中说的话，这不是为了宣泄（尽管这可能会发生），而是为了帮助其提高觉察。例如，在重复和叫喊的过程中，病人可能会发现自己有何感受，有多强烈，以及他如何抑制自己的感受。这种特殊的干预只是整体现象学探索的一部分，其目的是提高觉察水平。

系统的实验可以用来研究任何经历过的现象。这个场是一个由观察者定义的研究单元。在格式塔治疗中，这个场是根据临床相关性来选择的。这样应用的格式塔方法的效用受到格式塔治疗师临床敏锐度的限制。

现象学场的方法特别提到观察者是情境的一部分。这涉及三个方面。

（1）一个人如何看待问题在一定程度上取决于他看起来怎样。像格式塔学者所提倡的那样"天真"地看待问题，会产生一种与内省截然不同的体验。不带偏见地看，也就是说，用悬搁，这需要培训。

（2）观察者影响其研究对象。在现代物理学中，他们发现测量或观察改变了正在研究的物理事件。被观察的病人或被试在某种程度上受到被观察的影响。他/她和观察前不完全一样。在格式塔治疗中，这是通过病人和治疗师之间的对话来处理的。人类被试可以报告他对被观察的效果的体验。

（3）没有人能看到全部。人们只能清楚地知道，用什么有利条件来描述这些现象的哪些方面。

4. 觉察过程的觉察

格式塔取向特别强调理解获得觉察或洞察的过程（Perls et al.，1951，1973；Wertheimer，1945）。

有洞察的觉察总是一种新的格式塔，而它本身是可以治愈的（Perls et al.，1951；Yontef，1976）。新格式塔的形成是一个没有格式塔训练就自然发生的过程，在这个过程中，"重要的关系是明显的",而"相关的因素就整体而言是到位的"。如果没有,当习惯模式和不自觉的努力不能产生洞察时,格式塔训练可以使用现象学探索来获得对洞察/觉察过程的理解。

形成这种有洞察的新格式塔的能力对于成功的有机体的自体调节至关重要。要在结构清晰而不是结构盲目的情况下觉察,方式是最重要的。这意味着觉察自体,以及与最需要意识关注的任务或问题相关的情境(Yontef,1969,1976)。

理想情况下,觉察过程具有一个良好格式塔的性质。这个图形是清晰的,可以清楚地注意到与背景的关系。图形以适合情境的方式改变,反映出情境的主导需要或显著特征。这个图形既不太固定或僵化,变化也不太快。

随着现象学被试或病人的复杂程度的增加,强调从简单的觉察(例如,强调一些社会问题)转向反思性觉察(reflexive awareness),即对简单觉察的觉察(Ihde,1977)。反思性觉察带来对一个人的整体觉察过程的觉察。在格式塔治疗中,这种复杂的现象学态度带来对性格结构和觉察回避模式的洞察。[①]

在对格式塔方法的存在主义应用的讨论中,我们将看到格式塔治疗中的这种现象学的强调如何从觉察过程转向更全面地关注作为人的感知者的存在。

在优质的格式塔治疗中,一项工作或一个工作片段是一个与更大的背景画面相关的图形,它最少包括简单的觉察、觉察过程

[①] 艾德讨论了将现象学的态度融入普通的感知中,称之为"现象学的提升"(Ihde,1977,p.128)。吸收现象学态度的人,以更清晰的方式感知,对任何情况都持开放态度,期望发现多个方面,并且对一个情况的结构何时清楚或不清楚很敏感。随着现象学的提升,一个人往往不会将一种情况的经验局限于一个单一的、狭窄的有利位置。

本身的觉察、病人的性格结构、病人的存在和性质的全面图景、病人-治疗师的关系的强调和发展。零碎的工作往往是结构盲目的，因此，缺乏洞察。同样，治疗师的敏锐性是极其重要的。

5. 意向性

现象学方法是基于意向性的。觉察总是对某事的觉察。感知和被感知之间存在着一种关联（"有意关联"）。主体和客体的分裂被连接成感知和被感知的统一的两极。人主要是从自己的需要创造感知，这种想法与有意性相反。另一方面，没有一个感知的人，就没有一个以人的方式体验过的外部世界。没有这个世界，我就不知道；没有我，就没有人类构想的世界。

格式塔方法的存在主义应用

格式塔治疗从精神分析中汲取了对某些发展和性格主题的敏感性。其现象学场的方法主要来源于格式塔心理学。格式塔方法在格式塔治疗中的应用是由存在主义哲学指导的。这种现象学存在主义取向为格式塔治疗提供了关系理论，并为觉察工作提供了指导。

格式塔治疗是一种存在主义的心理治疗（Edwards，1977；Van Dusen，1968，1975a，1975b，1975c）。就像大多数存在主义取向，它是基于现象学方法的。格式塔治疗将格式塔方法移入存在主义的方向，原因与海德格尔（Heidegger）、萨特和其他人在存在主义的方向上移动了胡塞尔的现象学方法差不多相同（Ihde，1977）。

格式塔心理学，与胡塞尔的现象学一样，在很大程度上是一种内容心理学。格式塔治疗将格式塔方法转化为一个行动导向和内容导向的心理系统。在意动心理学（act psychology）中，注意力转移到感知和体验的人身上。兴趣在生存方式上转移到人对有意关联的开放结构，即人与世界的相遇上。

格式塔治疗不同于格式塔心理学，因为在格式塔治疗中强调的是从本质转变到存在，特别是个人的存在。在格式塔治疗中最重要的现实是存在——生活着的人。格式塔心理学认为人是独特而整体的，因此，以还原论的态度研究人是特别不适当的。不管怎样，重点放在诸如知觉或认知等方面，而不是人作为人和他/她经验的整体。

将现象学方法应用于对个人作为人及其存在的研究，这带来一个发现：只有通过将其他人作为人而进行对话，人类才真正地定义自己。人们只能在持续的相互关系中存在。

真正地定义自己是理解存在主义态度的又一个关键。现象学存在主义探索揭示了人们生活在一个未阐明的信仰背景中。这种传统思维的习得习惯形成了一种沉淀物，它搅乱了对真实的世界和真实的自体的直接体验（Ihde, 1977）。基于清晰而准确的直接体验的自体定义，使一个人能够知道自己要对什么负责，知道自己在做什么选择。这就是所谓的真实性。在沉淀物的基础上模糊对自体的感知是自体欺骗的（Sartre, 1966）。

格式塔治疗利用格式塔现象学场的探索方法来增加病人在搁置沉淀物和加强觉察方面的支持，以便病人做出基于责任和真实性的选择。充分觉察和自我欺骗是对立的概念（Yontef, 1976）。格式塔的知觉观为个人责任提供了额外的支持。因为背景包含许多可能的图形，所以是个人为自己组织了一个复杂的经验场。例如，当一个未完成情境要求注意，并与场的其他方面争夺注意力时，个体调节哪个将是前景。"只有我能感受我的感受，思考我的想法，感觉我的感觉，并采取我的行动。只有我才能让我活下去。"（Emerson and Smith，1974，p. 9）

对话式关系

对话是最适合于现象学存在主义的心理治疗关系的特定接触形式。接触在格式塔治疗文献（F. Perls，1947，1973；L. Perls，1976，1978；Polster and Polster，1973）中有仔细的讨论。在这里，我们仅仅指出，接触需要承认另一个人。对话，即我-汝接触形式，是一种基于上述真实性的接触形式。在人际交往中，我-汝接触意味着把对方当作一个有同样真实能力和值得被当作目的而不是达到目的之手段的人。这样做通常需要说出自己的意思并说话算话。

所有的心理治疗关系都建立在关怀的基础上。精神分析关系隐含的温暖和接纳是通过以禁欲规则为标志的关系媒介来表达的。在格式塔治疗中，关怀、温暖和接纳通过对话式关系表现出来（Jacobs，1978；L. Perls，1976，1978；Rosenfield，1978；Simkin，1974；Yontef，1969，1976，1981a，1981b，1981c）。

五个特征标志着这种对话式关系（见 Yontef，1981b）。

（1）融入。这是把自己尽可能完全地投入另一个人的体验中，而不去判断、分析或阐释，同时保持一种独立、自主的存在感。这是一种对直接体验的信任的存在主义的、人际的应用，直接体验是现象学的核心。科胡特强调共情，他对精神分析的这个改变使精神分析朝着这个方向发展。融入的实践为病人的现象学工作提供了一个安全的环境，并且通过传达对病人体验的理解，有助于提高病人的自体觉察。

（2）在场。治疗师表达治疗师，而不是放弃表达他自己。作为治疗关系的一部分，他经常明智而有区别地表达他的观察、偏好、感觉、个人体验、想法等。因此，治疗师可以通过模拟现象学报告来分享他的观点，从而帮助病人学习信任和使用直接体验来提高觉察。如果治疗师依赖于理论的阐释，而不是个人的参与，他会引导病人使用他直接经验之外的现象作为提高觉察的工具。

（3）致力于对话。接触过程是一个整体，不仅仅是参与接触的人的总和，甚至超过了融入和在场的总和。除了接触对方和表达自己之外，这是对人际交往过程的承诺，并最终屈服于人际交往过程。这是允许接触发生在双方之间而不是控制接触和结果。韦特海默（Wertheimer，1945）指出，要找到情境中固有的解决办法，就需要全心全意地渴望和致力于情境中的真相，而不是以前持有的任何信念或态度。

（四）不得利用。任何形式的利用都与对话式关系不一致（Yontef，1981b）。利用会影响病人的体验，使其适应治疗师的目标，而不是保护病人实际体验的完整性。

（5）对话是活出来的（lived）。对话是做而不是谈论的事情。"活出来"强调的是做事情的兴奋和直接性。对话的方式可以是舞蹈、歌曲、文字或任何表达和让参与者之间的能量移动的方式。格式塔治疗对现象学实验的一个重要贡献是扩大了参数，包括通过非语言表达经验来解释经验。例如，直接向所爱的人表达爱，而不是汇报爱，可能会带来感觉和表达爱的完整性，单凭文字无法比拟。

第八篇 格式塔治疗：格式塔心理学的继承

总结

充分阐述格式塔治疗的基本方法，可以直接追溯到格式塔心理学的现象学场理论。这种方法的主要特点是：（1）依赖于全部的直接体验，此时和此地，把偏见放在括号里；（2）探索对分离整体（即知觉体验场）的内在结构的洞察；（3）系统的实验，以获得对所研究现象结构的真实描述；（4）寻求对觉察过程本身的洞察；（5）意向性。本文也讨论了"有机体的"因素与整个场的关系。

本文讨论了格式塔方法的存在主义应用。这种方法从强调内容变为强调意识行为，从强调对本质的探求变为强调感知者的存在。

本文描述了一种存在主义态度的发展，它把人看作与他人密不可分，同时也不可避免地面临着现象学存在主义的任务，对两个方面进行区分：一方面是直接和真实之物，另一方面则是自体欺骗、迷惑和偏见。

本文还讨论了对话式关系，将其看作适合于一种现象学-存在主义疗法的心理治疗关系类型，它的特征包括融入、在场、致力于对话、不利用性和充分活出来的对话。

这些哲学原则形成了一个整合的框架，这是格式塔治疗的主要特征。特殊的治疗技术、治疗风格和惯常的陈词滥调都是无足轻重，以至它们可以在不削弱格式塔治疗本质的情况下被消除。格式塔治疗的一个美丽的特点是，它是一个框架，可以应用于多种风格（Melnick，1980；L. Perls，1976，1978；Polster，1975a；

Simkin，1974；Yontef，1976，1981a，1981b，1981c；Zinker，1977）。这些原则可以应用于任何模式（个人、团体、工作坊、伴侣、家庭），并且经过适当的专业预防和修改，可以应用于任何诊断团体。它既可以应用于团体治疗，也可以应用于个体导向的治疗。此外，这张清单决不会穷尽一切可能。重要的是存在主义现象学场方法的总体完整性。

第九篇
将诊断的和精神分析的观点同化进格式塔治疗

评 论

这篇文章是1987年5月我在科德角（Cape Cod）举行的《格式塔期刊》第九届格式塔治疗理论与实践年会（Ninth Annual Conference on Theory and Practice of Gestalt Theory）上的开幕词的文字稿，由我编辑。它于1988年春发表在《格式塔期刊》上。

晚上好。我很高兴也很荣幸来到这里，参加已成为格式塔治疗理论和实践交流的最重要会议之一的本次大会。在这个会议上，我可以谈论有关格式塔治疗我目前的观点，而不仅仅是重复基础知识。

我想谈谈一种将诊断的和精神分析的观点同化进格式塔治疗理论和实践的方法论。格式塔治疗师确实把精神分析的观点应用到他们的实践中。我对如何做到这一点并仍然保持这个系统的完整性很感兴趣。我的主题是："我们将精神分析和其他观点转化为格式塔治疗理论和实践的原则，以及格式塔治疗理论和实践是如何被这一过程改变的。"

为什么格式塔治疗师要借鉴精神分析？

我们一直是一个整合框架。这就是我喜欢格式塔治疗的原因之一。我们不需要重新创建轮子。我们从整个领域吸取我们所需要的东西。在格式塔治疗中，我们强调人们知道他们需要什么并找到资源满足需要的重要性——来自任何地方的支持，不排除任何有价值的东西。这种摆脱教条的自由是格式塔治疗的特点。

有效的最先进治疗方法需要一些新的精神分析方法提供的特征和发展描述。它们对于更好地了解病人非常有价值。

持续的心理治疗需要一种与工作坊或演示不同的认识。我们需要长期旅行的指南针和地图。漫游和信任有机体的自体调节是不够的，尤其是针对人格障碍患者。我们需要知道立即干预的长期效果。我们需要知道治疗是否在起效。是否正在处理正确的结构构建过程？治疗持续的时间与某个特定病人所花的时间一样合理吗？针对一个特定的病人，核心问题是什么？

客体关系和自体心理学对人的现象学、发展、人际关系和治疗过程有着宝贵的见解。

我认为我们需要这种新的见解，特别是处理严重的人格障碍患者。经典的格式塔治疗和精神分析方法对严重的性格障碍（character disorders）患者，特别是自恋型人格障碍和边缘型患者，产生了负面或最小的影响。我们正看到更多这样的人。我们治疗这些病人所需要的很多东西在格式塔治疗中尚未得到开发。因此，我们中的许多人借鉴了客体关系治疗师的见解，他们对治疗这些病人有很好的看法。

第九篇　将诊断的和精神分析的观点同化进格式塔治疗

我认为，否认格式塔治疗的局限性将是防御性的和适得其反的。仅仅重申皮尔斯、赫弗莱恩和古德曼的观点并不能填补这个漏洞。参考口头传统或内隐理论（implicit theory）也没有帮助。是时候让我们为自己的文献负责了。例如，我听说过自恋可以用融合的概念来解释，但我还没有看到格式塔文献对自恋型人格的完整解释。

我认为格式塔治疗的实践有了很大的改进。我认为我们现在做的治疗比以往任何时候都好，尤其是在人格障碍方面。我认为我们已经观察和承认，并且学习和改进，现在对性格病理学有了一个更清楚的理解。我们以更清晰的方式区分严重的性格病理学与神经症和精神病，以及不同类型的性格病理学。

我认为我们的进步部分是因为在治疗方面有了更丰富的经验，部分是因为治疗系统之间的交流。格式塔治疗的许多内容已经被纳入其他系统，格式塔治疗师也从其他系统中借鉴了很多东西。当然，这样做对格式塔治疗来说并不新鲜。

近年来，许多格式塔治疗实践者一直在借鉴客体关系理论。但这一点在文献中未被充分地指出。仅此一点就足以证明我今晚的话题。我们在借鉴什么，在怎么用？因为这些改进在我们的文献中没有讨论过，许多人只是将格式塔治疗实践中的变化和改进与实践格式塔治疗以外的其他东西联系起来。

我们需要考虑如何利用和整合这些新知识，并保持系统的完整性。我们需要解决借鉴什么和怎么做。许多人已经零碎地完成了这项任务，内摄并创造了"格式塔治疗和……"。"格式塔治疗和……"的问题是，经常有违反这些使格式塔治疗独特而有效的原则的行为，例如，通过物化结构，失去个人对自己负责的意识。

我的确切主题：如何同化

我今晚的确切主题是如何同化：在转换精神分析的概念时要记住的事情，这样它们就不会变成"格式塔治疗和……"

作为格式塔治疗师，我们知道成长是通过同化实现的。格式塔治疗正是通过同化而改变和发展的。我的主题的第二部分是指出我在格式塔治疗中看到的一些变化。

虽然我将间接地谈到人格障碍的治疗，但我的主题不是如何定义或治疗人格障碍，我的主题也不是借用什么精神分析的原理。有一个清晰的精神分析文献，我鼓励格式塔治疗师们去进行探讨。我将要讨论的观点主要是我所知道的格式塔治疗的延续和解释，强调重点有一些变化。

利用心理分析更好地了解我们的格式塔治疗的病人

格式塔治疗支持我们做伟大的治疗。它支持我们整合各种材料。而且我们的系统不是自足的。

皮尔斯、赫弗莱恩和古德曼精辟地讨论并解释了以此时此地有体验的接触时刻作为治疗的关键。但我们就到此为止了吗？这就够了吗？这是我们在格式塔治疗中能了解病人的上限吗？真正了解病人意味着什么？

我们集中在此时此地有体验的接触时刻，但那不是我们视野的尽头。我们需要觉察更大的格式塔构成（Gestalten）。

第九篇 将诊断的和精神分析的观点同化进格式塔治疗

现象学体验是一个丰富的挂毯，涉及四个时空区。我认为，通过增加对这四个时空区的明确关注，我们的实践已经提高。

首先，当然是格式塔治疗师最熟悉的：特定时刻整体的人与环境的场。这包括具体的和立即可观察到的东西；对人的意义；此时此地具体表现出来的未完成事件；此时此地表达的对未来的愿望和恐惧。

第二个区域是"此时彼地"，即人的生活空间。"此时"并不是以这一秒结束的。它包括病人目前在治疗室外和治疗室内的生活，一个人当前存在的全部。

第三，"彼时此地"，治疗的背景——发生在治疗室这里，但不是就在此刻。我认为格式塔治疗对治疗关系的重要性有了新的强调，包括对移情模式的识别，以及治疗中关于治疗关系不断增加的对话。

此时此地的情境还有其他的因素。例如，为机构工作会带来其他突发事件。我记得在退伍军人管理局（Veterans Administration）实习时，我们所做的所有治疗都受到了一些我们没有谈论的事情的严重影响，这些事情就是：退伍军人管理局支付病人生病的费用，如果病人康复了就撤回财务支持。这是治疗背景中非常活跃的一部分。

我曾经咨询过一位实习生，她对自己在处理病人的要求时遇到的困难感到非常沮丧，她认为这种被照顾的要求在格式塔治疗中是不合适的。在进一步的探索中，结果表明，治疗背景的一部分是，她的大多数病人是通过她编写和分发的小册子找到她的。在宣传册中，她做出了隐含的承诺，它暗指了提供她试图阻止的依赖性。

第四个时空区是"彼时彼地"，病人的生活故事。例如，埃尔温·波尔斯特在他的新书《每个人的生命都值一本小说》中讨论了这个问题。如果我们对这一点不感兴趣——在发展史上——那么一个人如何随着时间的推移而发展，是否有可能进行真正的对话？允许意义出现的背景包括历史和发展，先前体验时刻的顺序。

更好地了解病人意味着做出诊断性区分：在治疗开始时和整个治疗过程中；在每个独特的人和个体模式之间。病人有精神病吗？有自杀倾向吗？对他人有危险吗？病人是否需要转诊给医生以处理医疗问题或进行精神药物治疗？这个人患有神经症还是有人格障碍？这个人是边缘型还是自恋型人格障碍患者？在操作上，并不是所有我们需要做出的这些区别在此时和此地都立即能观察到。它可以在很长一段时间内观察到，而且临床上我们需要从一开始时就要着手进行区分。

从治疗开始，治疗师准确、充分地了解病人的现象学和当前行为是极为重要的。

为了说明这一点，让我们来讨论那些分裂的边缘型患者——也就是说，与场的一个部分接触，与另一个部分，也许是相反的极脱离，然后在其他情况下反转。例如，与依赖性愿望保持接触，脱离成人胜任、自主的能力。然后在另一天与他们的成人能力、他们的自主能力保持接触，而且不承认他们退行性冲动的困难。这样的病人有退行性冲动，遇到他们时，他们往往会越来越退行，而不是重组和汇集在一起。他们往往在治疗初期就开始谈论自己的历史，带有很强的原始情感（primitive affects），但无法整合，无法利用讨论获得认识。他们非常冲动，缺乏客体恒常性——这意味着他们在看不见治疗师或其他人的时候，很难记住他们。当然，他们也有非常大的放弃问题。

第九篇 将诊断的和精神分析的观点同化进格式塔治疗

这类病人需要很早的限制设定,例如在移情上。他们需要学习接触和边界技能,感官接触。我有一个病人,在我和她开始治疗之前,曾多次企图自杀,有非常严重的自杀企图,并用武器袭击了她的上一个治疗师。她在治疗期间无法记住我。我是说,她记得我的名字,但就这些。我给了她一张我的照片让她带着。

在和一个边缘型患者工作前和工作后的每项工作中,我倾向于进行非常具有强迫性的、此时此地的、人与人的接触,这与我和大多数病人工作的方式不一样。有两个例子,都发生于多年前我首次开设私人诊所,不知道什么是一个边缘型患者时——一个成功的例子,一个不成功的例子。

一个病人我们可以叫他邦迪尼(Bundini)。我叫他邦迪尼是因为一开始他就是这么叫我的。对你们这些不知道的人来说,邦迪尼是穆罕默德·阿里(Mohammed Ali)的经纪人。这个病人认为自己病得非常重,而且他的行为也表现出确实是那样。凭借我的魔力,他将成为一个冠军——生活中的,而不是拳击赛中的。现在这个病人对我来说似乎太难以相信了,他的病看起来太严重了,以致我对他非常严格,并且用了很多面质。尽管我当时不知道什么是边缘型患者,但这种方法非常有效。随着时间的推移,邦迪尼开始以一种更健康的方式行事,并且开始了认真有效的心理治疗工作。

同时我还有一个边缘型患者,我们可以称她为看门人的女儿。她是一个东方女人,把自己看作一个农民的孩子,坐在大房子的门口,得不到一点好东西。现在我认为当时病人有潜在的思维障碍,我用一种耐心、宽容或温和的态度来对待这个病人,如果她确实有思维障碍,那应该是非常适合的,但不适合这个病人。大约在第二年，当移情变得消极时——这是不可避免的——她开始有点精神失常了。从那以后我发现这很普遍。她需要的是更多的面质、更坚定的态度、更多的限制设置。这是我认为我们从治疗开始就需要的那种洞察，而在格式塔治疗中我们还没有充分地解决这个问题。

将这种边缘型患者与自恋型患者进行对比，自恋型患者有客体恒常性，感到不被理解或尊重，有他/她无法消除的强烈而非常原始的伤害、恐惧、愤怒的感觉。这样的病人主要需要他或她的现象学被听到、被承认、被尊重和被保持。例如，如果你试图在治疗早期向这种自恋型患者传授接触技巧，你很可能会遇到大问题。他们会抗拒，你会沮丧，他们会感到自恋受到伤害。有时发生在治疗开始时的理想化，对这类病人通常非常有用。与边缘型患者不同的是，他们需要受到鼓励去讲述他们的历史。

当病人对治疗或治疗师生气时，能够区分这些差异是很重要的。对于自恋型患者，如果你承认他们的观点，没有防御地承认你自己在互动中的作用，那么自恋型患者就有可能平静下来，重新开始他或她的治疗工作。然而，与边缘型患者工作并不是那么简单——他们需要更坚定、更多的对话，以及由治疗师发起的更多的自我建构工作（ego building work）。

这是我们需要的一种识别力，例如，当病人报告对心理治疗感到气馁时。对于一个精神分裂症患者来说，气馁实际上可能是一个好迹象，一个最终接触到一种终身绝望的迹象，这种绝望一直与其相伴，却没有觉察到？或者是一个自恋型患者在反思前一个疗程中的共情的失败？或许是一个边缘型患者，对于他来说，治疗师必须是心理过程极性的守护者？

第九篇 将诊断的和精神分析的观点同化进格式塔治疗

一个例子：我提到的我给她我的照片的那个病人。我去度假了。在我离开之前，她感到有点绝望，和我去度假没有特别的联系。一位非常优秀的治疗师替我接电话，给她做了一次治疗，很优雅地和她坐在一起，当病人表达她的绝望时，做了一种通常很有帮助的反思和共情的倾听。病人回家差点自杀。她报告说，她看了我的照片，说："我会等到加里回来。"那次治疗的问题是，对于边缘型患者来说，带着绝望的感觉坐在那里，排除了背景中任何可能有希望的感觉。治疗师与那种感觉的共情性调谐（empathic attunement）似乎确认了没有希望。她需要一句简单的话："我想和你坐在一起感受你的感受，尽管我对你并不感到绝望。"

在治疗中，我们需要这些洞察的另一种时候是，知道下一个特征步骤或阶段是什么。在稍后的治疗中，边缘型患者往往会感觉更好，并希望停止治疗。尽管我认为通常在格式塔治疗中，对于病人自己做决定，我们非常尊重，病人对何时开始和停止治疗承担责任，但是感觉好些并想停止治疗的边缘型患者往往仍在分裂。现在他们感到自主，他们想离开治疗来保护那种自主，但他们认为那是自足。他们还没有想到自主和相互依赖。这相当于情绪饥饿。那是不可持续的，无论病人是否在那一点上停止治疗，治疗师都需要对此发起讨论。他们需要谈谈这种情况。

我们一直在讨论我的观点：为什么我们应该利用这些心理洞察。接下来，我想谈谈如何将心理分析对病人的思考方式转化为能真正与格式塔治疗理论和实践相结合的场理论术语，以及之后如何在格式塔治疗的对话和实验现象学方法中运用这些概念。

概念转换：整个人行动

我们如何将精神分析人格理论的牛顿和前牛顿语言转换为场理论、过程术语？皮尔斯、赫弗莱恩和古德曼为此做了很多事情。

在精神分析驱动理论中，人们被看作由不同的力或驱动力移动的实体。非常牛顿化：有事物，有力，它们是两分的。精神分析把人的过程具体化为机械的，类似于事物的概念。自我、本我、超我——又是牛顿式的。即使是我觉得很有用的新的精神分析学派，也把自体当作类似事物的结构。皮尔斯、赫弗莱恩和古德曼的主要目标之一是消灭大写的自体（[Self]大写的S），只拥有小写的自体（[self]没有物化）。我发现马斯特森在处理边缘型患者时非常非常有用，他有诸如后撤客体关系单元（Withdrawing Object Relation Unit，WORU）和奖励客体关系单元（Rewarding Object Relation Unit，RORU）这样的概念。非常类似物（thing-like），但可转变成过程术语。

第一个转变：每一个心理过程、行为、结构都被当作一个"行动"，被指定由一个主动动词和/或副词而不是一个名词、事物或类似事物来描述。

我借鉴了弗洛伊德派的心理分析家罗伊·谢弗，他写了一本书，名叫《精神分析的新语言》(*New Language for Psychoanalysis*)。他把整个弗洛伊德的元心理学（metapsychology）翻译成过程术语，非常符合格式塔治疗——事实上在某些方面比我们的过程语言更彻底。

在这种思维方式下，头脑不是一个物。它是我们做的事情或

第九篇　将诊断的和精神分析的观点同化进格式塔治疗

者我们做事情的方式。在这种思维方式中，我不会"对说话感到焦虑"。我确实很焦虑地在做这个演讲。一个精神分析的类似物的概念声称一个人做了什么？过程是什么？这个人正在经历和做什么？这些是问题的转换。这个人没有愧疚感。有一种行为，通常是谴责的行为。

行动是整个人的行动，而不是"我的一部分"。在这种行为或过程取向中，人被视为行动和意义的发现者、分配者和创造者。否则，我们会有相互合作和反对的东西，而不是人与人之间的关系。例如，原欲自我（libidal ego）与严酷的超我抗争，或者治疗师的自我与病人的自我结盟。有一种危险，即如果我们内摄精神分析的概念，我们也吸收了这种物化。

这种把人的一部分物化并当作一个单独的人来治疗的做法并不局限于精神分析。像"上位狗""下位狗"和"内在小孩"（inner child）这样的词也有同样的用法。当人类的过程被描述成一种忽略了整个人作为施动者的方式时，这就微妙地发生了，例如，把接触边界或图形当作施动者。我认为格式塔治疗中的一些描述失去了作为主要施动者，至少作为主要焦点的整个人的意识。当病人使用部分或事物的语言时，整合语义学的格式塔治疗语言，例如，将"它"变为"我"和把"但是"变为"和"是非常有用的。这种治疗性语义态度的精神也可以在我们的专业文献中很好地为我们服务。

我更倾向于关注正在体验的人，而不仅仅是那些体验的时刻。是人在体验，在冲突或和谐中，感觉到完整或分裂——不是各个部分。

选择行动。这是行动原则的一个关键方面：人是自主决定的，做出选择的，负责任的，积极的。虽然事件是由个人和环境共同决定的，但个人的行动是被选择的。在我们对病人的同情中，我认为我们需要注意，防止根据把病人看作由他们的环境决定的（环境的一个函数）精神分析倾向来治疗病人。

人们选择他们做什么。在安全和不安全的情况下，人们可能会感到不安全。但他们确实可以选择行动。

说妈妈无爱心，而对方的回应是隔离他或她自己，否认依恋，相信他或她不可爱。这一系列共同的反应并不是对那种情况唯一可能的反应。行动反应是被选择的。

环境产生的信念，包括作为环境一部分的人的应对反应，很可能会成为内摄。但这些也不是事物。它们是由人积极维护并延续下去的。

内摄是一种不经接触、辨别或同化而进入有机体，使人不能整合或排斥的行动。内摄是一种行动，因此被选择，虽然通常不被拥有。后来，内摄的结果，例如"应该"，可以用来中断自发的行为。这也是选择的行动。虽然我们说"我们有一个内摄"，但自始至终，内摄实际上是人的心理行为。

在我们的工作中，我们如何设计事物是非常重要的。我们都知道，在任何一个治疗或培训团体的开始，都有很多恐惧、信任和融合的问题。我们的一位培训师，在自体心理学的影响下，带领了一个妊娠早期的团体，专注于这些恐惧、信任和融合的问题。他把它设计成"既然你觉得不安全，你当然就不能接触和冒险"。我想告诉你们，那个团体的过程并不顺利。一些培训师密切注意培训团体中的个体治疗师学员，并且认为他们即使在感到害怕的时候也能够带着觉察承担责任，对这些培训师来说，这是很难的。

我有一个边缘型患者，我和她就一些婚姻问题的责任承担进

第九篇 将诊断的和精神分析的观点同化进格式塔治疗

行工作。我之前和这个病人谈过她"对这个问题负责,而不对那个问题负责。你丈夫对那个问题负有责任"。在一次特别的咨询中,我自然而然地谈到了不过于拘泥于细节的责任。她离开时确信我是在告诉她,她对家里的一切事情负有百分之一百的责任。我们如何设计事物确实很重要。

我想非常清楚地表明,当我谈论这些态度时,我假定我们对病人所说的话和说话的方式表现出临床辨别力和良好的判断力。我不主张轻易地说出"你有责任""你没有责任""你很安全""你可以冒险"或"你不能冒险"之类的话。做一切事情都必须有临床辨别。

被否认的行动指的是当病人让自己无觉察,例如,不知道自己的行为是被选择的,因而否认对此负责或避免它时的行动。所有的行动都可以被承认和要求拥有,也可以不被承认——包括否认,否认也是一种行为,并且可以被要求拥有或不拥有。我认为我们在治疗方面的工作是帮助病人在需要的时候关注行动,并尽可能地努力拥有这些选择。

谢弗对这些术语的洞悉有非常有用的定义,他将洞察定义为"被要求的行动",并将阻抗定义为"被否认的行动"。阻抗被视为抗拒的行为;行动是一个人同时从事两种反常而矛盾的行动。例如,想要别人的东西,但是害怕,未觉察到想要和/或害怕。对想要或害怕的否认是"阻抗"。

在格式塔治疗中,我们希望避免整个人的缩小。我们要避免在空间上把它们缩小为"我的一部分",而在时间上把它们缩小为孤立的时刻。我认为这种同化的观点扩大了格式塔治疗,关注了整个人的感觉,并且关注了以前格式塔治疗中没有充分关注的过程。

觉察、对话与过程

自体的概念

如何进行这种转变的一个例子就是自体的概念。正如它通常被使用的，它是那些具体化的部分自体（part-self）概念之一。我们使用这个术语，并认为我们在传达某种意义。实际上，这是一个非常令人困惑的术语，有多种无法区分的用法。这个词至少有十五种不同的、相互矛盾的意思。自体是关于一个随着时间的推移而继续存在的人的；自体不是固定的，而是处于此时此地的相互关系中。自体指的是整个人；自体指的是人的核心部分；自体是一个人对自己的感觉。也有不同类型的自体：理想自体、虚假自体、浮夸自体等等。

皮尔斯、赫弗莱恩和古德曼吸收、消化自体概念并将其转化为场术语。但是，我不确定他们的定义在语义上是否还有用。我认为我们对"自体"一词的用法的外延是清楚的，但其内涵已经遭到极大污染，以至我想提出一个改变。

我们中的一些人，希望更接近病人的主观体验，随着时间的推移，他们越来越重视病人的认同感，并且过去一直在格式塔治疗中引入客体关系和整个统一的人的自体心理观点。不幸的是，这样做时往往没有积极的同化，也没有承认并调和矛盾。因此，"自体"这个词的内涵变得过于混乱并受到污染，即使其外延是明确的（就像在皮尔斯、赫弗莱恩和古德曼的用法中那样）。

我觉得很讽刺的是，在寻找完整性的过程中，人被简化成了一个部分——你知道，自体是一个核心。这不仅是一种整体性的丧失，它将人缩减为一个它，一个结构实体。"它"变得凝聚或

第九篇 将诊断的和精神分析的观点同化进格式塔治疗

"它"变得分裂了。这是一种对责任的否认,失去了施动者。

我建议我们保持行动总是由整个人而不是"自体"进行的观点,我们使用"自体"这个词只作为一个反身代词,一个指整个人,且主体和客体是同一个人的代词。例如,当"我"(I)提到客我(me)的时候。

在这个用法中,"自体"一词将被用作人们指向他们自己的标记,而现在被看成自体的各个方面的过程将作为整个人的功能来加以讨论。整个人被认为是互动的系统;自体概念是人们对他们自己是谁的感觉;理想的自体是人们想成为什么样的人的画面;虚假的自体是指不真实的行为和为了获得接受而被扭曲的自体建构感;浮夸的自体是一个人膨胀的自体意识,排除或减少过去或现在有缺陷的方面。然后,当我们区分人的品质,如稳定性、脚踏实地、自信、灵活性、价值观、与分裂的自体意识相对的凝聚的自体意识时,这将是在整个人的层面上,而与自体的素质无关。在这些过程术语中谈论一个分裂的自体,我们会问那整个人都做了些什么。这可能类似于"这个人独自觉察,没有融入凝聚的画面中。这个人对他/她自己,没有保持在不同的情况下的客体恒常性,例如,在失败的时候回想起成功"。

我经常观察到的临床现象之一是那些认为自体是一个东西的人,他们开始做觉察工作,并且他们接触到虚空的体验。他们开始相信:"哦,我没有自体。其他人有;我没有自体。"当他们学习过程观点,即自体不是一个物时,它往往是临床工作中非常有用的一部分。

我们已经讨论了分裂的概念,这对于边缘型患者的治疗是绝对重要的。这是一种我们必须敏感地去探索的现象,因为病人不会自发地了解它。然而,我们不必在牛顿式精神分析语言中使用这个概念，例如马斯特森的后撤客体关系单元和奖励客体关系单元。在行动语言中，我们可以说病人认为其他人要么是完全养育和爱护的，要么是完全遗弃的。或者我们可以说：病人要么认为自己是有能力的，因此不需要或接受养育，要么在其他情况下，认为自己是依赖的、无能的和依附的，在两者之间交替，在每一种思维方式中都没有对另一种思维方式的觉察。

我认为我们可以用同样的方式来看待这个人的其他功能：本我是人的攻击性和力比多感受，自我是人的思维、客体恒常性、时空中的定向，等等。

概念转换：此时此地交叉力矩阵

第二个转变是考虑到此时此地多重交叉力矩阵（here-and-now matrix of multiple intersecting forces）的格式塔概念，把这个概念放在一个场理论的有利位置上。

在格式塔治疗中，一个人总是一个人-环境场的一部分。内部和外部之间没有两分法。即使我们从不同的角度（如内在和外在）看待同一事件，即使有些事件是保密的和未公开的，在格式塔治疗的场理论中也没有单独的内部和外部。

所有存在的事物都只在关系中、在关系网中存在。总是有多个具体的力在场——相互关联，在场中产生多种连锁反应和渐变。我们将陈述精神分析的单线性、单向因果关系转化为解释总是相互作用并同时存在的力的多样性。

在场理论中，场中的任何改变都会影响整个场。它在场中激起涟漪。这意味着在治疗中总是有多个有效和有用的起点。你在

第九篇　将诊断的和精神分析的观点同化进格式塔治疗

分析文献中读到以"正确的分析反应是"之类的词句开头的陈述。由于从一个场的观点来看，总是有多个有效和有用的起始视角，因此显然不能只有一个正确的反应。在我们场的强调下，重点是更务实、可变，并乐于考虑个人的风格和创造力。

矩阵概念的另一个方面是没有超距作用。有影响的必须具体地存在于此时此地的场中，存在于力的矩阵中。它必须同时在场。

以发展理论为例

心理发展涉及随着时间发展的多种力的相互作用。格式塔治疗认为，人类心理发展始终是生物性成熟、环境影响、个体与环境相互作用，以及独特的个体创造性调整的函数。

在弗洛伊德的驱力理论中，只强调生物因素，对人类成长的潜能有着非常消极的观点。皮尔斯、赫弗莱恩和古德曼，以及当时的其他作家，如卡伦·霍尼，增加了对环境影响、个人与环境之间的互动的觉察，并对个人的创造力和成长保持乐观态度——成长和成熟的先天潜能。

科胡特和客体关系理论家们给了我们非常耐心的描述，特别是关于发展顺序的描述，他们确实认识到了环境和相互作用的影响。然而，他们倾向于不承认生物力量。此外，尽管他们对病人是同情和共情的，但他们更悲观地认为病人是受到过去历史的影响的。他们失去了对病人的独特性、创造力和积极潜能的看法。或者，换一种说法，对每个人天生的成长和成熟的潜能失去了乐观的态度。

我对这一点的整合与格式塔治疗模式是一致的，因为我使用精神分析的概念来使我对背景和发展因素保持敏感，但我对生物因素和场中的其他因素保持觉察，我对每个人的创造力潜能和选择与成长的能力保持乐观，并且我强调伴随时间推移的这些多重因素之间的相互作用。我相信一个人对他/她是谁的复杂性的觉察带来了有机体的自体调节（改变的悖论）。

概念转换：随时间转移

继续我们的讨论，把牛顿和前牛顿的概念转换为场的理论术语，我们来到随时间转移的概念。我们的辩证法增加了时间维度。我们是一个过程理论，而过程指的是伴随着时间进行的发展。甚至结构也在缓慢改变的过程。

一切都在空间中移动，在时间中变化，生成，移动，发展。在这种思维方式中，人们处于我们一直在讨论的一个无休止系列的矩阵中。

当然，我们知道意义是指图形和背景之间的关系。而一个人经验的历史顺序是背景中非常重要的一部分。这只是一个方面，不是全部。但我相信，了解过去的经验对意义和理解一个人的身份是必要的。

因此，我们探索并且我越来越相信一个人的过去。但我们这样做时需要记住，我们探索现象学是为了理解，而不是相信过去造成了当下。没有超距作用。历史发生了，现在它是一个既定物，人对既定物进行处理，并可以通过做一些不同的事情来选择行动。这与牛顿理论的概念"A 在时间上先于 B 并引起 B"形成了鲜明的对比。

第九篇 将诊断的和精神分析的观点同化进格式塔治疗

我相信一个过去的矩阵不会引起或控制后来的事件，一个过去的童年事件本身不决定一个未来的事件。

时间视角的重要性的一个例子是区分压抑和分裂的概念。在压抑中，这个人未觉察某件事。他或她可能会说爸爸很棒，没有觉察到对爸爸的愤怒。而且这一点在一段时间内保持一致。

在某一时刻分裂看起来很像是压抑。这个人可能没有觉察到对爸爸的愤怒。然而，随着时间的推移所发生的事情，区分了这两个过程。一个人的分裂行为在某个时刻看起来与压抑非常相似，在另一个时刻，觉察不到的东西和觉察到的东西会彻底转变。那个没有觉察到对父亲的愤怒的人也许会根本察觉不到父亲的任何美妙之处，而且只会觉察到生气和愤怒。所以从一个时刻到另一时刻都有一个反转，只看到一个极性的一半，然后只看到另一半。没有解除分裂的系统，平衡的画面、合理准确的感知、良好的判断力都是不可能的。

因此，为了获得有效的治疗，我们必须保持对我们工作的过程如何随着时间发展的觉察——它们是否保持不变，它们是否改变，它们如何改变。

总之，到目前为止，我一直在讨论如何将精神分析的概念整合到格式塔治疗模式中，作为行动的施动者，整个人融入人-环境场中——并且随着时间的推移而发展——保持目前的选择和实验的能力。

治疗关系

我现在想谈谈如何运用这种精神分析的观点，以格式塔治疗的方式与病人工作。我们如何将这些描述用于格式塔治疗的关系类型？

当然，格式塔治疗强调的是基于接触和现象学聚焦的关系，而不是基于移情和阐释的关系。在我所知道的所有精神分析理论家的模型中，移情被鼓励，治疗师被要求保持中立，并实践禁欲的规则。这意味着治疗师不满足病人的任何愿望，分析师没有"我"的说法，并且主要的工具仍然是阐释。

当然现在我们知道，联系总是接触和移情的结合体，但是我们用现象学和对话的方式处理移情。我们承认它，既不禁止也不鼓励它。我们知道并使用其他方法来阐释移情。

接触是第一现实。在格式塔治疗的场理论中，一切都是通过关联的视角被看到。在格式塔治疗中与病人进行工作，接触是第一现实。皮尔斯、赫弗莱恩和古德曼是在存在主义传统中，强调人与人之间的关系。事实上，在我们强调对话和场的视角下，一个人除非与其他人有关，否则都不能被定义。关系是内在的，不是被附加的。这种信念在精神分析理论中是找不到的，尽管人们可能共享强调内在关系的客体关系。

关系是我们格式塔治疗实践的核心。但60年代后期的不定期的格式塔治疗失去了那种强调。那是非常自由和令人兴奋的，但技术取向失去了最初对关系的存在主义强调。我还认为，在不强调人的情况下谈论过程，以及不以人看他/她自己的方式谈论这个人，也就失去了对关系的存在主义强调，并没有明确联系的模式。因此，这样做是分裂的。

关系是随着时间推移的接触。卡尔·罗杰斯说过，接触是关系的基本单位。我认为在格式塔治疗中，我们最清楚的是接触的时刻，并不总是那么清楚则是，关系不仅仅是一系列时刻，也不

第九篇　将诊断的和精神分析的观点同化进格式塔治疗

仅仅是孤立时刻的总和。我不是把关系指认为物。我把它指认为随着时间推移的接触，正如一个随着时间推移而延伸的格式塔。

格式塔治疗关系的本质

接触：人们相互影响。

我认为好的治疗需要治疗师的一种特殊的接触，以理解和接受病人为标志的接触，表现出治疗师的为人，并保护两者之间的关系，即服从于治疗师和病人之间发生的事情。有"我"和"你"并认识到两者的区别是不够的，在对话取向中，也有一种服从于互动所发展和浮现的东西。这意味着治疗师和病人都会受到影响。

理解病人指的是融入（布伯的概念）或共情（更常用的词）以便把自己投射到病人的现象学观点中。这意味着一个人尽可能地像病人一样看这个世界，同时觉察到自己的分离并记住它是投射——一个人不能真正体验另一个人的经验。

融入与确认：接受人本来面目，并确认他们的成长潜能。当病人打断他们的实际体验时，我们接受他们的天真体验以作为体验，并且我们打断或试图打断他们的打断。我们不仅尊重和接受病人的觉察，而且确认他们更完善的觉察的潜力。

在格式塔治疗中，强调以病人感觉被理解的方式来中断他们的中断是一种新做法。治疗师共情或任何其他干预的准确性测试，是病人的现象学。当然，目标仍然是提高病人对自体和他者的觉察。

当我第一次和吉姆·西姆金处在格式塔治疗中时，他打断了我的自我打断，我感到他理解我，由于这个过程，我更加理解我自己。我看到团体中很多其他人和吉姆一起进行这个过程，变得偏执，卷入权力斗争，增加了他们的羞耻感和自恋伤害。这在那些有明显自恋问题的人中尤其常见。他们常常感到不被理解或不被接受。坦白地说，我现在明白了，他们常常不被理解。正如当时许多格式塔治疗师所说的那样，吉姆并没有改变他的与客体关系理解类型相关的方式。我认为，这是格式塔治疗的一个新的重点。

强调治疗师的整个人的在场，连同融入在内，是任何存在主义治疗的标志。强调治疗师作为一个人在治疗中的明显在场，是格式塔治疗和持分析立场的精神分析取向之间最重要区别之一。格式塔治疗师分享观察、情感反应、先前经验、创造力、直觉等。

然而，我认为我们需要更详细地说明什么样的在场对什么样的病人或情况有什么影响：什么时候分享个人反应，什么时候分享观察，什么时候重视、澄清和强调病人的现象学，什么时候强调实验。我认为我们需要一个考虑到病人的优点、缺点、需要、愿望、价值观和情况的在场。仅仅分享治疗师的"我"是不够的。

在这一澄清中，客体关系可用于指导、帮助我们以有用的顺序和恰当的时机聚焦于中心问题。背景中的客体关系可以提高治疗师的注意力并拓宽他或她的视角。

例如，自恋型人格障碍患者确实需要在理想化和镜像的温柔光辉中谈论他们的伤害和治愈，他们需要的是不同于边缘型患者的在场，边缘型患者需要坚定的关怀、教导他们负起责任

第九篇 将诊断的和精神分析的观点同化进格式塔治疗

并强调极性的觉察。真正理解格式塔治疗方法、真正理解自己的病人的格式塔治疗师,会自然而真实地以不同的方式对待不同的病人。

当我们谈论在场时,我们也需要谈论反移情和自我责任。对我来说,在治疗中,不管病人具有何种人格特质,都没有什么比治疗师的自我责任和治疗师在对话与治疗上建立联系的能力更重要的了。治疗师需要清楚地觉察到没有旧事宜的残余,以便能够如病人所是地回应病人,建立一个真正的关系,而不是一个被转移并被投射到病人身上的元素所污染的关系。有效的治疗要求治疗师能够准确地反映病人的觉察,进行无污染的观察,对病人治疗工作的下一步有一个清晰的视角——不强加偏见、观点,也不需要对治疗师的需要进行戏剧性的改变。这对治疗师的自体支持提出了很高的要求。

例如,我认为,当治疗师不耐烦,需要快速修复时,这是并行歪曲[①],而不是真正的在场。快速的解决方法是为了治疗师自己的自恋满足,而不是为了病人的最大利益。当治疗师不耐烦并受到挫败时,这就是治疗师的行动。这种行动(急躁和挫败)是治疗师的责任,而不是病人的责任。一个更清晰的存在主义声明是"我感到沮丧",而不是"你很沮丧"。

我相信最危险的治疗师是一个能够有效和有力地在场,但处于一种自恋状态的人。这样的治疗师可能非常有魅力,病人需要成熟和良好的自体支持,才能意识到远离如此强大影响的需要。

这种自我保护在开始接受治疗的病人身上常常缺失。病人

[①] 并行歪曲(parataxic distortion),美国心理学家哈里·斯塔克·沙利文创造的概念,指在过去经历或无意识基础上做出的扭曲的感知或判断。——译注

的心理困难通常是使他或她盲目地对待治疗师的反移情和其他并行困难（parataxic difficulties），甚至可能导致他/她喜欢或肯定地评价治疗师的反移情，这种反移情使有效的治疗不太可能或不可能。因此，例如，对于依赖的幻想欲望排除了自主的自我责任的病人，以及正在接受一个需要病人依赖于他或她的治疗师的治疗，结果可能是一种非常漫长、效果不佳甚至有害的治疗。

我相信有效的治疗师需要我所说的关系技能，加上在现象学觉察工作中的传统的格式塔治疗技术技能。我认为重要的是，我们不要失去在此时和此地进行感官观察和接触、澄清过程、衡量适当的风险、知道如何促进活力、能够促进成长态势、知道如何设计实验等等的能力。同化精神分析材料的一个风险是格式塔治疗方法的一些优势可能会被削弱。

我认为，整合精神分析的观点使得格式塔治疗理论和实践越来越重视个体和团体治疗中关系的质量。我认为我们进行团体治疗的方式已经改变了很多，特别是越来越强调团体成员之间的联系，越来越强调整个团体的因素，越来越强调随着时间的推移团体中的关系（与工作坊模式相反）。我也相信，由于我们越来越认识到并更熟练地做更密集的性格工作，格式塔治疗师正在使用更多的个体或个体兼团体治疗，而较少单独使用团体治疗作为严重心理治疗的主要方式。

我坚信，在格式塔治疗关系的框架内运用精神分析的洞察，比做精神分析或精神分析式心理治疗有更多优势，这部分是因为我们有更广泛的允许和发展的干预措施（因为技术并不是因为干扰了移情神经症的发展而被禁止）。我们可以更公开、更具实验性地通过更多的干预来处理移情。强调治疗师亲自展示给病人看，会给予病人有关治疗师的健康和有害反应的更有力的证据。强调病人和治疗师的现象学和自体导向，可以最大限度地利用两者的智慧，并根据每个人的实际情况，为技能的发展提供最大的支持。

基于病人和治疗师直接体验的关系

在用来自格式塔治疗传统之外的概念进行工作时，要记住的一个关键因素是：格式塔治疗中的治疗关系是基于病人和治疗师的直接现象学体验的。在精神分析中，更多的干预措施主要是由精神分析理论指导的，分析师和精神分析对象的实际经验不像在格式塔治疗中那样被更多地强调和积极对待。虽然理论对格式塔治疗至关重要，但在进行格式塔治疗时，我们关注的是病人和治疗师的直接觉察。格式塔治疗干预是得到专业指导的，但它们总是基于这种直接体验的。

对话是共享的现象学。其他干预措施也是共享的现象学。例如，反思、共享的观察、实验等可以被视为共享的现象学。

格式塔治疗方法论强调从一种天真的觉察到一种更规范的觉察。我想强调的是，在格式塔治疗中，治疗师应该从发现病人的真实、天真的觉察开始探索。首先弄清楚这个病人目前认为什么是重要的——理解并接受作为病人体验的这种体验。

以一个表现无助的病人为例。我们的首要任务不是阻止病人的操纵行为。我们的首要任务是找出病人的感受。感受是什么样的？病人是怎么理解的？我认为在20世纪60年代的格式塔治疗风格中，这种理解做得是不够的，有时治疗师的态度是轻蔑、讽刺或不屑一顾的,这就相当于给病人加上"应该"。我认为治疗师的工作是探索。这工作不是为了满足。不是为了对抗。不是为了挫败。我们的主要目的是探索。

我想和大家分享一个两项不同工作的例子,这两项不同的工作也许解释了找出病人的觉察是什么这一问题。当我最初开始格式塔治疗时,我做了两项不同的工作来解决我的困惑,一项是和弗里茨,一项是和吉姆。(当时我很困惑。)当我和弗里茨一起工作时,他似乎认为我在操纵以获得支持——他可能是对的。我记得我跟随他的指示,迷惑地在团体中游荡,直到我终于明白我最想要的是离开舞台。所以我坐了下来。但除了学会坐下来,我没学到多少东西。

在同一时期,也就是同一年的晚些时候,我和吉姆·西姆金在一起工作,带着同样的困惑。吉姆首先仔细地了解了我的困惑经历。对我来说就像一团雾。当吉姆让我成为迷雾时,这是我在治疗中最重要工作的开始。所以我总是强调首先要得到病人的觉察,然后你可以根据病人对他或她自己的体验来改进、实验和建立行动计划。首先了解病人的体验,并进行澄清。确保你开始相信的是,病人的体验,实际上是病人确认的他或她所体验的东西。

觉察阶段

觉察和觉察工作有一个发展的次序。

(1)简单的觉察。病人们过来并谈论他们生活中遇到的问题。他们没有觉察到过程,他们没有觉察到觉察,没有觉察到与治疗师的关系。

（2）觉察的觉察。在这个觉察层次上，人觉察到自己的觉察。正是在这一过程中，格式塔治疗从现象学中获益最大。通常，培训团体是在这种觉察层次上操作的。这包括回避和阻抗、悬搁、此时此地的接触工作、觉察和接触工具的发展和完善的觉察。

（3）体验者性格的觉察。觉察的觉察带来对体验者性格的觉察。当一个人觉察到觉察和回避的模式、引发觉察和回避的条件、觉察和不觉察的模式等等时，他就会觉察到体验者的整体性格结构。

（4）现象学上升。这是现象学态度渗透到这个人的日常生活中的阶段。知道总是有多个现实的态度，悬搁、用重复的观察来洞察一种情况的实际运作变得平常，而不是局限于接受治疗或做治疗的时刻。

实例：与阻抗进行工作

理解并与阻抗进行工作是进行有效心理治疗最重要和必不可少的方面之一。在我们所讨论的观点中，阻抗被看作一种需要现象学探索和分享的行为。在与之工作的过程中，我们发现当病人"阻抗"时，他/她在经历什么。我们也关注治疗师的直接的现象学体验。我们从悬搁开始，而不要一开始就认为被抵制的是治疗或治疗师。作为现象学聚焦的结果，我们有病人的体验（或几次体验）和我们自己的体验，并且使用两种体验的视角，我们可以对话、聚焦和实验。在这个过程中，治疗师也可以通过了解他或她在互动中的角色来成长。

觉察、对话与过程

"洞察"是从"之间"、从对话发展而来的

我相信洞察力是从这种对话中发展出来的。

洞察。啊哈！同时掌握部分和整体之间的关系。

我认为格式塔治疗觉察工作的目标是洞察，尽管我在格式塔治疗文献中看到了其他的陈述。格式塔治疗觉察工作中的洞察目标与精神分析的洞察不同。如果你像我一样定义洞察，使用这种格式塔心理学的定义，那么洞察就是我们的目标。即使你将精神分析的词限定为"情绪的洞察"，在精神分析的大部分使用中，历史的、解释性的"为什么"取向不同于格式塔心理学和格式塔治疗中一贯的整体的、感官的、现象学的、存在主义的用法。

我认为洞察浮现自病人（病人的觉察）和治疗师（治疗师的觉察）之间的对立统一。在我的格式塔治疗模式中，它不是来自技术或使人沮丧，也不是来自行为矫正的"格式塔治疗"风格。它不是来自治疗师的力量和魅力。它不是由治疗师所控制的。它来自病人和治疗师的共同努力。

存在一个格式塔序列：治疗师的经历、病人的经历、治疗师的经历、病人的经历，依此类推——啊哈！

如果需要演出和舞台剧，我想我们就需要问：需要谁？为什么？以谁的速度？过度使用技术可能导致神秘化和过于简单化。没有充分倾听病人的故事并过度使用空椅子技术便是一个例子。

作为艺术和爱的治疗

我想以格式塔治疗中对我、对我们的理论和实践非常重要的

东西来结束我的演讲。格式塔治疗是艺术。乔·辛克说格式塔治疗是允许创造性的。我同意,除此之外,我认为创造性和爱是有效的格式塔治疗必要而至关重要的一部分。

没有专业知识和规范,治疗可能是无效和有害的。一些治疗确实导致负面的结果。

然而,没有格式塔治疗食谱。食谱是给技能准备的,而治疗是一门艺术。而且我认为从事治疗是一门艺术,需要治疗师的所有创造性和爱。

谢谢大家。

第三部分
场理论

第十篇
场理论导论

评 论

1991年。本文是对整个场理论部分的介绍和概述，清晰易读。这里讨论的大部分内容在本部分的另外两篇论文中有详细阐述（第十二篇《格式塔治疗中的思维模式》[1984]和第十一篇《格式塔治疗中的自体：对托宾的回应》[1983]）。

格式塔治疗理论是以场理论为基础的。这不仅仅是历史的意外。场理论是一种科学思维，它与格式塔治疗的其他理论体系最为契合。场理论与格式塔治疗的现象学、对话存在主义、兼收并蓄的原则、对临床选择的灵活态度等有着密切的契合。此外，场理论是最能涵盖格式塔治疗理论所涉及的广泛的智力、社会、文化、政治和心理问题的理论方法（尤其参见 Perls, Hefferline and Goodman, 1951）。

考虑到场理论在格式塔治疗理论中的重要性，在格式塔治疗文献中，对场理论的阐述出奇地少。我知道在格式塔治疗文献中，没有我认为的明确、有力、一致、系统和全面的关于场理论的讨论。我在《格式塔治疗中的思维模式》（1984a及下文）一文中讨论了场理论的一些方面，但它是为回应乔尔·拉特纳（Latner，1983）的一篇文章撰写的，即使在没有拉特纳文章的情况下讨论的那些方面也是不完整的。我认为，拉特纳的文章在场理论的某些方面是优秀而有说服力的，但在其他方面是不足并具有误导性的。在这篇文章中，我将不再重复我在回应他的文章时提出的论点。我向读者推荐拉特纳对经典科学理论（牛顿力学）和后现代理论（场理论）之间的区别所做的出色而易读的讨论（Latner，1983），以及我与他的对话（在本段前面所引）。

谈论和阅读场理论并且理解它是非常困难的，也许是格式塔治疗理论要讨论的最困难的方面。这是一种非常不同的思维方式，而且非常抽象。与格式塔治疗理论的其他方面相比，它与临床问题的关系更不清楚。

我写这篇对场理论的介绍，希望能提供一个清晰的概述，特别是为了那些认为场理论的讨论离感觉体验和临床相关性太远的人，或者那些对大多数关于这个话题的讨论的抽象性质有着发自内心的恐惧和厌恶的人。

为什么我们需要场理论？

为什么治疗师需要学习场理论这样抽象的东西？格式塔治疗倾向于吸引这样一些治疗师，他们在我们对实际的具体体验、情感的直接表达等的强调中找到一个家。为什么不把注意力就集中在此时此地的感觉体验，加一点临床经验，然后就到此为止了呢？

格式塔治疗的实践和理论建立在觉察到我们的觉察过程的重要性上。我们的思维过程是其中的一个重要方面。我们在治疗中设法解决这个问题，我们也需要在理论和教学中处理这个问题。皮尔斯、赫弗莱恩和古德曼（Perls, Hefferline and Goodman, 1951）讨论了一个人如何思考和一个人如何在这个世界上相互作用的必要性。一个人如何看待世界，包括他的哲学取向，在一定程度上是性格的作用；相反，性格在一定程度上是一个人如何思考的作用。场理论指出了我们思考的过程。

我觉得很清楚，凯利（Kelly, 1955）认为所有人都有隐含的科学理论是正确的。如果没有积极的智力检查，个体的功能就会被未经检查的偏见、信仰、形而上学的假定、语言用法、内摄的思维方式等影响。我们站在这些假设之上，它们渗透到我们的接触和觉察过程中，它们决定和塑造我们的思维、感觉、感知和行动。明确这些是现象学的功能之一，也是格式塔治疗方法的核心。对于一个发现觉察和同化如此重要的系统来说，允许一个和我们的想法一样重要的话题留在融合和未经检验的内摄的水平上，这是不一致的。

但是，检查这些未觉察的智力过程不仅是一项困难而艰巨的任务，而且常常引起焦虑和回避机制。我在写场理论的时候，包括写这篇论文的时候，总是要和这个斗争。有人说，一种"对形而上学姿态不加批判的假定为我们的焦虑提供了可喜的解脱"（Bevan, 1991, 477）。

不幸的是，如果不检查这些过程，就会产生不一致、理论上的偏见和限制，从而产生未经审查的后果。例如，我认为皮尔斯、赫弗莱恩和古德曼的生物学和社会学的二分法与他们的最重要的整体的（场理论）主题是不一致的，理论上没有对这一主题进行检验，其结果是限制，或至少减缓了格式塔治疗潜力的充分发挥。

皮尔斯20世纪60年代个人主义的、面质的和戏剧化的理论立场没有得到审视，这对格式塔治疗的发展产生了极其有害的影响。场的分析将考虑整个工作的环境，特别是人际关系。场的分析将把家庭、团体和其他社会过程放在首位，调节个人主义。场的分析将考虑这些过程如何随着时间的推移而发展，在觉察到其结果的负面影响的情况下，缓和面质和戏剧化的倾向，并对更温和、更微妙的干预措施的长期积极影响表示更大的赞赏。

我认为场理论解释了勒温的观点，即没有什么比好的理论更实际。场理论可以帮助我们关注我们所做的事情什么是重要的和本质的，以及什么是次要的。它有助于识别我们所做的和所学的各种形式下的共同点。我相信，场理论可以提供指导和方向，例如，在评估和吸收新思想、方法和技术方面。场理论不仅可以为我们的研究和治疗提供智性指导，而且可以为交流提供一个框架。

此外，我还认为，因为场理论是格式塔治疗理论的一个重要组成部分，格式塔治疗方法论是建立在这个理论基础上的，所以一个格式塔治疗师想要全面了解他或她所选择的方法，就必须学习场理论。格式塔治疗中的一些核心概念，如果没有一种场理论的态度，就是难以理解或不可能理解的。也许一个人可以通过对场理论的肤浅学习来进行格式塔治疗，但理论工作、教学或进行培训当然需要更深入的理解。我认为任何教或写格式塔理论的人都需要对场理论有一个透彻的理解。

我认为格式塔治疗的场理论观点有助于解决心理学中许多尚未解决的问题，因为它们基于逻辑二分法、机械思维和简单的因果关系模型。虽然这些模型适用于某些类型的探索，在某些参数范围内工作，例如牛顿物理模型在其运行参数范围内精确工作，但它们并不能解释物理学或心理学中的全部情况和数据。

场理论在物理学中被兜售为一种理论，它可以包含牛顿力学理论，也可以解释早期理论不能充分处理的现象。这使得场理论更加全面。虽然心理学中的机械论和场理论都能充分解释某些现象，场理论能解释所有的机械论现象，但反之并不成立。

场理论语言能够描述同样可以用机械语言描述的现象。我对托宾（Tobin）的回应（第十一篇《格式塔治疗中的自体：对托宾的回应》，1983）正是针对这一点。场理论方法避免了理解的机械模式的二元论思维所造成的一些困境。例如，个人创造了自己的环境还是环境创造了个人？在机械模式下，可以设计实验以线性方式研究这个问题。但所提出的问题造成了一种假二分法，在场理论中更容易处理。个人/环境场创造了它自己，其中个体部分影响该场的其余部分，而该场的其余部分影响该个人。循环因果关系介于机械模式的线性因果关系和真正的场理论之间。

关于弗洛伊德驱动理论的争论就是另一个例子。许多人反对它，认为它是机械论的、还原论的和二元的。没有场理论基础的人反对它，往往拒绝机械论、还原论和二元论等所有物理能量概念，而没有认识到物理能量是整体理论的必要方面，而且可以无需机械论、还原论或二元思维，而在场理论中得到很好的解释。事实上，从心理学理论中排除所有能量概念本身就是二元论和还原论。场理论视角可以为整合包括身体、心理、情感、社会互动，以及精神的和超个人的各个方面在内的心理学理论提供理论支持。

格式塔治疗的自体概念就是另一个例子。我认为这是一个比它被认为的更优雅而有用的概念，但只有在场理论的背景下，它才可以被充分地理解。没有对场理论的深刻理解，一个人通常只剩下对自体的两种常见态度中的一种。如果你把自体当作一个具体的存在，当作一个内在的小人，那么就有一个做事情的内在的"核心"，但是那个人（"我"）不是积极的施动者。有些人被视为"有一个有凝聚力的自体"，而另一些人则有一个"分裂的自体"。这是将身体的具体存在归结为一个抽象概念。

另一方面，如果一个人在过程中定义自体，那么这个人有自体概念，而没有整体的自体，没有有形的存在。我将哈雷（Harré，1991）和罗宾逊（Robinson，1991）推荐给有兴趣对这个一般性主题进行广博讨论的读者。例如，在1971年，科胡特将自体定义为"低层次抽象"（Kohut，1971）。"他所说的'低层次抽象'，指的是人们对自己形成的想法是以特定体验的概括为基础的。"（Wolfe，1989）有概念，但无存在。格式塔治疗对自体的定义被曲解成这样（例如，Tobin，1982）。

皮尔斯、赫弗莱恩和古德曼将自体定义为"任何时刻的接触系统……自体是工作中的接触边界；它的活动正在形成图形和背景"（Perls，Hefferline and Goodman，1951，p. 235）。这强调了在有机体/环境场中持续相互作用并整合该场的自体。然而，如果一个人用牛顿力学的术语来思考，这将意味着自体从过去到现在没有连续性，自体的功能在整体自体凝聚力很小的人和有自体凝聚力的人之间没有区别，因为没有"真正的自体"（Tobin，1982）。

在场理论中，所有的事件和事物都是根据场的条件和感知者的兴趣来构建的。一切真实的事物都是这样构建的，无论在物质上是多么具体或抽象。现在有些人认为，所有的概念、记忆等，都不像重建那样被储存而后记忆（见 Gergen，1991 的讨论，特别是第 26 页）。"事物"是根据情境和需要、对过去理解的记忆等被现象学地建构的。如果不理解场理论，就会误解格式塔治疗的一个观点，即，"自体"不"作为固定的体系"存在于当前的有机体/环境场之外（Perls, Hefferline and Goodman，1951，p. 5）。自体是一个过程，它与任何有形的存在一样真实，它是在当前的有机体/环境场中构建的。

格式塔治疗的自体概念既可以解释一个随着时间的推移而具有凝聚力、整体性和连续性的自体概念，也可以解释一个在任何时刻都是在特定环境中被构建的自体概念。场理论使格式塔治疗能够聚焦于作为积极施动者的人身上，注意当前的场关系的复杂性，随着时间的转移和在不同的情境中不可避免发生的变化，以及人们如何建构他们自己的差异。这种格式塔治疗的自体概念确实需要进一步的阐述和发展，更适合本文。

有些人构建了一个具有和谐性和连续性的自体，同时灵活地适应当前的场。有自体障碍的人往往不能做到这一点，他们的自体建构不能和谐地整合先前的建构，不能保持凝聚力、连续性、安全感和自尊感，特别是当目前的场充满压力时。相反，他们的自体过程和自体体验往往是支离破碎的，基于僵化、固定、消极的内摄和他们对自己的设想，他们的自尊感和凝聚力容易被当前场中的力量所破坏，对他们是谁和情况是什么样的没有清楚而灵活的结合。其他人建立了一种不受环境影响的固定的自体意识，不管情境如何，都是一样的。这个固定的格式塔没有灵活性，只有被场中的相互作用所改变的有限的成长能力。

格式塔治疗中有许多动态的概念，只有在场理论术语中才能被充分理解。其中一些概念是：有机体/环境场、边界、支持、图形/背景、对话关系、知觉的现象学结构，诸如此类。

场理论使用的局限性

有时场理论的讨论方式会阻止人们的兴趣。

人们经常听到的是场理论的一个如此简化的方面，也许是对库尔特·勒温的模糊提及，然后是主题的改变，以致人们认为它不值得大肆宣扬。但是场理论不仅仅是一个语义装置，也不仅仅是指整个系统的任何东西。它不仅仅是勒温的拓扑结构。

在讨论其他理论观点时，就间接地发生了一些最佳的场理论讨论。例如，现象学、对话和《格式塔治疗》的整个理论结构都是以场理论为基础的，场理论与这些观点中许多最重要但最困难的方面交织在一起。当现象学被完全理解时，场理论的各个方面也必须被理解。

坦率地说，我认为当我讨论现象学或格式塔心理学时，甚至是关于场理论的各个方面时，比我直接讨论场理论时更清楚。因此，出于良好的战术意识、怯懦、懒惰或无知，我经常教授现象学和对话，很少直接讨论场理论。这并没有给人们一个机会去理解场理论以便他们可以决定是否值得努力。这就是我写这篇文章的部分原因。

有时，使用场理论看起来就好像它能给某些观点以有效性和威望。就好像说某件事与场理论的原理一致，就使之成为事实。这将一个人所提倡的一切与物理学的声望联系起来——而且可能确实会带来一点声望。我不喜欢用场理论来授予地位和威望。

场理论不能验证。例如，我认为场理论可以为神秘或超个人的想法如何可能提供一个像样的事后理由，但仅此而已。然而，我听说人们使用场理论，好像它真的可以验证超个人的经验或神秘的想法。我在这里说的不是对神秘或超个人经验的评论，而是对使用场理论作为验证的局限性的评论。

有时，场理论似乎在格式塔治疗中被当作一个宗教偶像来对待，它可以被援用来获得积极和尊敬的反应。"场"是一个"好词"。有时关于场理论的讨论让我感觉就像两个孩子说"呐呐呐！我比你更注重场理论"。我听到一些人以那样的方式回应拉特纳对波尔斯特夫妇的工作进行的场理论分析（Latner, 1983; Polster and Polster, 1973）并驳回他的分析，认为这是"挑剔"，问："那又怎样？"这很不幸。

理论可以提供指导和说服力，但不能证明命题的真伪。一个理论仅仅是一个理论，一个系统的思想整合。因此，它可能是有用的，安慰的，刺激的，挑衅的，有启发性的价值，等等。但在后现代科学中，理论不被认为是绝对真理。把某些东西放到场理论的术语中并不能使之成为现实。

乔尔·拉特纳说："在我看来，与其相信某些（理论）比其他理论更真实，不如相信有些人对我所说的比对其他人所说的多。"（Latner, 1983, p. 85）场理论是一种"对我说话"的观点，一种我发现有用的观点——但它不是真理。

皮尔斯、赫弗莱恩和古德曼（Perls, Hefferline and Goodman, 1951）在他们声称场理论是"原始的、不失真的、自然的生活方式"时超越了这一点，这意味着场理论是正确的，而其他的思维方式本质上是错误的。拉特纳对这一说法提出异议（Latner, 1983, pp. 86, 87），我同意他的说法。我认为，更一致的说法是，没有一种理论天生是正确的，也没有一种理论对所有目的来说都是最好的。场理论是格式塔治疗理论的基础理论，具有许多优点。我们有些人觉得它更自然。这是我们喜欢的理论。

在物理学中，场理论本质上是数学公式，能够进行数学运算和数学证明，并最终经受实验验证或证伪。从物理学中得出的语言表述仅仅是粗略估算。物理学家的形而上学和世界观（语言表述）不会因为他们用场理论进行数学工作而改变。在本集的另一篇文章中（第十二篇《格式塔治疗的思维模式》，1984a），我引用了一位物理学家（Sachs, pp. 92-93）的话，他生动地说明了两位物理学家在方向和哲学上的对立，当他们发现自己的数学公式实际上是一步一步地相等时，他们根本就没有改变彼此的对立。

场理论在心理学中更少提及"真理"。因为没有数学基础的场理论，没有区分场理论的陈述和其他陈述（或各种场理论陈述之间）的直接实验检验，那么在表述之间就没有实验的方法来决定。

一些热烈支持者把场理论变成了一个政治问题，指出任何通用的牛顿式语言就是对格式塔治疗理论的违背，无论语境或清晰度如何，整个讨论都是无效的。我觉得这种本能反应没有用。通常更简单的牛顿式语言交流更清楚。我认为需要区别对待。

在临床环境中，治疗师必须使用与病人交流的任何语言，并促进基于共情、尊重、理解和关怀的治疗关系的发展。例如，"你没有耳朵"并不是一个好的格式塔治疗理论的表述。它意味着听觉是一个人所拥有的，而不是有机体/环境场的一个不可或缺的过程。虽然它确实能清楚地交流，因此可能是有用的，但它听起来也充满了指责和侮辱。"你没有耳朵"表明治疗师没有用场理论或对话的术语来思考。这种阐释是牛顿式、非对话式的，假定困难只存在于病人内部，而不存在于治疗师和病人之间。"你没有耳朵"的表述反映了一种视角，这种视角在所表达的变量范围内是狭窄的，在因果关系的归属上是片面的。治疗师的态度可能与病人不听没有关系吗？

有时，用牛顿式的语言表达的话很清楚并且确实促进了治疗的关系。其中一个尝试，一个我发现越来越让人恼火的尝试，是提到"内在的孩子"，这使事情脱离了过程，绝对不属于场理论。但有时它是有用的术语，可以促进治疗师和病人之间的共情联系。

有时候当我听到"我的内在孩子做了这件事"时，听起来像是一个恶作剧，好像在说："我不负责任，我的内心孩子做了这件事。"当有人甚至漏掉了"内在"这个词，说"我的孩子"感觉这样那样的时候，霎时之间我觉得这个病人说的是他或她的一个真正的孩子，这真是个恶作剧。这种态度有时是这样的："不是我有这种感觉——我对内在的孩子没有责任，也没有选择，它是虐待我的父母过去造成的。"这样一个病人所表达的一些非常重要的主观体验需要被倾听、尊重和明确。但这可以通过场的语言来实现："我很害怕，很孤独，很绝望，不相信我有任何选择，就像我小时候的感觉一样——当时我真的没有好的选择。"

一位以前的病人写信给我，告诉我她和我一起的治疗体验，提醒我牛顿式语言中的隐喻意象出现在治疗中对她非常有用。

> 为了描述我那静止的、无情的、坚固的孤独感，我想象

了一个脸色发白的胎儿藏在爆玉米花仁里。(在我发现《枪战》[(她指1969年的《枪战》]后,胎儿正戴着眼镜,在阅读《枪战》。)

胎儿与世界隔离,听不到或感觉不到玉米花仁外面的任何东西。

由于长期以来对接触,特别是对我们的关系的强烈而持续的关注,一个重大的变化,是浮现出了**孤独**的体验,而不是简单的隔离。

当我能够把我的孤独带到与你的接触中时,最终一根绿芽从玉米花仁的顶端长出来。在我孤立的自我感觉和我们的接触之间有一个联系的途径。我知道绿芽意味着我再也不会感到完全孤立了。

后来,在经历了我一生中最严重的抑郁之后,在我的精神分析师看来,我的玉米花仁内的世界从定义上的私有和不可分享,转变为原则上(和她一起经历过的)可分享(别人可以知道)。

但是这两个世界(我的生活世界和我的玉米花仁内的世界)之间的联系是伴随着绿芽而来的。

语言必须与语境相适应,而不是其本身就是真的或假的。临床测试是什么对个体患者有效。在许多情况下,易于表达和表达的清晰度胜过了理论的准确性。谢弗(Schafer,1976)为精神分析构建了一种彻底的过程语言,一种甚至比我们更激进的语言。但他明确表示,这在理论讨论和表述中非常重要,在临床情况下不具约束力。场理论物理学家在提到仪器、桌子、午餐、促销活动等等时会说牛顿式语言。

这个机械论的、牛顿的理论体系在其范围内的参数中运行得很好。只要我们处理的是在空间中缓慢移动的中等大小的物体，牛顿的理论预测就正常工作。对于我们作为治疗师的一些工作来说，简单的机械语言甚至可以更好地与病人进行简单的交流。

不幸的是，许多不使用场理论语言的格式塔治疗师不知道他们自己在做什么。这意味着他们不仅对自己的语言使用是务实的，而且没有觉察到他们的语言在实践或谈论格式塔治疗和格式塔治疗理论本身之间的理论冲突。当这种草率的语言也被用于讲授或撰写格式塔治疗理论时，这是非常不幸的。

理解场理论

场理论是一种研究事物的取向，"场"是这种取向的基本工具。任何事物都可以从场的角度来研究——事件、物体、有机体或系统。使一个取向具有场理论的东西是它的哲学和方法论所坚持的某些原则。

这并不意味着有一个"正确的"或真实的场理论。有许多不同的和同样有效的场理论，我知道没有针对任何特定版本场理论的方式的有效主张。

场是以现象学的方式定义的。场的范围、确切性质和所使用的方法因研究者和正在研究的内容而异。场可能和亚原子粒子一样小，速度一样快，也可能和宇宙一样大。在有些场中，力可以用人类的五种感官来观察，在另一些场中则不能。场可以是有形的和物质的，或者也可以是无形的。在格式塔治疗中，我们在有机体/环境场中研究人。有机体/环境场的环境可以是学校、企业、家庭、夫妇、培训团体、生活空间中的个人等。

在接下来的部分，我将对场理论的九个一般特征进行讨论。在这一讨论之后，文章将以场理论的正式定义和讨论的总结结束。（本文中的许多主题在本书的其他文章中进行了更详细的讨论，特别是第十二篇《格式塔治疗的思维模式》[1984]、第六篇《临床现象学》[1976]、第八篇《格式塔治疗：格式塔心理学的继承》[1982]和第十一篇《格式塔治疗中的自体：对托宾的回应》[1983]。）

这里列出各个特征以引导读者。

场特征

1. 场是一个系统的关系网。
2. 场在空间和时间上是连续的。
3. 所有的东西都来自相应的场。
4. 现象是由整个场决定的。
5. 场是一个统一的整体：场中的一切都影响着场中的其他一切。

附加场理论态度

6. 感知到的现实是由观察者和被观察者之间的关系构成的。
7. 同时性原则。
8. 过程：一切都在变。
9. 洞察基因型不变量。

第十篇　场理论导论

场特征

场是一个系统的关系网

我将场定义为："相互影响的力的总和，共同形成一个统一的互动整体。"

场取向是一种整体的取向。勒温的关联性原则指出，事件总是两个或多个事实相互作用的结果。研究的每一个现象都是在一个由相互关联的力组成的复杂网络的背景下进行的，这些力在一个时间和地点聚集在一起，形成一个我们称之为场的统一整体，并随着时间的推移而动态地变化。或者正如英格利希夫妇所说："在心理学中，场被用来强调一个有机体在其中发挥作用的相互依存影响的复杂整体性，即解释一个心理事件的相互依存的因素的集合。"（English and English，p. 206）

场是相互作用的，由同时存在的力决定。这种相互作用的偏好包括对简单单向线性因果关系的不情愿或怀疑，因为这些线性解释不能很好地解释多因素的复杂性和交互作用中发生的相互影响。简单的线性解释涉及下面将讨论的其他困难，例如，它们不强调同时性（contemporaneity），并且通常假定"超距作用"。

最近，一位医疗服务人员告诉我，当一个特别的护工当班时，事情似乎总是出问题。我们怎么解释？有许多变量，每一个变量都可以表达一个简单的线性解释。医疗服务人员是一名妇女，护工是一名男子。性别是决定因素吗？这名妇女是在支配，或者也许是在反复让自己成为一名受害者？我们可以提出一些心理动力学的阐释。另外一个事实是，这名妇女是一名医生。男护工和医生相处困难有什么问题吗？和权威相关吗？还是和女人相关？医生和男人有困难吗？此外，医生是黑人，护工是西班牙裔。文化和种族关系的因素似乎也涉及其中。对那个机构的结构进行更深入的研究，很可能会揭示出使这种冲突更可能发生的结构性因素。例如，那名医生是最近加入的职员。这个组织和员工如何欢迎新的医生？那个收入微薄、养家糊口的护工对收入较高的单身医生有何看法？

要充分了解这种情况，就需要将多种因素联系起来：两个人的个人心理动力、工作人员关系的政治和结构因素、文化和种族关系等等。如果我只是简单地使用一个认知地图，涉及这个女人的童年和她目前的困难之间的简单因果关系，那将是不充分和简单的。如果我把这一点简化为对妇女、黑人或黑人妇女如何被对待的简单阐释，就会忽略有关个人性格功能的因素。如果我把这个问题归结为这个机构的结构问题，那是不充分的。然而，所有这些因素都与这种情况密切相关。

关系无处不在

我们知道，关系是存在所固有的。从场理论的观点来看，存在的一切都是由关系网组成的。场是一个关系网并存在于一个关系网更大的背景中。知道也是一种关系，即感知者和被感知者之间的关系——我们将在第 6 节中讨论。我们在关系中感知事物，例如，我们想知道什么、我们相信什么、被观察事件的背景、历史、我们的需要、语言的影响，如此等等。

皮尔斯、赫弗莱恩和古德曼提出了基本的格式塔治疗观点，即接触——关系——是第一现实（现象学上），有机体除了它的环境外没有任何意义（而且现象学环境只有被感知者感知到才有意义）。

"存在先于本质。"存在是在世界中的关系。这与柏拉图的唯心主义和亚里士多德的逻辑范畴（内在本质先于存在）形成了鲜明对比。存在主义没有绝对的本质。没有人类存在和意识，就没有人类特质，除了有机体/环境场中的关系外，没有意识。语言和概念是作为一个社会过程来学习或创造的；它们不是绝对的本质。

当我在高中的时候，我们学习了一个物理世界是如何在亚原子层次上被组织的模型，这个模型是机械的，而且不强调关系。这个模型就像一个微型太阳系，当行星围绕太阳旋转时，电子围绕着原子核旋转。原子核和电子被描绘成固体，每一个东西都被孤立在自己的位置上，它们之间有空隙——通过这些不连续粒子之间的空隙，不知如何产生了一个顺序。当然，粒子是由某种能量（电磁，类似于天文水平上的重力）移动的，这种能量与粒子的物质不同。一个非常牛顿式的模型。

然而，现在研究亚原子世界的物理学家并没有这样看待它。电子和能量不是分离的东西，"固体"粒子是强烈的能量集中（根据被观察的方式，它们是波或粒子），整个结构通过能量集中之间的关系工作。这些效应是通过发生在场的空间和场的时间中的连锁反应引起的。

关系是内在的、动态的和有组织的

任何自然现象的网络都是一个有组织的、完整的整体。一个关系网和它外部的关系网之间是有区别的，关系网内部也分化的。关系网中有一个内在的动态组织。恒星是引力关系，系统是有组织的和整合的。网络的组织状态随着时间的推移而改变，有时解体（熵），有时形成更好的格式塔（简洁性）。

格式塔心理学家充分利用了这样一个事实，即场中的组织是场的关系所固有的，而不是"特殊的安排"。场中的自然组织就像一条河流，通过与自然的其他力量相互作用而找到它的自然路径，而不是通过增加具体的路径来迫使水进入僵硬和预定的路径。当场的组织中存在问题或功能失调时，解决方案也出现在场的动态中（Wertheimer, 1945）。

好的理论阐明了这个场的内在结构（见关于洞察的第9节）。理论本身就是一个场，好的理论是通过寻找理论中固有的、揭示所研究场的内在结构的自然因素而发展起来的，而不是随意地添加解释性因素或利用与理论没有内在关系的数据。

场总是由多个因素组成，它们之间有着复杂的、多样的、有区别的相互关系。在场理论中，关系网总是由决定变量的多样性决定的，具有内在的整体系统性组织，对于理解所研究的现象至关重要。不可避免地，有一些关键的情境因素是场思维方式固有的一部分，因为它们不是亚里士多德逻辑或牛顿式思维。

也许这一点的重要性可以通过与冯特等结构主义者的态度形成对比来理解。他认为心理学是把心理内容分析成元素，然后找出它们之间的联系规律。这是一种强调元素和关联、不强调动态的整体的心理化学取向（Mesiak and Sexton，1966，p. 80）。这种心理化学取向就像牛顿力学决定的宇宙，在这个宇宙中，整体可以像时钟一样被拆开，然后重新组合在一起。对结构主义者来说，整体完全等于各部分的总和，观察者可以完全地知道，而不影响所研究的内容。

场在空间和时间上是连续的

"场"和"力"承载着动力、移动和能量的内涵（Mesiak and Sexton，1966，p. 354）。这种用法字面上（在物理学中）和类比上（在心理学中）来自相对论中电磁场和时间处理的研究（English and English，1958，p. 207）。使用场取向，一个人思考生活，移动，变化，随着时间的推移而充满活力地互动。场的力是一个整体，并随着时间的推移而发展。

"场：在空间和时间上存在的事物，而不是一次只存在一个点的粒子。"（Hawking，1988，p. 184）场取代了牛顿力学中被物质点占据的位置（Einstein，1950，p. 74）。

勒温指出，在心理学中，"就像在物理学中，把事件和物体分类……逻辑二分法正被借助于一系列允许不断变化的概念的分类所取代，部分原因是更广泛的经验和如下认识：过渡阶段总是存在"（Lewin，1938，p. 22）。从某种意义上说，场的观点是把世界看作一个连续体（Einstein，1961，p. 55），而不是二分法。

直到19世纪引入了场的概念，对自然的描述才是以事物为基础的，

>　……分离的、可感知的、可分辨的物质，每一个在特定的时间特定位置，在各自的"自体能量"下或在各自对对方施加的影响下移动。另一方面，场的概念认为，物质世界最基本的描述应该是连续性的——就像人们想象在湍流水面上的波的分布一样。（Sachs，1973，p.5）

从场理论的角度看，运动代替静止，事件代替事物，连续代替间断。

一切都属于场

>　……物体不是独立的物理力，而是从对它们做出反应的有机体中获得它们的物体质量……（English and English, p. 207）

物体、有机体等只是作为现象学决定的场的一部分的现象学存在，只有在这样一个场中的相互作用中才有意义。勒温说任何"一个人的能量表现……必须用整个场来定义"（English and English，p. 206）。这包括人对场的其余部分的影响和场的其余部分对人的影响。这是场理论的一个至关重要的方面，与现象学的一些方面（特别是，现实是一个观察者和被观察者的现象学结构）和如下对话观点是一致的："我"只是"我-汝"或"我-它"之我。

属于一个场，不仅仅是在一个场中。"在一个场中"以绝对的术语定义了有机体或物体，即在场之外，然后为情境添加该场。人的存在（形式、本质）与场无关，并在概念上被置于场中。属于一个场的观点不考虑任何不属于一个场的东西。

一个人和一个环境属于一个场，即有机体/环境的场。人们属于这个场，是这个场的组织和决定力量。离开人心理的场不存在；离开一个场人不存在。这不是一个单独的个体和外部环境之间的简单关系。个人只有在他或她是这个场的一部分时才得以定义，而这个场只能通过某人的经验或观点来定义。

"属于一个场"与"在一个场中"之间的区别常常被忽略。甚至英格利希夫妇对场的定义和场理论也没有明确区分"在一个场中"和"属于一个场。"他们将场定义为：

> 1. 有边界的区域。正如在心理学中所使用的那样，场（区域）和边界都可以在隐喻意义上使用。例如：当我们谈到设定行动边界的规则时，我们不仅指一个现实的地方，而且指允许的行动（English and English，1958，p. 206）。"场"也指"2. 一组力作用的整个空间"（English and English, p. 206）。

英格利希夫妇好像认为场仅仅是一个盛放事件和事物的空容器。

不属于场

一个有机体只能存在于一个场的观点是场理论的观点，而不是客观事实。有替代"属于一个场"的观点。为了澄清这一点，我将批判另外两种观点，这两种观点仍然可以在心理学中看到。

伽利略与亚里士多德的思维方式

勒温将场（伽利略的）观点与亚里士多德的分类逻辑（Lewin，1938）进行了对比。在亚里士多德的体系中，每一个事物都有一个本质或价值，而本质是这个事物存在的第一原因和目的论式的最终目标。事物是由它的本质（形式）决定的，而不是由它所属的力场决定的。柏拉图系统也有这个特点。大多数心理学分类系统都有同样的逻辑。

实例。当治疗师向病人阐释说病人对病人生命中不幸的互动负有部分责任时，病人对治疗师很生气。治疗师认为：这个病人因为他的自恋型人格障碍而心烦意乱。一个更为场理论式的描述可能是，在治疗师和病人之间的互动的场中，病人体验到治疗师不理解或不关心病人的主观体验，并且随着病人缺乏理解的体验，病人的自体凝聚力被扰乱，浮现出愤怒的情绪。自恋型人格障碍术语所指的是自体凝聚力被破坏的倾向。

这两种描述可能都是真实的，并不一定矛盾，但观点大不相同，产生的结果也不同。场的观点着眼于当前的关系力，而分类方法着眼于病人的本质，而不是当前的互动。在分类方法中，情境因素被认为既不是内在的，也不是理解所必需的。

由于亚里士多德的系统是一种分类方法，所以可以研究的只是频繁发生的和不变量。此外，只有不变的和频繁发生的才被认为是符合规律的。你从某事物所属的类别知道它的本质。当你知道一个物体的本质，你就知道它所属的类别，这就是对物体的解释。你是怎么认识这个类别的？你通过构成它的物体了解这个类别。当然，这是循环论证。

在"属于一个场"的取向中，每一个事件都是独特的，而且也是有序的，可以被研究的。马尔科姆·帕莱特（Malcolm Parlett）称之为单一性原则（Parlett，1990）。在场理论中，任何事件都可以被研究，因为它可以被观察，被测量，等等，而不必为了分类而进行大量的重复。

亚里士多德的分类体系倾向于"按价值分类"，尤其是绝对的、负载价值的二分法：好与坏、天与地等等（Lewin，1938，p. 3-4）。对亚里士多德来说，行星的轨道必须是圆形的，因为圆周运动是更好的运动。这对他来说似乎是演绎的真实，就像地球围绕太阳旋转对他来说确实是演绎的真实一样。

这些价值观分类和二分法可以与辩证的极性相比较，辩证极性是"场的"，是统一而有区别的整体，如阴/阳。电场的正负极不是负载价值的二分法，而是属于一个统一的整体。对这些辩证极性的认识来自在场中的描述性互动，而不是主要来自演绎。

机械自然科学

经典的（"现代的"）自然科学方法，例如牛顿物理学，也不把事件看作属于一个场。在牛顿物理学中，物体和事件都处于空旷的空间里。"在经典物理学的框架中，场的概念在物质被视为连续体的情况下，作为辅助概念出现。"（Einstein，1960，p. 144）在这个二元系统中，空间和物体是对立的，一个是空的，另一个是实的。

机械科学中的"在场中"的事件是不连续的，不是整体的。恒星可以说影响了行星的运动，但没有显示出任何传导力的媒介。在经典物理学中，影响或效应可以超距发生。时间，光从一个物体传递信息到另一个物体并产生效果所需的时间，通过连续介质所需的时间，在牛顿系统中不必考虑（Sachs，1973）。

人们可以尝试扩展这种自然科学观点，观察多个相互作用的因素，并说物体在一个场中。但是这个物体和空间是不同物质的概念，这个空的空间和充满物质的二分法，不是场理论。属于一个场是指一切都属于这个场，属于这个场的动态组织。在场理论中，一切都是由这些力组成的。在物理学中，自从爱因斯坦以来，质量和能量是相同的，它们并不构成二分法。它们可以相互转换。在亚原子物理学中，质量可以理解为有组织的能量模式。

在心理学中，遵循这种牛顿的观点有着很悠久的历史。冯特和铁钦纳等结构主义者的心理化学取向是典型的例子，在某种程度上，心理学中所有的实证主义、线性、因果关系的陈述和争论都具有相同的范式。物理学和心理学中超越牛顿力学的范式在态度上惊人地相似，例如爱因斯坦的场理论和格式塔心理学（例如，Latner，1983）。

现象是由整个场决定的

勒温：行为是场的一个函数，它是这个场的一部分；一个场的分析从整体的情况开始。体验也是其所属的场的一个函数；一个体验的场的分析强调整体情况。

每个事件、体验、物体或有机体都是由它所属的场决定的。任何部分的所有运动都是由整个场决定的。"……相关现象的性质源自或依赖于它们当时是其一部分的总场。"（English and English，p. 206）有机体/环境场决定了人。当然，这只是表达格式塔心理学原理"整体决定部分"的一种方式。帕莱特称之为组织原则："意义来源于对整体情况的观察，共存事实的整体

性。"(Parlett，1990)

病人的进步是整个场的函数。它不仅取决于病人的动机和力量，还取决于治疗师的技能、治疗师和病人之间的关系、交付系统的组织因素（诊所、医院、保险公司等）、病人生活空间中的家人和朋友等等。我现在想到的是一个病人，她在头两周之后一直待在团体中，主要是因为她的场包括我以前的一个病人，这个病人是一名治疗师，告诉她再坚持一段时间。她做了，治疗很成功。我也在想一个边缘型患者，他违反我的建议进了医院，只是因为他想每周来几次，而只有他住在医院，他的保险才会支付这笔费用。我担心医院环境的倒退拉力对这个病人来说太有吸引力了。事实上正是如此，他屈服于它，随后在医院里待了很多年。病人是整个复杂场的一部分，并由其决定，我们忽视这些力量只会有危险。

这一原则适用于格式塔治疗培训工作坊。培训的质量取决于多种因素，包括团体过程。有时格式塔治疗工作坊的领导在工作坊的早期强调一对一的工作，而很少关注团体中的个人如何应对在团体中的存在。这忽略了场的许多情况，并教导学员也忽略了场中实际发生的许多事情。

当安全因素在团体早期得到共情性注意时，随后的一对一工作与团体带领者过早地在小组中进行十分细致的一对一工作，没有对整个团体表现出关注、敏感和关心时不同。整个场决定了各部分。一些受训者后面在团体中表现出困难，原因是没有提前花时间处理他们在团体中的位置。过早地专注于个体工作会使那些准备好承担风险的人受到重视，并贬低那些没有准备好的人。那些准备早早工作的学员，那些需要观察、退后一步的学员，那些焦虑的学员，那些害怕羞耻和羞辱的学员，那些需要帮助找到他们在团体中的角色的学员，等等，如果团体聚焦于他们的工作的鲜明图形，就没有建立内部或人际关系的支持，以准备后面在团体中完成他们的工作。其结果可能是与那些能够迅速聚焦于与培训师工作的人员进行彻底的个人工作，以牺牲个人和团体需求为代价来提高团体带领者的魅力品质，损害团体的整体发展和许多团体成员的培训和个人发展。这种取向满足了治疗师的自恋需求，而不是团体的需求。

团体带领者尊重并帮助团体解释在工作坊开始时参与者经常感到的焦虑、恐惧、羞愧、愧疚等时，个人更有可能感到在团体中被接触、被接受、被理解并感到安全。这也为治疗师们提供了一个更好的模式，让他们在实践中训练他们的常规病人。如果这种情况没有在工作坊的早期发生，当在开放性和冒险性而不是在自我保护过程上存在差异价值时，对许多人来说，团体就变得不安全了。在这种情况下，有些人会增强防御，经常成为团体带领者和/或团体其他成员负面评价的对象。以我的经验，在工作坊开始时，直接进入个体工作、不尊重安全需要的团体带领者，往往根本认识不到问题，更不用说他们对问题的贡献了。不幸的是，受到这种团体态度影响的参与者往往也不知道，他们的痛苦在多大程度上是因为团体带领者对团体的组织方式，而不是他们自身的不足。

当我做一个五到九天的工作坊时，前两到三天花在处理对融入团体的感觉上，所花时间在团体凝聚力、培训环境中的治疗和培训本身上都有很大的回报。如果这种情况没有发生，最终团体凝聚力就没有那么大，所有团体成员的积极参与都受到了影响，个体工作和理论理解的深度到工作坊结束时就更浅了，温暖的程度、满足感和兴奋感降低，分裂性和结构性困难的问题增多。当我加入一个培训师团体，与一个团体一起进行一系列培训时，我注意到如果第一个培训师花了时间并尊重团体中的各种个性、情感、恐惧、角色，那么与后来的培训师的工作会更好。相反，如果第一个培训师不这样做，后面就会出现更多防御的团体成员、团体凝聚力的发展和安全的问题，以及其他团体困难。

场是一个整体：一切都会影响其他一切

场的本质属性是它的动态方面。在一个动态的场中，它的所有部分之间都有互动，因此，正如库尔特·勒温所说，"这个场的任何部分的状态都取决于场的每个其他部分"（Misiak and Sexton，1966，p. 355）。在一个能量场中，所有的部分都相互关联，场的任何部分的改变都会波及整个能量场。这是我们使用"场"一词的必要方面之一。事实上，"在一个非常肤浅的层面上，读者可以把场理论理解为强调当前事件的相互关系，强调决定行为的全部影响"（English and English，1958，p. 207）。

为了获得动态的理解，统一的整体可以而且必须被分为若干部分。但整体是一个系统的统一体，而不是一个由添加元素组成的整体。

也许在心理学中最明显的例子就是家庭。当一个家庭的一个成员发生了什么事，每个人都会受到某种影响。当家庭中的一个人改变时，家庭中的每个人都会受到某种影响。通常，整个家庭都有一种需求，这种需求体现在一个人身上，例如，确定的病人。家里每个人都会受到影响。如果得到确认的病人应该改变而不是具有家族病状，则系统改变，例如，其他某个家庭成员可能开始具有这种病状。

另一个例子是组织政策和结构领域。通常，微小的变化会产生巨大的影响，因为这个场里的一切都会以不可预知的方式受到影响。近年来，混沌理论，即一种场理论，一直在讨论这种微小变化的不可预测的结果。如果负责规划的人在没有充分考虑到对该场各个方面的影响的情况下做出改变，往往就会出现不幸的、消极的，也许是可以预防的功能运作中断。

场理论的其他特征

感知到的现实是由观察者和被观察者之间的关系构成的

从场理论的观点来看，没有明确观察者的时间、空间和觉察（包括观察和测量的模式），任何场都无法被定义。没有什么是绝对的，也没有什么是"客观的"。

在先前的一篇论文中（第八篇，《格式塔治疗：格式塔心理学的继承》，1982）我观察到：(1)"一个人如何看待问题在一定程度上取决于他看起来怎样"（p. 31）；(2)"观察者影响其研究对象"（p. 31）；林恩·雅各布斯补充道，"同样，被观察者影响观察者，因为存在被观察者对观察者正在观察的观察!!"（个人通信，1991年8月）；(3)"没人能看到全部。人们只能清楚地知道，用什么有利条件来描述这些现象的哪些方面"（p. 32）。这是一种后现代的观点，否定了简单的关于脱离自然并能够客观地衡量自然的牛顿式假定。

我们看什么，怎么看，我们看的背景，这些都决定了我们观察到什么。在早期的现代物理学中，人们认为有些现象发生在波中，有些发生在粒子中。在后现代物理学中，人们发现同样的现象可以被看作波或粒子——这取决于观察的方式。这让物理学中一些最伟大的人很不安。似乎现实不是客观的、绝对的。

从相对论的天文距离来看，我们可以看到，即使是"简单"的同时性问题和在时间上什么先来的问题，也与某人的位置有关。你知道当两个事件的光波同时击中某个任意点（观察者的眼睛）时，两件事同时发生。改变观察的角度，事件就不完全是同时发生的。

时空统一的一个有趣的结果是，不再有可能谈论绝对的同时性。因为现在必须得出这样的结论：如果两个事件对一个观察者来说似乎同时发生，那么它们对相对于第一个观察者会运动的其他观察者来说，看起来一般不会同时发生。当然，这是因为时间变成了一个主观的实体、一个度量，取决于指向它的人的运动条件（Sachs，1973，p. 50）。

我们知道两个事件中的哪一个先来是由哪个事件的光波先到达观察者决定的。想象一下，从位于宇宙一端的观察者的有利位置来看，事件1在事件2之前。事件1的时间/空间位置更接近或更早到达这个观察者。但是如果在宇宙的另一端有一个观测者，那么事件2的光波看起来可能更早到达或更接近第二个观察者。哪个是正确的？它是相对于观察者的。没有绝对的时间，没有绝对的现实。

我们的外表不仅决定了我们所看到的东西，而且主动观察的行为实际上常常改变了我们所观察到的东西。这在亚原子物理学中可以看得最清楚，在亚原子物理学中，测量仪器的光线影响所研究的现象，从而限制了同时测量现象的位置和运动。当你投入精力去测量一个时，你影响了另一个。

在心理学中，观察者显然会影响观察。有大量的"实验者偏见"的证据，即指示的措辞或指导者的举止稍有改变，就会改变一个人所获得的效果。但更令人惊奇的是，根据实验者的预期，就连老鼠的行为也似乎有所不同。根据测试者的特点，被测试人员在测试中的表现有所不同。例如，如果测试者是来自同一个少数群体，少数群体成员通常表现得更好。然而，测试分数经常被报告为客观测量，而不受观察者或测试者的影响。

同时性原则

作为有意识的人类时空事件，我们自身的时间中心是当下。没有什么比现在更现实的了。（Perls，1947，p. 81）

勒温的同时性原则指出，任何有影响的事物的在场都是此时此地的，换句话说，只有当下的事实才能产生当下的行为和经验。强调此时此地一直是格式塔治疗的一个突出部分，所有的格式塔治疗师都很熟悉。

同时性在格式塔治疗理论中被定义为一个人在此时此地所经历的现象学。格式塔治疗理论从一开始就强调此时此地是从过去到未来时间流动的中心点。"此时"不是静态的，也不是绝对的。觉察是发生在此时此地的感官事件，但包括记忆和预期。迷失在任何一个时区，失去时间的流动，对觉察的当前功能失去觉察，这总是被视为觉察的扭曲，往往在心理功能障碍中起着一定的作用。谈论过去是很好的格式塔治疗方法，这样做时，它是当下感兴趣的图形，也是活生生的当前功能的一部分。在当前需要的时候不谈论过去，和谈论过去是为了回避现在的某些方面一样，都是不正常的。格式塔治疗理论的同时性从一开始就基本没有变化。

有时，格式塔治疗理论的此时此地的概念在实践中或在谈论该理论时被歪曲了。在理论表述中，过去和未来，发生的和预测的，从过去到现在未完成的和将来需要的，都是此时和此地的一部分。这常常被扭曲成一个享乐主义的概念，即除了短暂的兴奋，什么都不重要。尽管享乐主义和静态的此时和此地的概念都不是好的格式塔治疗理论，但人们经常这样谈论它，这种扭曲支持了格式塔治疗的"轰-轰-轰"风格。我在1969年我的第一篇关于格式塔治疗的论文中讨论过这个问题（第三篇，《格式塔治疗的实践回顾》，写于1969年）。最近，我一直在讨论扩大同时性的必要性（第一篇，《格式塔治疗在美国的最新趋势和我们需要从中学习的东西》[1991]，以及第九篇论文《将诊断的和精神分析的观点同化进格式塔治疗》[1988]）。

总的来说，同时性是贯穿场理论的主题之一。在爱因斯坦之后的物理学中，没有时间和地点的说明，就没有对物理现象有意义的陈述。为了研究一个事件，无论是量子力学中的亚原子事件还是相对论中的天体运动，都必须把事件放在时间和空间中。正是对一个事件在一系列时间和地点事件中的测量，定义了运动（见下一节）。

相对论和20世纪大多数物理学的一个特点是认为不可能有超距作用，也就是说，因果之间的联系必须是时间和空间中的某种联系。在后现代场论中，简单的线性因果关系不再被接受，在这种因果关系中，当前场中的某物在没有当前场中存在的力的情况下被过去某物决定。当一个元素对另一个施加力时，人们现在认为，这不涉及牛顿的超距作用的概念，而是有一个"以连续方式充满所有空间的潜在的力场"（Sachs，1973，p.7）。

构成一个场的能量力量在当下相互作用；它们同时存在。没有超距作用，就像没有能量将事物从场的能量中移开一样。这实际上和勒温的同时性原则是一样的。在心理学中：如果过去、遗传学、社会都有影响，那么这些力量就必须存在于现在的场中。当各种现象相互接触时，当它们在同一时间和地点相互作用时，影响就发生了。当一个人觉察到一个被定义的场之外的力影响着正在被研究的过程时，这个特定场的边界或定义被扩大以包含一个更大的领域。新扩大的场具有任何场的所有性质，即它是一个整体，场中的一切都影响到其他一切，随着时间的推移而发展，等等。

实例。想想那些把自己的现状归咎于他们父母的边缘型患者，他们制造了一种痛苦的气氛，相信自己是受害者，想要报复。发展探索揭示了受到虐待的童年。但是过去是如何造成现在的呢？它以信念、不断更新的未解决的情绪过程、身体姿势、保持热度而不是完成的强烈情感状态、以固定的格式塔形式的自体形象等形式，由病人推进。这些都是病人所做的过程。在某种程度上，病人当下的行为不同，在这种程度上，过去将不再造成功能障碍。健康和病理学的力量在当前的场中，尽管这些力量开始于某个先前的场。

过程：一切都正在生成

人们常说格式塔治疗是一种过程疗法。事实上，过程是场理论的一个必要和中心方面。但什么是过程？

每件事、每一个人都在移动和生成。在过程导向中，一切都是能量（移动、行动），由场的动力构成，并在时间和空间中移动。就像场把现象看作一个连续的整体而不是当作离散的粒子，它把场看作运动的而不是静止的。

帕莱特："改变过程的原则指的是经验是暂时的，而不是永久的。没有东西是绝对固定和静止的。"（Parlett，1990）有趣的是，现在人们认为宇宙是膨胀或收缩的，而在20世纪以前，没有人认为宇宙是膨胀或收缩的。一切都变了。即使看起来是静止的事实上也在随着时间的推移而改变。

从物理学角度看过程

也许从相对简单的物理领域开始讨论过程的概念是有用的。

物理学研究物理现象在时间和空间上的位置变化。物理学中发生的是过程，即穿越空间和时间的运动。运动只是在时间点1位于空间中的一点，在时间点2位于空间中的另一点，在时间点3位于空间中的又一个点，依此类推。运动是以时间和空间来定义的；时间和空间对于穿越时空的运动有意义。

后现代物理学观点认为，所有的物理过程都位于时间和空间中，并且相对于观察者的参照系是运动的。测量本身需要运动，例如，光波的运动，用以测量一个物理现象并返回给观察者进行记录。

物理学研究质量和能量。在牛顿物理学中，这些被认为是不同的物质，也就是说，质量是惰性的，由能量所推动。从爱因斯坦开始，情况不再是这样了。固体物质是由亚原子的能量组成的，可以转化为能量，并断言能量对其他物体的影响。

质量是物质的数量。这个词来源于拉丁语massa，即"像面团一样粘在一起的物质"，以及希腊语maza，即"大麦饼"。在物理学中，它是"一个物体中物质的数量，以其与惯性的关系来衡量；对于一个既定物体，质量是通过将物体的重量除以重力引起的加速度来确定的"。因此，质量的含义涉及能量和运动（Webster，p. 1107）。

能量指的是潜在的力量或行动能力，或产生力量的效果。它来自拉丁语和希腊语的词根，指的是行动、操作、忙碌、处于工作中。在物理学中，它指的是"工作和克服阻抗的能力"（Webster，p. 601）。

韦伯斯特还这样谈到了能量："与能量有关的是活动的概念；与力有关的是能力；与活力有关的是健康。"（Webster，p. 601）当能量和力以这种方式被定义时，心理上力的概念（例如Lewin）和能量不再神秘，并被剥夺了远离体验的元心理学（[metapsychology]林恩·雅各布斯，个人交流，1991年8月）。

格式塔治疗理论中的过程

在格式塔治疗场理论中，一切都被认为是场的能量和运动（我们的领域：有机体/环境场）。一切都是行动，并处在生成的过程中，在逐渐发展和改变的过程中。这就是我们把名词翻译成动词所涉及的内容。任何现象都可以从过程的观点来考虑。即使是弗洛伊德精神分析的被物化的概念也可以被放进一种激进的过程语言中（例如，Schafer，1976）。在理论上，格式塔治疗倾向于过程语言，用过程术语描述临床现象，并使用强调通过时间和空间发展的干预措施（表达情感而不仅仅是谈论情感，使用运动干预，尝试做一些不同的事情，对改变的悖论的一部分即发展的信心，等等。

过程导向信任浮现的东西、浮现的格式塔，而不是依赖固定的、静态的概念。

韦伯斯特的词典（Webster，1960，p. 1434）列出了过程的几种定义。前五个是我们感兴趣的。我强调了一个定义——一个最适合我们讨论的定义。

1. 进行或前进；进行的过程；趋势；进展；程序。
2. 完成的进程；主要是在过程中。
3. 过程，就时间而言。
4. 包括许多变化的持续发展；如，消化过程。
5. 做某事的一种特殊方法，通常包括许多步骤或操作。

所有这些都有一个共同点，那就是穿越时间和空间的顺序移动。过程导向与强调不变结构的导向形成对比，即着眼于一个时间点，而不考虑事件在时间中的行进。在静态导向上，一个人看着固定的格式塔，而不是在这个时候，在这个相互作用的序列中，检查格式塔的浮现，以及随后它向下一个格式塔的投降。

过程关注时间维度。辩证法，格式塔治疗理论的另一个方面，它是一个过程变量——它描述随着时间的推移而进行的发展。

过程是：

一个物体或有机体的改变或正在改变，在这种变化或正在改变中可以辨别出一致的性质或方向。一个过程在某种意义上总是活跃的；正在发生某些事情。它与变化的组织结构或组织形式形成对比，尽管过程发生变化，但结构被认为是相对静态的。(English and English，1958，p. 410)

和我们讨论的其他领域一样，这里我们再次发现格式塔场理论和其他场理论如物理学之间的一些共性。不仅事情会改变，而且改变是有顺序的。过程是持续的发展，而不是随机的。物理学中令人兴奋的最新发展之一是混沌理论。但即使在混沌理论的混沌和不可预测的场里，他们也在寻找一个潜在的秩序。

这种对不可避免的变化的信念，以及对潜在秩序的相关信念，对我们的治疗方法很重要。我们知道无论我们是否干预，情况都会改变。有时，如果我们不进行干预，或者如果病人不尝试新的行动，情况会发生最坏的变化。虽然新的行动涉及风险，但伴随着重复功能而来的变化也是如此。我们可以澄清现在的觉察，知道事情会改变——一件事会带来另一件事——而清晰的觉察可能是那个改变的有用部分。

改变的悖论和我们的过程导向支持实验性的行动，从而引发不能准确预测的变化。当然，任何一个有能力和经验的治疗师（或科学家）都有一些指导实验的想法，因此，不仅在最终意义上，而且在指导最初的干预方面都有秩序。显然，所有的治疗师都在不能准确地知道干预的最终结果时进行干预，但是我们有自己的过程理论来明确我们不知道未来的事实，并在现在指导我们。

作为意动心理学的格式塔治疗：简史

回顾过去，形成格式塔治疗理论的许多途径都集中在弗兰兹·布伦塔诺身上（Franz Brentano, *Psychology from an Empirical Standpoint*, 1874）身上。现象学、存在主义、格式塔心理学和场理论都深受布伦塔诺意动心理学的影响。

过程导向的一部分是区分行为与内容，强调行为而不是内容。现象学取向根据感知者感知被感知者的行为来定义现实。专注于感知、衡量、回应、承担责任（比较：负责）都是行为导向的。

区分行为和内容，以及意动心理学的开始，可以追溯到布伦塔诺。布伦塔诺的心理学是对心理行为的研究。他区分了听的行为和听的东西（内容）。布伦塔诺谈到构想行为、判断行为和爱恨行为，所有这些行为都是"有意地"指向某个对象的。这就是感知者和被感知者对现实的现象学建构的起源。格式塔治疗原则的哲学背景是，觉察总是指向某个对象的。它对心理学场理论的过程思维产生了重要影响。

布伦塔诺给心理学带来了亚里士多德式的影响，在格式塔治疗的形成过程、意动心理学中发挥了重要作用。布伦塔诺的意动心理学和他对笛卡尔的二元论、笛卡尔的柏拉图式影响的远离，部分是由于他的学术思想受到亚里士多德的影响（Misiak and Sexton，1966，p. 89）。正如勒温所指出的，场理论在某种程度上是一场远离亚里士多德分类的运动（Lewin，1938），场理论也深受亚里士多德思想的影响。有机体/环境场的统一概念和其他格式塔治疗概念，依赖于经由布伦塔诺中介的亚里士多德的影响。因此，我们将对亚里士多德思想的一个方面做一个简短的探讨。

亚里士多德的哲学是唯物主义（德谟克利特）和唯心主义（柏拉图）的综合。他的哲学比他的导师（柏拉图）的唯心主义更有理性并且是基于经验的。虽然更多地基于经验，但是"亚里士多德的传统……认为一个人可以通过纯粹的思想来解决支配宇宙的所有定律：不必通过观察来检验"（Hawking，1988，p. 15）。

对格式塔治疗很重要的是,亚里士多德的形质论(hylomorphism)以人的统一、精神和物质的统一为出发点——与柏拉图不同(Misiak and Sexton,1966,p. 7)。亚里士多德区分了两个原则,它们共同构成了一个整体或一个物质。潜能(Potency)与行为(act)[①]、质料和形式,结合在一起形成一个单一的物质。

如果读者将"格式塔"替换为"形式",也许会更清楚,经由布伦塔诺中介的亚里士多德的影响是如何影响格式塔治疗的。对亚里士多德来说,形式(格式塔)是所有属性的来源,决定了特征。最高形式是人类形式,因为只有人类才能思考(见Shapiro,1990,有关物种主义[speciesism]的论述)。将此应用于人:人的灵魂是人的形式,身体是物质。

皮尔斯、赫弗莱恩和古德曼(Perls,Hefferline and Goodman,1951)讨论了亚里士多德的行为概念,以及它在统一有机体/环境场中的重要性(例如,p. 229)。对皮尔斯、赫弗莱恩和古德曼来说,是行为把感知的对象和生物学结合起来。"亚里士多德的拯救和精确的洞察,即'在行为中',在感知中,物体和器官是相同的。"(Perls,Hefferline and Goodman,1951,p. 229)没有水和渴望水是同一种行为(Perls et al.,1951,p. 260)。

> 每一个接触行为都是一个觉察、运动反应和感受的整体——一个感官、肌肉和植物系统的合作——并且接触发生于有机体/环境场的表面-边界。

我们用这种奇怪的方式说,而不是说"在有机体和环境

[①] 中文学界一般将亚里士多德的"act"翻译为"实现",与"潜能"相对,为行文方便,本书译作"行为"。——译注

之间的边界"，因为……动物的定义涉及它的环境：定义没有空气的呼吸者是没有意义的……有机体的定义是有机体/环境场的定义；而接触边界是……对这个场的新情况进行觉察的特定器官……

所有这一切，归根结底，都是为了简化有机体/环境场的组织，完成其未完成情境……

作为互动边界，它的敏感度、运动反应和感受都转向了环境部分和有机体部分。神经学上，它有受体和本体感受器。但在行为中，在接触中，有一个单一的知觉引发的带有感觉色彩的运动的整体。自体感觉，例如口渴，并非作为一个信号被注意到，被指向水的感知器官，等等；相反，在同一个行为中，水被定为明亮的向往的目标，或缺乏水是令人不安的问题。（Perls，Hefferline and Goodman，1951，pp. 258-260）

基因型不变量的洞察

大多数场理论假设现象是有序的（如上所述），并且有一种方法论来发现更多关于这个顺序的信息。我们将在以下两个主题下讨论这个问题：（1）洞察和方法论；（2）规律性（lawfulness）的性质。

认识的本质与洞察的定义

我听过许多格式塔治疗中的人谈论洞察，就好像它与格式塔治疗无关，而是一个精神分析术语，等同于对过去现在的因果关系进行理性化和解释性的探索。这是一个稻草人，因为大多数精神分析理论家会说，他们所说的洞察是一种基于精神分析师和病人之间当前关系的情感或感受的洞察。这个稻草人不仅是对精神分析思想过于简单化、不准确和徒劳无益的描述，也没有很好地理解格式塔理论。

洞察是理解格式塔心理学和格式塔治疗的一个必要概念。当洞察被定义为格式塔心理学中的洞察时，它就是格式塔治疗的目标。这是"啊哈！"，是对整体与局部的同时的整体化的觉察。这是隐含在皮尔斯、赫弗莱恩和古德曼的思想中的，虽然没有明确地说出来。我在《临床现象学》（第六篇，1976）中讨论了这个"啊哈！"，虽然我没有在前面的那篇文章中使用"洞察"一词；我在《格式塔治疗：格式塔心理学的继承》（第八篇，1982）中也有明确的表述。

"洞察是知觉场的一种模式，其方式使得重要的关系显而易见；它是一种格式塔的形成，在这个格式塔中，相关的因素对整体而言是适当的。"（Heidbreder，p. 355，引自 Köhler）。

洞察是一种觉察的形式，洞察中的觉察有一个对整体结构的把握。讨论一个场的组织的要点是：觉察工作的目标是觉察这个场是如何组织的。场有结构。洞察是完全和这个结构连接，并知道这个结构。

心理洞察也是感受有机体/环境场的组织的意义与情感意义。它包括了解一个人自己的情绪、需要、动机、行为，但主要不是内观的；它是了解自体和他者，包括整个场。它包括觉察到一个人的觉察过程和一个人的性格结构。它包括识别固定的格式塔，这些固定的格式塔是从其他时间或地点的场中转移的，而不是当前场中新感知到的。

心理领域的洞察包括知道自己的责任，拥有所在场的自己的部分，并且知道它是被选择的。它是知道一个人的选择的影响。它也是知道自己不该为什么负责，否认不属于自己的东西，知道没有被选择的东西。心理治疗中的洞察不是随意的觉察，而是对与病人的性格和人际主题相关的场的组织的准确、有感觉的理解。

现象学方法为洞察场的组织提供了指导原则（见 Ihde，1977；Spinelli，1989）。我在本书的其他几篇论文中讨论了现象学方法（第五、六、八、九篇）。这里我只列出现象学方法的五个特点：

1. 把习惯的思维方式放入括号；
2. 搜寻场的结构特征（洞察）；
3. 使用系统化实验（变分法）；
4. 直截了当地觉察反思性觉察的主体；
5. 注意体验者体验被体验者的有意关联。

规律性的性质

洞察需要首先从现象学上澄清特定背景或表型的表现，并确定基因型不变量。这意味着把最初出现在觉察中的事物与更普遍的理解联系起来，与在这种情况下不变的事物联系起来。此外，这意味着在特定上下文中似乎是不变量的东西与跨情境和上下文的不变量相关。

勒温指出，场取向，即我们称之为后现代科学的取向，是一种具体的建设性方法。它对理解每一个个案提出了严格的要求。任何表现都不能因为它不规律或不频繁，因为它是一种"幻觉"

等而被否定。仅仅命名它所属的类也不够。通过给幻听贴上标签并将其归入精神分裂症症状的范畴，并不能充分解释幻听。

正是这种态度使得实验数据有效。找出纯案例中发生了什么是有效的数据，而不管纯案例实际上是否发生。场取向中的科学不是一个频率计数的问题，而是确切地理解场的力是如何形成在一起的。

在可能的情况下，使用适用于所有案例的坐标，而不管研究的是哪个对象。当然，这在物理学中更容易，因为研究对象主要与物理对象的运动有关。在物理学中，这意味着如果你能测量一个物体（高度、宽度、深度）及其在空间和时间中的运动，你就能发现自然规律。概括必须对所有观察者都是正确的，即概括必须说明观察者的位置。在牛顿物理学中，只有空间与观察者相关，但在后现代物理学中，观察者的时间视角也必须是方程的一部分。规律必须适用于所有地方，考虑到所有观察者的时间/空间的角度。

在物理学中，场理论是无法描述的。描述是必要且重要的。但简单的数据不足以说明与表型表现（phenotypic manifestations）相对的基因型规律是什么。如果一个人想要既忠实于其情境（如文化背景）又具有更普遍有效性的规律，就必须有超越单纯描述的东西。基因型规律在多种情况下是正确的，并解释了不同表型表现之间的差异。

在物理学中，传感是通过仪器和数学来扩展的。所研究的许多现象不在共同经验的范畴内，也不直接为人类感官所知。对于后现代物理学的研究来说，未通过仪器扩展的人类经验可能是不充分的，但是这种人类经验才是心理学研究的对象。在一个场理论心理学中，描述是用现象学和对话来扩展的。与物理学不同，在心理学中，我们可以与研究对象交谈，了解他们的经历。使用问卷和实验但不询问受试者体验，这样的心理学研究没有利用这种现象学的延伸。

获得这种基因型有效性的另一种方法是研究一种文化背景下的表型表现，然后进行跨文化研究。一个真正有洞察的理解将对一个文化中的现象细节进行丰富的描述，包括现象在整个文化中的位置，并洞察什么是跨文化变量，什么是跨文化不变量。这种现象是否发生在所有文化中，如果发生了，它在每一种文化中扮演的角色是否相同？

从一个场理论的科学的观点出发，最充分的理解不仅要解释个案，而且要寻求对规律如何确切运作的洞察，不仅仅是个案如何运作，这样才能使这些规律具有普遍的适用性。表型，即一个现象的具体表现，只有从基因型、从更一般的规律的角度看其原理，才能完全理解表型，而表型正是这个一般规律的具体例证。

在最近的心理学文献中，有一些人现在提倡的规律仅限于具体的历史和文化背景。其他人则以一般规律的形式提倡或提出一般性结论。对场理论的充分理解可以为这场争论找到出路。只有当特定的文化表现形式被视为一个更大的场的一部分时，理解它才是完整的；一般规律只有与时间、地点、人、文化等多重具体现实具体相关时才是有效的。

这种同样的缜密有助于理解接受和确认之间有时为人所注意的区别。接受有时被定义为接受一个人本来的样子。确认接受一个人本来的样子，并且证实这个人存在的生存和增长的潜力。这与基因型/表型情境完全相似。这个人表现出一种"表型"（病人在一个此时此地环境中的确切表现），但这并不是"基因型"的唯一可能表现形式（这个人能够以各种真实的方式存在）。简言之，确认意味着接受一个人，而不仅仅是这个人的单一表现。

场理论的定义

现在我们可以准备好来看我对场理论的正式定义了。

下面是我对场理论的相当令人费解的定义。在某种程度上，它也可以作为整篇论文的概要。

> 场理论是一个框架或观点，用于将事件、体验、对象、有机体和系统作为已知总体的各个有意义部分来检验和解释，这个总体由相互影响的力构成，这些力共同形成一个统一的、相互作用的、连续的整体（场），而不是按其本质来分类，或分析成离散的方面，并形成和-加和性整体（and-summative wholes）。任何这样的事件、物体或有机体的同一性和性质都只是在一个场内同时存在，并且只能通过感知者和被感知者之间相互影响的互动形成的一种结构来知道。

场理论以不同的方式并且在不同的程度上，倾向于对场做出以下五个假设：

1. 场是一个系统的关系网；
2. 场在空间和时间上是连续的；
3. 所有的东西都来自相应的场；
4. 现象是由整个场决定的；
5. 场是一个统一的整体：场中的一切都影响着场中的其他一切。

场理论以不同的方式并且在不同的程度上，倾向于持以下四种附加的态度：

6. 感知到的现实是由观察者和被观察者之间的关系构成的；
7. 同时性原则；
8. 过程——一切都在生成；
9. 洞察基因型不变量。

总结

场理论是贯穿格式塔治疗的一种态度。它是指导格式塔治疗的指南针的磁石。场理论是整合格式塔治疗不同来源成果的科学世界观。场理论使接触边界、作为过程的自体等动态组织概念成为可能。它是将格式塔治疗系统凝聚在一起的认知黏合剂。

有许多的场理论，没有绝对的方式可以说一种理论比其他任何理论都更正确。场理论中的一切都与观察者的时间、空间和现象学觉察有关。

场理论是研究任何事件、体验、对象、有机体或系统的框架。它强调力的整体性，这些力共同构成一个整体，并决定了场的各个部分。人和事件只通过属于一个场而存在，而意义只有通过场中的关系才能实现。只有在这个场中存在的事实才在这个场中有影响。

在格式塔治疗的场取向中，每件事都被视为移动和生成。没有什么是静态的，只有一些东西，例如：结构，以及与其他移动和变化更快的过程相比，缓慢的移动和变化。

　　场理论试图深入了解场是如何运作的，以及场中的力是如何组合成一个整体结构的。

　　现实既不是客观的，也不是任意的，而是由"存在的东西"和感知的有机体共同和同时完成的。

　　场理论是一种思维方式，它是格式塔治疗一般理论和方法论中不可或缺的核心部分，并有巨大的潜力帮助格式塔治疗理论和实践获得进一步的发展。

第十一篇
格式塔治疗中的自体

评 论

这篇论文是在1983年写的，是对1982年斯蒂芬·托宾（Stephan Tobin）在《格式塔期刊》上发表的一篇文章的回应。托宾在他的论文中提倡格式塔治疗的许多变化，我也在这篇回应和其他地方指出了这些变化。我在论文中总结了他的立场，我相信不熟悉托宾的文章的读者将能够毫无困难地明白这些问题。

尽管我们之间有很多共识，我还是觉得有必要写下我的回答，因为托宾对自体、自体障碍、"边界"和"核心"等的讨论是在格式塔治疗理论中对这些问题进行理论化，而对格式塔理论的场理论基础没有任何的理解。我认为这个讨论可以说明场理论的问题。最好结合第十篇《场理论导论》来阅读。

阅读斯蒂芬·托宾的文章《自体障碍、格式塔治疗和自体心理学》（《格式塔期刊》，1982年秋季）时，我心情复杂。我很高兴洛杉矶学院的同事及时写了这么一篇文章。我完全同意需要考虑客体关系和科胡特式精神分析取向，讨论人格障碍的格式塔治疗（和其他诊断团体），更坦率地讨论失败（个人的和系统的），讨论自体的概念，而且需要将病人当前的互动与导致当下情况的历史-经验背景联系起来。

另一方面，我不同意文章中的几个理论观点。其中一些对我来说似乎很重要，一些陈述则在托宾的治疗取向中重述了它们自己。

态度上的必要转变

托宾提倡更现实地考虑病人的性格结构和体验，倾听病人的体验，提高治疗师分享自己的体验、反映病人的体验或引入遗传物质的熟练程度。为此，托宾提倡从海因茨·科胡特和客体关系理论家等最近的精神分析作家那里吸收信息。他主张更多地关注治疗师和病人之间的关系，更多地关注病人所体验到的病人需求。同时，他讨论了治疗师觉察到自己的感受和需求的重要性，这样他们就不会无意识地污染治疗工作。托宾记录并提倡从依赖粗暴、对抗性的技术转向更具共情的取向，从一种融合恐惧的态度转向一种更开放的态度。托宾树立了一个榜样，他诚实地披露了他治疗失败所必需的改变，并试图将这一认识与基本理论联系起来，我希望我们都能效仿他。

对于托宾的文章我有一个问题，有关他对必要的态度转变进行的理论说明。我不同意他对现有的格式塔治疗理论的描述，以及他对他所倡导的改变进行的理论说明。他的临床警告得到了很好的采纳，但我对他如何将此作为对格式塔治疗的批评持有异议。我将讨论托宾对格式塔治疗理论的一般描述，以及我如何认为它是不准确的。然后我将讨论以下理论问题：作为过程的自体、作为边界现象的自体（不是作为"核心"）、心理治疗中的排序、过去的作用，以及与我-汝模型相关的临床问题。

托宾对格式塔治疗理论的描述

托宾暗示，格式塔治疗忽视了一致同意的自体和自我的定义。他将自体的格式塔治疗理论描述为一种忽视人的"核心"的边界现象之一。因此，他认为格式塔治疗是处理人际关系，而不是处理核心的冲突。

他说格式塔治疗的理论"……未能触及稳定、扎根、自信和灵活性的一些重要自体功能（self-function）……"（p. 5）。此外，托宾认为格式塔治疗没有解释自体作为一种结构的连续性，也不承认人带来了即时情境中存在的自体。相反，托宾将格式塔治疗理论描述为对即时情境的概念化而不提及任何存在的自体。

更重要的是，托宾接着说，由于没有对自体的核心存在的描述，格式塔治疗不需要在对各种诊断团体（例如，边缘型和自恋型患者）的病人进行治疗时做必要的改变。此外，他还从《格式塔治疗》中得出"每个人都有一个同样有效、功能运作良好的自体"（Tobin, p. 5）。

托宾将格式塔治疗的我-汝模式描述为一种不考虑临床情况而强加的粗暴对抗。他谴责格式塔治疗，认为格式塔治疗没有为治疗师提供一个框架，让他们在治疗过程中区分自己的感受和需要，因此格式塔治疗师无法始终如一地致力于病人的福利（因为格式塔治疗没有讨论反移情, p. 14）。因此，一个在压力下经历分裂的自体障碍患者接受托宾自称从皮尔斯那里内摄来的粗暴治疗（导致受伤而不是治愈）。

此外，托宾认为格式塔治疗处理有意识的意图和自体觉察，而不处理无意识和阻抗。托宾提倡更密集的治疗，并认为大多数格式塔治疗师没有看到更频繁的治疗（来增加移情）和更长的治疗过程的好处。

格式塔理论的一般表现

关于"自体"和"自我"的心理学文献对这些术语的含义没有一致的看法，而且在各种来源中，它们的用法完全相反。格式塔治疗中巨大影响的著作，如皮尔斯的《自我、饥饿与攻击》（1947）和皮尔斯、赫弗莱恩和古德曼的《格式塔治疗》（1951）都致力于解释作为过程的自体的理论。

在《格式塔治疗》中，皮尔斯等人阐述了正常人和神经症患者的人格理论，他们只是顺便提到更严重的病理学。尽管我同意托宾的观点，格式塔治疗需要发表更多关于不同诊断团体的临床经验的报告，但据我所知，格式塔治疗理论并不也从未认为所有人都有同样健全的自体。相信所有人都有同样健全的自体，就等于相信在功能运作层面上没有像心理病理学和显著的个体差异这样的现象。就我个人而言，我既没有发现格式塔治疗理论，也没有发现我的格式塔治疗导师们那样幼稚。

在我阅读格式塔治疗文献时，我没有发现任何对自体的现象学现实的否定。然而托宾特意指出，"我认为自体是一个现象学的现实"（p.8）。尽管有些人可能更愿意用不同于"[我是]我在

9岁时的同一个人（p. 8）"方式对此进行概念化，我不相信任何一个值得尊敬的格式塔治疗师或理论家会质疑托宾对一个"自体"的现象学现实的断言。

就我所理解的格式塔治疗而言，它既没有忽略"核心"过程，也没有忽略自体的结构方面。格式塔治疗的自体过程理论远不是一个"智性懒惰"或"挥之不去的反智主义"的产物（尽管，可以肯定的是，这些特征在格式塔群体中有所发现）(Tobin, p. 9)。过程思维在心理学上仍然是非常规的，没有得到充分的发展，需要非常严谨的思维。这需要比格式塔思维所取代的传统牛顿力学的思想更严谨。另一方面，我认为当托宾把结构和过程分开时，他过分简化和曲解了这个理论。

当然，托宾在从格式塔治疗文献中选择支持其格式塔治疗观点的讨论时是有选择性的，但我也认为，他没有适当地呈现讨论我-汝治疗关系的格式塔治疗著作（例如，Polster and Polster, 1973；Yontef，1981a，1981b，1982，etc.）。尽管皮尔斯常常是粗鲁的，对抗性的，自恋的，等等，许多格式塔治疗师内摄了这一点（正如托宾承认他是那样的），但我从来没有认为格式塔治疗理论提倡这一点。格式塔治疗的基础从移情关系转变为对话式关系，早期的文献对期望关系的性质没有足够的详细说明。从那以后，人们就开始关注这个问题，托宾所讨论的态度变化仍然是及时而必要的，但在我看来，如果我-汝要在我们的理论和实践中成为一个有用的概念，那么关于描述对话式关系的特征的理论需要比托宾文章中的讨论更加精密。

托宾对格式塔治疗理论做了一些我不同意的其他陈述。他说："格式塔治疗，以及其他存在主义-人本主义的疗法，几乎完全依赖于有意识的意图和自体觉察。"（p. 34）格式塔治疗使用现象学觉察来探索整个觉察过程，包括无觉察（无意识）、阻抗和移情。我不同意托宾的说法，他认为格式塔疗法不处理阻抗(p. 31)。我接受过格式塔治疗的培训，学习去聚焦于被排除在觉察之外的东西，看它是如何被排除的，学习去处理阻抗和无意识，不过是用现象学的方法去做的。在过去的十年里，这当然也是洛杉矶格式塔治疗学院训练的一个主要部分。托宾说他把孩子和洗澡水一起扔掉了，但我不同意他把这归因于格式塔治疗。

托宾暗示(p. 33)觉察工作是表达性的，而不是洞察导向的。我认为洞察是格式塔治疗正在努力实现的觉察形式，尽管我们用格式塔心理学术语（对整个当前情境结构的觉察）来定义洞察，而不是以历史的洞察为主（见 Yontef, 1982）。表现力仅仅是我们寻求洞察的现象学工作的一个方面。

自体：过程与结构

格式塔治疗建基于场理论的观点：结构和功能是不可分割的，并且人的结构是过程。稳定结构的存在是毋庸置疑的，但它们被概念化为过程。过程是有节奏的，连续的，有内在的一致性，即它是结构性的。在《自我、饥饿与攻击》(1947)一书中，皮尔斯阐述了对自我和自体等概念的这一过程的阐释。在《格式塔治疗》中，皮尔斯等人把自体解释为过程。另一方面，托宾的立场是格式塔治疗怀疑自体的现实，它有连续性，并且它被带入每一个情境。

第十一篇　格式塔治疗中的自体

自体：核心与界限

格式塔治疗理论中的自体是人的接触系统。除了有机体/环境场之外，没有"核心"或"自体"，没有我们通常称之为"内在"的过程就没有人类环境。无论自我是健康的、神经症的、精神病的，还是在自体障碍的范围内，格式塔治疗的概念都是：这是一个发生在边界上的过程。有严重的病理表现，并且某些病人在某种压力下恶化是明显的。然而，皮尔斯讨论了我们如何概念化这些现象，正是在这一点上，我不同意托宾的观点。

相互作用（不仅仅是冲突）的复杂性和有机体的兴趣越大，被激活的自体就越多。有些人在面对压力、冲突等时会明显分裂。一种与格式塔治疗过程理论相一致的概念化方法是，冲突——例如在自体障碍中——不会减少托宾（p.6）所述分裂的人的自体的数量，自体过程是分裂的，无效的，等等。自体的内聚性不强，但自体仍然是一种接触系统。这包括接触边界功能（自体）的内部和人际方面。

托宾说："格式塔治疗的一个主要局限性是主要聚焦于人与环境之间的功能边界扰乱，而几乎没有认识到人的核心结构扰乱。"（p.5）后来他说："……格式塔治疗师把他们的大部分注意力放在自体与非自体（no-self）之间的边界扰乱上，而不是放在自体内部的扰乱上。"（p.9）托宾认为格式塔治疗只处理自体与他者之间的障碍（p.9），这一论断取决于他的分离过程和结构，以及分离边界和核心。问题是，如果你创造了一个被认为是独立于边界和过程的结构核心，那么一个人就不会认识到对内部

觉察、对话与过程

冲突和分裂的讨论，因为在格式塔治疗中，过程的讨论包括了结构的概念（反之亦然），而任何对有机体/环境场的边界现象的讨论包括了托宾称为核心的那些功能。

托宾似乎认为有一个核心与边界分离，并且如果核心是分裂的，那么治疗必须是这个核心，然后才能在治疗师和病人之间的边界上进行工作。这将在下一节中具体讨论。在理论上和临床上，这是我和托宾最重要的理论分歧之一。

心理治疗中的次序

我们已经知道托宾的文章清楚地描述了临床态度的一些必要转变。随着这一转变，托宾在治疗自恋型患者方面取得了更大的成功。尽管我早期的治疗方式与托宾不同，但我也做了类似的转变，转向更加温和、更加共情、更加注重关系的治疗，更多地了解病人的性格结构。我也受益于对科胡特的研究和客体关系理论家。我可以证实，这使得处理自体障碍更加成功，自恋型障碍只是一个变种。

然而，托宾将这种成功归因于一系列特别的长期治疗。首先，他建立了融洽关系（rapport）和理解，然后对自体进行工作（就"核心"进行工作，因此不被视为进行格式塔治疗），接着进行格式塔治疗（边界工作），最后结束治疗。从理论和实践的角度来看，我认为称自体工作不是格式塔治疗是不恰当的。它限制了人们对格式塔治疗的概念，并将格式塔治疗的力量从这个非常重要的自体工作中分离出来（Tobin, p. 40）。

虽然托宾和我在态度上有相似的转变，在治疗效果上也有相

第十一篇　格式塔治疗中的自体

似的改善，但我对次序的概念化大不相同。因此，托宾的成功可能与他的态度和知识的提高有关，这一点在我身上是正确的，不一定与从他将自体定义为结构"核心"而得出的次序有关。尽管托宾只讨论了自恋型人格障碍，但我也发现了与边缘型患者和精神分裂症患者更大的成功。我的经验是，许多病人，特别是边缘型患者，在托宾所描述的特定次序中表现不佳。我认为这与自体和"核心"的理论问题有关。

托宾说："……我认为更有可能的是，一个有内聚力的自体是与场接触的先决条件，而不是相反。"（p. 11）如果自体是接触系统，这就很难理解。而且，即使有一个"自体"是核心，除了通过某种形式的接触，一个人如何滋养这个自体？我们可以就理想接触的形式和方式进行辩论，但除非通过某种边界，否则我看不出营养是如何进入的。

对接触前而不是接触中或接触后自体发展的信念在逻辑上带来了一种特殊的治疗选择：托宾首先建立支持，然后通过讨论童年对自体进行治疗，然后用格式塔治疗来觉察过程，然后结束治疗。

托宾似乎相信，咨询师可以通过给一个人治疗来发展这个核心自体，直到它变强大，然后就边界现象进行工作。除非是通过一个边界，否则我看不出一个人是如何到达这个核心的。这种边界现象可以变得突出，也可以在不引起注意的情况下进行，但要到达"核心"就要经过一个边界。在实践层面上，建立边界功能的治疗也建立了病人对当前功能和过去的经验-历史背景之间的关系进行他自己的觉察（洞察）工作的能力。托宾认为前两个阶段的治疗不是格式塔治疗，因为格式塔治疗是面质性的和互动的，不涉及内在的自体。然而，我认为格式塔治疗是一个比托宾在文章中所认为的更全面、更灵活的系统。对我来说格式塔治疗包括强调倾听、建立相互理解、利用遗传物质、利用面质等等。

我发现人们经常将格式塔治疗描述成主要或必然使用不和谐和粗暴的风格。不过，我认为这只是格式塔治疗的一种风格。如果一个人放弃这一风格是格式塔治疗的想法，那么他就可以更容易地理解与一个自恋型或边缘型患者开始工作是边界工作这个概念。这里留下了许多未解答的问题，包括治疗师在治疗的早期阶段应在多大程度上引入病人未提出的遗传材料，以及是否必须通过阐释来做到这一点。托宾和我对此意见不一致。

我认为在强化的心理治疗中，所有的工作都是边界工作和托宾所指的核心工作，而确切的焦点随着每个病人和诊断团体的临床需求的函数而变化，最好是从对话和现象学工作中获得，而不是主要从理论中获得。即使在自体障碍患者中也有矛盾的需要。例如，自恋型人格障碍患者和边缘型患者往往需要非常不同的临床态度和次序。具备良好人格理论和心理诊断（包括心理动力学）背景的治疗师有能力提供最好的治疗。

我的临床经验肯定印证了托宾的观点，即自恋的病人只有在他或她感到被理解后才可能对话，过早地用治疗师的体验去面质这样的病人是无效的。我要指出一点，关于格式塔治疗中的对话，我认为自恋伤害不是治疗师对病人造成的，也不是病人为了回应治疗师而造成的，而是治疗师和病人之间的互动产生的。伤害可以被承认，当下的过程可以被探索，从而探索和建立自体。然后，治疗师可以引入托宾提倡的移情材料，分享治疗师的观点（作为分享，而不是相遇团体式的相遇），或者可以更深入地了解当前的、此时此地的过程。例如，当治疗师看起来很累时，病人感觉受到伤害，好像治疗师不感兴趣，治疗师承认这一点之后，

第十一篇 格式塔治疗中的自体

有很多选择。他或她可以指出与一个父母形象的相似之处，可以分享治疗师的实际体验，或者可以探究病人受到伤害的过程。例如，在病人听到治疗师对他/她的伤害的反思，并感到被理解后，治疗师可以说："当你看到我看起来很累时，你对自己说了什么？"……"当你对自己说'他对我不感兴趣'时，你还说了什么？"也许答案是这样的："如果我的治疗师对我不感兴趣，我一定是无趣的。"治疗师："哇，那真的比我对你感到厌烦要糟糕得多。那真的把你毁了。那时你不仅令我厌烦，而且令世界上的每一个人都厌烦。那真是要把你毁了。"

如果托宾提倡的自恋型人格障碍的次序（与核心自体工作，然后进行接触）扩展到其他自体障碍，例如边缘型患者，我的经验是，这往往是灾难性的。因为如果有这样一个病人的治疗师过早地介绍关于童年的治疗材料，或者甚至彻底地探索病人自发地提出来的童年材料，边缘型患者通常会经历非常强烈的、原始的情感，但没有让自体功能足够发展，可以容纳、同化并完成工作。在治疗开始时，边缘型患者通常可以在分裂的应对模式下不带情感地讨论，或在不太注意到自我的情况下爆发出原始的愤怒或被照顾的需要，但无法将原始的和成人的功能结合起来。即使愤怒的爆发没有失控，边缘型患者的退行拉力也很容易被强化，并导致夸张的正向移情，一两年后，当几乎是精神病的正向移情变成精神病的负向移情时，治疗就出现危机了。如果对边缘型患者的早期处理鼓励了托宾倡导的正向移情迁移的程度，并且过早地引入遗传材料，原始的和退行的愿望就会被强化，而我的经验是，在后来的治疗中，病人产生了一种没有足够的自体支持来处理的负向移情，并且背叛的感受对病人尚未发展的互动技能来说太强烈了。

只通过自体即接触功能来处理遗传物质，病人能够发展出更多的自体，能够与过去联系并结束过去。例如，边缘型病人知道一个人可以说"不"而不被遗弃、挨饿或殴打，并在这种知识的基础上与治疗师发展了一种接触关系，他能够面对童年的遵从要求、维护自体时被父母遗弃等等。我认为在通过遗传材料进行任何重要的尝试之前，应先进行边界工作，澄清诸如区分指责和觉察、接触/熔合/隔离、分裂等的问题。

总结：托宾的理论化对他治疗次序的选择可能的影响，根据我的经验，这可能是不恰当的。在我看来，格式塔治疗中的自体并不是一个不经过自体边界而被治疗的核心，而是这个人通过自体的边界被治疗。这一点与我-汝相遇是格式塔治疗通向共情路径的概念是一致的，它是自体通过接触而存在的存在主义前提的例证。

过去的作用

很明显，过去是当下的背景。皮尔斯清楚地指出，过去带来当下（Perls，1947，pp. 93，95）。既然意义是图形与背景的关系，图形是当下，背景是过去，那么过去的经验显然是格式塔心理治疗的一个重要部分。同样清楚的是，为了使强化的长期治疗有意义，病人必须培养对过去、现在和未来的感觉（Yontef，1969）。这需要治疗师——格式塔或其他流派——在这个过程中提供指导。我怀疑许多格式塔治疗师不会同意这一点。

自恋受伤、防御的病人与过去没有任何联系，但他/她从理解过去如何带来当下，以及他/她如何维持现状中获益，的确如此，不过，托宾在他的讨论中发表了一些我不同意的言论（pp. 26-27）。首先，因为病人的当下和他过去的经历有关，这并不意味着过去他是环境的受害者。相反，病人现在和过去都处于与环境的不断互动中，病人加了一些东西到互动中，并且在将过去与环境互动的负面影响维持到将来中也发挥了一些作用。然而，当托宾认为过去带来当下，病人是他的过去的受害者，病人过去和现在都没有选择权时，托宾运用了在精神分析思想中发现的牛顿的、机械的、线性的因果关系模型（Tobin, p. 9 and p. 26）。第二，即使治疗师可能认为病人对他自己的行为负责，这也并不意味着如托宾所述，这会立即解释给病人（p. 27）。治疗师可以比病人更准确地看待因果关系，而不必过早地向病人透露。第三，有理由相信，当你说病人无法控制自己的情况时，羞耻感可能会增加。如果父母过去的养育方式太糟糕了，病人别无选择，那么病人现在就会被视为伤害严重并彻底崩溃，毫无希望。温尼科特关于"足够好的母亲"的观点考虑到，只要孩子有一定的最低养育标准，孩子就不会没有希望，而且确实有选择的余地。

对话、反移情与治疗师责任

我和托宾都同意病人自主和独立于治疗师的重要性。正是这一点吸引了我对格式塔治疗的兴趣。尽管我以前从事过精神分析导向的心理治疗，并接受过传统的心理动力方式的训练，但直到格式塔治疗，我才体验了接纳、自体接纳或自主。我被西姆金的"没有应该"的想法所吸引。

我认为很不恰当的是，托宾讨论格式塔治疗的我-汝取向，好像它是强加给病人的东西。他关于希望病人独立而不是表现出独立的讨论，是因为治疗师希望病人独立，就好像这种对真实性和自主性的渴望是格式塔治疗中的新事物一样（p. 30），而忽略了格式塔治疗对话方法吸引我的本质。在没有临床判断、技巧或恰当时机的情况下告诉病人他或她应该对当前与童年虐待有关的痛苦负责，这不是一个好的格式塔治疗实践。对我来说，对话不等于粗暴的面质。

同样地，在临床情况需要的时候，托宾特意提出有理由保留自己的一部分，并暗示这与我写的关于"我和汝"的文章相反（pp. 27 - 28）。我不同意他对我-汝概念的描述，但也要同意，除非治疗师自身的需求妨碍了治疗任务的完成（而不是治疗师的需求在其他地方得到满足，且作为治疗师完全可以提供治疗服务），否则出于对所需之物有很好的理解而保留的东西是必要的、可取的，而不是难以承担的。我一直实践并相信如临床所示地对病人保留或表达自己。托宾的陈述不能准确地表达我的观点。

1969年我写道："对于我-汝的关系，责任问题是至关重要的。实现模式不是强加或推荐给病人的；格式塔治疗师只是拒绝放弃他的自由或不接受病人放弃自己的自由。格式塔治疗师根据自己的价值观对行为负责，但对病人来说，只有一个处方：'在治疗中作为实验尝试这种行为，并看看你发现了什么。'"（Yontef, 1969, p. 13）如果不帮助病人发展自主觉察，我认为这就不是好的治疗，无论是格式塔还是其他什么。

1976年，我更清楚地表达了我的观点："开始治疗的病人往往不能说出他们所要表达的意思或表示他们所说的本意，因为他们没有觉察。"（Yontef, 1976, p. 4）在同一篇论文中，我提到

第十一篇 格式塔治疗中的自体

了认识病人和治疗师之间的差异，以及治疗师服从于他们之间真正发生的事情，而不是试图让其他事情发生（p.6）。我在那里还提到治疗师需要足够成熟，对病人的工作真正感兴趣，而不是从中得到娱乐，等等。托宾以支持他的格式塔治疗观点的方式歪曲了我之前对我-汝的讨论，引用的话脱离了上下文。我的文章只是格式塔治疗文献中的一个观点的例子，它已经提倡了托宾所提出的一些与我们的理论相反的观点。

当托宾承认自己过去的错误并将其表达为改进这个领域的一种方法时，他为对话取向中的一个关键要素建模。有时他把自己以前的个人实践归咎于这个理论，其方式常常是展示一幅与我的理解不一致的理论图景，并且把格式塔治疗理论变成某个比我一直使用的格式塔治疗理论更不充分的东西，此时这个令人兴奋和有用的讨论对我来说就遭到破坏了。例如，托宾承认，过去他对病人的讽刺来自他自身的自体，而他自己应该为他对自己的态度和内摄负起责任（p.25-25）。但他接着说："在格式塔框架内很少提到或考虑反移情现象，我认为，任何一个人只要严格地在这个治疗的框架内工作，就可能由于自己的问题，而很难建立一个框架来审视自己的行为和感受。"（p.25-26）

格式塔治疗从一开始就强调治疗师对自己的觉察和责任的重要性。根据我的经验，大多数好的格式塔治疗培训都非常重视这一点。我认为，在格式塔治疗实践和培训中使用的边界取向要求治疗师对正在发生和体验的事情中的责任和角色保持开放的态度。这种自体觉察没有被贴上反移情的标签，因为关系的现实、治疗师反应的现实和治疗师反应的移情方面等都受到同等的尊重。不同的标签并不能削弱这样一个事实，即格式塔治疗理论中的治疗师有责任觉察到自己的反应，并对自己的反应负责。

觉察、对话与过程

我发现，存在的、对话的、我-汝的关系和现象学的觉察取向为这个训练提供了一个极好的框架。我主要是从格式塔治疗培训中了解到，我自己的问题影响了我的职业表现。托宾的好文章和他对格式塔治疗的发展方向的建议，与我认为准确的格式塔治疗理论的图景不相符合，这让我很难过。

我同意托宾的观点，有很多不好的治疗正在进行中，有些是格式塔治疗师做的，许多治疗师用格式塔治疗的陈词滥调和行业术语来为不负责任地将自体责任投射到病人身上辩护。许多格式塔治疗师认为病人应该为他们的挫败、厌烦等负责。许多魅力型治疗师以牺牲病人为代价来增加他们自恋的荣耀。这是因为格式塔治疗缺乏对治疗师自体觉察和自体责任的关注，还是因为系统的滥用，在这个问题上，我不同意托宾的观点。

托宾讨论了让格式塔治疗比通常所做的更加密集，我也鼓励这样做。对一些病人来说，这意味着每周不止一次。我认为这与格式塔治疗理论是一致的，而且格式塔和其他流派的许多治疗师，错误地没有使治疗足够密集或足够长。我不同意托宾的理论，他认为增加治疗次数是为了增加移情。增加治疗频率有许多临床原因。在我-汝的框架内也是如此。我喜欢更频繁的治疗来发展整体关系，而不是增加移情。更频繁的治疗有时有助于降低代偿失调的风险并增加觉察工作的强度。需要注意的是，格式塔治疗可以增加强度，而不必试图发展移情神经症。

我为托宾这篇人们急需的论文感到兴奋。他将格式塔治疗的态度转变为更多地认识自体，更加熟练地考虑到所需的治疗改变，并根据病人性格结构的不同调整次序，这种讨论是朝着我所希望的格式塔治疗的发展方向迈出的一步。他转向更加尊重地关注病人的经验，明确治疗师的责任，即知道自己对病人的情绪反

第十一篇 格式塔治疗中的自体

应的结构,这同样是朝着这个相同的方向迈出的一步。在论文过程中,他通过讨论自己作为治疗师的错误,在树立榜样方面做出了重大贡献。也许他会给我们其他人勇气去做同样的事。

然而,我不同意他对格式塔治疗理论的许多讨论。在本文中,我讨论了我对他提出的几个格式塔治疗概念和他自己理论的几个方面的异议。我认为他对格式塔治疗理论的阐述,使其显得比我所理解的格式塔治疗理论更贫乏,更简单,更不充分。虽然托宾和我同意一些需要进行的改变,但我认为这些改变是对格式塔治疗理论的详尽阐述和改进。托宾对格式塔治疗理论的阐释使其不足以处理临床上所需要的东西,而且他对这些改进的概念化使它们不必要地与格式塔治疗理论相冲突。他讨论的改变与我对格式塔治疗理论的阐释是一致的(这一阐释我并不认为是新颖的,我第一次接触格式塔治疗以来就知道是存在于格式塔治疗理论中的)。然而,托宾所阐释的格式塔治疗理论不足以涵盖这些新的临床方向。

在我希望看到被不同对待的关键概念中,包括过程和结构的等价性,以及自体作为一个包含连续性的过程的本质。我们对自体作为"核心"与自体作为一种边界现象的关系也持不同意见。只要托宾讨论的基础建立在内部和人际的两分法之上,我就强烈反对。我认为这样的讨论破坏了皮尔斯、赫弗莱恩和古德曼所完成的假二分法的完美整合。此外,托宾放弃了当下是过去和未来之间联系的场思想,对此,我并不同意,他采取了一种更为精神分析式的牛顿立场,认为过去不仅带来当下,而且造成当下(病人别无选择)。

根据这一理论取向,他提出了一个人应该先处理人的核心,然后再进行接触这个观点。我发现一种更强大、更灵活、更有效的取向建立在格式塔治疗理念之上，即自体是接触系统，核心必须通过接触边界达到。对我来说，格式塔治疗的所有治疗都是边界和核心。从首要治疗的概念出发，托宾讨论了一个被认为是提高了疗效的治疗次序，疗效可能不是来自该次序，而是来自对病人需求的反应增强和对自体障碍本质的处理水平的提高。此外，这个次序实际上可能对一些自体障碍患者特别是边缘型患者有害。

最后，托宾把对话（我-汝）等同于粗鲁的面质和强迫性自体披露，没有看到我在格式塔治疗对话取向中看到的敏感性、力量和灵活性。托宾模型中所描绘的格式塔治疗不足以满足它所面临的临床任务，并且必须利用精神分析的概念来满足临床需要，而这些临床需要也可以用得到更好处理的格式塔概念来满足，例如更为密切的关系，而不仅仅是增加的移情。

第十二篇
格式塔治疗的思维模式

评 论

这篇文章是 1984 年针对乔尔·拉特纳的文章《这是光速》（Latner,"This is the Speed of Light",1983）写的。文章的第一部分实际上是对拉特纳所讨论的格式塔治疗运动的政治观点的评论。第二部分回应了他对场理论的讨论。我对场理论的讨论将场理论置于一个一般的历史视角。我把这篇文章放在这一部分，而不是放在《格式塔治疗的历史与政治》部分，因为我认为文章中对场理论的讨论比对政治形势的讨论更重要。

这篇文章受到了乔尔·拉特纳的文章《这是光速》（Latner,1983）的启发。我想对他发起的理论讨论做些修改并增加一些建议。

拉特纳研究了格式塔治疗中的两种理论假定，牛顿理论（特别是系统论）和场理论。他描述了这些思维模式中的每一种，并在格式塔治疗的著作中展示了牛顿思维的存在，以及它与场思维的区别。虽然他显然更喜欢场的观点，但他认识到其他的思维方式，包括牛顿思维和零碎的（"西海岸"）理论，确实存在。他给这些理论贴上格式塔治疗的"学派"标签，并从地理上给它们命名（纽约、克利夫兰、西海岸）。

这篇文章由两个截然不同的部分组成。在前半部分，我讨论了拉特纳提出的主题，这些主题贬损了格式塔治疗中的理论对话。在第一部分中，我对格式塔治疗中的本位主义（sectionalism）问题做了一个扩展分析，以支持我的论点，即不幸的是，这分散了人们对一个更重要问题的注意力。在第二部分中，我对另一个阻碍清晰性的障碍做了一个简短的分析，这一障碍亦即我称之为"口号和技术"（Slogans and Techniques）的取向和我称之为"具体和不定期"（Concrete and Episodic）的取向之间的混淆。

在文章的第二部分，我讨论了一些我认为在格式塔治疗的理论对话中至关重要的问题——特别是需要更清楚地了解各种不同的后牛顿思维模式。最后，我讨论了将场的过程概念化与现象学体验中的人本主义关怀相结合的必要性。

东海岸-西海岸：对话还是争论？

在这一节中，我想讨论麻烦的纽约-西海岸差异和在格式塔治疗中使用这些美国地理标签来给模型概念化的困难。在论文的过程中，我将建议使用我认为更适当的对应于理论问题的标签，这可能会激起较少的对立。

语义学对觉察和行为的影响从一开始就是格式塔治疗理论的一个方面（Perls，1948）。在我第一次（1965）接受格式塔治疗培训的工作坊上，皮尔斯讨论了使用准确区分和代表正在被探索

第十二篇 格式塔治疗的思维模式

的现象的语言的重要性①。最近，米丽娅姆·波尔斯特提醒人们注意准确使用语言的重要性（M. Polster，1981；以及 in Wysong and Rosenfeld，1982，p. 67）。格式塔治疗"学派"的标签只有在描述准确、标签充分代表被分类的材料的情况下才能做出有用的区别。对我来说，拉特纳选择的标签不足以完成这项任务。

我对拉特纳的文章的第一反应是一种情绪化的反应：我很兴奋地发现一位作者在做一种我希望格式塔治疗中更多出现的、有用并令人兴奋的理论分析。我喜欢在我们带入文中的背景中找出相似之处：在进入心理健康领域之前，我学过政治哲学，也学过东方哲学。为了更好地理解格式塔治疗的理论，我还学习了物理学和格式塔心理学中的场理论，但由于缺乏物理和数学方面的培训，我在前者中也受到了限制。

当我读到这篇文章时，我为其理论化的质量，对差异的承认，对理论而不是个人的、原始的理由进行讨论的主张感到兴奋。我对那些我长期感兴趣，并打算更多写作的话题的思考更加敏锐了。我认识到一些我作为格式塔治疗理论而教授的，但从未在文献中被描述过的观点。我读了他的叙述并从他的分析中学习。我读了一些我可以补充或澄清的观点。我读到了一些问题，这些问题我和加利福尼亚同事讨论过，有时因为想要更抽象的讨

---

① 附带说一下，我可能注意到这有助于吸引我接受格式塔治疗，因为他把这归因于"儒家"的正名思想（rectification of name）。在进入心理健康领域之前，东方哲学是我的一个主要研究方向，我被一个可能整合一些东方哲学的治疗方向所吸引。这吸引了我，还因为我知道现代学者普遍认为，正名哲学是以儒家的名义进行的，但实际上它是一个非常不同的、叫作法家的学派的概念。法家哲学的含义与格式塔治疗大相径庭。我给了它一个个人的意义：我也许可以完善格式塔治疗理论的概念化。（"正名"语出《论语·子路》["必也正名乎！……名不正则言不顺"]，为儒家和法家学说的重要概念。——译注）

377

论而感到很孤独。我发现对格式塔治疗中牛顿力学思想的详细而清晰的描述特别有帮助。

例如，他对"属于一个场"和"在场中"之间区别的讨论在理论上很重要，而且常常被忽略（Latner，1983，p. 78）。表明"有感觉"是牛顿的思维方式，我们和我们的感觉的统一是概念化的场理论模式，有助于使理论化的更抽象、更具体的层次之间建立联系（pp. 78 - 79）。

另一个例子是：指出皮尔斯等人认为分裂来自生活在分裂的世界本身，这一观点指向了二元分裂，它使得多年来困扰我的一个明显的理论矛盾更加清晰（pp. 85 - 86）。

但我也开始感到不安和烦恼。他在格式塔治疗中使用的理论体系的标签不仅让我觉得不足以完成概念性任务，而且具有误导性，并因为地理标识（而不是因为我所写或所教的内容、风格或质量），让我个人感到被忽视。

不幸的是，最近我听到并阅读了来自东海岸和西海岸的人们的文章、谈话、信件、个人沟通，他们一直在用非常不尊重、轻蔑、傲慢的措辞讨论东海岸-西海岸的问题，这些措辞封闭而非开放沟通渠道。在某种程度上，我借此机会公开讨论这一普遍问题，而不仅仅是回应拉特纳。但我也感到遗憾的是，他的令人兴奋的理论讨论不必要地受到这个问题的影响。我希望看到他提出的问题作为一个理论问题在理论层面上被回应。这就不太可能了，因为回应脱离了理论分析，而进入一个更具争议和贬损的风格。

在一些地方，他轻率地排除了整个西海岸，并且转移了他论文的主题（副标题：《格式塔治疗中的场与系统理论》）。拉特纳显然是想把这些问题当作问题来讨论，而不是用原始的术语。他声称"……我们之间的差异不是源于地理差异和个性气质的差异,而是源于我们的理论和实践中对立和未整合的因素,以及它们之间尚未解决的冲突"(Latner,1983,pp. 71-72)。他在文章的后面提到物理学时说,"令人印象深刻的是,这些差异完全被当作解释问题来处理"(pp. 86)。他坚持这种态度,他说与《格式塔治疗》相反,牛顿思想本身不是神经质,但只有当它被用于不健康的回避时(p. 87)。

然而,在文章的其他地方(pp. 84-85),他讨论了具有技术导向、开启导向的格式塔治疗师的一致性和关键问题,以及他们在不考虑理论的整合或整体性的情况下,零碎的或标语化的概念化模式的困难。一个关键点!但他把这个问题当作地理上的问题来讨论,并把整个西海岸都排除了,好像这真的解决了这个问题。在这些点上,理论分析让位于争论了。

那么在格式塔治疗中西海岸怎么样呢?在皮尔斯生命的最后十年里,他和其他人都采用了格式塔治疗的一种明确的风格(不是那种西海岸风格)。这种风格,通常在工作坊环境中实践,有一些与众不同的但令人遗憾的特征:在团体设置下、限于一对一治疗的团体治疗,一种具有面质性、有时很粗鲁的态度,对融合和抽象理论的恐惧态度,缺乏灵活性,在治疗过程中低估了外部关怀的需要,对持续的个体心理治疗的重视程度低,低估了除皮尔斯外其他人对格式塔治疗创立的贡献。在这些问题上我都不同意这种风格。

罗拉·皮尔斯用准确而不那么具有煽动性的措辞讨论了这个问题,她说:

> 格式塔治疗被视为一种综合的、有机体的治疗方法。但

后来，特别是在西部，但在东部也一样，它被认为主要与皮尔斯当时所做的有关。在他生命中的最后五年里，当他主要使用他的热椅子的方法时，格式塔治疗变得非常出名。这种方法对于演示工作坊来说是很好的，但是你不能用这种方法进行完整的治疗；然而人们这样做了。我认为他们限制了自己，造成了很多伤害。（Wysong and Rosenfeld，1982，p. 16）［强调为我所加。］

她继续讨论现今的格式塔治疗：

哦，它以许多方式在发展。以许多我有很多保留意见的方式，因为用它所做的事情和用已经变得更加知名而流行的精神分析及其他方法做的事情，二者是一样的。它被简化、篡改、歪曲和误传。（Wysong and Rosenfeld，1982，p. 17；另见 L. Perls，1976，1978）

在本卷的其他地方，伊萨多·弗罗姆用"新格式塔"（Neo-Gestalt）一词来描述皮尔斯后期的产物。他以清晰而敏锐的方式讨论了这种风格的问题——还有一些轻视——但至少他把皮尔斯的行为归因于皮尔斯。他认为新格式塔是技术导向的，并且更注重好的戏剧而不是好的治疗。他看到了这种风格的其他缺陷：通过使用空椅子，治疗师又一次"坐在沙发后面"，可以这么说，身心分裂被重新引入，精神分析的冰山通过层次理论又一次被引入，即分解盔甲的工作并不涉及边界过程是/否函数的重要性，并且围绕着"存在性信息"的梦的工作重新引入了精神分析型的阐释（From，1978，1984；另见访谈 Wysong and Rosenfeld，1982，pp. 26 - 46）。他还讨论了皮尔斯对表演技巧的强调，称之为皮尔斯的"演示风格"（Wysong and Rosenfeld，p. 37），而他在生命的最后十年里对治疗的不定期的态度鼓励了格式塔治疗与"技术和口号"的联系。

的确，在加利福尼亚和其他地方，"对我们许多人来说，皮尔斯这些后期的作品是一种尴尬，尽管它们具有即时性和自发性"（Rosenblatt，1980，p. 12）。皮尔斯在这一阶段写作的理论质量低，使得格式塔治疗不太可信，并且很容易受到批评。

对皮尔斯后期作品的批评，以及 20 世纪 60 年代自恋和"简单答案"的哲学的结果，许多人已经讨论过。在 1982 年第四届格式塔年会的主旨演讲中，洛杉矶格式塔治疗学院的创始人罗伯特·雷斯尼克讨论了皮尔斯西迁时所实现的加强侧面像技术（heightened profile techniques），并向更广泛的观众展示了格式塔治疗。罗森布拉特（Rosenblatt）提到了皮尔斯的"加利福尼亚阶段"，接着讨论了迷幻药的诱惑影响和嬉皮士运动（Rosenblatt，1980，pp. 11ff）。我认为他们对皮尔斯的实践的批评比讨论他所居住的西海岸更有用。如果要讨论后者，就会产生问题。例如，不仅需要讨论中心趋势，而且需要讨论与该趋势不同的变化。一个好的社会学分析会定义术语、时间和地点。

应该指出的是，1965—1970 年的加利福尼亚不是 1984 年的加利福尼亚。就像美国其他地区一样，加利福尼亚已经从 20 世纪 60 年代末 70 年代初的过度行为中摆脱出来了。一个好的场理论陈述总是要说明空间和时间（正如拉特纳所知道的）。在这种情况下，拉特纳讨论的是 1970 年而不是 1980 年西海岸的格式塔治疗。

我还发现，在格式塔治疗中使用美国地理名称来标记理论是相当种族中心主义的。我认为，从纽约市、克利夫兰或美国西海岸的角度讨论格式塔理论时，美国其他地方和世界其他地方的格式塔治疗师很容易被排除在外。

如果用"西海岸"这个词作为标题，仅仅是为了表明皮尔斯在"新格式塔"时期的位置，那么这个词虽然不适当，但我不会有太大的反对意见。在这种用法中，它就像是"格式塔心理学柏林学派"的地理用法。就我所知，那种用法并不是关于柏林的伪装的政治/社会学陈述。在拉特纳的用法中，"西海岸"一词不是用来指 1965 年至 1970 年期间皮尔斯使用的一种取向，而是讽刺性地描述这个国家的很大的一部分地区。

拉特纳讨论了在旧金山格式塔治疗学院的一个课堂上的人员，发现格式塔治疗的基本术语的介绍被"一张张没表情的、不理解的脸所面对，然后，嘲弄的微笑——好像在说：'这到底是什么奇怪的东西？'"他暗示这是西海岸的普遍态度（Latner, 1983, p. 83)[1]。他说：

> 我发现自己倾向于把它们抹掉……不考虑连贯性，下一个新事物就因为新奇而变得有吸引力。没有标准来判断它是否与已经存在和已经发生的事情有关。（这就像一个花心的

---

[1] 这个团体和我以前的团体看起来很不一样。我不知道这个特殊的团体是否不同，或者在洛杉矶有某种普遍的人口差异。我也不知道拉特纳对他们表情的推断（"好像在说：'这到底是什么奇怪的东西？'"[Latner, 1983, p. 83]）是否准确地表示了他们的情绪或他们否定的目的。即使他正确地表示了他们的情绪，从他写的文章中，我也不知道他们的态度是否确实是针对理论的，或许是与拉特纳的个人或风格相关的一些东西引起了那种反应。我并不是说后一种可能性是我相信的，我只是不想由于他在旧金山的经验，我个人被排除在外，也不想洛杉矶学院或西海岸格式塔治疗的其他优秀培训师被排除在外。

丈夫；任何新事物都能让他走，他和妻子的经历对他没有影响。）（Latner，1984，p. 84）

我们都知道在西海岸的个人和研究机构是反对理论的，接受每一项新技术而不进行任何整合，不了解格式塔心理学、格式塔治疗、现象学等等。我也知道世界各地的以这种方式实践和思考的格式塔治疗师。我们是与这种无知斗争，无论居住在哪里。世界各地有格式塔治疗师，他们不是所谓的"纽约学派"的直系后代（除非人们认为格式塔治疗中的每个人都是这样），但他们对格式塔治疗理论的高质量智性工作感兴趣。他们需要像拉特纳的文章这样具有智识攻击性的文章引发的话语，但是在拉特纳的分类中没有充分考虑到他们。

东、西部问题并不新鲜，也不局限于格式塔治疗。东部，特别是纽约市，和西部，特别是洛杉矶，二者之间竞争的证据无处不在/十分普遍。加利福尼亚有真正的剧院吗？加利福尼亚人都很悠闲，"古怪"，不可靠，没有抽象思维能力，容忍生活方式的变化（过分），而且过于多元化。另一方面，纽约人老于世故，居高临下，不宽容，教条，傲慢而粗暴。加利福尼亚笑话：国家正在倾斜，所有的坚果都滚到了加利福尼亚。纽约笑话：一个游客拦住一个纽约人问："你能告诉我去帝国大厦的路吗，或者还是我自己去？"这两种刻板印象似乎都有些道理，但我不知道有多少。刻板印象也有很大的扭曲。我不相信刻板印象是认真分析的基础。

东、西部命名问题在格式塔治疗中也不是新问题。1978年，米丽娅姆·波尔斯特和埃尔温·波尔斯特被问及他们对这种地理分类的看法。两人都表达了这种划分的困难，指出了人与人之间存在着巨大的个体差异。用我的话来说：更多的差异是由个体之间的差异而不是由地理划分造成的。埃尔温指出了纽约团体和克利夫兰团体内部的巨大差异。他还指出，格式塔治疗在加利福尼亚的工作会有所不同，因为加利福尼亚的情况不同（in Wysong and Rosenfeld，1982，pp. 59-60）。

在西海岸我认识的人中，没有人认为西海岸有一个学派或统一的观点。把这些现象称为一个"学派"，不仅机械地将这个领域二元化，而且还将拉特纳正在讨论的实践提升为一个学派。我宁愿以开放的态度把问题当作问题来讨论，也不愿硬化成学派并在学派之间辩论。我认为西海岸学派是由法令创建的。

拉特纳利用了吉姆·西姆金和克劳迪奥·纳兰霍（Claudio Naranjo）理论上的弱点来支持他驳斥西海岸。他引用西姆金是因为西姆金说已经阅读并且不能理解皮尔斯、赫弗莱恩和古德曼的《格式塔治疗》，并认为它"与格式塔治疗无关"。拉特纳还引证了克劳迪奥·纳兰霍的不足之处：未能看到格式塔治疗和格式塔心理学之间的任何关系（Latner，1983，pp. 83，89-90）。我个人的看法与西姆金或纳兰霍大不相同。我只是西海岸许多人中的一个，没有遵循拉特纳所说的"西海岸"的零碎的或反对理论的路线。我个人的观点和与西海岸其他人的经验不同于拉特纳所说的。为了结束对拉特纳的文章的讨论，我想用个人的方式简要地讨论一下这个问题。

与纳兰霍不同，我在格式塔心理学中找到了格式塔治疗的根源（Yontef，1982）。与西姆金不同，我认为《格式塔治疗》一书对于理解格式塔治疗是必不可少的。西海岸的许多人都同意我的看法。我从加利福尼亚对气质、风格、理论说服力、生活方式等差异的多元宽容中学习。我从西姆金那里学到了有"足够的空

第十二篇 格式塔治疗的思维模式

间",以及更多地与是而不是应该生活(Simkin, 1974)。这是我不断学习的一课,也许格式塔治疗的其他人也可以学习。当我第一次接受皮尔斯和西姆金的格式塔治疗培训时,我尽我所能向他们学习并拒绝了那些对我没用的东西。我拒绝了他们的反理论偏见,并在其他地方为他们没有满足的需要寻找帮助。总的来说,我从格式塔治疗,尤其是从吉姆·西姆金那里学来的最重要的东西就是,学会了我可以而且必须做这种自体调节。

一些非常好的格式塔治疗和培训正在西海岸进行。我们也确实有自己的江湖郎中、"开启"的艺术家、什么都不知道的人。许多从西海岸到全国各地演示和举办工作坊的人在旅行工作坊中从事体验性工作。其中有些人不知道或不关心基本理论,有些人确实知道和关心理论,而这一点在那种情况下并没有显示出来。

拉特纳对旧金山学院的培训情况的描述令人震惊,在该学院,基本概念(如融合)不为人所知,甚至受到轻视。我在洛杉矶的经历大不相同。1971年以来,我在加州大学洛杉矶分校(UCLA)和洛杉矶格式塔治疗学院(GTILA)开设了格式塔治疗理论的教学课程,没有发现拉特纳发现的那种嘲弄和怀疑。我不仅在"内摄""融合"等具体层面上进行了教学,而且在东西方思想史的背景中也谈到了场理论、现象学、存在主义和格式塔治疗。我发现这些班的学生普遍是接受的,即使当我的教学风格和材料的难度使学生对诸如存在主义和场理论等主题感到困惑。

我无法想象任何一个一年级的学员,更不用说洛杉矶格式塔治疗学院的任何成员,会给予拉特纳他所描述的在旧金山所受到的那种接待。1974年,我担任洛杉矶格式塔治疗学院培训项目负责人时,并没有受到这样的接待。虽然我发现当时的理论指导非常有限和随意,但我也发现教职员工和学员支持和尊重改善这种状况的努力。到 1974 年，20 世纪 60 年代的反对理论和反对思考的偏见已经发生了很大变化。从那以后，为了让我们的学员继续接受第二年的培训，他们被要求参加一个理论考试，在这个考试中，他们不仅要定义"融合"这样的术语，而且要表现出对抽象问题的一些理解。

拉特纳说，皮尔斯"……积极反对严肃的思考和智性活动，这种偏见在他生命的最后十年里遍及西海岸，并在他死后仍继续"（Latner，1983，p. 83）。虽然我不再听到反对理论的浮夸之词，但总体上，在格式塔治疗中，认真的智性对话长期缺乏，在西海岸可能更是如此。《格式塔期刊》提供了一个鼓励对话的论坛，很好地改变了这种状况。然而，在皮尔斯、赫弗莱恩和古德曼之后，即使是"纽约学派"，也已经很少有新的成果。我尝过罗拉·皮尔斯和伊萨多·弗罗姆的智慧果实。我同意拉特纳关于高（"水平高的"）质量的看法。我确实还需要更多的东西，但是可得到的很少。我们理论文献的问题不限于西海岸。

在洛杉矶学院，我没有发现教员轻视理论，我发现他们在基本术语方面都很在行。然而，我确实发现许多培训师在哲学层面上理论薄弱，并且不喜欢个人主动参与学术辩论。有些确实谈到理论的人并没有真正理解拉特纳所指的那些问题，并避免与此级别的同行积极接触。因此，拉特纳的描述似乎有些道理。我认为通过对行为和想法的描述，而不是建立一个理论回避者的学派，可以更有效地涵盖这一点。

西海岸标签的一个不幸的后果是，它往往把知识分子的"过失"赶走到西海岸。将"一无所知"的追随者称为西海岸不仅不能充分地标记问题，而且忽视了那些在西海岸对格式塔治疗理论有很好理解的人，还让其他地方的格式塔治疗师将过失归咎于西海岸，从而产生一种危险的自满："哦，那只是在西海岸格式塔治疗中。"此外，它还通过这样一个头衔对一无所知的人给予一种处罚，就好像这是一所学校，如果你在那所学校，就在正常的期望范围内成为一个"一无所知"的人。

有关场理论和格式塔心理学框架的理论不充分及理解不一致的问题随处可见（甚至在格式塔治疗的"纽约学派"内部？）。轻视无知者可以作为对批评者的辩护。当格式塔心理学家批评格式塔治疗甚至不知道格式塔心理学，更不用说与之产生关联时（例如，Henle，1978），我听到人们的反应：这只是因为那些不知道理论而演示和讨论格式塔治疗的人（尤其是西海岸？）。在我看来，没有人能完全解释格式塔治疗和格式塔心理学之间的一致性和不一致性。

我们最好关注格式塔治疗理论的不足和不完整，而不是继续围绕着皮尔斯与其他创始人的东西部争论和相关的竞争。在我看来，这些争论和竞争阻碍了人们对这一理论的更密切关注，也阻碍了那些真正对智性对话感兴趣的人之间的更多接触。

我不喜欢格式塔治疗中的西海岸被排斥在外，就好像我们都是一种早餐麦片（坚果、薄片和水果）一样，就像一片广阔的荒原。同样地，我也不喜欢纽约市有人以同样的讽刺方式轻蔑地否定格式塔治疗。纽约市的漫画表现了一种自鸣得意、教条、自以为是、敌对的态度，当人们有分歧时，就会被排斥[①]。内容有所变化，但不屑一顾的态度是一样的。

在我们的对话中，我希望看到对人的更大尊重，即承认批评人与批评人的理论观点之间的区别。拉特纳讨论皮尔斯、赫弗莱恩和古德曼关于牛顿思维是"神经质的"和"基于错误意识心理

---

① 我听说纽约地区的一些人完全避免格式塔治疗场景，因为据报道，培训师们甚至不会与其他机构的成员或学员交谈。因为这只是流言，所以我认为这只是纽约人对格式塔治疗所说的例证，别把这当成真的。

学的错误现实观"时,揭露了一个我觉得令人反感的态度的例子(Latner,1983,pp. 85-86)。拉特纳明确表示他反对称牛顿思想为神经质。

然而,当拉特纳开始讨论这些学派时,他确实把皮尔斯排除在外,就好像他与创立格式塔治疗没有关系一样。他说:"有皮尔斯等人的格式塔治疗。这是《格式塔治疗》中所描述的……那么,就有了皮尔斯的格式塔治疗。"(Latner,1983,p. 82)虽然我同意对皮尔斯后期作品的批评,但这里的态度似乎并没有认可他建立格式塔治疗。我认为创始人和导师应该承认这个恩情,也应该面对分歧。拉特纳与皮尔斯对抗,未经承认就排除了他。

在这篇文章中,我不同意我的一位导师吉姆·西姆金的观点。有些人似乎假定导师和被指导者是等同的,好像西海岸的每个人都同意西姆金的观点。我们不都是皮尔斯和西姆金的克隆。

我希望看到我们跟随拉特纳的引领来提高我们概念框架的清晰性,但要改变地理标签并避免针对个人的讨论,而非贸然地创建学派。我宁愿把重点放在理论陈述的质量和内容上。

"口号和技术"与"具体和不定期"

许多人评论过那些讨论格式塔治疗而没有展示或透露对格式塔治疗系统整体的了解的人,以及那些不具有对整个治疗系统的明显的理解而进行实践的人。在后一个方面,渐进式工作和长期治疗常常会让位于一种不定期的态度,这种不定期的态度不提供关于心理动力和关系的连续性或精巧性,而心理动力和关系将支持长期的、密集的心理治疗(I. From,1978,1984;Latner,1983;F. Perls,1969;L. Perls,1973,1976,1978,in Wysong and Rosenfeld，1982；Rosenfeld，1980）。

虽然这样的治疗师有很多类型，但我想区分两种模式类型。我这样做时完全理解其他类型的存在，而我所讨论的这两种类型不过是沿着一个连续体的两个极点。

一种类型谈论口号，实践技术。第二种类型不仅仅是谈论口号，而且没有与理论整体进行明确的整合，而是具体地谈论。这符合经典格式塔心理学对零碎的定义（Koffka，1931，1935；Köhler，1938，1947，1969；Wertheimer，1938，1945）。第二种类型的治疗实践不一定过分强调技术，但没有明确认识到持续性、长期、渐进式治疗的重要性。皮尔斯关于个体治疗已经过时的声明就是一个这样的例子。

谨慎的做法是承认并认真对待这样一个事实，即在特定情况下，不定期的治疗相遇和在具体层面上的谈话是格式塔治疗的相当负责任的、良好的专业实践。当这样的实践是有觉察和选择的时候，我没有异议。当实践是由于个性的刻板、培训的不足、没有其他能力、没有区别对待、没有告知参与者更全面的情况时，我看到了很大的困难。带着觉察，治疗师可以用具体的术语例如"微型讲座"说话，并以强调工作坊的方式练习一种风格，同时仍然非常清楚这种取向的局限性、可供选择的格式塔治疗模式和可以获得的资源，并且很清楚这只是格式塔治疗的一种方式，而不是其本质。

区分这两种截然不同的治疗取向对格式塔治疗的各个方面都是非常有用的。不幸的是，在否定西海岸"学派"时，拉特纳否定了经验丰富的治疗师/培训师，他们拥有无可挑剔的资历和他们自己的格式塔治疗风格。他混淆并把他们与几乎未经训练的人融合，后者缺乏临床背景和充分的格式塔治疗培训，其表现也证明他们没有整体概念化的才能。例如，驳斥皮尔斯，将其等同于拉特纳的学生，这些学生既不知道也不想知道融合是什么，这么做是有争议的。

在"口号和技术"模式下运作意味着最少的概念化。在这种模式下，人们重复口号，通过技术实践，而不关心整合进整体。这类人经常谈论"格式塔治疗技术"。许多被称为西海岸格式塔治疗或新格式塔治疗的做法被正确地归入此类。

对我来说，很难想象以这种模式从事实践或教学的人也是有能力的。他们不理解格式塔治疗理论的整体性，也不理解格式塔理论中整体性的重要性。他们谈论技术——这是格式塔治疗最不重要的方面。我的经验是，他们往往甚至不知道一个完整的理论是什么，从来没有做过必要的抽象工作将理论作为一个有区别的整体来理解。有时，这些人对格式塔治疗提出批评，如果他们理解理论的完整性，就不会提出这些批评。许多"格式塔和"的陈述都属于这一类（L. Perls，1973，1976，1978，以及 in Wysong and Rosenfeld，1982）。

尽管我在全世界都看到和听到过，但我从未听过我的任何一个导师认为这是一种很好的格式塔治疗。相反，尽管皮尔斯可能在晚年无意中培养了这种取向，但他和吉姆·西姆金原则上都反对过于简单化、快速培训和快速治疗（F. Perls，1969）。

许多胜任工作的格式塔治疗师和培训师进行零碎的概念化。许多人不知道零碎的理论化和整合的理论化之间的区别。有些人处理一般问题，但不知道他们是零碎地做的，也不知道他们很少具有综合思维。其中一些胜任实践但理论化零零碎碎的人通常理解格式塔治疗的一般理论（可能是在不太清晰或直觉的基础上），但只谈论具体的概念或过于简单化的概括。在体验工作坊上提出的理论的微型说唱取向（mini-rap approach）通常代替更一般的理论讨论。那些举办工作坊的人在议程上有一定的权力，当然，在这种情况下，培训师可以使一般理论的重要性为人所知，并明确特定的工作坊的局限性。

然而，很明显，在理论论述和对理论的态度上有一个弱点，有许多人是优秀的格式塔治疗师和培训师，但他们只是零碎地教授和讨论理论。在这种模式中，有一些具体层面的概念化，可能包括一些抽象的理论化，但理论化并不把各个部分联系到整体。从其他语境（例如，科胡特式心理分析）中提取的思想不在其原来的整体语境中被考虑，而在格式塔治疗中使用这个概念时被考虑了。格式塔理论的各个方面并没有以相互一致性的方式被考虑。我不是在讨论某人是否是一个零碎的概念化者，而是对零碎的概念化与整体的概念化感兴趣。

解决一般问题的零碎理论，要么大致具有牛顿意义，要么具有场理论的意义（主要是前者），尽管并不一致（从定义上看是这样的，因为它是零碎的）。尽管零碎的取向似乎更符合机械论取向，但人们确实听到了许多全面的、零碎的、模糊的场理论的陈述，这些陈述与零碎的、分裂的牛顿式陈述不相上下。在下一节中，我将讨论格式塔取向与普遍互动论之间的混淆；许多场理论导向的零碎概念化混淆了两者（把世界说成一个大格式塔）。

我认为，无论是"口号和技术"取向，还是"具体和不定期"的取向都有些问题。然而，它们不是同一个问题。前者是一个可能被称为庸医的问题。后者是高于庸医水平的人的质量和胜任的问题。

后经典模式：新牛顿、普遍互动论与格式塔心理学

拉特纳将牛顿力学和场理论的思想体系一分为二；在我看

来，他把牛顿和后牛顿的心理学思想划分得过于绝对，在可区分的后牛顿和东方系统之间形成了一种融合。此外，他未能区分我们在格式塔治疗中研究的人类系统和在物理学中研究的物理系统。物理学中的一些后经典场理论态度与格式塔心理学是不一致的。虽然在格式塔治疗中，我们不必完全同意格式塔心理学，但我认为学术诚实要求我们清楚地表达这一点。

A. 背景

格式塔场理论是20世纪对经典的牛顿世界观的几种自主反应之一[①]。心理分析建立在牛顿世界观的基础上，而格式塔场理论是格式塔治疗的基石。

尽管拉特纳把场理论当作一种场和场理论来讨论，但有各种场和场理论，包括法拉第（Faraday）、麦克斯韦（Maxwell）和马赫（Mach）的物理力场，度量/几何场（爱因斯坦），统计/概

---

① 心理学包括机能主义（functionalism）、现象学、存在主义、人本主义心理学等。格式塔心理学中的场取向要归功于物理学中的场理论，但在早期的格式塔学者认识到物理学中的类似工作之前就已经自发地开始了。科勒说：

因此，很明显，早期的格式塔心理学家相信他们的观察结果并没有错，这些观察结果在其他心理学家看来如此神秘。现在格式塔心理学家发现，这个过程使他们成为最先进的自然科学家——物理学家的邻居。

但这并不是全部。几年后，我发现一些著名的物理学家在更广泛的意义上同意格式塔心理学家们的科学过程……

我希望，我的引文已经清楚地表明，早期格式塔心理学家（当时还不知道伟大的科学家们的这些非凡陈述）几乎没有以一种奇妙的方式进行，而是在一个完全符合自然科学趋势的方向上天天地工作。（Köhler，1969，pp. 59–62）（强调为我所加。）

另外，还有一个有趣的讨论是有关爱因斯坦在韦特海默（Wertheimer，1945）理论发展过程中的思维过程的，这是基于1916年的延伸接触。（韦特海默创立格式塔心理学的基础研究和出版物在时间上是从1910年至1912年。）

率场（量子理论），以及环境/行为的场和现象的场（格式塔理论）。在这个背景部分之后的一节中，我打算区分两种特别与格式塔治疗相关的场理论、格式塔场理论和普遍互动论[①]。

在所有的场理论中都有共性，例如，空间、事件和事物只被视为它们从中获得定义和意义的场的一部分。不是人生来就有一个不同的后来与环境互动的本质，而是个人和环境是一个整体，外部和个人的方面都是从中区分出来的。

在场理论分析中，场的概念取代了离散材料点（牛顿物理学）和二分法范畴（亚里士多德分类法）（Lewin，1935）成为研究单位。一切都被认为是多重相互关联力矩阵的组成部分，而不是由单一的线性原因引起的。在这个观点中，关系是内在的（勒温的关联性原则），人们从整体而不是部分开始。祖卡夫（Zukav）认为这是物理学的新发现（Zukav，pp. 308-309），尽管它一直是格式塔心理学方法的精髓。

在爱因斯坦的相对论场理论中，宇宙是有序和可以理解的。时间和空间总是被视为相对于观察者的框架，并且彼此不可分割。他发现质量（结构）和能量（过程或功能）是等价的，而不是由"不同的物质"组成。

自伽利略以来，物理学一直在寻求贯穿于各种情境的动态解释（基因型规律），而不是观察表面的相关性（Lewin，p. 11）。这更多的是一种建设性的活动，越来越少地基于简单的感官（表型）观察（Lewin，1935，p. 13；Einstein，1950）。

[①] 关于物理学场理论的背景，我推荐：Bentov，1977；Capra，1975；*Capra*，1976；Davies，1983；Einstein，1950；Einstein，1961；Keutzer，1984；King，1976；*Sachs*，1973；Wolf，1981；*Zukav*，1979（特别参见斜体字的文献）。

严格并完全合乎规律性的、不排除任何数据的态度，促进了爱因斯坦对牛顿物理学的修正和格式塔心理学对许多实验心理学的批评。在格式塔心理学中，基于"视觉幻象"等理由的概括的例外情况被认为是不可接受的：一个完整的功能分析必须解释所有的数据，而不仅仅是统计基础。

这种对精确功能理解的需求，再加上考虑光速的需要，以及相对化时间/空间的新概念，也意味着在没有特定介入介质的距离上的因果关系（作用）的概念不再被接受（Sachs，p. 69）。这也是格式塔心理学场理论的一部分。[①]

拉特纳对场理论的许多讨论受到量子理论的影响。量子场理论起源于对超小型快速运动的原子和亚原子粒子的研究，这些粒子根本看不见或无法确定其位置。人们只能说明找到它们的可能性。在这个亚原子区域，存在一种固有的不确定性：人对粒子的测量不能同时达到位置和动量的任意精度水平。[②] 原则上，一个人对一个测量的知识越精确，那么对另一个测量的知识就越不确定（J. King，1976）。因此，量子场理论涉及的场是发现某一事件的统计概率波。这不仅仅是解释观察者的位置，还是陈述观察不可避免地干扰被观察者。此外，量子理论通常被解释为证明除非是通过观察者的概念化和测量，否则被观察者甚至不存在。这就对经典物理学和相对论中宇宙是有序的和可以理解的这一基本信念提出了质疑（Sachs，p. 110）

此外，量子理论家认为被研究对象的性质取决于观察者，而

[①] 然而，格式塔心理学中的同时性概念不必考虑光的速度和由此产生的构成"现在"的复杂情况。

[②] 值得注意的是，这种不确定性与测量中的任意精度水平有关，这种精度水平比我们在心理学中所接近的任何东西都要精确。

不是其自身的性质。例如，人们认为物理事件以波（能量）或粒子（质量）的形式出现，但不是两者都有。每个人的数学都不一样，而且计算得很好。但是已经发现，根据实验者的操作，同样的亚原子粒子有时表现得像波，有时表现得像粒子（波粒二象性）。

这都是什么意思？在数学和实验层面上都很清晰。其哲学含义既不明确，也不固定。评论家们似乎同意理论物理学的现状正在孕育着变化（Sachs，1973；Zukav，1979）。有外在的现实吗？宇宙是"内在随机的"（Heisenberg），而粒子是内在不精确的（出生）（Sachs，p. 84）。宇宙是可以理解的吗？

有人说宇宙本身是不精确的（Sachs，p. 84）。对量子理论最为人所接受的阐释（哥本哈根阐释）认为"对现实的完全理解超出了理性思维的能力"（Zukav，p. 38）。爱因斯坦在死前一直反对这两种观点，坚持认为宇宙是有序的，并且最终是可以理解的。有人认为，在亚原子研究中，人类意识是一个"隐藏变量"，隐藏在变幻莫测的实验结果背后。

在量子物理学中发现的不是固体粒子构成块，而是相互连接（Capra，1975，p. 68）。"粒子"被发现了，但不是孤立的粒子——它们在相互连接的活动之外没有意义。在亚原子物理学中，人们不能把一种现象的存在从它的活动中分离出来（Capra，1976）。

如果一切都是过程、能量、相互联系和流动，这是否意味着真的没有结构或稳定性？（见相关讨论：Keutzer，1984；Sachs，1973）。显然，现代物理学从根本上改变了我们对事物属性、语言和结构的看法，但所有的结构和事物属性都是幻觉吗？

事实上，物理学家似乎一致认为，正是结构的存在创造了运动；没有阻抗就没有生命（J. King，1976）。但是这个结构是一个相互连接的网络，它的定义仅仅是根据实验人员在实验操作和测量中发现它的概率。

如何处理明显的二元性,即物理世界可被显示为事物(粒子)和过程(波)?波尔(Bohr)引入了互补性(*complementarity*)的概念:当两个实验对同一现象给出不同的观点时,两者都是全面理解所必需的,不能相互简化。例如,一个事物本身不能仅仅用波(连续性)或粒子(可分辨的事物)理论来充分地阐释。这种互补性可以与还原论的阐释形成对比。

互补性原则,我认为与格式塔治疗理论(《自我、饥饿与攻击》)中所讨论的场的极性分化相一致,这一原则将一个现象的物体(物性)或质量方面视为空间方面(时间方面除外),将过程或能量观点视为时间方面(空间方面除外)。还原论者的观点会失去这些重要观点中的一个或另一个。我认为拉特纳的分析就这样变成了还原论。

显然,现代物理学并非一成不变的。有些人,如爱因斯坦,坚持认为自然是完整的,有序的,我们所描述的一切都是普遍规律的表现(Sachs,p. 87)。同时,哥本哈根对量子理论的阐释认为,自然界的基本特征只是人们看待它们的方式的结果(Sachs,p. 88)。有些人坚持后一种物理学阐释,但在讨论精神意义时,也提到了从远东神秘主义那里借来的宇宙普遍规律。

显而易见的是,实验证据和数学形式并不能决定物理学家的形而上学导向。萨克斯(Sachs)引用了一个争议来说明这一点。薛定谔([Schroedinger]他的连续场的取向与爱因斯坦类似)和海森堡([Heisenberg]他的代数方法是相反的)发现他们的计算一步一步是相同的。然而,他们都不喜欢对方的取向和哲学,而且两人都没有改变(Sachs,pp. 92-93)。

互补性意味着没有一个概念能够准确而全面地代表任何事物

或过程的所有方面（J. King，1976），没有一种语言在所有的语境中都是有效的。日常宏观世界的机械语言不适用于亚原子世界（Capra，1975，p. 159）。尽管乍看上去，这可能指出我们普通语言的不足，但请注意，即使是亚原子物理学家在实验工作中也使用经典的机械语言。因为事实上，纯过程，即亚原子物理学的无物语言在宏观世界中都不起作用（Capra，1975，pp. 132 - 133）。

  量子理论进一步认为，大型测量仪器必须遵守的物理定律是经典物理学定律，而微观观测物质必须遵守的物理定律是量子物理定律。（Sachs，p. 89）

  在心理学中，我们非常需要两种语言。即使在场取向中，我们的大部分语言也必须保持机械性和宏观性。①

  物理学中出现的一些基本观点是一致的：时空相对论，质量和能量的等价性，现象（粒子或波）只有在相互联系的场中才有意义（孤立的粒子没有意义），事件的结构和功能（活动）不能被有意义地分离，观察者是一个必须考虑的参与者，属性和标签是人为的抽象，世界本质上是动态的，而不是静态的。

  然而，即使在数学层面上，对于统一的场理论也没有一致的看法，只是口头上的类似分歧少了。量子力学或相对论在认识论或形而上学上都没有共识，更不用说统一的物理学理论了（Capra，1975，p. 132）。现代物理学中的两个主要理论保留了它们的公理基础。相对论中的场理论是确定性的，它的基本存在是

---

① 在宏观世界里，无物语言过于复杂，无法用于临床，例如，许多现象学研究报告。物理学家们没有这个问题，因为他们的基本工作是用数学语言完成的，而口头语言是次要的。

连续的场,它是非线性的。量子理论中的场理论是不确定性,它的基本存在是离散性(虽然不是牛顿意义上的)和线性叠加(Sachs, p. 105)。①

还有最后一点。物理学正处于一种快速变化的状态,不断地努力调和实验突破的预测与融合不同流派和解释的新理论之间的冲突。② 爱因斯坦警告说,他想要的那种场的解释可能是不可能的。他承认许多物理学家认为并非如此,并且量子型的场理论是最好的可能。他不同意这样的结论:

> 我认为,这种意义深远的理论上的放弃,目前还不能用我们的实际知识来证明,我们应该追求相对论场理论的道路到底,不能停止。(Einstein, 1961, p. 157)。

鉴于这一切,我相信我们都有必要对从物理学中引入理论持谨慎的态度。

卡普拉讨论了这样一个事实:我们没有直接体验四维时空。然而,他指出,物理学家现在看到的动态宇宙与东方神秘主义者(道教、印度教、佛教)的宇宙"相似",东方神秘主义者的认识论可以容纳现代物理学的发现(Bentov, 1977; Capra, 1975, pp. 17, 81; Capra, 1976; Zukav, 1979)。

---

① 建立一个以场理论解释相对论和量子力学的努力仍在继续,并且对于研究接近光速的粒子是必不可少的。显然,量子理论和相对论的现状是不稳定的 (Sachs, pp. 111-112; Zukav, 1979)。这特别是因为非相对论量子理论仅被认为是相对论量子理论的近似形式,就像牛顿物理学是相对论物理学的近似形式一样 (Sachs, p. 94)。
② 最近有迹象表明,信息以比光速更快的速度传递可能会"在一定距离"产生影响,这一点得到了支持 (Zukav, 1979)。

第十二篇　格式塔治疗的思维模式

拉特纳更进一步说："现代物理学的观点与佛教、道教和印度教思想的轮廓是相同的"（Latner，1983，p. 76）。这似乎不仅假定现代物理学与这些东方哲学大略是一致的，而且假定各种现代物理学理论大略是一致的，各种东方哲学也是相同的。

虽然两种现代物理学理论都同意超越牛顿力学体系，但相对论和量子力学之间有着显著的区别。它们研究不同的现象，并且它们的不同数学公式产生不同的预测。在东方哲学和物理学之间，方法是有区别的（Capra，1976）。基于形而上学立场的哲学宗教体系与以实证研究和数学计算为主的科学体系之间存在着差异。在我看来，所有这些理论之间的相似性是惊人和迷人的，但它们并不相同。东方哲学不一样，物理理论也不一样，两组理论也不一样（Zukav，1979）。我希望这些想法得到区别，而不是融合。

虽然卡普拉显然被这些相似之处迷住了，但他说："我并不是说这些维度和我们在物理学中处理的维度完全相同。然而，令人吃惊的是，它使神秘主义者产生了与我们在相对论中的概念非常相似的关于空间和时间的概念。"（Capra，1976）卡普拉利用互补性的概念来阐明，对他来说，"抽象的科学世界"和神秘主义世界不能相互减少或统一（Capra，1976）。

格式塔治疗的核心不是物理学或形而上学，而是现象学的临床工作。我们基于现象学场的现象学探索而努力洞察存在情境的结构，不仅包括物理连接（如在物理学中），而且本质上包括每个事件对每个人的心理意义。①

---

① 勒温提到了解释"实现能量"和本质（基因型）动力学的重要性（Lewin，1935）。

从物理学的角度来考虑模型在智力上是很有启发性的，也是很有用的，只要我们不把它们过于简单化或内摄它们，并且不把自己局限于这些模型。有几个场理论和对每一个意义的多重解释。改变的可能性目前很大。很明显，至少不只一个牛顿的和一个场理论的模型需要处理。

B. 格式塔治疗中的后牛顿理论

1. 中心原则

爱因斯坦认为，物理学中的场理论增加了我们所研究的东西和我们能感觉到的东西之间的距离，也就是说，我们看不到物理学中的场取向所研究的很多东西。在物理学中，这个问题是通过仪器、思维、数学和实验来解决的。在格式塔治疗中，很少有系统、详细、有控制的经验主义调查，数学的使用、测量，或通过仪器进行的观察的延伸。我们也不做非常严谨和系统的逻辑哲学分析。我们如何处理我们无法用自己的感官直接观察到的东西？

我们用现象学的哲学和方法论来研究人类系统，所研究的系统可以报告其内部经验。我们将此与现象学实验和外部观察结合起来，以发现我们需要知道的东西。这使得我们的存在主义现象学在格式塔治疗的理论建构中至关重要。

我想起了萨特对存在主义的总结：存在先于本质。在我看来，当我们不断地以我们所体验的存在为中心并根据此体验判断我们本质的理论的时候，我们在格式塔治疗中做得最好。运用直接体验和悬搁形而上学偏见的现象学方法与这一存在主义焦点相结合。我希望我们对物理学不要过于着迷，对东方的神秘主义不要过于接受，以致我们受到引诱而在直接的现象学体验中失去中心，却倾向于形而上学的推测。

2.三种选择（简而言之）

下面我将讨论格式塔治疗理论化的三个备选重点：线性的（新牛顿）、非线性的（普遍互动论）和整合的（格式塔心理学）。线性理论化和非线性理论化是二分法和还原论，因为每一种理论都把整个极性减少到一半；整合的理论化把两者结合起来。

线性理论化强调所谓的"左脑"，它显示了经典的、牛顿的、机械的、类物思考的重要残余。拉特纳称之为"克利夫兰学派"的系统论标识适用于此。

我区分了非线性思维，如东方神秘主义的"右脑"思维和格式塔心理学的整合思维。写这一部分主要是为了澄清这一区别，我认为格式塔治疗文献中没有充分澄清。

约瑟夫·辛克为我们提供了一个整合态度的具体例子，他指出，具有创造性的治疗师能够整合两种意识模式，例如，"命名事物"和"体验空间意象"，也"是理智的"和"关注直觉"的（Zinker，1977，pp. 59-60）。

3.格式塔治疗中的线性理论化

拉特纳在他的文章中明确指出，在格式塔治疗中，退出牛顿式思维的原子论的、机械论的语言与态度，这种转变是不完整的。尽管他专注于克利夫兰学院使用的系统理论，但显然牛顿式碎片并不局限于系统方法，当然也不局限于克利夫兰。还应该注意的是，并非所有的系统方法都是牛顿式的或机械论的。但在格式塔治疗实践中有大量的评论显示了机械论的影响，例如，"用你的眼睛！"是把行动者（"我"）和眼睛二分，这是牛顿式的，与格式塔心理学的知觉观不一致，因为它把知觉看作外周感觉器官的活动，而不是同时涉及中枢神经系统。

机械语言仍然被广泛使用，因为过程语言有语言上的困难，而普通的、牛顿式的、机械论的概念很好用，它"令人满意地近似于说事物是由组成部分组成"（Capra，1975，p. 81）。此外，我们研究的系统不同于经典或后经典物理学。一个例子：在心理学中，我们不需要考虑光速，因此也不需要现代物理学中那种复杂的同时性（"此时"）模型（尽管我们的"此时"模型也不同于牛顿的绝对线性概念）。

在现代物理学意义上，考虑到主题的参数和观察对许多正在研究的事件的干扰程度，未经机械处理的观察是不充分的。在牛顿物理学中，人们假定人们可以在不影响所研究的系统的情况下进行观察。在格式塔治疗中，我们不做牛顿式假设，因为我们知道自己是参与者，而不是客观的观察者，但我们确实假定，没有测量和数学计算的观察可以带来洞察。观察者的观察与病人的觉察报告相结合。我们需要进化到一个新的模型，而不是采用物理学中的经典或后经典模型。任何仅从物理模型的角度对格式塔思维进行的分析都可能会出现不足。

线性格式塔治疗的理论化从那些在语言和态度上非常机械的人，到那些有着大量场理论精神却以普通语言写作，带有机械论、牛顿主义的污点的人，各不相同。那些以"自体"为"核心"的人重新创造了创造人工结构的内在类人侏儒（homunculus），分裂人，帮助人们逃避责任（通过将责任投射到类人侏儒身上）。（参见 Yontef，1983；关于我和斯蒂芬·托宾之间的争论，参见《格式塔期刊》，1983 年春季号。）另一方面，我从未在波尔斯特夫妇的著作中发现这样的扭曲，尽管我确实发现了拉特纳提到的非过程语言问题。

不幸的是，拉特纳把这些都归在一起，如果有牛顿语言的证据，他就把这个理论称为完全牛顿式的。他仔细地描绘了一些小而重要的细节，却肆意地跳到了过度概括的地步。尽管在一个追求整体性的理论中指出经典理论的残余是有用的，但这种尖锐的二分法和松散的过度概括是不成熟且武断的。这种非此即彼的心态在精神上是机械的，在某种程度上与他的分析并不完全一致。

波尔斯特夫妇显示了牛顿语言的残余，但把他们的作品称为仅仅是牛顿式的，这是误导性说法。他们肯定比精神分析更注重场——精神分析的中心态度是线性因果关系——对时间和空间的绝对处理，假定他们所研究的现象是"就在那里"（out there），可以在不影响研究对象的情况下进行客观研究，他们通过"加和"过程分析和综合的态度（Wertheimer，1938，pp. 12-16；1945），使用静态的、具体化的、类人侏儒型的概念等。

科夫卡说，我们必须按照事实要求行事（Koffka，1935，p. 9）。我认为，在波尔斯特夫妇书中所描述的对整个人的描述都是事实所要求的，并没有在过程语言中得到充分的解释。我将在下面讨论我的观点，即这样做将比像拉特纳那样将人本主义方法和场理论方法二分更有用。场理论必须解释这些现象的完整性，如果与过程思维相结合，人本主义关怀就能得到更好的服务。

4. 区分普遍互动论与格式塔心理学

在讨论东方神秘主义者的观点时，卡普拉说，他们"意识到所有事物和事件的统一和相互关联，意识到世界上所有现象的经验都表现出一种基本的一体性"（Capra，1975，p. 130）。这也很符合爱因斯坦的场取向观点。

拉特纳在场理论模型中用"流畅的"宇宙（Latner，1983，p. 87）和"波动场"（p. 75）等术语来描述宇宙。他的抒情描写传递一种感觉，但不清楚这些概念究竟指的是什么。拉特纳的未分化的场好像是一个均匀的场。在均匀连续能量场中，实体（包括结构和概念）被视为抽象的人工产物。此外，在这种思维模式中，有一种倾向，即把世界看作一个大格式塔。

拉特纳在其著作（Latner，1973）中指出：

> 增长包括能够形成越来越复杂的格式塔……
>
> 形成格式塔就是形成整体……
>
> 就我们而言，这个方向是朝向最后一个格式塔。我们的动量（momentum）是朝着包含越来越多有机体/环境场的潜能的整体发展。在这个过程的更高级阶段，我们拥抱我们自己和宇宙。这个格式塔是：我和宇宙是一体的。所有的我和我周围无限的活动与能量，人和事，所有这些都在一起是一个图形。没有什么被排除。
>
> 坐在这里，这本书与我有关，我与我的椅子有关，我的椅子与地板有关，地板与房子有关，然后连续不断地，与所有的人有关，与世界上所有的物体有关——与天空、星星，以及其他一切有关。最后一个格式塔开始认识到我们与其他事物互动的广度。当我们阅读时，我们移动我们的眼睛，并且整个相互连接的宇宙也在移动。最后一个格式塔是从内心、身

体、思想和灵魂去理解这个，直到我们存在的深度，什么都不遗漏。(Latner，1973，pp. 193-195)［强调为我所加。］

格式塔心理学家明确地讨论了这种普遍互动论的非线性观点，并提出了强烈的反对意见（下文讨论）。线性理论没有考虑到自然的一体性，而非线性理论没有考虑到自然的、线性的、有区别的方面。两者都失去了基本互补性的一部分，迫使我们在一个没有边界的场或一个二分的场之间做出选择。

这是心理学的老问题。威廉·詹姆斯是早期有影响的反对元素论（elementarism）的心理学思想家之一。詹姆斯认为意识是一条连续的河流。他不仅强调连续性是首要的，而且认为所有的区别都是次要的。"'事物'为了部分的和实际的目的，从经验的流动中解脱出来，而经验的流动最初是'一个巨大的、繁盛的、嘈杂的混乱'……用……这些解释，格式塔心理学坚决不同意。"(Heidbreder，1933，p. 337)

我们如何说明物体属性、结构、存在离散粒子、不连续性的现象学经验？在经典物理学中，这并不构成问题。皮尔斯、赫弗莱恩和古德曼对这两种阐释给予了一些支持。(1)事物和结构是抽象的创造，因此是对心智的人为强加。我想这是拉特纳同意的阐释。这是一种理想主义的观点，在这种观点中，对事物属性和自体的直接体验没有被赋予首要地位。(2)从整合观点来看，过程和结构方面都被认为是自然的。当然，标签和个人意义是人为的，但是场是有区别的。这就是互补观和格式塔心理学。

让我们来看看拉特纳的陈述："客观现实存在的假设与场理论是不同步的，它……肯定什么是真实的取决于人的观点——更正式地说，取决于观察者的立场。"(Latner，1983，p. 77)如果客观世界因为他拒绝绝对论和主客体分裂而被拒绝，我就没有争议。如果客观世界遭到拉特纳质疑，是因为这个世界是主观的，并且个人不仅创造了事物的概念和名称，而且创造了事物本身，那么我强烈反对。

正式术语"观察者的位置"是准确的，因为现在很清楚，为了精确的测量，必须规定这一点。在哲学层面上，问题是一个人是否主张除了主观创造的世界之外没有其他世界，因此没有客观世界，一个二分法的观点，或主张现象学的立场，即有一个世界在那里，但我们的认识是我们与世界关系的一部分，因此我们所认识的世界总是部分由我们决定。①

存在主义现象学的视角假定极性——人总是意图朝向他者性（思维极 [noetic pole]）。② 觉察是对某种东西觉察——除了人之外还有一个世界。知道是自体和他者的连接，是主客观的结合。这种存在主义现象学的观点拒绝了这个主观或客观的二分化的概念。拒绝客观世界是一种分裂或还原论，正如牛顿的客观性一样。

尽管柯日布斯基的"地图不是领土"的说法无疑是正确的，但是命名和标记对人类功能至关重要，而不是一件手工艺品（J. King，1976）。在这个命名中，我们同时创造了这个概念的对立面，从而参与了场的两极分化。拉特纳给我们的选择只有牛顿二分法的场或原始的未分化的场。格式塔心理学取向是第三种选择——分化的场。要么我们忽略或减少现象，要么我们承认两极的自然存在，并创造可用的、不过于简单化的概念。

自体、个性和边界等概念取决于如何处理这一问题。在线性

---

① 这类似于波尔互补性的相互作用方面。
② 一个非常易读的意向性的描述可以参阅 Ihde，1977。

的观点中，自体不仅被接受为一个现象学的现实，而且被描述为一个物，一个类人侏儒。它是从场中抽象出来的——"在场中"而不是"属于场"。在非线性的观点中，自体是没有结构、规律或时间连续性的过程。从后一种观点来看，目前只有有机体/环境场的互动是真实的，这意味着唯一的规律性是性格（只被视为神经质、僵化和不自然的）。这是"属于场的"，但没有认识到从场中自然出现的实体和人。

边界的概念涉及同样的问题。我们是把边界当作物，当作流动的东西，还是当作过程和结构？因为电子被证明不是一个由没有力的质量组成的离散的粒子构建块，这并不意味着电子只作为抽象概念存在，或者等同于所有其他亚原子粒子。它的名称和属性是抽象的，但它的存在不是。这在宏观层面上更为清晰，我们可以直接体验到人、自体等的存在。

虽然我不同意托宾的大部分分析和解决方案，但我认为他正确地指出：如果场的观点被解释为排除一个整体的、持续存在的自体，它就与我们的现象学体验相矛盾，因此与我们的现象学取向不一致（Tobin，1982；Yontef，1983）。在整合的观点中，自体指的是整个人，这包括有机体的规律性或重复。属于场但有区别。有没有非神经质的性格？不存在以下类型的重复吗？这些重复的基础不是类物结构，也不是反复地尝试坚持一个心理（自体概念）的图像，而是承认我是谁，因为我反复而自然地体验我自己？

很明显皮尔斯等人与格式塔心理学家一致，他们反对牛顿取向，即把个体从环境中抽象出来，然后通过加法重新组合它们（Latner，1983，p. 78）。但是，声明人"只有在回到场的互动时才有意义"，这意味着什么呢？（Latner，1983，p. 78）这当然意味着人只有作为"场的"一部分存在才有意义。人与环境之间的脉动接触边界是"属于场的"。这与存在对话的信念一致，除了"我-你"或"我-它"，没有"我"，也就是说，除了人际关系的场之外，没有"我"。

但是每个人都有个人的有界性（boundedness）是什么意思呢？这里拉特纳进行了二分（Latner，1983，p. 80）。波尔斯特夫妇通过承认人——尽管是有机体/环境场的一部分——在现象学上感觉到一种自体概念和有界性来阐述。这种自体有界性的觉察也构成了一个场——一个现象学的场。人与人之间既有接触边界，也有每个人体验的我-边界。波尔斯特夫妇处理这个问题，而拉特纳从场理论中排除了它（Latner，1983，p. 80）。"这种模棱两可的现象标志着一种微妙的转变，从表面上看来是一种整体取向转变为一种系统取向，因为波尔斯特夫妇现在正在描述定义好的实体，这些实体在它们的边界相遇，进行接触——就像台球那样。"（Latner，1983，p. 80）

拉特纳接着说："皮尔斯等人说，我们可以把我们自己看作一个整体：我们可以完成把我们自己的体验抽象成我们认为我们是谁的想法的壮举。我们也可以把自己想象成在空位的台球"（Latner，1983，p. 81）。把自己看作一个整体的现实并不一定意味着我们不在体验"属于场"的自体，也不意味着我们正在进行拉特纳的台球思维。

拉特纳说，"对边界的坚持意味着对健康融合的恐惧"（Latner，1983，p. 87）。坚持分离确实可以避免健康的融合，但请注意：坚持没有个人边界可以避免健康的后撤。健康觉察包括自体（整个人）与环境之间的边界过程的分离和连接功能。

波尔斯特夫妇阐述的自体概念是一个存在的现象，也是一个

第十二篇　格式塔治疗的思维模式

场的一部分。对"观看镜子自体"的社会心理学研究表明,自体概念在很大程度上可能是"属于场"的产物。当皮尔斯、赫弗莱恩和古德曼说,在健康方面,很少有人格时,他们是在表达对旧形象的依恋过程,而不是当前场的现实。这与波尔斯特夫妇强调扩大我-边界的重要性是完全一致的。这种观点不是牛顿式的,但宏观世界使用牛顿的语言。皮尔斯、赫弗莱恩和古德曼的立场反对依恋一个想法而不是反对想法本身。我认为这不是反对个人整体性觉察的立场。

拉特纳进行二分,因此我们必须在处理个人有界性和作为真实现象或无客体场自体概念之间做出选择。我认为这是拉特纳把牛顿的和后牛顿的态度一分为二,并把后牛顿的态度过分简单化的一个例子。他用语言细节来支持过度概括。

在拉特纳讨论人格的过程中,他也倾向于将自体/环境的每一时刻都视为没有自然规律的离散存在(例如,Latner,1983,p.81),从而像牛顿理论者处理空间那样处理时间方面。这种阐释承认人与环境的空间统一,但不承认时间方面的统一。孤立的时刻并不比孤立的粒子更有意义。一种对皮尔斯、赫弗莱恩和古德曼的"此时"的阐释(不是我同意的阐释)实际上把此时当作一个孤立的时刻,把生活(和治疗)当作一个情节。许多人已经明确表示,此时作为一个孤立的时刻,并不是格式塔治疗通常意义上的此时(L. Perls,1973,1978)。

在社会/政治领域与格式塔治疗中有一个类似的问题。拉特纳在他的书[①]中提到社会结构限制了自由的功能运作,并以赞美

---

① 这篇论文不是对他 1973 年著作的评论。显然,(Latner 1973 与 Latner 1983 并不完全相同。然而,在这里讨论的主题上,我确实发现了早期工作和后期工作之间的某种一致性。

的方式讨论了无政府主义（Latner，1973，pp. 62-63，107）。他没有讨论相反的极：这个限制对自由的功能运作至关重要。尽管他没有这么明确地说，但他给人的印象是，社会/政治结构是不自然的，没有它我们会更好。这种对威权主义的过度反应并没有将人为的、武断的、反复无常的治理结构与必要的、理性的、社会组织的治理结构区分开来。它不承认结构过少的负面影响和自然总是涉及结构的格式塔心理学思想。

拉特纳在他的书中指出，"社会规范和事件不在治疗中处理，因为它们不可用于治疗改变的过程。自然过程也不能改变"（Latner，1973，p. 131）。在这里，他建立了一个比场理论更为牛顿化的二分法。他将社会规范与治疗分离开来，然而不管我们是否觉察到，我们确实在治疗中处理社会规范，并帮助改变这些规范（不一定是朝着建设性的方向）。更重要的是，拉特纳将自然过程与非自然过程区分对立。生物反馈表明，带着觉察，许多自然过程可以被控制和改变。

在牛顿的和亚里士多德的二分法的极端而未分化的整体之间是具有统一两极的分化的场。虽然绝对的流动、变化、没有结构限制听起来像自由，但它更等同于不存在。生命和行动来自不均匀的场（Koffka，1935，p. 43）；从阻抗中获得生命，没有阻抗就没有能量（J. King，1976）。个体事物确实作为场的一个部分而存在，尽管这种特殊性发生在一个包容的整体的背景下（Capra，1975，p. 145；爱因斯坦阐述了同样的观点）。

5. 格式塔心理学：整合的理论化

科勒对这些问题做了简要的总结：

总结。一种观点认为，自然是由独立的元素组成的，这些元素的纯粹相加的总和构成了现实。另一观点则认为，自然界中没有这样的元素，所有的状态和过程在一个巨大的宇宙整体中都是真实的，因此所有的部分都只是抽象的产物。第一个命题是完全错误的；第二个命题阻碍而不是有助于对格式塔原理的理解。……然而，普遍互动的假设并没有在这一点上帮助我们，相反，它给出了一幅完全误导我们的自然图景。

如果自然科学从来没有对普遍互动论的学说有过极大的关注，那么哲学，没有受到物理现象的具体例子的束缚，遭受了更多的痛苦。该学说似乎完全接受格式塔原则；事实上，它只会破坏这一原则。

……结果是强调重点的混乱误导，最终导致一个与格式塔原理截然相反的立场。重要的一点被忽略了，即：自体封闭的、有限延展的格式塔的存在及其可科学地确定的自然规律……

……格式塔原理与其自身的经验对象相协调，涉及有限的应用，并因此带来直接的结果（Köhler，1938，pp. 30 - 31）。

科勒讨论了能量的动态分布，其中没有一个部分是自给自足的，并且局部的能量流动依赖于整体的过程。

如果一个类似的概念要应用于构成感官体验基础的过程，我们就必须避免一个错误。威廉·詹姆斯在他反对心理原子论的抗议中曾经说过，在感官领域，局部的经验是以一种超越纯智性理论理解的方式与邻近的感官交织在一起的。

他还认为，最初的感官体验是一致连续的，出于实用的原因，所有的切割和边界后来都被引入了场理论。

从格式塔心理学的角度来看，这样的说法与事实不符。尽管整个场存在着普遍的动态相互依存关系，但其中存在边界，在边界上，动态因素朝着隔离而不是一致连续性运行（Köhler，1947，p. 80）。

谈到佛教或现代物理学与格式塔治疗的相似之处，往往要么采用詹姆斯的观点，要么至少无法将其与格式塔观点区分开来。相对论和量子场理论是数学上的，不存在这个问题。当数学模型被转换成文字并且其哲学意义被评估时，问题就出现了。在这种探究模式中，有些解释与詹姆斯类似，即世界是一个大格式塔，没有内在结构并且一切都与其他事物相关（"无缝的"）。

科夫卡把世界看作一个大格式塔：

那么，我们是否声称所有事实都包含在这样相互联系的组或单元中，每一个量化都是对事件的真实质量、综合体和序列的有序且有意义的描述？简言之，我们是否宣称宇宙及其中的所有事件构成一个大格式塔？

如果我们这样做了，我们就像那些声称任何事件都没有秩序或意义的实证主义者，以及那些声称质量与数量有本质区别的人一样教条。但正如因果关系范畴并不意味着任何事件都与其他事件有因果关系一样，格式塔范畴也并不意味着任何两个状态或事件都属于同一个格式塔。应用因果范畴，就是要找出自然的哪些部分在这种关系中存在。同样地，应

第十二篇 格式塔治疗的思维模式

用格式塔范畴意味着找出自然的哪些部分作为部分而从属于功能整体,发现它们在这些整体中的位置、它们的相对独立程度,以及更大的整体到次整体的连接。(Koffka,1931,1935,p. 22)[强调为我所加。]

有什么区别不是人类强加的吗?有什么结构不是由观察者创建的?认为健康人只存在于此时和此地,没有稳定的自体结构,这种观点是以下观点的一种形式,即认为世界是一个巨大且未分化的格式塔,伴随着由于人类观念而静止的运动过程。这是哲学唯心主义的一种形式。

韦特海默并没有这样解释格式塔场理论:

既定物本身在不同程度上是"结构化的"("格式塔形成"),它由或多或少明确的结构化整体、整个过程组成,这些整体具有其整体性质和规律,特征性的整体趋势以及部分的整体决定性。在整体过程中,"片段"几乎总是"作为部分"出现。(Wertheimer,1938,p. 14)

他接着说,自然赋予的清晰度和包容性会各不相同。这种对什么适合或不适合在一起的区分与普遍互动论形成了对比,并且与格式塔治疗的概念"不是所有的对立面都形成一个真正的极性,只有那些产生于共同背景的对立面"是相一致的。

库尔特·勒温警告说:"特别有必要的是,一个提出要研究整体现象的人应该防止使整体尽可能无所不包的倾向……"一切都依赖于其他事物"的说法在心理学和在物理学上都不再正确。(Lewin, 1935, p. 289)

格式塔心理学家很清楚,图形和背景之间的关系在很大程度上取决于情境的性质,并不是所有的秩序都来自观察者。情境是有结构的。这是皮尔斯在谈到"让情境决定"时所指的一部分。

格式塔心理学观点避免了二分法的哲学选择,有利于区分整体,特别是结构(质量、实体、静态)和功能(能量、过程、变化)。如果结构被消除或被当作某种幻觉或附带现象来对待,那么结构和功能就无法统一起来。将自体视为无核心的纯粹人际边界过程和具体化的核心(类人侏儒)的不同观点需要一个整体观的整合。自体概念作为一个当下过程的概念不足以解释自体的现象学经验(Tobin, 1982),尽管它必须是整体解释的一部分。

有机体的连续性或自发的重复,可以被称为自体,其方式不仅仅是记忆或大致印象。我认为自体和其他实体的现象学现实不是幻觉,不应该因此而被忽视。

我认为,对格式塔心理学态度的更深入研究将对格式塔治疗有很大帮助。一个我们能得到帮助的例子是在格式塔治疗中的一个简单矛盾的领域:有人说我们不阐释,但我们阐释。(有时在别人身上比在自己身上更容易看到。)伊萨多·弗罗姆指出,这种阐释涉及一种普及的格式塔治疗梦的工作,寻找"存在的信息"。拉特纳的无缝隙宇宙也是一种阐释,一种将所有的认识简化为一种主观的阐释。

虽然有人说格式塔治疗师不阐释,"阐释"这个词通常没有被定义。有时它被定义为"添加到数据中,添加到显而易见物中"。这个定义相当牛顿化。很明显,我们看到的总是部分地是我们自己的功能，而不仅仅是外面的东西。在场理论中，我们不阐释的陈述没有什么意义，除非这个术语被定义为排除某些阐释。

这并不意味着那个陈述没有真实性，因为格式塔取向强调直接体验，而不是零碎的机械分析。在格式塔心理学中，他们详细描述了机械论、原子论阐释和分析与格式塔阐释和分析之间的区别。在前者中，牛顿式取向的所有假定都被遵守，而在后者中，部分与整体区别开来，并总是以一种有机的方式与整体联系在一起。后者与格式塔治疗中的经验方法相一致；前者与精神分析的阐释和分析相一致。

C. 总结

物理学理论的讨论有助于激发心理学的思维。然而，尽管物理学的声望很高，这些相似之处在我们的讨论领域中却毫无证据。即使在物理学中，统一的场理论也是不可能的。因此，我们没有理由期望物理理论能充分地涵盖我们的领域。它能刺激但不能取代我们自己的思维。

我认为我们需要用一些牛顿的语言或概念来区分真正的牛顿机制和场理论，并区分普遍互动论和格式塔场理论。我的理解是，格式塔研究或治疗探索的目标是洞察所研究情境的结构。我们的目标不是与宇宙同一，也不跟随任何形而上学系统，而是根据现象学存在主义方法及形而上学的信念"搁置"来探索情境（Ihde，1977）。

我认为格式塔场的概念与相对论有些一致之处，它用一个封闭的研究单元来描述场，这个研究单元在内部是有区别的，并且与它所属的大的宇宙也是有区别的。这种区别往往具有极性，因此必须把对立的事物结合起来才能得到完整的画面。当格式塔疗法被讨论为"右脑"疗法时，我相信这种极性的观点是矛盾的，并且线性极不被考虑在内（或者至少被最小化）。

我们需要进一步解释格式塔治疗中的场取向，包括：关系作为任何场理论的基本过程；将其与先天自体进行比较，后者是亚里士多德本质概念的现代等价物，其实质是被发现而不是被选择的，不依赖于社会状况（社会状况在这一观点中被认为是我们本质上的善良天性的邪恶腐蚀者）；场理论、现象学和存在主义之间的关系，以及关系如何在我们的文学中清楚显示；在过程理论中更详细地解释结构的本质；这些问题与自体的定义之间的关系；此时和此地在场理论方面的意义；从我们的场理论观点出发对心理治疗研究方法的建议；从场的观点解释诊断、个性、人类发展、家庭系统、组织发展等。

人与过程导向

拉特纳指出，人本主义——如波尔斯特夫妇——的理论化，往往没有很好地与过程导向的格式塔场的观点相结合。在《格式塔治疗》中也确实没有完成这个解释。例如，对于连续体的现象学经验，它的解释不够清楚。整个的人，以及自体和有界性的体验需要解释。将接触延伸到治疗师和病人的关系中，即持续和承诺的对话，未得说明。自我和自体之间的关系也没有得到说明。

我认为我们需要拓展场理论来解释人本主义的关注和现象学的现实。我认为，我们需要在不牺牲人的整体观念的前提下，重新处理人本主义的文献，将其变成为场的过程术语。有可能以人为导向，但仍然使用场理论。如果不是这样，我们就证实了托宾的批评，即格式塔治疗没有处理整个人的现象学现实（Tobin，1982）。

拉特纳论述了波尔斯特夫妇的人本主义取向和场取向，并将其描述为竞争和对立的。他展示了波尔斯特夫妇文章中的牛顿式或机械论的注释，并指出："这些术语的含义差异巨大。（它们来自不同的宇宙。）(Latner，1983，p. 81)。尽管我认为拉特纳确实证明了波尔斯特夫妇的理论是用某种强有力的牛顿式语言来完成的，但他以一种两分法的观点得出结论，他们的文章中存在把人作为空间中的物体的人本主义的讨论，以及场的过程概念的不同宇宙："不同的宇宙。"他用这一段结束了这一节：

> 我提到，这种变化使波尔斯特夫妇能够聚焦于空间中的物体，而不是场和能量的聚集。抽象地，正式地，那是真的。但事实上，波尔斯特夫妇关注的实体是人。皮尔斯等人专注于自体的功能运作——它本身就是一个过程——而波尔斯特夫妇的观察方式强调人、他们的自体概念，以及他们的自体概念形成与他人会面（meeting）的方式。这是一种人本主义的视角，清晰地被呈现出来。我花这么多时间不是嘲笑它。我想强调它的根源和它的假定，并把它与格式塔治疗的另一种思维方式区分开来。(Latner，1983，p. 83)

在这里，拉特纳陷入了一种机械论的观点。为什么世界是一个大格式塔，而人本主义和场理论来自不同的宇宙？我认为只有一个宇宙，我们讨论的不是哪个宇宙，而是用什么样的镜头来观察宇宙。在讨论广义相对论时，爱因斯坦并没有把世界看作一个大格式塔，也没有假定有几个宇宙。他只是认为自然规律适用于同一个宇宙的所有领域。我们需要一种适用于人作为客体的同一宇宙语言，以及人作为过程的极性互补性的观点。拉特纳描述了两匹马上的一个骑手。他没有把这些马拴起来让它们能并排前进，而是把它们分成两半（Latner，1983，p. 72）。

场是一个概念，可以应用于任何级别或领域的工作。它可以描述当下和从过去到当下再到未来的一段时间。

空间中的物体的概念所代表的现象可以被重新表述为"属于场"，我不想把我们的理论工作简化为在牛顿式人本主义和场语言之间做出选择，这种场语言不涉及人作为人的现象学现实。

让我们用代表整个人并且也是场理论的概念来描述有机体/环境场。认为健康几乎没有个性的相关信念（Latner，1983，p. 81）需要重新表述，以考虑到有机体/环境关系的首要性，同时考虑到有机体表现出的重复（自体）和个人保持这些重复的画面（自体形象）。

是什么就是什么。我们作为场的一部分而存在，我们确实把自己当作空间中的对象来体验；这两个事实都需要说明。为此，我们可能不得不进行拓展和创造，但最终要在我们的过程理论和人本主义之间做选择，这对我来说是无法容忍的。

格式塔心理学和胡塞尔的现象学都有皮尔斯等人"从整体的角度来处理人的过程却不描述整个人"的同样的缺点。这是在存在主义现象学从先验现象学中分离出来时得到解决的。我认为认识到我们在存在主义现象学基础上产生是非常有用的。对我来说，我们的本质不是在形而上学或物理学中，而是在我们直接的存在体验中。我们可以用悬搁和实验来提高效率。以其他领域的成熟理念为中心，却没有完全的同化和整合，则我们降低了我们的效率。

第十二篇　格式塔治疗的思维模式

最后几句话

我希望看到我们跟随拉特纳的引领来提高我们改善概念框架的水平，但我希望我们使用的名称和标签涉及的是概念化而不是地理位置。此外，我希望我们关注理论陈述的质量和这些陈述的内容，而不是针对个人的争论。要做到这一点，我们需要抛开群体的和个人的竞争。

我主张我们认识到在格式塔治疗中使用牛顿式概念并不总是让我们的取向牛顿化，而且我强烈要求在区分后经典观点方面，特别是在区分格式塔心理学取向和普遍互动主义取向方面，更加成熟。

我还主张我们应该关注整个人的人本主义概念，而不是像格式塔心理学家那样只关注特定的过程，但是我们要用场理论的语言来做。我认为，这是目前摆在我们面前的一项更重要的理论任务。

第四部分
格式塔治疗的实践

第十三篇
格式塔治疗的区别应用

评 论

1990年。这篇文章和第十四篇的文章（《治疗性格障碍症患者》）都是作为一个单元专门为这本书写的。在这篇文章中，我讨论了格式塔治疗中诊断的一般话题：为什么诊断是有必要的，有什么风险，以及如何进行诊断。在第十四篇的文章中，当我讨论一般人格障碍的治疗，特别是自恋型和边缘型人格障碍的治疗时，我说明了它的效用。

有些人认为格式塔治疗是在孤立的、零碎的、不定期的相遇中进行的，而不考虑更广泛的背景，如时间（历史）、空间（家庭、社区、文化）、病人的个人身份（自体感、发展史）或个人的性格结构的性质。如果这是真的，那么格式塔治疗将对谁正在接受治疗或治疗发生的背景未做区别地进行工作。那些认为格式塔治疗是这样的批评家有理由将其视为一个系统中几乎致命的缺陷；一些格式塔治疗师也有这种格式塔治疗的观点，而对其中一些人来说，这似乎是灵活性、自发性和人本主义态度的优势。

对于阅读过本书前面篇章的读者来说，必须清楚的是，我非常强烈地不同意格式塔治疗的这一特点，甚至更强烈地不同意这样一种限制将是一种优势的观点。我认为这种有限的方法论会严重限制治疗师的能力和治疗的有效性与安全性。对我来说，格式塔治疗的最新实践需要有区别的应用。

上述问题对于理解格式塔治疗的范围，以及如何在多种情况下对各种病人进行格式塔治疗至关重要。我将从我的格式塔治疗观来讨论诊断过程，然后我将通过讨论边缘型和自恋型人格障碍的区别治疗来说明。

诊断

我想以人本主义的诊断和评估来说明。有些人认为诊断和与病人的人本主义对话式关系是截然相反的。我个人的经验是不同的——我的经验是准确的诊断促进人本主义治疗。当我对一个病人的诊断问题不清楚时，我对这个病人和病人的自体体验的理解就降低了，因此我的治疗效果就大大降低了。

然而，对诊断的潜在负面影响的人本主义关怀是有效的，需要去理解才能得出有效而又考虑到风险的诊断评估理论与实践。我们先从经典精神分析理论的发展简史开始讨论。

不利于诊断的案例

经典精神分析的建立

在我最初接受心理治疗培训的时候（1962—1964），在经典精神分析的影响下，精神病诊所有一种不幸的倾向，不是以行为描述为基础，而是强调和争论理论驱动，远离经验的解释和医学类型的诊断，对区别治疗的疗效贡献很少。

治疗通常始于一个漫长的诊断阶段（如测试和详细的心理社会史），然后工作人员对诊断进行辩论（如精神分裂症、偏执型与偏执狂）。这个诊断在治疗方法上没有什么不同，尽管它确实提供了很多内容，成为治疗师的注意焦点和治疗师阐释的主要来源。似乎人们更多地关注分类和诊断辩论，而不是与病人接触。

漫长的诊断阶段和精神分析的基本规则给了病人这样一个信息：他们应该被动地谈论"问题"或过去，等待治疗师告诉他们这一切"真的意味着"什么。治疗师是权威，事先解决问题是什么、问题的原因、治疗和预期结果，然后告诉病人。

在这种传统模式中，治疗师在等级上处于权威地位，拥有智慧并将其传授给病人。诊断是支持保持治疗师这个角色的一部分。治疗师是能诊断和解释的专家。对问题、优势、目标等的分析和治疗选择被视为专业人员独占的领域。人们对个体的选择和成长、对自己的个人处境认识的能力缺乏明显的信心。

病人的直接体验不受重视，因为人们假定病人保持意义无意识，不能直接获得无意识的意义。治疗师可以通过在社会历史和自由联想的过程中浮现的材料获得有意义的理论。因此，漫长的诊断阶段是一个垂直的、分级的系统的一部分，在这个系统中，对话和病人的实际直接体验都服从于理论、诊断和权威。

如果阐释没有产生理解，病人被认为是在阻抗。毕竟，治疗师在诊断和评估的过程中仔细地做出了阐释。治疗师要克服阻抗。几乎没有自发性、多样性、选择、对话或浮现的余地。

在这种传统的关系中，治疗师要保持专业的距离和举止，不满足病人的愿望，应该领先病人几步，在说话之前仔细考虑每一句话，不感觉（当然也不显示）任何情绪（因为那将是反移情）。治疗师在这个模型中的角色是诊断和解释，而不是接触。治疗师的实际的直接体验，和病人的一样，没有得到强调，除非它被标记为反移情，然后被强调为有待分析的不存在的东西。

这一理论禁止治疗师或病人积极主动，也禁止治疗师表现情感。治疗师不表现出任何情感，也不做任何"我"的陈述，等等。如果治疗师或病人积极或公开地互动，它被标记为"见诸行动"（acting out）和"分析内见诸行动"（acting in）——不被认为是一件好事。因此，当时的理论和实践规则严重地限制而不是鼓励治疗师、病人和关系的创造力与活力。

还有一种倾向是治疗这种疾病而不是这个人（更不用说与人有关）。病人被分类放在一个小房间里。在存在主义术语中，病人被视为一个"它"，是一个需要修改的东西。

理论驱动的阐释、分类和治疗面具是一种方法论观点的一部分。这种治疗方法与弗洛伊德的人性观是一致的，在弗洛伊德的人性观中，病人被视为受到危险的内在动力和僵硬的社会禁令的支配。这整个系统建立在对人类成长和人类相遇的能力缺乏信任的基础上。这与随后浮现的时代精神和治疗运动不一致。

精神分析理论的改革

格式塔治疗受到了那些处在精神分析运动内部的人的影响，他们把对社会的强调引入精神分析人格理论，替代弗洛伊德强调内在驱力和预设的成熟发展，并且引入了比经典模式更积极的治疗师参与模式。这种发展趋势包括兰克、赖希、霍尼，事实上还包括大多数的新弗洛伊德理论家。他们写下了人类成长的潜能和关系在成长中的重要性（包括在发展特征形成和治疗中）。

然而，总的来说，他们仍然停留在精神分析的范畴内，并保持着精神分析系统中四个令人反感的方面。首先，他们保留了精神分析的意识理论，在这个理论中，思想和行为被认为是由无意识驱动力决定的，这种驱动力除非通过冗长的精神分析程序，否则既不被选择，也不容易被觉察到。

> 弗洛伊德清楚地表明，没有精神分析的方法，无意识对意识来说是绝对不可接近的。这一观点贯穿了弗洛伊德完整著作的整个结构，并成为弗洛伊德精神分析理论后期许多改进的基石。（Masek，1989，p. 275）

有趣的是，弗洛伊德之前的无意识概念并没有将无意识视为人的感知完全或绝对不可接近，而是将其概念化为隐含的，但没有被立即反映在人的体验中的东西（Masek，1989，p. 274）。在这方面，前弗洛伊德的概念更接近后弗洛伊德的现象学概念，包括那些格式塔治疗的概念。但是，具有社会意识的精神分析改革者们并没有革命性地转向一种现象学的觉察理论，在这种理论中，觉察之外的东西被认为可以直接由感官觉察到。

其次，他们还保留了精神分析的关系理论，强调移情的建立、管理和分析是治疗的核心技术。第三，他们继续强调以阐释作为主要干预。这连接了先前的两点，因为被阐释的主要是移情的无意识方面。

精神分析的辩论倾向于质疑阐释的内容，但把重点放在阐释本身上。因此，最新的精神分析理论挑战了作为阐释基础的驱力理论，但仍然保持着将以移情为基础的阐释焦点作为精神分析治疗的本质。甚至海因茨·科胡特也指出，如果要完成心理分析，移情之后必须有一个阐释阶段（Kohut，1984）。

第四，他们仍然基本上保持着机械的线性因果关系模型，在这种模型中，当下被认为是由过去的事件（特别是童年事件）以线性的方式决定的。

人本主义-存在主义的回应

人本主义和存在主义运动反对这些趋势。现象学的觉察理论、关系的对话理论和非线性的因果关系的过程理论构成了替代理论的核心。这一运动的先驱者有卡尔·罗杰斯，源自缅因州贝塞尔市（Bethel）国家训练实验室（NTL）的团体过程运动，当然还有格式塔治疗。

在治疗中，强调个体的独特性、作为一个人的治疗师和作为病人的这个人之间的关系、此时此地，对人类精神与意识的活力和力量具有信心，并且鼓励积极的个人互动、创造力和自发性。卡尔·罗杰斯也许最清楚地解释了这种关系的本质（与治疗师的共情纽带，这个治疗师在情感上作为一个人存在并表现出无条件的积极关注、温暖与和谐）。

在人本主义运动中，有一种对医学和经典精神分析模型的明显反感，一种对把人分类和把人简化为疾病实体的反感。人本主义和存在主义的态度是我们治疗整个人，而人的整体性是在人与人相遇的背景下出现的。

在人本主义存在主义运动中，关系是横向的而不是纵向的，病人和治疗师平等地一起工作（尽管焦点更多的是在病人身上，因为这是治疗任务）。权威不在于专业，也不在于理论，而在于双方治疗对话的实际体验。

第十三篇 格式塔治疗的区别应用

格式塔治疗具有强烈的政治和哲学承诺信念与热情，反对暴政、任意强加的或独裁的限制、刻板坚持不符合当前需要的不变化的安排，以及"固定的格式塔"，新的人本主义态度与此是一致的。格式塔治疗拒绝经典精神分析的诊断重点，以及无意识理论、关系理论和因果关系的机械论。"治疗师是事先解决一切问题的权威，需要一个漫长的诊断过程，然后告诉病人什么是真的"，这种观点被抛弃了，取而代之的是一种信念，认为成长、清晰、真实和个体价值观从社会互动中产生——病人和治疗师之间的对话式关系。

当我发现格式塔治疗及其对人性和如何治疗人的观点时，我很兴奋。格式塔治疗反对按照理论驱动的、先验的信念和概念对病人进行分类、分析并将其放入小房间，在我看来这是一种解放。反对将阐释作为主要治疗手段，对我来说是一种解脱。反对规定治疗师在场时保持距离和间接性，并禁止对病人表现出同情或其他情绪的职业关系理论，这对我来说是一种成长。

在所有的朝着对人和治疗的新观点运动的系统中，格式塔治疗的整合基础吸引了我，它提供了一个新的考虑到治疗师和病人的活力与创造力的力量的理论框架，以及一种吸收各种各样的技术和个人干预的接受态度。

格式塔治疗、罗杰斯疗法和其他疗法的现象学治疗彻底脱离了治疗等同于阐释，以及阐释是诊断和理论的功能的经典公式。旧系统与病人（或治疗师）的现象学经验相去甚远。干预措施（内容、顺序、时机）都是由理论规定的。心理治疗中的自发性、创造性和艺术性没有得到很好的支持。

这种新的态度被称为人类潜能运动（human potential movement），这是有充分理由的。格式塔治疗是这一运动的重要组成部分。它肯定了一点，即当人们与周围的人接触时，成长就发生了。成长是从现象学聚焦（观察者与被观察者之间的接触）和对话性接触（dialogical contact）中浮现的。人类潜能运动将心理治疗置于真相和理解的事务中，而不是疾病治疗的事务中。在这种令人陶醉的氛围中，诊断与驱动理论、不可获得的无意识、治疗师诱导的移情和机械因果关系一起被抛弃。

诊断案例

反诊断的偏见是否过分了？

有时，在找到中间立场之前，前进的进程会从一个极端走向另一个极端。我认为完全拒绝诊断是一个走向对立面的案例，这一部分是一个综合的简要介绍，在分类和评估之间的中间地带，一方面取代接触和觉察工作，另一方面抛弃所有分类和评估。我为那些在格式塔治疗中认为诊断与格式塔治疗态度背道而驰的人写了"诊断案例"这一节。在本节中，我将讨论诊断的优势。对于那些已经知道诊断是格式塔治疗的一个必要和重要方面的人来说，当前这部分可能是不必要的。在这一节之后，我将定义诊断并讨论其性质。

我认为反对诊断的立场不是格式塔理论的组成部分。相反，我认为良好的诊断是格式塔治疗不可或缺的一部分。

将反对诊断的偏见归因于格式塔治疗的一个不幸的方面是，当临床医生清楚地认识到需要诊断并分享有关性格结构和治疗指征的信息时，他们常常从格式塔治疗转移到其他框架。反对诊断的偏见,特别是在陈词滥调或幼稚的水平上,使格式塔治疗成为某些学生的避风港,这些学生希望自己成为治疗师的学习毫不费力。这种偏见使格式塔治疗容易成为不尊重、漠视、争论和批评的目标。

这是贯穿人本主义心理治疗运动的一个问题。人们已经注意到,尽管自体心理学共情取向不仅类似于罗杰斯取向,而且可能源于卡尔·罗杰斯在芝加哥的早期的工作(相关讨论见 Kahn,1989),但缺乏关于罗杰斯疗法区别应用的临床文献可能是促使 20 世纪 80 年代自体心理学相对更成功的一个因素。罗杰斯疗法的运动产生了大量高质量的研究成果,但其理论上的偏见限制了根据诊断讨论区别应用的发展。顺便说一下,有人可能注意到罗杰斯试图证明,未经修改的以来访者为中心的方法在治疗住院精神分裂症患者方面是成功的。当然,罗杰斯勇敢而清晰地发表的证据表明了相反的观点,并且支持了我的论点(Rogers,1967)。

治疗师确实进行分类、评估和诊断

诊断可以是一个过程,充满尊重地注意到一个人既是一个独特的个体,又有与其他个体共享的特点。分类、评估和诊断是评估不可或缺的一部分,合格的治疗师都这样做。我们对一般模式、病人是什么样的人、中心问题和强项是什么、可能的治疗过程是什么、什么治疗方法可能有效、危险信号等进行区分。由于所有病人都不一样,我们关注病人之间确实存在的差异并受之影响。

我们无法避免诊断:是以草率或不经意的方式,还是以深思熟虑的方式并带着充分的觉察去进行诊断，我们要做出选择。把信仰或判断系统强加于病人的危险，会在没有觉察的诊断下变得更糟。我们可以把最新的研究证据放在心上加以区分，或者我们可以尝试自己去发现，而不考虑从这个行业所学到的东西。

这在格式塔治疗和其他疗法中都是一样的。迈克尔·文森特·米勒（Michael Vincent Miller）说：

> 当下的各个时刻可以变得随机和不连续，除非它们建立在一个更大的、包括过去和未来的视角上，也就是说人类发展的观点，以及理解人们如何创造经验的方法，也就是说一种性格理论。（Miller，1985，p. 53）

格式塔治疗与其他系统的互动

我认为案例材料，包括诊断和治疗考虑，以及其他发表的研究成果，与格式塔治疗相关性相当大。这些来自格式塔治疗的材料将对这个领域非常有用。美国近几年来的心理文学运动，强调对来自各种框架的材料的利用，不强调任何一种学派的独特功效。这种趋向于融合和折中主义的运动可以得到格式塔治疗的很大帮助，因为格式塔治疗得到了它的帮助。我认为格式塔治疗仍然是运用各种取向智慧的最佳框架。在阅读格林伯格（Greenberg）的作品时，我们可以看到格式塔治疗的影响在复杂的折中研究中如何有用（Greenberg，1986，1988）。

不幸的是，格式塔治疗理论的诊断潜力没有得到更多的开发，我为之高兴和兴奋的是，目前世界各地都在努力开发这种潜力。同时，在这些努力成熟和得到测试之前，我使用任何可获得的诊断智慧。我不局限于格式塔治疗框架内已经做过的，或已经转化为格式塔治疗术语的知识。我是一名心理学家，从格式塔治疗的角度进行心理治疗，但我的承诺不仅仅是在格式塔治疗文献中阐述的。如果有基于实际经验的描述性材料可以让我的背景更丰富，我就会利用这些材料并向我培训的人推荐。我在第九篇（《将诊断的和精神分析的观点同化进格式塔治疗》）和本章的后面部分讨论了如何做到这一点。

分类、诊断和评估的用途

一个好的诊断描述不仅仅进行分类，还传递信息。使用一种通用的诊断语言有助于信息的交流，这样我们可以互相学习。最终的描述应该有更多的整体的以人为导向的理解和描述。它允许人们更多地关注个性的连续性问题，即除了此时此地之外。它简化了对病人心理结构的解释。它有助于治疗师的学习，并利用病人的发展史和临床史为病人服务。

诊断使治疗师能够更精确、有辨别和清晰地理解每一位病人和每一类型病人的特殊而不同的现实。它使治疗师能够更好地猜测病人可能正在经历什么、他或她对一个特定的干预如何反应，以及其他什么行为可能会伴随在治疗时间内出现在治疗师面前的行为，更好地识别必须处理的关键发展事件，等等。

评估和诊断是一个过程，通过这个过程，治疗师的经验使他或她能够在模式识别的基础上进行区分。虽然治疗决定是基于许多因素的，如观察、对话、治疗师的情绪反应、直觉等，但这些决定的依据是诊断性的区别。需要得到诊断性信息的决定包括：哪些病人接受治疗，在诊所和医院为病人指派治疗师，干预措施的选择，了解一个人是否取得进展的标准。

当看到一个新病人时，会产生一些问题：提出的主要问题是什么？我该先说哪一个？这个病人需要什么？这个人的故事可信吗？病人是在操纵吗？如果是的话，是怎么操纵的，又是为了什么目的？我是询问发展史，还是坚持停留在此时和此地？我是分享我的情绪反应，还是分享对病人行为的观察，询问病人的觉察，又或是建议做个实验？

与病人面质安全吗？病人神志正常吗？是否需要为可能的器官疾病进行医疗转诊？病人有自杀倾向吗？为什么看起来我的干预有负面影响？病人是否代偿失调或陷入严重的僵局？或者可能对自恋的伤害做出反应？为什么病人不明白我的话？是因为病人在"装傻"，还是没有支持理解的背景，或者有学习障碍，或者缺乏足够的智力？或者病人怀有敌意，或者害怕，或者偷偷地想让治疗师出丑？或者治疗师没有说清楚？

这个病人的生活方式是什么？在发展的背景下，什么能使我们更清楚地了解病人的道路、病人当前行为的意义？

诊断理解使治疗师能够更好地知道什么干预措施、什么顺序、什么时间使用，并能够将这些与目前正在治疗的病人相似的、先前治疗过的病人的经验联系起来。它能让治疗师预先知道需要采取什么预防措施。例如，一个病人说精力更加充沛，事实上几乎有使不完的劲。这是一个正常的现象，还是一个比正常更好的、值得鼓励的现象——抑或它是一个双向抑郁患者躁狂期的开始，并引起一些关注？

它也有助于治疗师理解与自己很不一样的病人。与治疗师相似的病人对治疗师来说相对容易理解，并且有共情的反应，也就是说，对那些自己有足够治疗的治疗师来说是这样的。但是，与治疗师很不一样的病人需要更多的努力。诊断有帮助。它促进了治疗师之间的信息交流和治疗师感知的磨炼。我们需要自己重新发明轮子吗？

它也有助于觉察到那些眼前不明显的事情，特别是长期的影响。我们将在下面讨论自恋型人格障碍患者与边缘型患者治疗的区别时看到这一点。

定义诊断

"诊断"一词可以追溯到两个希腊语单词，意思是"知道"和"通过或介于两者之间"。在最一般的意义上，它指的是区分或辨别。韦伯斯特将其定义为：

> 通过检查确定疾病性质的行为或过程，或仔细调查事实以确定事物的性质，或通过检查或调查得出的决定或意见。

我在后两种意义上使用"诊断"一词，指的是认真调查事实或者检查结果，并不限于检查病情。

英格利希夫妇的心理学词典（English and English, 1958）给出了诊断的两个定义：

> 根据所呈现的症状和对其起源与过程的研究来确定疾病或异常，或根据观察到的特征对个体进行分类。

显然，在韦伯斯特和英格利希心理学词典的一般意义上，诊断一定是在任何胜任的心理治疗中十分普遍的。

同样根据英格利希心理学词典，区别诊断是，对于两个相似的出现条件，通过寻找只在其中一个中发现的显著症状或属性来区分。它通过类比从它的医学用途被扩展到任何类型的条件。在我看来，这是好的治疗师总是会做出的区别。

从格式塔治疗的视角诊断

诊断过程是寻找意义。在格式塔治疗理论中，意义是指图形与背景之间的关系。

图形-背景不变量

图形/背景形成和意义构建过程是人类功能的不变量（Spinelli, 1989）。这个过程的质量决定了一个人的意识和自体调节的质量。人以一种有机体的方式自体调节，在这个过程中形成的图形不断地被人的主要的有机体需要和环境所塑造。对一个人的图形/背景意义形成过程的仔细的现象学研究产生了对这个人的人格结构的理解。

任何清晰而生动的图形都是有意义的，因为它在某个时刻有意义地在某人经历的背景下脱颖而出。然而，如果图形/背景仅仅由瞬间的兴奋来定义，而与更大的格式塔形成无关，那么它具有一个非常狭义的意义。狭义的意义对好的治疗不够重要。好的治疗需要更具实质性的意义，一个格式塔由它在一个更大的格式塔中所处的位置定义，这个大格式塔即这个人的持续存在和其他人类环境。

在某种程度上，一个人的现象学背景是肤浅的，在这种程度上，一个人的意义感也是肤浅的。如果一个人的现象学图形不够清晰、锐利并充满活力，那么这个人的意义感也会降低。

第十三篇 格式塔治疗的区别应用

治疗中的图形背景过程

在心理治疗中，对治疗师来说，设置图形/背景过程的不仅仅是随机的兴奋，或治疗师的任何需要或兴趣，而是一个特定的任务，一个相当重要的时刻。为了有效，治疗师必须通过将这一时刻连接到对治疗任务至关重要的更大的格式塔形成来构建意义。

在格式塔治疗理论中，"自体"总是人与环境的相互关系，一个当前的有机体/环境场。一个人的自体状态（selfhood）只能作为关系中的人而理解，而绝不能脱离有机体/环境场。然而，环境——因此，有机体/环境场——每时每刻都在变化，而每个人都有典型和独特的联系方式，这种方式随着时间、空间和环境而发生的变化很小，并且会带到每个新的场中。带到每个场中的存在模式包括行为、感知、感知、思维、感觉、信念等。

诊断是治疗师寻求对病人性格和人格结构的意义或洞察的过程，区分这个病人模式与那些不同类型病人模式的异同，并在此基础上设计干预方法。这是治疗师将某一时刻出现的事物与一个更大的格式塔联系起来的过程，特别是与一个人和多个有机体/环境场互动的不变量联系起来的过程，目的是在整体的环境下创造出可能的最佳心理治疗干预。

我们寻求了解独特的人。但是，如果要了解一个人却不把他与其他人相比，我们就不能完全理解这个人的独特性。如果一个病人有思维障碍，那么除非治疗师听说过思维障碍并知道思维障碍是什么，否则治疗师将不理解这个独特的人。而且，理解思维障碍只有与没有思维障碍的人的思维过程相比才有意义。

临床上，我们经常需要区分两种抑郁：一种是由失去另一个自主而重要的人所引起的抑郁；另一种是由自恋失败及随之而来的空虚与崩溃所引起的抑郁。在前一种情况下，治疗师的"我"陈述可能会被病人体验为以关怀的方式伸出援手。在后一种情况下，治疗师的"我"陈述很可能会被自恋型患者体验为一种侵入、一种回应的要求，并导致自恋伤害，如果这种情况在治疗早期发生，甚至可能导致过早终止治疗。

在任何一个时刻，这个整体的、正在进行的模式的某些方面将在有机体/环境场中显现出来。在诊断中，治疗师试图从该模式在特定治疗有机体/环境场的最初表现中理解整体模式。诊断不仅是试图洞察结构是如何运作的，而且是试图在治疗过程的早期就这样做，以便它能在治疗师的态度和干预措施方面提供信息。区别诊断是利用一个模式的早期表现，将其与其他模式区分开来，而治疗师仍然可以调整他或她的反应。

意义、接触和未觉察

有无限的潜在图形/背景的可能性，随着人、生物、地点、时间、文化等而变化。然而，一次只能有一个清晰的图形。很多时候，更大的意义是在一个人的焦点觉察之外的，也就是说，一个明显的图形和可以体验到最充分意义的背景之间的关系，被排除在前景之外。这可能是有用的，因为如果我们只知道非常大或长距离的格式塔形成的最终意义，我们就会错过更直接、具体和正在浮现的现实。如果我们只看到星星，我们就会错过玫瑰的香味和路上的坑。

格式塔治疗解决的是人对他或她的觉察过程的觉察，以便被系统地排除于觉察之外的东西根据需要可以觉察到。为了最有效地做到这一点，治疗师的图形必须考虑到更大的格式塔形成，这样治疗师的视角就不局限于病人的视角。这里我所说的不是对诊断或最终意义的强迫性的、着迷的或智性化的专注，而是治疗师定位的丰富性和智慧。

诊断和任何形式的意义一样，都不是绝对的；相反，它是构建出来的。这种构建出现在治疗师和病人之间的接触之外。在格式塔治疗中，意义是由治疗师和病人分别和共同设定的。理论——包括格式塔治疗理论、诊断和研究结果——有助于阐明在某一特定时刻，专注于什么样的图形、什么样的背景和什么样的图形与背景之间的关系是最有用的。

对病人来说，当前时刻的格式塔的意义主要来源于它在他或她的整个生命这个更大的整体中的部分。治疗中瞬间的格式塔的意义来自它在整个治疗中更大的整体的部分，尤其来自与治疗师的治疗关系，并最终来自病人的整个生活。

实例与讨论

在病人和治疗师的会面中，治疗师形成一个清晰的图形。例如，当一个有魅力的女士走进房间时，一位团体治疗师注意到这个年轻的男性成员脸色微微变红并屏住呼吸。

这在治疗中有什么重要意义？治疗师能直接评论观察结果吗？在团体成员之间安排一个接触的实验是否合适，这样可能会发现这个年轻男士和女士在一起？想象一下，这个年轻人得到很好的支持，在团体中的接触和觉察工作相当开放，并希望和吸引他的女士就他的焦虑进行工作。现在想象一下一个截然不同的场景：这个年轻人是一个脆弱、容易受伤的人，受到威胁时会变得偏执和愤怒。现在想象一下，这个年轻人是同性恋，他对女性的积极和消极的情绪交织在一起，并没有准备好就他对女性的感觉进行工作。

我希望所有读者都清楚，这些区别将对治疗师的干预方式产生影响。

另一个例子：一位治疗师指出，当她告诉病人他对前晚他和妻子之间的争吵负有一定责任时，病人并不承认治疗师的陈述。这是一个感到非常羞耻、自责，而且很可能会因为治疗师而感到羞耻的病人吗？或者病人也许像对待他的妻子那样对待治疗师，也就是说，没有反应？或者这是一个不负责任的慢性反应的人，需要治疗师非常坚定和自信的立场？也许是一个精神病患者，完全和现实脱离了接触。

我再次假定读者可以很容易地看出，这些区别会对治疗师的反应产生影响。下面我们将更详细地探讨诊断上的区别对自恋型性格障碍患者和边缘型患者的区别治疗有何重要影响。

在另一个例子中，病人坐立不安，这成了治疗师的前景。对此也必须区别回应。这是一个如果被指出烦躁不安，会做出羞耻、泄气、愤怒等反应，自恋易受伤害的病人吗？这是一个顺从的、会对任何解释坐立不安的实验以一种"仿佛"的方式做出反应的病人吗？是一个奇怪的、通常比今天表现得更夸张的病人吗？或者仅仅是一个紧张的神经症患者，如果对之进行工作，他可能真的能够重新恢复一些因烦躁而失去的情绪能量？

治疗师如何决定应对什么？它在治疗中的重要性如何？答案的一部分是：通过将此时此地注意的图形与它在病人现象学中的意义、观察到的病人的生活模式（病人和观察病人的其他人的现象学），以及由两个人之间的互动而产生的生活模式的背景联系起来。

当我们开始预测可能发生的情况时，我们根据对病人的不同理解做出反应，即区别该病人与其他的病人有何相似和不同的区别诊断，我们系统地注意到我们的理解和我们的反应。然后，我们测试我们对该模式的理解，以及我们对随着时间推移从临床互动中浮现的实际体验的反应。

格式塔治疗师分析和诊断吗？

在一些陈词滥调中，有人声称格式塔治疗师不分析或不阐释。如果这种说法是指不做精神分析的阐释，这是可以想象的辩解，虽然在我的格式塔治疗实践中这不是真的。但任何声称格式塔治疗师根本不做分析或阐释的说法都是无稽之谈。任何观察都会在很多方面添加到数据中。选择观察什么、强调什么，观察者和被观察者之间的互动产生了什么意义，这些都增加到数据中。我们建议的实验、观察、家庭作业，我们的情绪反应，都部分地产生于从现象学互动中产生的意义，包括推论。

至少四个因素做出与格式塔治疗理论和实践相一致的分析或阐释：第一，陈述是现象学聚焦的。这已经在上面讨论过了，但是简单地说，这指的是加括号、悬搁等，因此任何陈述都需要通过现象学的还原来解释，以将实际的经验与沉淀的先入之见分开。

其次，在临床情境下，现象学探索是以对话的方式进行的。这意味着鼓励和训练病人参与实验并得出结论。当该分析是与病人相关时，病人的现象学觉察体验是最重要的准确性测试。

第三，为了与格式塔治疗理论相一致，这些结论最终应该用场过程语言来构建。在临床情况和许多初步讨论中，语言可能尚未转化为过程术语。一种机械语言的阐释可能是："你是一个充满敌意的人。"一种场过程的阐释可能是："你非直接地表演出愤怒。"

通常病人会做出一种机械阐释,而不是一种场过程的阐释。我经常听到那些感到空虚的病人总结说"我没有自体"。病人正在对自己做出机械的阐释。把自体看作一个人拥有或缺乏的东西,是一种不幸的、会造成绝望并导致病人远离重要的成长工作的机械阐释。体验空虚的过程是一个自体过程。我最近有个病人谈到他年迈的父亲的病。他谈到了"家庭单元"可能解体的问题,仿佛这是一件随着改变而自动化为乌有的事情。当他以过程的方式来构建家庭单元时,他意识到进入家庭单元的人类行为,这些行为会随着父亲的去世而改变,家庭不是静止的,而是始终处于改变的过程中。

第四,使阐释或分析与格式塔理论相一致的是它是否是一种"结构清晰的分析"(Wertheimer,1945)。有些分析被看作独立单子(monads)的总和,就像一个化学公式。这些分析被格式塔心理学家称为"和-加和性"分析。这种分析没有考虑到整体的结构。这种阐释是机械的、过分简单化的和误导的,而非富有洞察。

另一种说法是,在格式塔分析中,部分是整体不可分割的一部分。在一个与格式塔态度不一致的分析中,这些部分来自一些外部的理论偏见。正如富克斯(Fuchs)所说:"有两种分析:一种是整体被划分为已经由整体本身给出或暗示的细分部分;另一种是强加于整体的任意划分原则。"(Fuchs,1938,p. 354)

一个例子:一个人谈到工作中和他的上司的问题。他的上司专制,武断,难以捉摸。责任、权力和特权的分配是不合理和不公平的。病人很容易受到伤害并带着原始的愤怒做出反应。治疗师对病人的移情反应进行工作，因为病人的上司和父亲有明显的相似之处。治疗师阐释说，病人的反应是由移情现象解释的，也就是说，是由病人过去与父亲的经历引起的。

移情只是一部分，必须与整个场相关，才能结构清晰。它本身并没有解释实际情况中的多种因素，而这些因素对于充分的说明是必要的。一个结构清晰的阐释清楚地说明了病人在实际的当下情境中是如何行动、感觉、感知的，他是如何将过去情境中形成的信念和态度带到前景的，这种行为是如何符合病人的一般功能的，这是如何被工作环境的结构和工作环境中的人的个性所引起并加强的，等等。

我认为格式塔治疗的诊断应该充分认识整体的结构。在处理人时，这意味着要考虑到随着时间的推移他们自己的形象和他们的身份、他们当前互动的意义背景、在构成当下背景的各种环境下的这种互动的历史等等。

在处理诊断时，会出现什么是正常和异常的问题。我在讨论诊断的定义时提到，我并没有把它局限于病理诊断。然而，在观察各种模式和决定干预措施时，确实会出现正常和病理学问题。

偏离规范就是偏离规范。这可能是低于正常或超正常，抑或只是不同。必须明确使用"异常"一词的标准是什么。在一个团体或文化中统计上正常的东西，在人类功能运作理论的背景下，或者从某一特定个体的有机体的功能运作观点来看，可能是正常的，也可能不是正常的。对一个人来说，在一种环境或文化中起作用的东西，在另一种环境或文化中可能功能相当失调。

格式塔治疗有一种常态理论，它不是内容特定的，而是过程特定的。也就是说，该理论提出了一个文化中性的常态概念；它根据有机体/环境场中的图形/背景的形成和破坏过程来定义常态。这遗留下了许多未回答的哲学和道德问题，但确实给出了一个在心理治疗中相当有用的正常标准。如果人与环境的关系是这样的，即觉察和接触过程是清晰的，并且形成了一个好的格式塔，解释了人与环境中存在的和需要的东西，那么这就是心理健康。

从现象学的、场的角度来看，没有绝对健康的文化或标准来评判个人或文化。然而，我们可以观察一个人的功能运作，并用清楚的语言来描述它是否有清晰的觉察、接触、边界等等。这就给一些在"病态文化"中偏离常轨的人留下了健康的空间，也给顺从的人，甚至在健康文化中，留下了被视为不健康的空间。

诊断的检验是在病人和治疗师的现象学，以及他们之间的对话过程中进行的。没有统计的或理论的测试，没有治疗师的意见或预设的结果标准可以替代基于现象学聚焦、对话和病人自体决定的自体调节的、浮现的辨别。

评估和诊断不应等同于《精神疾病诊断与统计手册（第三版）》中（DSM III）的代码。它可能是一段描述性材料。诊断是指本章所述的工作。

没有两种疗法是一样的。我们认为治疗关系是与病人这个独特的人和治疗师的明显而独特的在场有关的。但是我们可以用一些特征模式来区分人们是如何相似和不相似的。通过用这些术语思考，随着时间的推移，我们从这些模式的经验中学习，这样每个独特的情况就不是完全独特的，我们就不必一遍又一遍地重新发明轮子。

第十三篇　格式塔治疗的区别应用

我如何评估和诊断？

在讨论对自恋型人格障碍患者和边缘型患者的区别治疗的一些具体考虑之前，我将对如何在与病人对话时进行评估和诊断做一些一般性观察。

首先，只要有可能，我就通过聚焦和悬搁开始任何临床互动，这样当我与病人在一起时，我可以让显而易见物（既定物）给我留下深刻印象。我看到和听到什么？接触的质量和方式是什么？病人的觉察过程是如何工作的？我观察到了什么，我又是如何受到影响的？

我看到和听到什么？身体和言语模式

我观察病人的呼吸、身体姿势、动作和声音。病人有多紧张？紧张的形式是什么？肤色是什么？行动是否方便？活泼吗？动作中有优雅和力量吗？声音的音调和节奏是随和的，还是勉强的？是断断续续的吗？或者是唠叨的？

积极性

病人主动吗？病人给了我采取主动的机会吗？他或她是否对我有反应，或可能表现得好像我是不相关的？或者也许只对我有反应，把他/她自己作为一个自主的人排除在之外？

故事的连贯性

病人的故事有多连贯？在这个人的叙述中，一个方面是从另一个方面得出来的吗？它有道理，还是我发现自己在问："这段描述怎么了？"按照一致同意的标准，这是否合乎逻辑？这个故事让我困惑，让我眯起眼睛摇摇头吗？故事不完整，留下空白吗？

活泼和情绪化

病人表现出多大的活力？情感——包括情感的质量和强度——是否与所讲述的情景或故事相匹配？能量的特征是什么？低落的？完全无精打采，就像精神病性后撤？或者是像在抑郁情绪中的低落。能量是断续的，以快速的内转性后撤为特征？或是流畅，仿佛一切都排练好了？能量看起来被夸大了，还是图形形成得很快，变化也很快？

治疗时间内的变化

在治疗这一小时里，手势和其他非语言方面是如何变化的？反应的潜在因素、内转、情绪的特征在这一小时内有变化吗？这是以线性方式在改变，例如，病人在一小时内改善情绪，或者更可能的是，它根据当前的主题和它对病人的意义而改变？

听病人讲故事

格式塔治疗是人本主义回应的一部分，它反对经典精神分析学发展达到的往往是无感情、无生命并具有强迫性的例行做法，包括自由联想（有时被格式塔治疗智者贬称为"自由分离"），以及叙述过去和现在的历史。格式塔治疗团体、敏感组和类似的努力发现了此时此地活动的令人兴奋之处和活力。这种新方式的重点是聚焦于病人感觉重要的东西，而不是花时间在那些没有有

第十三篇　格式塔治疗的区别应用

机体参与的东西上。

不幸的是，20世纪60年代末，许多格式塔治疗师将对病人生活的任何讨论都视为对现实即"此时此地"的逃避（见第一篇有关"格式塔治疗的最新趋势"的讨论）。这种激进的立场产生了刺激、骚动、激情和兴高采烈。正是这种激进和简单化的立场得到最多的推广和效仿。它比理论上更合理的格式塔治疗立场更简单，后者要求区分对病人此刻真正重要的东西。

熟练的格式塔治疗师没有在这个激进的立场上停留太久。实际经验和对理论考虑的更好理解带来对对话的遵循和对病人的关注。那些过度简单化格式塔治疗理论并将其视为僵化教条的人，面临的选择是狭隘的，他们遵循他们认为的正统格式塔治疗原则、技术和陈词滥调，或是反抗它们，并拒绝格式塔治疗。其中许多人从格式塔治疗转到其他疗法，因为认识到其局限性。更好地理解格式塔治疗理论和理论的作用（并将其与陈词滥调区分开来）对我们许多人来说很明显，这个霍布森的选择[①]是不必要的。

最近，埃尔温·波尔斯特（Polster，1987）明确地阐述了人的生命史的重要性，以及如何将故事的戏剧性表现出来。

我认为，如果不慎重考虑病人故事的重要性，就不可能进行良好的、全面的、长期的心理治疗。治疗强迫性地以较长的诊断期和历史采集而开始，这一问题的解决办法不是放弃诊断和历史，而是随着它的出现而对它进行工作，并与现象学和对话性临床工作相关。

[①] 霍布森的选择（Hobson's choice），即无选择的选择。——译注

治疗师是如何受到影响的？

我的反应是感兴趣还是冷漠？如果我没有被病人说的话感动，那是为什么没有呢？我是不受影响的吗？我生活中的其他事情是否影响了我的工作效率？或者病人没有表达对他或她具有有机体价值的东西？或者也许一些有有机体价值的东西正在被表达，但是能量内转并后撤了？如果我被影响了，以什么方式？在我心中激起了什么？我悲伤、同情、愤怒或快乐地回应吗？出现了什么记忆、联想、隐喻？

治疗师如何受到影响很重要，这有几个原因。对于治疗师来说，觉察到他们自己的反应是很重要的，这样他们就可以对自己的反应负责，使他们自己聚焦，悬搁，并防止未觉察的干预污染。此外，能够进入一个对话并知道一个人的反应和它从哪里来，这是绝对必要的。了解一个人的反应对其诊断价值也很重要。

许多治疗师倾向于把治疗师自己的反应归咎于病人。在精神分析学中，阻抗和投射性认同的概念有时也被这样使用。不幸的是，这也发生在格式塔治疗中。在这两个系统中，良好的实践都要求治疗师对自己的情绪反应负责。

在格式塔治疗中，我们认为治疗师的情绪反应并不都是反移情。当一个反应在没有洞察当前场的情况下被投射出来，以及当它是来自另一个场，即另一个时间、地点或人的残余物时，它是反移情的。当治疗师的情绪反应是由洞察做出的，并且主要是此时和此地对病人的反应时，它不会转移。它可能还是另一种类型的人格失调性歪曲（或不是），与病人分享这个可能好或不好。当然，所有这些区别取决于觉察到自己是如何受到影响的，以及病人是如何构成的。

第十三篇 格式塔治疗的区别应用

形成一个图形

当我聚焦，悬搁，让自己受到影响时，我就让一个图形形成。我让自己对显而易见物印象深刻。这意味着允许某物进入觉察，允许图形变得清晰，并贯穿图形形成和破坏的整个周期。这为自发的反应、好奇心等留出了空间，并允许在此时此地的互动和一个广阔的背景之间形成一种关系。这个新出现的图形自发地回答了一些问题，比如："我如何理解这一点？""我对此有什么兴趣？""是什么让它起作用的？""这有什么重要的？"

治疗时间内的模式与病人故事的相似之处

观察治疗时间内发生的事情与病人正在处理的主题或故事之间的相似之处对于区别治疗特别有价值。如果病人正在处理一种在治疗过程中没有浮现的行为模式，那么为什么没有浮现呢？如果它真的出现在治疗过程中，那么引起病人的注意往往会带来惊喜和新的视角。对这一点的觉察，使治疗师不愿意成为病人不满意的重复性相互关系模式的一部分。

例如，一个25岁的男士抱怨和他约会的女士缺乏情绪反应。当他谈到恋爱中的女士缺乏热情、兴奋、关心、敏感等时，他听起来平淡而理智。内容包含了很多合理化、强迫性的绕圈子。治疗师觉察到在治疗过程的互动中他对感受的回避，这也是他在与女性关系中发生的事情的线索。这给了治疗师和病人同一问题的两个角度。

当治疗师分享这些观察结果，或分享自己的反应或建议的实验时，病人受伤了，越来越防御、痛苦并无法做任何重要的心理工作。当治疗师共情地倾听时，慢慢地与病人之前的陈述小小地关联起来时，病人增加了他的健康感，增加了他的开放性和心理工作的深度。这与当病人的朋友或爱人对他的感受表现出关心的反应时，病人的健康报告相似。

治疗过程中的观察有助于加快对病人在治疗时间之外的状态的理解，而治疗时间之外的模式报告有助于加快对治疗时间内发生的事情的理解。有时由于缺乏相似性，需要做一些澄清。

一位37岁已婚妇女，有两个年幼的孩子，她报告说，在治疗性相遇的亲密之中，她感到安全，并在治疗后感觉好多了。在治疗过程中，她看起来很聪明，幽默感很强，开朗，表现出很强的常识性，并做了探索性工作。她报告和丈夫在一起时似乎很愚蠢（通过自体观察和丈夫的观察），冷冰冰，固执，脆弱，封闭。为什么不一致？

在治疗开始的时候，她充满防御，但随着时间的推移，她了解到治疗师会用关心来回应，会倾听，不会攻击，并且会用直接的反馈。在家里，她体验到丈夫攻击，挖苦，隔离他自己，拒绝深情的追求，等等。虽然在与治疗师的良好接触中，她能感受到一些和谐和自尊，但当情境不安全时，她会感到分裂、愤怒，有时还会感到惊慌。她面对丈夫及他们的关系时更是如此，他们的关系已经被两人源自早年与自己父母的发展性体验的移情严重污染了。

什么让这可以理解？

我问自己，是什么让别人告诉我的或者我观察到的东西起作用。如果它很重要，那么是什么让它变得重要。在这个过程中，治疗师的任务就像研究者的任务一样。我如何解释我所观察到的？很多年前，我给一对夫妇治病，当时他们已经结婚二十年了。在那段时间里，他们有一份合同，他可以和其他女人发生关系，但他从来没有这样做过。现在她要求改变合同，而他准备好了因为这一改变而离婚。是什么让这种改变对他们每个人都如此重要，而它并没有表明任何改变外部行为的意图？他不想有外遇。为什么这么重要？

对他来说，保持自由的象征意义是至关重要的，这样他就不会经历和他的压制的母亲在一起时感觉到的那种被俘虏和不得脱身。随着年龄的增长，妻子对自己的长相越来越不放心，她想把合同的变更作为他对她的持续兴趣的标志。

诊断背景问题和相关性

当我和病人工作得很好时，我不会考虑阐释、诊断或理论。不过，有时候我确实会考虑这些问题。有时这发生在治疗后，有时是在治疗前，有时这些问题在治疗时间内侵入。有时当下的图形是由这些更抽象的问题所告知的，而我个人没有中断与病人的联系。在这些情况下，此刻的图形自发地由我的背景中更抽象的信息所告知。有时当我陷入困境时，我会用我对病人和我们的历史的了解来提醒自己，并因此让自己聚焦。

以下列表并非一个详尽甚至是系统的罗列，而是我所认为的一些相关因素的某种迹象。

支持水平

我对病人的人格组织水平（精神病、性格障碍、神经症、"正常神经症"），以及生物、文化和种族的因素进行了区分。最重要的是：病人性格结构的性质。

接触能力？病人目前的接触能力怎样？

共情：病人在多大程度上能够给予并接受共情，即理解另一个人的现象学现实。

亲密：接触能力包括开放、易受影响和亲密的能力。

对话：需要评估各种形式的对话能力。这包括谈判、斗争、妥协、辩论、表达自己的观点并且也倾听对方意见，以及在困难或令人沮丧时与他人或问题保持接触的能力。有时被忽视也是放手、后撤、放弃的健康和必要的能力。

攻击：病人能够在多大程度上自信地、以整合并且考虑他人需求和限制的方式使用心理生物性攻击？在使用攻击时，此人是否表现出对自体和他者的关注。此人是否能够控制攻击的使用，例如考虑后果？

喜悦：病人能在多大程度上享受乐趣，体验兴奋、玩乐、感官享受、性趣？

觉察过程

一个核心的考虑领域是探索人的觉察过程是如何工作的。人是如何感觉、感知、感受、推断、想象、愿望的？意识流是如何流动的，或者它是如何被阻塞的？什么被允许进入觉察，什么被排除在觉察之外？如何即通过什么方法避免觉察？

觉察过程在计算一个人的自体支持和接触各种类型的能力时是最重要的。

图形/背景形成和破坏过程：在图形/背景的形成和破坏的阶段，即前接触、接触中、最终接触、后接触中，一个人通常是如何行动的？这个人足够放手让一个新的图形出现在觉察中吗？是否允许各种刺激产生效果？哪些是有效的，哪些不是？这个人能被自己的需求和周围人的需要所刺激吗？这个人让浮现的图形变得清晰吗？该人是否屈服于最终的接触和完全的自发性和统一行动？最后，此人会进入自体削弱的后接触互动吗？

健康的功能运作需要图形根据需要改变。如果改变太慢，人就停留在僵化的状态，无法完成图形并放手去进行新的图形。如果变化太快，这个图形就不会深化，将导致过于肤浅。这个图形变化得如此之快以至于什么都不深化，像歇斯底里一样吗？或者，这个人保持这个图形这么长时间不变化，以致避免了最后的接触或后接触？

辨别能力：这个人辨别准确吗？有多准确？这个人只区分为二择一的离散类别（有能力的-没有能力的；好的-坏的；精彩的-劣质的）？或者，这个人是不是故意做了如此细微的区分，以致没有流动的行为发生？这个人能区分他的父母和他现在的重要他者吗？这个人能区分合法的权威和专制的控制吗？自由和许可？责任和责怪？美味和无味或恶心？重要的程度？绝望和可能？

拥有和感受：这个人承认自己的行为、感觉、想法吗？这个人真的那样感觉，或者只是理智地观察或推断自己的责任？这个人通常会有哪些边界扰乱（例如投射）？

表达觉察：这个人是否表达自己的情绪、愿望、想法？表达是从一个人到一个人吗？还是它被偏转、替代，转变成流言？这个人是在传达与情绪、愿望和想法相关的情感能量和意义，还是仅仅在谈论？

人际关系

这个人的关系史怎样？它们必然是短暂的吗？或者恰恰相

反，坚持不满意甚至虐待的关系？这个人是否考虑了伴侣和自己的需要，或者仅仅考虑了一个人的需要，自体的或者他者的？或者没有考虑到任何人的需要？这个人能认识新的人吗？能与认识的人进行有意义的交流吗？这个人能独立并支持他或她自己吗？这个人能走向爱的融合并支持他或她自己吗？这个人是在健康的融合和后撤之间移动，还是被困在一个接触和后撤连续体的狭窄范围内？

工作

此人是否表现出与年龄、背景、智力和价值体系相适应的对成就和功绩的奉献和承诺？这个人是否有在情感上相对满意并足以提供经济支持的工作？这个人能为一个事业或项目的利益做出牺牲吗？能为了个人进步而牺牲吗？为了平衡自己的生活，一个人是否能够减少承诺和成就？这个人能上下班吗？

关于评估的进一步的专业问题

与诊断相关的道德和能力问题有几个。我认为没有系统的诊断等同于没有尽可能地进行治疗，因此没有履行我们职业的使命。对于格式塔治疗师来说，这需要考虑行为数据和其他现象学数据，即没有数据被系统地排除在外。

同时，诊断本身并不是治疗工作的增强。它可能具有智性价值，也可能对研究有用，但它对治疗无效，事实上，它可以确保治疗师（也许还有病人）注意收集治疗所需信息，或做出与诊治相竞争的诊断，而不是加强诊治。

第十三篇 格式塔治疗的区别应用

准确诊断的专业义务的核心也是现象学训练的核心：了解假设和事实之间的区别。信息的来源是什么？知道多少？数据是什么？这在多大程度上得到了证实？如果治疗师没有足够的教育、治疗、纪律和谦逊的态度来准确地了解一般性知识（目前技术水平）和治疗师所知道的东西，病人很可能会过度信任治疗师的意见，或者被治疗师缺乏共同智慧所欺骗。

在研究或哲学分析方面没有受过良好培训的治疗师将无法做到这一点。同样，自恋膨胀的治疗师也无法做到这一点，事实上，他们可能会主动地，尽管往往是无意识地，寻求更多的奉承。

最后，诊断是对任务有用的系统模式识别。它不是把人放进小房间。它当然不会把人分为好的或坏的，分为有价值的和没有价值的、能够成长的和不能成长的。

第十四篇
治疗性格障碍患者

评　论

这篇 1990 年的文章，连同第十三篇《格式塔治疗的区别应用》，是作为这本书的一个单元写的。第十三篇讨论诊断的一般问题。本文中我讨论人格障碍的诊断和治疗，并对自恋型和边缘型人格障碍进行了详细的说明性讨论。

本文的研究范围

直觉是不够的

我认为现在的治疗比二十年前好多了。我认为它更有效，更少的病人遭受无效或有害的治疗经验。性格障碍患者尤其如此。我确实在我的实践中体验到了这种进步。作为一名治疗师，我个人的一些进步来自一般专业团体的学习。我受益于各种临床医生的分享的经验。我认为，分享经验会带来很大不同，以至治疗师不能仅仅遵循自己的直觉、感受或单个导师的教导，甚至只拥有一个系统的视角，来完成一项最新的工作。需要许多临床医生的分享来缓和归纳和偏见，增加多个视角，使我们能够从比我们任何人单独看到的更多病人的治疗中学习。

作为一名治疗师，我的一些进步也来自我个人年龄的增长和成长，包括大约 40 000 小时的个体、联合和团体的格式塔治疗，以及花在关于那些治疗经验的思考、教学、咨询和写作上的时间。我想分享一些我学到的东西。

在这篇文章中，我打算说明对整体性格结构的区别理解如何带来格式塔治疗的区别应用和改善的治疗。在一般性讨论之后，我将通过讨论自恋型人格障碍和边缘型人格障碍的比较治疗来说明。我这样做的目的有好几方面。最重要的是，我想详细说明区别诊断是如何在我的格式塔治疗实践中发挥作用的，以显示通过区别理解改进治疗的可能性。

我之所以选择边缘型人格障碍和自恋型人格障碍进行比较，是因为它们在临床实践中很常见，我有很多个人的治疗经验，诊断对他们的治疗过程、干预的选择、了解病人的支持和需求都有很大的影响。如果没有足够的理解，对这些病人的治疗充其量只能是漫谈，也就是说，没有关注什么是重要的，没有必要的顺序和时间感。有了正确的认识，这些病人就可以得到成功的治疗，没有这种认识，治疗会使这些病人更糟。对我来说，这增加了一些紧迫感。此外，如果没有足够的视角，那么这些病人的治疗也会给治疗师的心理健康带来危险。

没有"正确"的干预

虽然我希望这个讨论将对执业格式塔治疗师有所帮助，我也希望读者表现出应有的谨慎。我有时在精神分析文献中读到这样的陈述，比如说，针对一种临床情况，"只有一种正确的分析态度"（科胡特）。没有正确的方法。在格式塔治疗或精神分析中都没有"正确"的反应或风格。关于性格障碍的选择治疗，目前还没有明确的共识，尽管许多人写起来就好像他们对事实有一致的看法。本文的结论也不是绝对正确的。我的结论是基于我在治疗我所吸引的病人方面的经验，考虑到我的个性和优缺点等。

对病人特征和治疗方案的一般性讨论必须适应治疗师、病人、治疗系统、治疗模式、医疗部门、社区等的特定背景。为了保持整体完整性，任何来自精神分析的概括都应该被同化，而不是零碎地内摄格式塔治疗系统（见第九篇，《将诊断的和精神分析的观点同化进格式塔治疗》）。例如，在精神分析文献的大部分讨论中，如马斯特森的著作中，他们讨论的最低治疗频率是每周三次，甚至每周六次。讨论可能假设两年后进入治疗中期（估计不错），在这种心理分析中，这意味着300小时的治疗。如果治疗是在一周一次，甚至一周两次的情况下进行的，那么在吸收任何陈述时都必须考虑到实际的治疗情况。

频率不是唯一的变量。在我看来，马斯特森关于治疗边缘型和自恋型人格障碍的讨论太有价值了，不容忽视。然而，马斯特森指出，当病人希望治疗师做出情绪反应时，他或她表现出了阻抗和见诸行动。对马斯特森来说，这是见诸行动，因为分析师的任务是一项智性任务（Masterson，1981，p. 78）。由于这种态度与格式塔治疗的态度是完全相反的，显然，如果没有彻底的同化，他对治疗任务的描述就不能用于格式塔治疗。科胡特谈到，由于分析师让病人发现了他是罗马天主教徒而犯了一个无法挽回的错误，分析因此而陷入无望的僵局，此时他同样展示了治疗态度之间的差异有多大。

我认为，优秀的格式塔治疗需要理解病人的背景，精神分析的讨论可以非常有帮助，**而且**治疗师需要准确和深入的自体理解，**以及**对格式塔治疗系统的良好的理论和实践理解，包括对话的中心地位和现象学聚焦，以及如何在治疗中实现这一点。

我努力考虑一般的专业信息，包括诊断、心理动力学、其他角度的治疗、结果和过程研究等，但在本文中，我并没有明确而系统地讨论所有这些。这只是本文需要承认的局限性之一。

我的结论没有经过科学检验。我甚至没有制定可直接促成此类研究的操作标准。此外，诊断、发展背景等方面的许多细微而重要的区别也没有包括在讨论中。并不是所有的性格障碍都在讨论中。我没有提出一个类型学，或者对性格障碍的诊断或治疗的完整考虑。我没有试图复制或总结《精神疾病诊断与统计手册（第三版）》，也没有将其翻译成格式塔治疗语言。这不是对诊断标准的阐述。

读者记住以上这些是很重要的。我希望我们在格式塔治疗中填补一些空白。我在这里的初衷就是，分享目前的经验，希望它将带来以后更全面的系统化和测试，同时对那些目前在火线上的人有所帮助。

我特别想强调的是格式塔治疗不是、不能也不应该是一种手册化或食谱式的疗法。它要求临床医生与来访者这个独特的人进行接触，而这种接触的基础是治疗师这个人的集中、悬搁、聚焦、对话的开放态度。它需要艺术和对话，而不是技术或教条的应用。正是本着这种精神，我分享了我的治疗经验。

但我们可以从过去的经验和别人的经验中学习。进行巧妙的治疗并不意味着产生理解或干预而不参考这个领域的精粹智慧。

觉察、对话与过程

论区分性格障碍程度的必要性

轮到我工作了。那是1965年，我和弗里茨·皮尔斯与吉姆·西姆金参加伊萨兰的一个为治疗师举办的高级工作坊上。在工作坊上，参与者数了数，并按照所选数字的顺序在团体面前做1对1的工作。

在我要工作的时候，团体成员正因为担心一个非常不高兴和相当烦躁不安的团体成员的缺席而分心。他们中的一些人想离开团体去找他。

吉姆对那群人和那个失踪的人很生气。吉姆又闹他的众所周知的自以为是和固执的情绪了。他认为这个行为不当的团体成员对他自己负责，不想让步。弗里茨不同意，并说，这个特别的参与者病得太重而不能负责任。事实上，25年后我记得，那个参与者可能是精神病患者。

弗里茨认识到精神病患者需要不同的干预措施。这件事就是一个例子。我在与弗里茨的事先接触中注意到，他清楚地分辨出他面质谁，他不干涉谁，他轻柔地接近谁。在我工作并遇见弗里茨的医院里，他表现出了与患有精神病、退行的病人建立联系的非凡的能力，而这些病人其他人是无法与他们建立联系的。然而，在使用梦境的演示工作坊上，当病人在梦境中没有任何生命迹象时，他认为这指向精神病，并且他不会和那个人一起工作。在临床工作和生活中，他提倡区别对待。当然，他并不总是能成功地做出这些区别。

在20世纪60年代和70年代早期，格式塔治疗中承认此刻的模式，在特质水平上对重复有一些认识。但是，除了在伊萨兰弗里茨和吉姆的非常粗略的分歧外，对类型学的系统关注很少。但个体的格式塔治疗师，例如那些治疗精神病患者的治疗师，知道诊断和区别治疗是必要的，并据此进行。

然而，在大多数实践中，过去有、现在仍有病人不是精神病患者，但比神经症患者更不安且更麻烦。当然，我指的是人格障碍，现在常被称为自体障碍。这些病人常常让治疗师很沮丧，治疗很麻烦，而且在过去，结果往往是消极的。请注意，不仅在格式塔治疗中是这样，在所有形式的治疗中都如此。经典精神分析对同一类型的病人也有同样的困难。有时这些病人会进行充分的分析，每周5次，持续7年、10年或更长时间，并且病情恶化。或者看一系列的分析师，没有改善，而且往往会恶化。这个问题是心理治疗领域的一个普遍问题，而不仅仅是格式塔治疗或精神分析的问题。

杰瑞·格林沃尔德（Jerry Greenwald，1973）阐述了对这种病人的一种反应。他开始写关于N（滋养的）人和T（有毒的）人的文章。这种粗暴的两分法是对治疗这些病人的挫败感的反应之一。这种取向是带有偏见的，无助于区分干扰的水平或性质，或治疗师需要做什么不同的事情。它没有充分解释性格障碍患者心理组织的结构性缺陷。这种态度使情况更糟，导致试图通过挫败病人来改善结果。这似乎是合乎逻辑的，但没有试图证实病人-治疗师的过程被准确地描述，没有与病人的现象学进行核对，没有考虑长期结果，等等。

很多时候，病人变得偏执、暴躁，感到受伤，离开工作坊或治疗，带着这些治疗师打开而没有愈合的伤口。在这个过程中，我们学到了一些东西。

任何有能力且负责任的临床医生都会做一些明显的区别，例如，病人是否患有精神病，是否对自己或他人有危险，是否需要医疗治疗，或者至少是否需要医疗咨询，以排除可能的医疗状况或精神药物的需要。一组这样的区别是病人的整体性格结构是处于轻度神经症、重度神经症还是性格障碍的层级，然后是这些层级内的自体结构的性质。必须这样做，如果格式塔治疗文献中没有详细阐述细节，那么格式塔治疗师必须使用任何可用的专业知识。这种对整体人格组织质量的区分是至关重要的，而且总是相关的，不考虑正式的诊断。

治疗师需要知道，性格障碍患者的功能运作在他们生活的大多数有机体/环境场中很容易受到扰乱。在经典的治疗理论中，无论是格式塔还是经典的精神分析理论，都没有充分地解释这些病人的性格弱点的病因和治疗。一些格式塔治疗师注意到最近在自体心理学和客体关系理论方面对这些病人的描述有所改进，他们被引导放弃格式塔治疗过程理论的美，转而采用牛顿的、机械论的框架。在这个框架中，这些病人可以被说成有一个分裂或破碎的核心自体。我不想把它概念化为人们"拥有"一个自体，而是更喜欢一种过程观——他们是他们自己，他们是活的过程，不是可以被打破和修补的东西。在对托宾的回应中，我讨论了使用机械论术语的理论困难。

在场过程术语中，性格障碍患者没有也不能通过一系列此时此地的瞬间，保持一种完整的自体感，尤其是在某些类型的人际接触中。我们需要对这些病人有更清晰的认识，正如我在本文后面所做的那样，但我们不需要离开格式塔治疗的现象学、对话、场过程的框架。

无论是否存在其他身体的、社会的、心理的状况或症状，治疗师都需要知道病人的性格结构是否完整，认知过程是否完好无损并在正常范围内运作，病人是否在时间、空间和人之中得到引导，病人是否有妄想症，病人是否有思维障碍，等等。

性格障碍的一般特征

神经症患者表现出觉察降低、焦虑加剧、抑郁和内部冲突。但他们继续表现出对共识现实的兴趣和理解能力，包括对他人现象学现实的理解。他们还表现出个性的连续性，至少表现出一些最低限度的自尊感和对他人的尊重，并对他们的环境进行创造性的调整。

所有这些都与性格障碍不同。他们没有且不能维持这种边界活动和个人的完整性。他们在达成个人的一致性方面存在一些障碍，并且/或是未能以一种考虑到共识情境的方式与情境建立联系，并且/或是未能进行充分的亲密的或对话性的人际接触，即，承认不同的现象学现实并允许浮现而不是工具性地追求结果的接触。治疗师需要认识到这一点，并相应地改变他或她的干预措施。

性格障碍是一种比神经症患者更易受干扰、比精神病患者更少受干扰的人格组织水平。在精神病中，对时间、地点和人的准确感知、逻辑与定向的基础是紊乱的。相比之下，即使在压力下，神经症患者也能保持准确的感知、思考和自我反思的能力。这些功能在神经症中至少保持最低限度的完整。在性格障碍中，定向功能不像精神病那样紊乱，但其他自我功能比神经症更紊乱，包括有规律的自我反思能力，特别是在压力或冲突的情况下。

总的来说，他们没有保持继续自我观察的能力，即对行为负责，在有分歧或冲突时与他人会面，与威胁或痛苦的觉察斗争，或者把当下体验中他们所是的那个人与其他时刻（过去的或可能的）联系起来，在这些时刻他们以不同的方式体验自身。

在性格障碍中，人发挥自体调节的自我功能的能力明显不足，无法包容、专注、同化和整合不同强度的情绪和愿望，无法抚慰自己，让自己平静和并以自己为中心，并支持完全专注于当前场中出现的自发图形。他们有特殊的困难，难以形成一个考虑到他者和自体的格式塔。一般来说，这些病人不能保持他们是谁的整体背景感，无法在自体支持和可能即将到来的环境支持中至少有一个最低的背景信任度。缺少对自体和他者最低限度的善意感受，包括积极的价值观、爱和一个健康、平衡的权利感（也包括自体和他者）。他们的感知和认知往往不能充分判断实际情境和创造性调整的可能性。他们往往缺乏以当下为中心的觉察，在这种觉察中，当前的图形与过去相联系，从过去中浮现出来，并实验性地朝着浮现的但尚未明确的未来可能性发展。

人格障碍都表现出人格功能的二分法，即在某种程度上缺乏将极性整合入整体的能力。这种疾病的程度和类型因障碍类型的不同而不同，我们将在下面讨论。例如：期望与失望、需要与能力、积极与消极、距离与亲密、现在与过去的整合。

我将讨论两种最常见的人格障碍及其治疗：自恋型人格障碍和边缘型人格障碍。然后我会比较他们的治疗需要。我不会试图对每一种疾病都给出一个完整的描述，我的描述只是足以证明我对格式塔治疗的区别应用的观点。

自恋的概念在心理治疗理论中有着悠久而混乱的历史。内在驱力、发展进程等理论上的差异主导了精神分析的讨论。在这次讨论中，我将不讨论这些分歧。相反，我将通过我的实践来描述这些病人的外观、现象学和治疗。

自恋型人格障碍

说明

使用"自恋"或"自恋者"这个词时，人们想起的普遍形象是一个完全以自体为中心、爱自己的人的画面，有膨胀的自体意识，无情地追求自己的自私需要，而不关心他人。在某种程度上，《精神疾病诊断与统计手册（第三版）》中的描述支持此画面。

以下摘自《精神疾病诊断与统计手册（第三版）》对自恋型人格障碍的描述（快速参考，pp. 178-179）。

  A. 对自己重要性或独特性的不切实际的感觉。

  B. 痴迷于幻想无限的成功、力量、才华、美丽或理想的爱情。

  C. 表现狂：这个人需要持续的关注和赞赏。

  D. 冷淡或明显的愤怒、自卑、羞耻、羞辱或空虚感，以回应批评、他人的冷漠或失败。

  E. 至少有以下两项。

  （1）权利：期望得到特殊的优惠而不承担相应的责任……

(2) 人际剥削：利用他人满足自己的欲望或自我扩张；无视个人的诚信和他人的权利。

(3) 在过度理想化和评价的极端之间惯常交替出现的关系。

(4) 缺乏共情：无法认识到他人如何感受，例如，无法体会病得很重的人的痛苦。

当一位富有同情心的治疗师将自恋者描述为一个容易受伤、自卑、非常依赖他人的关注、认可、尊重和爱以保持自我意识的人时，就会出现一种明显不同的画面。这个描述的重点至少不同，更多考虑 D 项的比重。

在这个描述中，受到自恋性精神障碍困扰的病人需要外部的支持来保持表面的平衡。随着时间的推移，他们很难保持安全感和整体同一性，特别是在困难的情况下，例如，有可能发生冲突、竞争、失败、剥夺的情况下。因此，这个自恋的人充满羞耻感，爆发出愤怒、绝望和/或恐慌，并在那些时候显得极度沮丧，显然无法与人接触。我不愿称之为自爱。

那些自恋的人是真的认为自己高人一等，还是真的没有安全感？这些是相互冲突的画面，还是它们适合包含这两种描述的更全面的画面？或者这个术语可能包含多个子类型。虽然我认为有多种类型的自恋者，但是我也认为有一个包括多样性的全面的画面。

自恋者是"以自体为中心"，但不是以自己的"真实自体"为中心。真实自体是来自有机体-环境场的。正如皮尔斯、赫弗莱恩和古德曼所说的（Perls, Hefferline and Goodman, p. 235）：

> 让我们把"自体"称为任何时候的接触系统……自体是工作中的接触-边界；它的活动正在形成图形和背景。

健康的自体功能运作不是以自体为中心，而是以自体-他者为中心。健康的觉察不是对自己的觉察，而是对他者和自体的觉察。

自恋者是融合和场依赖的。他们非常依赖于其他人的温和与积极的反应。虽然他们依赖于场，但他们与场的其他部分没有适当的区别。他们把环境视为存在以支持他们。他们并不真正把别人看作自主的，不同的，和他们一样有价值，本身就是目的。他们认为别人的需要不如他们自己的重要，往往根本没有意识到别人的需要。

如果自恋的人感觉和他们的封面故事一样精彩，如果健康的自体是以自体-他者为导向的，那么为什么他们会如此依赖场并以自体为中心？我们稍后将看到他们的特点之一是蔑视他人。为什么一个安全、出色的人需要蔑视他人？他们为什么不更尊重别人的需要？

膨胀的自恋者的夸张的自体形象有助于他们避免精疲力竭和泄气的羞耻经历。当羞耻模式占主导地位时，自恋者的同情画面更为明显。我的观点是，自恋型患者的膨胀而泄气的画面总是作为真正的极性对立共同存在。泄气的病人有一个有意识或无意识的夸大的自体形象——这是使泄气体验可以理解的背景。同样，泄气的画面也将意义赋予了被如此顽强捍卫的膨胀或夸大的画面。

保罗（Paul）是一位48岁的心理学家。当他和一个病人在一起或在一群人面前时，他的脸充满活力，他的眼睛清澈，闪闪发光，富有表现力。他动作流畅优雅。他的讲演很清楚。他说话很有权威，而且很有风度。他的许多病人感到自己受到了感动，被领导，被鼓舞，被关心。这难道不是一个极好的接触和关心他人的画面吗？

一切不都是看起来的那样。因为保罗用另一个人来荣耀自己。对保罗的自我感觉来说，重要的是他的病人崇拜他并且他把他们带到某个地方。他的态度排除了完全满足横向接触的可能性，而在这种接触中，病人得到肯定，保罗从任务和其他情况中得到他的确认。

出于他们的存在，他提及病人的方式经常是蔑视或夸大的，而不是横向和平衡的。人们常常会有这样的印象，自体膨胀是保罗态度的核心。成功的病人反映出他是多么伟大的治疗师，治疗能够如此成功的人；他鄙视的病人反映出他是多么伟大的治疗师，能够接受这样的"混蛋"（他的话）。当病人在他认为他们已经准备好之前试图离开治疗时，他经常让他们知道，没有他，他们是无法应付的。

在保罗或病人没有意识到的情况下，对保罗来说，病人是保罗需要的延伸，而不是真正独立于保罗的来源。当一个病人不同意他，或拒绝遵循某个特定的建议，或想在保罗认为病人已经准备好之前停止治疗，保罗的更全面的形象出现了，他根本不把病人当作一个自体调节的独特"他者"来对待就变得很清楚了。保罗以前的自我膨胀会泄气，就像气球失去空气一样。他感到各种各样的沮丧、愤怒、恶意、无情。

在他的社会关系中，人们看到同样的膨胀-泄气和一种接触，这种接触看起来是人际的，但实际上掩盖了一种被投射的自体中心。他一直在寻找合适的女人。他衡量、评判、比较每一位新女性——他筛选她的容貌、精神性、智慧和独立性。他的大部分恋爱关系都是从爱慕和奉承他的女人开始的。有时是从他对她的崇拜开始的。当然，随着时间的推移，在任何一种情况下都有一些不可避免的失望。保罗失望地认为，她不是一个合适的女人，不是"合适的女士"。这样一来，对他来说光芒就完全消失了，她毫无价值。他48岁，并从未结过婚，他每次带着膨胀开始新的关系，确信这次不一样了。

在他自己的治疗中，保罗需要相信他的治疗师是很棒的，最好的，"非常有灵性的"。在治疗开始时，他很容易受到任何显示治疗师可能在各个方面都比"非常先进"要差的影响。我知道很多像保罗这样的病人，他们选择的治疗师会与病人的自恋联合，奉承他们，等等。我发现，对于自恋型患者来说，最好的预后是那些强调尊重病人的体验的治疗师，他们不坚持幻想治疗师是完美的（"最好的"）或是看重病人的奉承。

巴贝特（Babette）是个40岁的护士。很多时候她沮丧，觉得自己被虐待，无助，不快乐，无能。虽然她一直没有意识到要为自己所处的困境负责，但她对自己也很少有尊重和同情。她挑选那些迷人和有魅力的男人，而不考虑他们的关心、心理上的诚实等等。他总是被证明是个"混蛋"——这个把她赶走的强大的男人，曾让她感觉很好，现在却让她失望，遗弃她，让她疲惫不堪和泄气。

巴贝特很容易受伤，很容易哭，并且"表达愤怒"。事实上，她愤怒，而不是愤怒地与对方接触。在她的治疗中，她要求只关注她的体验、她的现象学现实，不考虑新的数据、相反的观察或感觉、她的觉察过程或实验的现象学精炼。当她受到伤害时会变得暴躁，然后变得阴沉并怀恨在心。在他人的好的共情和同情的反应下，她很快从这些事件中恢复过来。然而，如果没有冒犯者的屈服、道歉或同意，那么她根本无法恢复常态。

我称之为"被迫的融合"，她称之为"理解"——她几乎不知道她的体验可能是真实而强烈的，但不是绝对的真理。如果她觉得"我的后背被刺了"，那么她认为自己已经丧失了行动能力，就像真的被刺了一样。没有其他观点与她相关。在那种心情下，即使是她自己先前的感受，或者她明天可能会有不同看法这样一个事实，都与她无关。

巴贝特和保罗似乎是对立的，但他们的人格组织模式是相似多于不同。他似乎在世界之巅，而她似乎在世界的底部。但在她的心里，有一种她很少让她自己知道的浮夸，更不用说向别人透露了。当膨胀的气球被刺破时，保罗保护他自己不跌入任何可能的突然耗尽。

保罗和巴贝特都是以自体为中心的，场依赖的，融合的。对两者而言，膨胀-泄气极性是他们人格组织的中心。然而，他们以极性的不同方面来引导。一个人必须看向背景，以便看到极性的另一半。一个天真的治疗师可能会惊讶于保罗是多么容易受到泄气的伤害，也就是说，他的自体支持是多么的脆弱，同时也会惊讶于巴贝特在不感到泄气之前，得有一个多么夸大的自体形象。

形象中心与疏离

自恋型患者被两次疏离。他们与别人疏离是因为他们太以自体为中心了。他们与真实的自体疏离，这是因为他们关注的是自体的形象，而不是真实的自体和真实的体验。同时，与他人接触的往往也是形象，而不是人。通常，一个自恋的人会接触到另一个人有多吸引人（或不吸引人），有多有名（或不受欢迎）。轻视或理想化标示着自恋者看到他人的大部分镜头。

自恋型人格障碍患者的人与人之间的接触和自体觉察在很大程度上根本不是人与人的接触，也不是对他们的内心感受或他们与人的关系本质的觉察。魅力型自恋者看起来可能是人际交往的，枯竭型自恋者可能看起来是情感表达的，但两者都不是真正与他人接触。

此外，他们常常与自己的过去相疏离，对与他们状态改善之前的样子相联系感到羞耻。由于他们专注于当前的体验，特别是在浮夸的模式下，他们没有把过去的体验作为有意义的背景的一部分。他们除了不认同他们自己过去的样子，还往往轻视他们过去的样子，把他们过去的样子归咎于别人。

这些病人很难想象与他们现在的心情不同的心情，也很难想象其他人的不同的情绪体验。这使得他们很难产生共情。当他们无法保持情绪上的稳定时，这也使得他们很难在一段时间内保持平衡，这就要求他们能够想象和认同他们目前所处的情绪和情况以外的其他情绪和情况。

需要特别

自恋型人格障碍患者的思维、感觉和行为方式经常类似于学龄前儿童。他们表现出一种有时看起来与学龄前儿童的正常情况相似的不切实际，同时也表现得不能考虑他人的需求，这一点与在非常年幼的儿童身上看到的情况相似。当然，成人自恋者并不等同于学龄前儿童。一个三岁孩子的不切实际和以自体为中心的行为举止与一个魅力四射或精疲力竭的成年人以类似的方式展现自己截然不同。

他们对自己的看法常常被扭曲——认为自己非同寻常（才华

横溢、聪颖，甚至病得很重，等等）。他们需要显得特别。他们常常感到不需要付出努力就有权享受特殊的待遇或产品，而这些待遇或产品的获得通常必须经过努力、冒风险、不断学习。这与完全没有权利的极性相反的态度是交替出现的。

他们是操纵和剥削的，虽然经常感觉像一个受害者，被误解或人们没有充分认识到他们是超人（明星、天才等）。他们缺乏共情，不能像其他人那样看待生活。事实上，其他人往往与他们无关，只是作为他们自己的需要和幻想的延伸。单靠自恋的脆弱性还不足以证明自恋型人格障碍的诊断是正确的：对他人的需要和感受不能有共情地反应，这是诊断的一个重要部分。只有在治疗的后期，自恋型人格障碍患者的这种情况才会真正改变。

这些病人通常有被用来满足父母需要的历史，而不是被视为独立的、他们真正的自体需要受到重视的人。父母缺乏真正的共情。甚至连自恋型患者的成就也被用来美化父母。一个自主的孩子的真实自体被当作不存在。在这些家庭中，父母的影响如此之大，以致后来成为自恋者的孩子通过主观地生活在形象中，特别是生活在那些浮夸和理想化的形象中来保护他们的真实自体。

场依存

人存在于他们是其中一部分的场中。然而，我们通过与场中的其他部分相区别而存在。虽然人们依靠心理和物理场的其他部分来获得各种营养（食物、尊重、爱、反馈等），但大多数成年人，甚至是神经症的成年人，即使在这些需求得不到满足的情况下，也能保持一种自身的完整性、安全感和对自己的积极感觉。

自恋性精神障碍患者甚至比这更依赖场。当一个人被剥夺时，感到被剥夺是正常的，但同时也感觉到对自己的同情和尊重，以及对自己的持续的清晰意识。但自恋的人有很多羞耻感，用一些外在的东西给自己一种安全感、完整性和自我温暖感。在治疗之前，他们缺乏接受、培养和尊重自己的能力。

所有人都需要外界的滋养，但这不能取代他们内在的个人认同感、完整性、持久的连续性。神经症患者可以将外部现实作为一个"外部"现实联系起来，不管他们用什么样的眼光，但作为一个外部现实。自恋型人格障碍把外在看作自体及其需要的延伸。

自恋型患者常常觉得自己是隐形的。当他们不被承认时，当他们的感情和信仰没有被回应时，他们往往感到不被看见，他们的心理存在和他们的生活安宁受到威胁。

四个 D

治疗需要进行真正的接触并学习如何进行真正的接触，学习与一个人真实的样子接触。治疗前的自恋者生活在一个融合和幻想的系统中，只有当他们的成就符合他们的幻想时，他们才能珍视自己。当他们的自体体验的某些方面与他们对自己"应该"是谁的幻想不一致时，他们就不能接受自己。例如，自恋系统不考虑随时间的发展。因此，自恋者通常会对自己能做的事感到一种夸张的自豪感，而不会认为他们能学会对他们来说困难的东西。他们不认为奋斗是正常的，也不认为自己必须奋斗，在经历学习所带来的痛苦时，也不会对自己产生自信和爱的感觉。

不仅仅是自恋者对学习环境有羞愧的反应。羞耻感导向的人意识到自己还不知道的事情时，通常会感到羞耻。无论不知道之事是否是一个真的缺陷，这个觉察是来自他们自己的努力，还是被别人指出来的，再或是一个社会测验的结果，都是如此。

但自恋型人格障碍的难度要大得多。神经症羞耻感导向的人随着时间的推移带着整体的个人认同开始处理这个问题，而不会出现标志着自恋型人格障碍的膨胀-泄气，并且通常能够继续完成手头的任务。与任何神经症一样，神经症羞耻感导向的病人保持着自我反思的能力，自恋型人格障碍往往丧失这种能力。

挫败、冲突、失败、剥夺、困难、批评和羞耻感都会导致自恋型精神障碍患者走向四个 D：泄气（deflation）、耗竭（depletion）、抑郁（depression）和绝望（despair）。对于自恋型人格障碍，面质、阐释、实验建议甚至接触暴露通常会导致失衡的泄气、彻底耗竭感、抑郁和绝望。他们失去了自我意识、相对安全感、生活安宁感、结构整体性和时间稳定性。

他们感到筋疲力尽，内心空虚，仿佛"没有自体"，他们感到泄气，仿佛没有了飞翔的能量，就像一个没有空气的气球。他们感到抑郁：生物心理学的能量功能迟钝，自尊降低，避免原始情绪，例如抑郁，而不是感到孤独和悲伤。他们感到绝望，对当前危机之后的行动没有任何希望或信心。

我认为人类的康复需要人类的接触。经历过四个 D 的自恋者需要共情的联结。但他/她的治疗前的调整系统依赖于不把他者作为一个单独的人来对待，这就排除了真正的接触（对话、亲密）。无论是浮夸还是耗尽，都与一个人的精确的情况没有联系。这使得治疗对自恋者来说是一项非常危险的工作，对治疗师而言也是一项困难的工作。治疗对这些病人有一种天生的对抗性效果，即使是温柔地、共情地和慈爱地进行。

当然，有效的治疗必须给病人带来有机体/环境场的需求，包括他们自己的有机体需求和能力、其他人的需求、限制等。就像任何学习一样，这涉及挫败、冲突、困难。为了成功地完成这一过程，自恋者需要一种治疗关系，在这种关系中，治疗师在很长一段时间内始终与病人的需求保持一致，以保护病人，避免压倒性的泄气和耗竭的感觉。

自恋的平衡杆

自恋性精神障碍患者被困在一个现象学的平衡杆上。平衡杆的一端是膨胀，另一端是泄气。膨胀的那一端是浮夸、明星、精彩先生等等，往往伴随着对他人的轻视、溺爱、贬低。平衡杆泄气的那一端（如果我不是很好，我就是垃圾）常常表现为一个饥饿、失落、无力的婴儿，他感到嫉妒、羞愧和愤怒。浮夸促使人避免觉察到泄气的状态。

一个人感到受到威胁，膨胀的气泡被刺破，发生冲突，等等，此时他/她经常会经历自恋伤害。这是一种直接而全面的状态变化，经历了这种变化就好像没有任何内在的心理过程是相对持久的。所有的安全感或自我价值感都丧失了，而且往往还有时间连续性的感觉。可能没有现象学上的方法去获得别人所能获得的力量。

将神经症的羞愧体验与自恋型人格障碍患者的自恋伤害相比较，具有一定的指导意义。神经症羞愧导向的人可以继续反思和自省。面对消极的经历、竞争或冲突，他们常常会问这样一个问题："我怎么了？"在这种神经症的羞愧体验中，他们失去了他人对他们的爱的感受，他想隐藏自己，不让别人看到如他们那一刻所感觉的那样的缺陷，但他并没有完全失去自体，也没有完全失去他者。他们不会失去对自己的认同，也不会完全失去自体与他者之间的区别（尽管有大量的内摄和内转），他们通常仍然能够应付手头的任务（尽管可能会受到羞愧感的阻碍），而且他们能够康复。当表现受到羞愧反应的阻碍时,羞耻感导向的神经症倾向于把责任归咎于自己,也归咎于环境和他人。

自恋型人格障碍经历了一个更全面的他人的情感丧失。他们可能会以防御的浮夸姿态来体验,或者更经常地体验到突然的全面泄气或愤怒。在这一阶段,他们往往不能或不处理任务,恢复得很慢,往往把自己的困境归咎于别人的对待,而不是责备自己或为自己的不足承担责任。在这种情况下,他们可以冷酷无情,完全有能力为不负责任、不道德或非法行为、无理要求辩护。他们认为任何相反的意见或令人沮丧的待遇都是完全不公平、毫无价值或报复性的。

但这些策略仍然让他们感到羞愧和自我价值感减少,因为他们的自我价值是如此依赖于别人如何对待他们。然而,由于他们不通过为他们的处境承担责任来支持他们自己,他们感到自恋伤害。这对无论是膨胀占主导还是泄气占主导的自恋者都是真实的。

两极概述

膨胀(我很好!)	泄气(我是垃圾)
轻视	饥饿、失落、无力的婴儿
溺爱	嫉妒
贬低	羞耻、愤怒或恐慌

失望

保持自恋型人格障碍的缺陷之一是处理失望的方式。自恋者通常没有一种可同化的失望感——他们不是体验到"一点点失望"。他们的期望被夸大了，以一种全有或全无的方式。不可避免的是，体验并不完全符合他们的期望。他们的期望就像一个气泡，一点点的失望打破保持起泡完整的薄膜。当气泡破裂时，膨胀的自恋者表现出轻视、宠坏或贬低那些令人失望或竞争的东西。泄气的自恋者表现出饥饿、失落、无力的婴儿模式。这充满了嫉妒、羞耻和愤怒。嫉妒就像膨胀模式的轻视一样糟糕。

自恋者会同化浮夸-泄气的自体，而不是真实的自体。他们所经历的任何温暖、兴奋和安全的光辉都与普通的生活无关。他们认同非凡，认同特殊。对他们来说，平凡必然意味着有缺陷、平淡、乏味、无趣、不可预测、不安全和毫无价值。谁会爱一个平凡的人？一个能够爱一个普通人并对他感兴趣的人，一定是本身有缺点的。

我假设，正常人对自己有一种温暖、愉快或良好的感觉，随着失望这种感觉继续下去，尽管有点减弱。换言之，他们可能会失望，但不会陷入羞愧和耗竭。这是自恋伤害过程中发生的一部分。在达到预期的膨胀气泡和失去价值、优雅、重要性等的跌落的位置之间，没有中间部分。它不是一个连续性系统，而是一个二分法系统。

当孩子有失望、沮丧、痛苦、失落、失败时，他学会了一种应对方式。如果父母能够爱护孩子，保持合理的平静，能够包容和"抱持"孩子的情绪，在他的情绪被表达、被理解、被允许以健康的方式如常进行的同时，允许他感到不安，孩子就会感到理解和抚慰，负面影响也会被调节和完成。当这个过程发生在与共情的父母的关系中时，孩子会同化这个过程，并学会为自己这样做。自恋型精神障碍患者通常缺乏这种识别、抱持和调节自己情绪并抚慰自己的能力。

发展背景

有很多关于自恋型患者的发展背景的文章，不幸的是，在格式塔治疗框架内很少。我只提与当前讨论有关的几项。格式塔治疗框架中的一个充实的发展理论等待以后的阐述。

我与之工作过的每一位自恋型患者的童年早期经历都以他们与父母之间缺乏真正的接触为特点。然而，他们进入治疗时往往不提那个历史。他们常常更多地聚焦于当前关注的问题，会说自己的童年是美好、精彩而平静的。他们常说他们的家人，特别是他们的母亲，干得很出色。有时他们会说他们和母亲的关系异常亲密。作为心理治疗师的病人保罗这样说他和他的母亲。精疲力竭的自恋者经常说，他们不明白，他们曾经有这么好的母亲，现在怎么会这么不安全。

一位病人（一位聪明英俊的专业男士）在他的治疗早期曾这样说他的母亲："她是世界上最好的小母亲。"后来的治疗慢慢地透露出，她是如此的自恋，如此的自我中心，如此的缺乏洞察，以致她无法照顾到他的最起码的需要。她酗酒过度，把她的问题摆在他面前，给他留下了一个长期遭受丈夫（我的病人的父亲）虐待的女人的印象。一旦发生冲突，她就会陷入极度痛苦的境地。一个接一个的故事浮现了，在这些故事中，治疗师觉察到母亲的行为太离谱了，而起初病人并没有觉察到这一点。病人已经将母亲的自体形象内摄，并且他自己需要至少有一个他可以理想化的父母，以便维持一个有秩序、有爱心的家庭的感觉。

自恋的成年人在童年时期最重要的方面通常是，没有以一种承认他们真实自体的方式得到准确的感知和适当的回应，包括他们的情感经历、需求、能力和弱点。从学龄前开始，父母将孩子的情感需求视为次于父母的。孩子的感受没有得到承认和尊重。他们很少因发展成就而受到赞扬，除非他们反映了父母的自尊。当没有真正的成就，或者成就被最小化或归因于父母时，他们常常受到过分的赞扬。简言之，病人被视为一点儿也不特殊。

其中一个变化是，儿童被视为如此特别的人，以致他不能做错任何事。这位"年轻王子"经常因为做得很少而受到过分的赞扬。他不必努力，也没有真正赢得赞誉。这就导致了他对自己同样缺乏现实感，好像根本没有得到任何认可。因为事实上，他的真实的自体是不被承认的。

学龄前儿童似乎自然地经历了浮夸和理想化的阶段。天真地假设安全和能力似乎符合发展过程。我记得我女儿在学会走路后不久，走下任何一个表面，都相信她会做得很好，生存下来，如果有任何问题，有人会在那里抓住她。所以，经历理想化阶段也是正常的。我记得我儿子让我做一些不可能的事。当我说"不能"的时候，他睁大无辜的眼睛看着我说"能"，意思是"你当然可以做到。"

假定在早期的正常发展中，孩子知道他的父母是有缺陷的，并且仍然是美好的，他或她（孩子）也是有缺陷的，并且仍然是美好的。孩子们知道，小小的失望并不是灾难性的，普通人可以得到彻底的享受和爱。后来受到自恋困扰的人的失望经历是他们无法同化这一点。在他们成年后的生活中，失望导致失去好东西，失去自体结构。在发展时期，自恋的病人经历了太多的失望（或者至少是太突然），或者是被如此地庇护和照顾，以致他们对自己有一种夸大的感觉，对失望的体验不足。开始接受治疗的病人说他们被"纵容"了，而且他们从未遭受过失望、困难、幻灭等痛苦，后来在治疗中他们经常报告说，他们实际上感到被误解、被利用、被剥夺并且看不见他们本来的样子。

在未来自恋者的早年时期，一个重要的需求并没有得到满足，那就是经历沮丧并被一个有情感反应的父母有效地抚慰。

边界扰乱

自恋型患者与他们夸大的和理想化的形象融合在一起。那些通常处于泄气模式的人与夸大和理想化的形象融合在一起，认为他们自己本质上是有缺陷的，因为他们不像那些形象所拥有的那样。他们有许多内摄，包括家庭神话和关于什么是可爱并值得尊重的信仰。

他们通常缺乏在失望时以健康的方式进行回摄的能力——控制和保持他们的感觉，以社交的建设性方式加以表达和交流，抚慰和保持对自己的良好感觉。

他们还使用了大量的投射和投射性认同。他们将他们的自我批评投射到别人身上，并通过一个将负面的判断、价值观和情绪归因于他者的镜头来解读交流，这些负面的判断、价值观和情绪对他们自己来说是真实的，对对方来说可能真实或可能不真实。经常认为对方的任何微笑、笑话、观察、情绪表达、手势都意味着要么对方对他们持否定态度，要么对方自己有缺点。在探索过程中，这两种情况中的任何一种的结果往往都是投射。

我所说的投射性认同，是指一个人疏离或否认他或她自己的某个方面，将其归因于另一个人，将其投射至另一个人，但不是离开那个人（或不是与之对抗），而是认同那个人。因此，一个没有自己的智慧的聪明人可能会认为她的爱人很聪明。然后，她可能会融合地依恋着爱人，紧紧依附并任由自己受到虐待。一个非常聪明的自恋女人认为她的丈夫很能干，很聪明，而她自己很普通（在她的词汇里，这不是一件好事）。他会批评她，有时是合理的，有时是非常无礼的。她会认为她有问题，他的批评一定是对的，并认为没有他她无法生活。

我并不是用"投射性认同"这个词来指某人可以把一种感觉或特质放到另一个人身上。我从来没有用投射性认同这个词来解释为什么在有敌意的病人面前我会生气。我没有用这个词来指病人"通过投射性认同让我生气"。但是，如果我对一个病人感到沮丧，那么他可能会继续接受我的治疗，因为他会把我的沮丧和他内心的自我批评联系起来，让他自己和我一起战斗，对他自己感觉更好。挫败感是我的责任，而为病人扮演这个角色是一个治疗错误，其根基通常是临床上的误解和反移情。

这些病人的功能有一种偏执的味道。由于他们以自体为中心，他们常常认为环境中发生的事情是对他们的一种陈述，也就是说，他们将其个人化。当他们的环境中的人孤僻、消极、脾气暴躁时，他们往往会认为这与他们有关。当然，有时候确实与他们有关。偏执的立场认为一个人是其他人的注意的中心。

还有自我排斥的投射，以及自恋受伤的病人带来的过去看不见或治疗不善的体验的当前残余。因此，一个人不仅经常体验到他是另一个人的状态的对象，而且假定对他的反应是拒绝、敌意、蔑视等等。

这种偏执反应的一部分是怀疑任何积极的反应。耗竭的自恋者往往不相信积极的反馈是诚实的，或者如果是诚实的，就会假定它是被误导的。膨胀的自恋者往往会轻视给予他们所渴望的正面肯定的人。根据林恩·雅各布斯的说法，这种对积极反应的不信任部分是基于自恋者的信念，即他们必须支持对方的自恋需求，来换取对方同意支持自己的浮夸。当以这种方式看待人与人之间的互动时，积极的反应不过是一种工具性的社会接触（Jacobs，个人沟通）。

自恋型人格障碍的治疗

本文我就格式塔治疗实践中对中、重度自恋障碍患者的治疗提出建议。我假定读者熟悉在本卷其他地方已经讨论过的格式塔治疗的原理和方法，我在这里不再重复。

允许和共情性调谐

对这类病人进行治疗首要的是真正尊重和信任病人的现象学现实。认真对待他们的体验！"从病人所在的地方开始"，一个好的社会工作座右铭，以及与病人的觉察"在一起"，一个好的格式塔治疗理念，都是这种态度的例证。对于这类病人，重要的是治疗师要有一种平衡的态度，强调融入或共情的反应，而不是个人表达，积极坚持公开的对话，建议实验和令人兴奋的演出，解释或教授现象学聚焦。

在每一刻见证、验证和证实病人的体验。不要试图驱使病人有更好的觉察或更好的接触，要非常缓慢地维护一个立场，宁可遵循病人的觉察连续谱。

许多普通而有用的治疗干预措施都是由自恋型患者来体验的，因为他们需要满足治疗师的需求，而不是他们的需求成为前景。当这种情况发生时，世界被认为不够安全，无法让他们真正的自体进入，他们的资源被投入心理生存中。

与共情的治疗师的关系可能是他们生命中第一次体验到有人真正倾听他们，倾听他们真实的自体的信息，理解他们是如何体验这个世界的——这个人不会给他们这样的信息：他们应该体验某事而不是他们确实体验过的事情。这可能是他们与另一个重要他人在一起的唯一经历，他不会暗地里或公开地坚持让病人放弃他们自己去满足对方的需要、信仰和利益。这种由一个关心的他人验证自己的体验的体验，对于培养完整的自体感、关心自己和他人并信任人际交往至关重要。

因此，允许自恋型人格障碍患者发展一种相对没有干预的治疗关系是很重要的，他们体验到的干预是侵扰的或使他们的现象学体验无效的，例如澄清治疗师的实际显现出来的样子或现象学体验，治疗师分享生命的经验或感受、治疗观察或建议、澄清的评论、建议可以实验的选项等。一些干预措施甚至更令人不舒服，例如主动地安排一次治疗或坚持关注治疗师而不是病人。

埃伦（Ellen）是个聪明的犹太女人，自尊心极低。她很容易受到伤害，经常怨恨，紧绷的几乎到了身体蜷缩的地步。当她讲述一件她认为自己是无助的、无可指责的、无力的、被利用的事情时，她全身、脸上和声音中都流露出一种内转的愤怒。空气中弥漫着苦涩的味道。她讽刺地谈到了她的施害者。当她不说受害时，她轻蔑地谈到任何与她不同的人。

向她建议进行表达性实验是很自然的。苦涩的愤怒能量被内转了。但她感到很受伤，我竟然会建议这样一个实验，她讨厌实验或做任何会使她暴露给别人的事情。她对她的治疗进展缓慢感到不耐烦，但不愿做任何实验。甚至分享观察结果（比如关于她屏住呼吸），暗示她参与了不幸关系的发展，幻想实验，等等，也得到了同样的结果。唯一没有增加她的羞耻感和不被理解感的干预措施是这样的反思："那感觉就像是他用刀捅了你。""当她说她认为你的论文不合格时，就好像你和妈妈在一起，什么都不够好。""当然，当他说他对你不感兴趣时，你不能把自己当作一个有魅力的女人。""感觉你不能在团体里工作，因为如果乔批评你，对你来说不够安全。"

约瑟芬（Josephine）的样子完全不同。她常常感到无助、受伤害——但她认为这意味着她有问题。她不像艾伦那样弥散着苦涩味。她看起来很顺从、很沮丧。她会用同样的顺从接受我不同的阐释。她不需要我完美，也不需要我不断地反映她的经历。她真正需要的是一个富有同情心的倾听，去"闲逛"并且能够谈论一些事情。

她尊敬她的丈夫，丈夫很容易受到伤害并通过攻击和保持距离来保护他自己。一开始，任何关于她的丈夫是问题的一部分的暗示——他很容易受伤，以及他攻击性防御的无情——都会以一种天真的、怀疑的态度被回应。一定是她出了什么问题。但她离开时感觉好多了，因为她的经历被尊敬地聆听了，这是她从未从家人那里得到的，也很少从丈夫那里得到。然而，当我建议她告诉她丈夫，当他批评她时，她感到很受伤和羞愧，或者任何其他简单的表达她的情绪或她是如何受到影响的时候，她回答说："什么，你在开玩笑吗？"

在几个月的时间里，她逐渐能够看到丈夫对他们互动的贡献，并能更好地区别他和她的贡献。她是一个自恋型患者，可以慢慢地考虑我提出不同的观点——部分是因为我对她的热情和尊重，部分是因为我练习融入，部分是因为她对我的理想化。她发展了更多的自我完整性和与丈夫的分化。当他疏远或攻击时，她能够保持一些最低限度的自尊和独立。她的增强的自我完整性不可避免地导致了她的边界技能的提高。她从非常原始的情感爆发，从依恋和隔离，转向了更具接触性的行为。到目前为止，婚姻状况是周期性的，但总的来说并没有太大改善。他们两人都不太满意,仍然陷入僵局。除了离开婚姻,在这一点上的改善还需要对抗拒的丈夫进行治疗。

当然,所有的病人有时都会经历失望、恐惧、自恋伤害、受伤等。当自恋脆弱的病人确实出现这种情况时,治疗师不需要也通常不应该为他们的干预辩护或为此道歉(除非治疗师真正感到愧疚),或者积极尝试改变病人的经验。正是在这种临床情况下,我所描述的态度才是最需要的:探索病人的经验,简单地承认你在互动中的作用,同时确认他们的经验是有效的。

通常,对这些病人的治疗需要相对较长的时间关注病人的经验,而不明确关注改善现象学聚焦、实验、对话,甚至澄清或阐释,除非这些是病人自发产生的。但是,随着病人在治疗中获得了第一次出现的个人的完整性和自主性所需的有机体的关注,他们逐渐获得了从更传统的治疗工作如对话、现象学聚焦、实验和阐释中获得的自体支持。

当治疗师以共情和关怀的方式关注病人的体验时,这种关系将根据病人的自体支持和个性组织的类型和程度,根据病人的实际感受、潜能和真实自体来发展。结果,病人获得了自体支持,并且通常对自己有一种足够完整的感觉,及时地有机会提高二阶觉察,澄清治疗师和病人的实际关系,讨论实验、对话等选项。

毫不奇怪,自恋型患者往往形成的关系更多的是基于自恋的移情,而不是人际接触。这就是说,移情很可能是这样一种移情,在这种移情中,病人把治疗师简化为病人真实或夸大的自体体验的镜子,后者是科胡特术语中的镜像移情,或者是病人把治疗师理想化的镜像移情。第三种可能性是,自恋的病人形成了科胡特所说的孪生移情(twinship transference),在这种情况下,病人需要与治疗师"闲逛"。这可能正是病人需要做的,尽管它可能看起来不在做治疗工作。

当治疗师基于这种共情性调谐进行接触时，病人可能会感到足够安全，以显示他们的浮夸和/或耗竭。然后，当病人表现出对失望和挫败的反应时，就有机会进一步使用共情联结的治疗关系和觉察的治疗技术工作，从而完成未完成事件。同时，病人表现出更加一致的完整性、安全感和对自己的积极感觉。病人的觉察过程变得更加准确，并被用于满足自体和他者的有机体的需求，他们作为单独的人与他人更加协调，同时也减少了对自身安全和福祉的场依赖。因此，越来越多的病人开始有更具弹性的接触。

人们越来越觉察到，所有人在某种程度上都很容易自恋。对自恋型患者的研究使人们觉察到，一般人在多大程度上容易自恋。因此，在对话的格式塔治疗中，有一些运动倾向于更强调融入，平衡早期对在场的强调。

为病人提供共情性调谐的服务非常有效，以至一些治疗师被引导有目地地培养与自恋病人的理想化或镜像移情。他们这样做的方式是过分关心，总是同意病人的观点，由于自恋的危险，没有一种情况可能是安全的，根本不要求病人对自己的行为负责。有些人甚至对所有病人都这样治疗，好像他们都患有自恋型人格障碍，甚至以同样的方式组织培训团体。这是操纵性的接触，而不是真实的接触。

我觉得这很不幸。允许与控制不同。治疗师必须像往常一样继续他的或她的工作，尽管要根据病人的支持对工作进行修改，以便病人能够感觉到最低限度的安全，以继续治疗关系——但这并不意味着为了控制、鼓励或操纵移情来修改干预措施并证明治疗师的参与。

在培训中，良好的态度意味着重视受训者的个人经验，认为团体中的安全因素至关重要，重视将受训者当作人本身，而不仅仅看其表现出的能力。但这并不意味着暂停对培训或考试情况的要求。把受训者看作太脆弱了，无法面对诚实的要求、限制和高标准的职责，这是极其居高临下的，最终强化了要么精彩要么垃圾的自恋系统。

在传统的格式塔治疗和精神分析中，坚持理想化或镜像移情关系的病人成为阐释、对话、建议的演出实验等治疗干预措施的对象。当病人未能坚持治疗框架并根据治疗师先前存在的偏倚进行治疗时，这成为评论、阐释、相遇、实验建议的焦点。在精神分析学中，这意味着阐释自恋的移情。在格式塔治疗中，这意味着与病人分享关于责任、工作、对话、实验意愿等问题的观察结果。这种治疗态度没有充分考虑到病人的实际自体支持和治疗关系的性质。如果治疗师真的进行悬搁，像格式塔治疗的现象学模型所要求的那样，这种情况将很少发生，并且会通过遵循病人的实际体验被迅速纠正。

自恋型患者往往每周都会来讲述他或她的生活中这一周的故事。在更传统的治疗工作中，这仅仅被认为是治疗工作的障碍、浪费时间、操纵等。从我们现在的角度来看，我们可以看到，这项活动是一项重要的活动，在其中，病人得到了一位重要的、受人尊敬的人的关注，这个人能倾听、理解并回应他们的经历，并且帮助他们整合任何伤害，庆祝任何胜利，等等。

当治疗师想要更积极或情感上更激烈的治疗工作，并且对自恋型患者的活动感到沮丧时，往往是因为治疗师不理解这对病人的必要性和效用，也不承认自己的沮丧或对之负责。病人经常无法从治疗师那里感觉到响应性、开放性、积极性和热情。当治疗师开始防御，否认任何困难或困难的任何部分，并将其投射到病人身上时，病人会感到不安全、受伤等。在这种情况下，所需的工作——浮夸、耗竭、失望——无法得以完成。

失望

失望在任何关系中都是不可避免的。在治疗过程中的某些时候，每个病人都会对治疗师感觉有些失望。对于自恋型患者来说，这往往会导致他们缺乏完整性和整合的生动表现，表现为强烈的愤怒、恐慌、蔑视、溺爱和嫉妒。他们夸大的或理想化的防御陷入极度低迷，对于一个不太完美的治疗师或治疗关系，对于不太完美的自己，他们很难感到满意。

我有一个 25 岁左右的团体治疗病人。她的父亲在身体上和心理上都对其加以侵扰，她的母亲甚至没有最低限度的保护或共情。在团体里，她经常对我的干预措施感到失望。虽然我澄清了每次互动，并探讨了她感觉不被听到的方式，但这还不够。这确实有帮助，但最终她离开了我的治疗。当她意识到我不够完美，不是全世界最好的治疗师时，我错过时机，未能澄清我对她的影响。当这一切发生的时候，她失去了任何很好的、被抚慰的、安全的或满意的感觉。

治疗师的防御反应通常会使情境变得更糟，这些反应表现为阐释、面质、人格攻击或负面判断。这通常以幽默或实验建议、关于"责任"的面质或对接触边界的关注的形式来掩饰。

诺曼（Norman）是一个个体和团体治疗的病人。他经常在团体的"报到"部分讲一些故事，这些故事与他人没有任何接触，没有显示"真实"的此时此地的情感，没有考虑到他人，而且是重复的。治疗师和团体都很受挫败。尽管团体成员对他们挫败的表达比较直接，但治疗师保持了一种更加开放的态度。然而，有一天晚上，治疗师的挫败表现在分享观察结果的方式上，他的声音短促，尖锐并缺乏柔和。那天晚上，观察者会看到治疗师的简短反应，接着是病人脸上沮丧的表情。诺曼当晚离开了团体，感到羞愧、挫败，并想离开团体。

下一次治疗时，治疗师观察到诺曼似乎受到了上一次治疗的负面影响。诺曼对自己的心情和原因没有太多的识别。幸运的是，治疗师能够意识到这种结果可能是病人对上一次治疗中治疗师明显的负面反应的反应，并且进行了分享。诺曼能够听到、识别并确认治疗师的猜测是正确的。诺曼觉得自己更集中于对所发生事情的认识。他在结束治疗时，对治疗师注意关系问题和他的（诺曼的）感受，并对他在互动中的角色负责表示感激。

另一个例子也没有成功。那是个培训工作坊。作为病人工作的受训者在发生冲突时表现出无能或不愿妥协，当任何反馈都不那么充满恭维时表现出愤怒，要求很高。他的治疗师，一个以技术为导向的培训治疗师，建议受训者站起来并想象自己是一个监狱的看守。受训者说他不想那样做，对这个建议感到很不高兴。治疗师追问他的反对意见是什么。这位病人受训者给出了老一套的反对意见：这太愚蠢了，什么也做不到，等等。他们陷入了僵局，这项工作未曾真正取得任何进展。

治疗师在没有先和病人建立良好关系的情况下提出了那个建议。因此，首先，没有信任和良好接触的条件——甚至没有一个最低限度的治疗关系。此外，这个建议并不是出于实验的意义，实际上是治疗师对病人的自我保护感到沮丧，认为那是专横。因此，说话的语气和方式不是实验性的，而是以敌对的方式面对的。在这项不幸的工作中出现的最有利的机会是在病人的感受显现出来时,尽管这些感受的本质并不是由这个问题"你的反对意见是什么?"所引出的。

直到后来,当那个病人和第二个学生治疗师一起工作时,病人保护的实际性质才变得清晰起来。他发现了一种被以前的治疗师愚弄的感觉。这件事的真实性或虚假性不如这是病人的实际体验这个事实重要,而且这还没有被意识到。第一位治疗师的技巧和挫败感压倒了病人的需要。

受训病人受到惊吓,在发生冲突时陷入恐慌。冲突威胁了病人的整体感,而他反应僵硬是为了"待在一起"。在与第二个治疗师的共情性接触中,病人觉察到恐慌并表达了在团体中潜在的恐惧,这实际上能够缓和并让他摆脱他一直表现出的好战性。

第一个治疗师实习生的小错误是首先选择技术。错误的根本是反移情、错误的时机和没有认识到病人的脆弱。一个更大的错误是没有认识到病人的力量和反应类型,没有以更尊重的态度而不是他自己的先入之见与病人工作并关心病人。

即使没有这些以反移情为基础的干预措施,对一个没有自恋障碍的病人做自己自然会做的事情,往往会使情况恶化。在许多情况下,我的自然倾向是对话、倾听和认可对方,并通过表达我的体验做出回应。与中度或重度自恋型障碍患者工作时,这需要被调整。对大多数病人来说,真实的对话是一种有效的行为方式,而对这些病人来说往往不是这样。至少,根据我的经验,这种接触必须在认识到病人的自体支持不足的基础上进行一段时间的干预。

玛莎(Marsha)是一名接受个体治疗的 35 岁研究生。在两次治疗期间她会时不时地打电话给我,哭哭啼啼,沮丧,难过,或是生我的气。这种不安通常是由上一次治疗中我觉得很平常的一些事情引起或者加剧的。在我们的电话交谈中,我会经常从我的角度来阐明情况，在听到她的观点后，我经常告诉她我的记忆、意图和感受。这在一定程度上解决了问题，但在治疗上不是很有效。这并没有带来病人的重新集中。虽然病人对我们的工作总体上很满意，也很感激我的关心，但治疗进展缓慢。部分原因是在电话交谈中我经常犯同样的治疗错误。仅仅支持、开放、对话等是不够的。我并没有对这种不安背后的体验做出回应。因此，真正的洞察没有随之而来，也就是说，没有形成一个明确的图形，使中心问题有意义。例如，当她对别人的对待和蔑视感到绝望和痛苦时，她感觉不到我对她的情感的理解。我没有停留足够长的时间来反思事情看起来是多么的无望，别人对待她的方式对她来说是多么的可怕。

自恋型患者需要治疗师关注他们的（病人的）经历、这些经历对他们的意义，以及相关的发展经历。在治疗的开始阶段，比起病人建立更准确的觉察（例如，听到治疗师对病人的现象学描述）或治疗师更明确地陈述病人如何影响治疗师，探索这些失望对病人来说意味着更重要的东西。在治疗的后期，将有支持这些治疗活动的其他途径。

如果诊断准确，失望或"自恋伤害"后的干预建立了共情性调谐，病人会感觉更好。这是很容易观察到的，通常病人会心甘情愿地承认，尽管情绪的改善通常有些神秘，病人也不太理解。当这些病人感觉好些时，他们就能够再次控制、调节和疏导他们的情绪，恢复他们的生活和治疗活动。当这些病人讲述本周的故事时，这种类似的好多了的感觉也会随着他们的日常治疗而出现，而且似乎还没有做任何治疗工作。病人离开时会更加集中，对自己感觉更好，有更多的机会在这个世界上以一种带来成长的方式互动。

使之普通

自恋的病人生活在一个既伟大又如垃圾一般的世界里，普通人等同于垃圾。有一点失望，他们就感受不到任何喜悦或温暖。如果偏离他们幻想的画面，它的美好感觉就完全失去了。如果不是很好，那他们就什么都不是了。"什么都不是"威胁着他们的精神存在。他们失去了独特或特别的感觉。

这些病人在治疗中面临的任务之一是"使它普通"。在面对膨胀和泄气时，能够保持中心，保持洞察；能够胜任，而不是成为最好的；当心爱的人身上有缺陷时继续去爱；在没有完美自体的形象下被爱。

我与这些病人一起工作的经验是，在他们的童年，他们缺乏足够的修复和抚慰的经历；他们没有得到适当的、在强度上与他们的支持水平很好匹配的反应，也没有得到所需的、可以使他们同化而不是不知所措的共情性调谐的反应。对平静的失望需要抚慰，这是他们早期的历史中最缺乏的。如果他们不保持夸大的立场，他们就没有成熟的抚慰自己的技能。心烦意乱变得很严重，因为他们不能使它变小。当汤热的时候，他们不知道如何吹气使它冷却。通常他们的父母，特别是照顾的人，也缺乏这种能力。

相反地，当他们得到称赞时，他们往往与孩子在发展阶段和智力方面的实际成就不匹配。当收到的一个夸张回应——一个赞美——不是针对一种成就时，这就等同于一个人真实的样子不被注意或不被看见。"不能做错事"的孩子，小王子或小公主，人们不去看他们真正是什么样的，而是向他们传达了这样一个信息：只有宏伟的自体才值得爱、关注和尊重。他们不被期望、不被允许成为普通人或仅仅是有能力的人。

通常，这些病人非常失望（或者失望来得太突然）；他们不被允许经历现实的失望，或者不得不忍受失望而没有他们需要的基于共情的接触。为了充分成长，孩子需要冒险，有时要失败，学习成功和失败、技能和弱点。他们需要学习——不够完美，变得更好。要做到这一点，他们需要能够仰望父母，并发现他们有点缺乏但仍然精彩。他们需要父母能够认识到孩子的弱点，并且仍然认为他们很好。

个体化

虽然这些建议通常是针对自恋型患者的，但这一点最为重要：你必须了解个体病人，并使你的治疗方案个体化。在我看来，好的治疗不是通过应用食谱类型的规则来实现的。对我来说，格式塔治疗是一门基于清晰的现象学觉察和对话式接触的艺术，任何基于群体数据的建议，如诊断，都只是暗示性的，对治疗师的成长有帮助。

当我有两个自恋型患者同时开始治疗的时候，在一段时间内我深深领会了个体化的需要。他们的性格结构非常相似。两人都有心理健康背景，一个是治疗师，另一个是高级研究生。而且，碰巧的是，我在同一天看到了他们两个人。

那天早些时候我看到的那个人明显地坚持只根据她的体验进行治疗。她能清楚地用言语表达这么多病人的感受，但不能无法使之明确而相互连贯。她一生中的大部分时间都在照顾别人的需要，她希望这是她的时间。对我个人的任何了解都有可能让她满足我的需要而不是她的需要。一段时间以来，她的治疗是体验性的，甚至是实验性的，但没有透露任何关于我的个人信息。随着她的成长，情况变了。一年半后，这段关系开始变得更加公开互动，最终她了解我，这成为治疗的一个重要部分：我会变成一个令人失望的人吗？我会侵犯她吗？或是遗弃她？或者她会发现我不做治疗师的时候做了可怕的事情吗？

在与第二个病人的前几次治疗中，我从反思、镜像和共情的回应开始，而早一些来的那个病人一直在这样做。在第二还是第三次治疗时，他充满挫败地喊道："不要告诉我我所体验到的。我已经知道了。告诉我你的体验！"而且，当我这么做的时候，他确实很好地回应了他所说的他想要的东西。他需要知道我真的在场并且受到了影响——而且我也得到了足够的支持，为他提供了一个安全的框架。

我想说的是，我们必须处理好作为独特个体的病人和独特个体的我们之间的联系，利用我们的一般的专业信息来使我们对主要主题、可能的高级次序、可能的变化等变得敏感起来。认真对待病人说的他所体验的（当然还有治疗师所体验的），这是我们最有价值的指南。

为丧失而悲伤

当完美融合的幻想被探索，并且失望被接受时，病人会越来越清晰：接触的世界只会近似于幻想中所寻求的。理想化的幻想父母是完美无私的，反映并更完美地关心孩子的需要胜过他们自己的需要，总是在孩子需要的时候出现，在孩子需要空间的时候不出现，甚至在没被要求的情况下知道孩子想要什么，这即使在婴儿期也不可能。在成年后，这是更不可能的。

林恩·雅各布斯指出了时间的重要性，或者说是发起了把幻想作为幻想的讨论。她说，她自恋的病人经常描述"一次从我这儿获得的细腻的、完美调谐的经历。在早期，他们的体验被他们的接触幻想所支配。在经历了我让他们失望和我们修正它之后，他们开始识别出一个不同于直接体验的愿望或幻想。但当我挑战融合的体验，称之为幻想时，在他们做之前，我经常失去病人"（个人沟通，1990年9月）。

接触最多只能接近愿望。不可能的事必须被哀悼。为了治愈，一个人必须承认损失，承认可能的限度，为失去而悲伤，并继续前进。自恋型患者的这种节奏必须由病人决定。

"上帝赐予我们平静，让我们接受我们无法改变的，赐予我们勇气，让我们改变我们可以改变的，赐予我们智慧，让我们知道不同。"

最后说明

我对自恋型患者治疗的讨论直到边缘型患者治疗的讨论和比较这两类病人的治疗讨论结束才结束。

边缘型人格障碍

对比画面

人们通常认为自恋型人格障碍患者是不成熟、过于情绪化的孩子，或者是居高临下、富有魅力、善于操纵和/或权力导向的领导者。边缘型患者常常让人感到困惑，显得"疯狂"，自恋者往往表面上看起来很正常，在某些人际场合，比如冲突、失败或发生亲密关系时，问题也会浮现。

尽管有时边缘型患者似乎功能很好，但他们常常会崩溃。功能较好的边缘型患者在工作中往往看来工作做得很好，却并不享受，也没有生活的乐趣。在这种情况下，他们的亲密生活往往是不存在的，或者是以边界不清为特征的极其纠结的关系。他们很不稳定，而且在不安的时候，功能很差。他们失去了自恋者未失去的基本自我功能，也就是说，他们的基本感知、思考、自体认同都处于危险之中。他们对客体恒常性的感觉通常发展得很差，在压力下，会失去时间、空间和人的边界。

当精神紊乱时，他们常常显得疯狂、危险或令人难以置信。这可能由所有可以唤起自恋型患者原始反应的情境所引起，但除此之外，任何形式的分离或密切接触都有威胁性。任何分离都会引起边缘型患者一种被遗弃的威胁感。即使成功也会带来害怕被遗弃的恐惧。

融合对边缘型患者也很重要。他们热切地寻求融合。事实上，他们有一个潜在的幻想，即被照顾并且把非常有吸引力的和可怕的事情相融合。他们对融合和避免分离的渴望使得密切接触对他们有心理上的危险。如果一个边缘型患者得到他所寻求的融合，他将失去任何自主意识。

一些边缘型患者，通常是那些功能在较好的范围内的（北方的边缘型患者［north borderlines］），害怕被遗弃甚于融合，并通过高度融合的方式来抵御它。

边缘型患者通常呈现一幅画面，要么是多次失败的既往治疗，要么是一个长期的没有改变的既往治疗。他们开始每一个治疗的时候往往会诋毁过去的治疗师，好像那个治疗师没有任何可取之处一样。他们绝望的求救愿望往往导致对新治疗师将为他们

第十四篇 治疗性格障碍患者

做多少有不切实际的假定。

自恋型患者开始治疗往往表现出一种偏执狂——一种对治疗师的怀疑——边缘型患者则需要拯救。边缘型患者的治疗历史往往是这种很大希望之后的巨大失望之一，然后是对治疗师的诋毁。自恋型患者追求完美，在失望时会理想化，然后毁掉偶像或英雄；边缘型患者不仅理想化，而且实际上期望被照顾并且他的问题得到解决（魔法解决方案），转而反对堕落的巫师。自恋型患者想要一个英雄或者在情感上被认可，边缘型患者有一个潜在的与巫师融合的幻想。自恋型患者希望治疗师与他宏伟的形象融为一体；边缘型患者希望与治疗师融为一体。自恋型患者想要确认他们体验的有效性；边缘型患者想要抚慰和救助。

自恋型人格障碍患者感到被疏远并希望自己的存在被认可；边缘型患者感到无助、分裂和被遗弃（Giovacchini，1979），并希望得到治疗师的保护。

自恋型患者通常与他们的过去没有情感上的连接，并会保持一个非常理想化的家庭形象。需要鼓励他们谈谈他们的背景。边缘型患者往往会开始畅谈丰富的心理背景材料，但未加同化。在第一次治疗中，边缘型患者讲述最明显的亲密因素或遗传物质（通常是致病物质）并不罕见，当时病人的自体支持或治疗师和病人之间的关系（这才刚刚开始）中处理这些材料的支持很少。

在我关于将精神分析的观点同化进格式塔治疗的论文中（第九篇），我讨论了一个我称之为邦迪尼的病人。邦迪尼有一长串的治疗师，他在一段精神病住院治疗之后直接来找我。在第一次治疗开始的时候，他告诉我他知道我会让他成为冠军，因为他听说过我有多好。他没有见过我，没有评估过我，不知道我的取向，也不知道我们之间的关系怎样。但他明确表示，我与他以前的治疗师不同，他们中的一些人在普通的精神病团体里很有名，而我会成功的。

与他们的生活一样，在治疗边缘型患者的过程中，危机频发，他们即使接受了恰当的治疗，解决问题的能力也很差，并且快速恢复心理平衡的能力有限。他们将显示严重的后撤、分裂，并在两次治疗期间失去与治疗师的连接。例如，如果自恋型患者在不安时真的被治疗师听到，那么他们通常会康复，并在下一次治疗时继续进行，就好像什么都没发生过一样。被听到、被承认和被尊重的边缘型患者进入治疗时可能不受影响或更糟糕。

简言之，当自恋型患者想要镜像和共情性调谐时，边缘型患者希望治疗师在他们希望融合的时候接受他们，也希望得到照顾并让他们的问题消失。在自恋型患者被自体形象所吸引时，边缘型患者是分裂的。当自恋型患者在膨胀和泄气之间交替时，边缘型患者崩溃了，通常会变得愤怒、恐慌，有时还会变成暂时的精神病人。住院时，有暂时性精神病的边缘型患者非常容易长期恶化并具有永久性功能障碍。

诊断边缘型患者

除了《精神疾病诊断与统计手册（第三版）》之外，还有一些边缘型患者的诊断标准列表。我发现克恩伯格（Kernberg，1975）和冈德森（Gunderson，未注明日期）很有用。我没有讨论这些标准、验证研究、被研究人群等的异同，而是提供了一个尝试性列表，这张表来自我对边缘型患者进行格式塔治疗的经验，以及克恩伯格和冈德森。这没有任何研究验证，只是为了提出一种可能性。

（1）多症状。边缘型诊断的最早的线索之一是病人有一系列症状，这些症状要么比通常发现的范围要广，要么很少发生在同一个人身上。例如，当我发现一个病人有强迫症，歇斯底里，抑郁（通常这些病人也有多个医疗健康问题），我想到了边缘型诊断。

（2）冲动、上瘾和行为失控。他们往往采取草率的行动，不考虑后果、道德、安全或合法性。这些病人不是反社会的，没有愧疚感——而是将强烈的情感带入行为中，以摆脱对他们的自体支持系统来说过于强烈的情感能量的体验。诉诸行动往往包括化学物质成瘾。在性方面，他们经常不顾自己的人格而使用他人，并且滥交（而且经常有多形性变态的性倾向）。

（3）操纵和自杀。也许不用说，失控和上瘾的病人也是操纵性的。边缘型患者经常通过自杀的表示和威胁来操纵。请注意，这并不意味着可以轻视这些威胁。

（4）剧烈和不稳定的情绪，尤指烦躁的情绪。边缘型患者通常有强烈的情绪并且情绪不稳定。他们很少情绪低落。他们特别表现出烦躁的情绪，很少有能力体验到积极的情感，而且经常缺乏快感（anhedonic）。生气、愤怒、痛苦和沮丧占主导地位。

（5）轻度精神病发作。边缘型患者有时有压力相关的、短暂的和自我失调（ego-dystonic）的精神病经历。他们经常表现出非药物偏执的想法和在先前治疗中恶化的历史。他们经常有解离的体验，尽管他们通常没有幻觉或妄想。

（6）扰乱的亲密关系。边缘型患者往往有非常强烈的依恋。他们在亲密关系中故意地、反复地、本来可避免地受到伤害并抱怨，也就是说他们把自己当成"受害者"来体验。另一种模式是只拥有表面的关系而没有亲密关系。他们往往非常依赖并要求很高，但贬低他们的伴侣。他们操纵，并经常看起来是受虐的。这与他们在融合中迷失自我并摇摆于分裂模式之间有关（见第七篇）。

（7）自我脆弱的非特异性表现。他们往往具有典型的精神病前期人格的人格结构，在低水平人格障碍的范围内发挥作用，有幼稚的自恋、受虐狂和原始的防卫操作。特别值得注意的是，他们倾向于使用分裂机制（下面讨论）。

自我缺陷

客体恒常性

一个重要的发展任务是学习客体恒常性。如果一个人在生命的最初几年里在生理上完好无损，并且有一个最低限度的照顾环境，这就发展成为一个自然发生的成熟过程。这对于整合和发展一个合理、稳定而准确的人际世界的印象至关重要。这是我们整体感知功能的一部分。我们不必学习桌子是四方形的，尽管我们可能是从一个角度来观察它，在这个角度上，它机械地在视网膜上显现为一个长方形。到了一定年龄之后，我们可以想象一个部分或完全看不见的物体。在那个年龄以下，字面上，它不仅是"看不见，心不烦"，而且是"看不见，不存在"。

我们也知道，当人们离开视线时，他们仍然存在。不仅如此，我们还了解到他们再次出现。妈妈离开了，然后她回来了。当孩子变成一个蹒跚学步的孩子时，他知道他可以离开，然后回来。因此，他可以测试自己的独立性，并根据需要返回以获得支持。母亲会在那里（或者至少这是一幅理想的画面；我们将在下面看到，对于成人边缘型患者的早期童年体验来说，这通常是不正确的）。孩子学会了带着独立性/自主性和适当的环境支持共存的期望。

孩子也学会了情感客体的恒常性，父母做他或她（孩子）喜欢的事情，他们也做他或她不喜欢的事情。好的父母有时做坏事。好孩子做坏事。孩子犯错误，伤人感情，并得知爱继续存在。好父母（和好孩子）的形象是不变的，即使此刻空气中充满了愤怒。

边缘型患者实现客体恒常性的发展成熟任务尚未完成，其客体恒常性意识尚未形成。当他们和一个人分开时，他们就像幼童一样很难保持这个人的形象。他们很难跨越时间、空间和人的边界来体验恒常性。如果它没有在当前的感官场中具体地表现出来，他们就很难与之联系起来。这对不是边缘型的自恋型患者不适用。

由于边缘型患者在分离时保持关系感的能力如此有限，分离意味着放弃，并以去整合（disintegration）和心理死亡威胁病人。事实上，在任何威胁下，都有崩溃、分裂和丧失基本自我功能的倾向。

分裂

在格式塔治疗中，二分法被认为是所有心理病理学和现代生活病理学的一个基本方面。这在《格式塔治疗》（Perls，et al.，1951）中有明确的讨论。我们已经说过，一般来说，性格障碍患者很难把对立的事物整合成完整的极性而不是两极分化。

在边缘型人格组织中，形成一个处理矛盾和极性的格式塔的困难尤为重要。边缘型患者千方百计地避开觉察/对立面。当他们确实觉察到对立面的时候,他们经历混乱、恐慌和焦虑。此外,他们有一种特殊的二分法,通常被称为"分裂"。

共同构成一个整体的自体体验的一部分在意识中被分开而不互相影响。这个人意识到两者,但从来没有同时意识到。这与压抑形成对比。在压抑中,被挡在觉察之外的东西,也不被觉察到。在觉察中的东西,很容易被觉察到。这不是时时刻刻交替的。随着分裂,一半的极性"被压抑",另一部分可用。当"被压抑"的部分进入意识时,另一部分就是"被压抑"。

边缘型分裂的不可用的那部分在不同程度上不可用。有时,不可用的那部分在某个特定的时间完全被压抑。更常见的情况是,如果被施压,边缘型患者可以"记起"另一部分——但情感的意义失去了。另一部分对他(她)的意义和重要性发生了变化,往往是识别不出来的。当两边颠倒时,意义就要重新考虑了。

这种分裂也发生在边缘型患者对其他人所具有的形象上。另一个人的各个部分合在一起,构成这个人还算准确的形象,在感知者的意识中则是分开的,因此造成了非常具有误导性的、不准确的形象。因此,当边缘型患者生另一个人的气时,他/她常常不能记起对他们有任何的好感。当感觉到爱的时候,他们不记得任何负面的事情。

边缘型患者不能保持对整体的准确描述。要做到这一点,这个人最起码需要一种客体恒常性的感觉,并有能力看到在同一个人群中的人们极为类似的对立和其他差异。

自恋型患者会在膨胀-泄气模式的范围内将两者区分开来,有时甚至达到分裂的程度。他们通常会记住双方,但只能感觉到一方。事实上，一些自恋伤害反应的愤怒和恐慌只是因为意识到一直被理想化的形象丧失了，成为现在令人失望的形象。这种自恋模式可以在自恋型和边缘型人格障碍中看到。这两种二分法都缺乏整合，但是边缘型分裂的认知障碍更加严重。

连接或分离：双重危险

好与坏的分裂在精神分析文献中被特别提到。事实上，有时分裂只是被定义为好与坏的分裂。我认为分裂的过程与所有基本的自我功能有关，而且一点也不局限于好与坏。边缘型分裂比分好与坏的内容更基本，并且好与坏的分裂不是分裂的本质。

我看分裂的过程，而不是内容。当以这种过程方式看待现象时，分裂在边缘型患者身上似乎无处不在，并涵盖了思维、感知和情感的许多方面。事实上，对我来说，另一个分裂浮现我认为比好与坏的分裂更重要，在这个分裂中，格式塔治疗接触和接触边界的概念是一个非常有用的起点。

本节的标题强调"或"这个词。边缘型患者把连接和分离分开。当然，任何了解格式塔治疗理论的人都知道，接触包括连接和分离。这一基本的格式塔理论是理解和治疗边缘型患者的一个非常有用的概念。强调接触作为一个概念和一个治疗的原则，这是我认为格式塔治疗——一个至少了解精神分析的格式塔治疗——是边缘型患者的治疗选择的部分原因。

边缘型患者认为"接触"或"连接"等同于融合、熔合（fusion）、退行、丧失自主性和胜任力。他们可以想象情感上的亲密，而且可以想象能力和自主，但不能想象这两者在一起。他们把这两者分开了。亲近意味着被照顾、无能。

连接等同于熔合；分离或自主等同于遗弃、隔离和饥饿。胜任和自主意味着分离。分离意味着根本没有连接（记住边缘型患者缺乏客体恒常性并分裂现象学的场）。胜任意味着不需要帮助。因为边缘型患者的依赖和胜任力是不能被整合的，即使是作为一种心理上的可能性。因此，能力意味着被遗弃，这意味着在情感上什么也得不到。

因此，对他们来说，选择变成：挨饿（孤独和胜任的）或被喂养（融合和不胜任）。因此，治疗中的一个危险点是，病人开始表现出更强的能力，这需要治疗师有良好的视角。在这一点上，许多边缘型患者会过早地离开治疗而没有觉察到他们正这样做，因为留下来将意味着从治疗关系中汲取营养，而这意味着放弃胜任力。不幸的是，这种胜任力的分裂状态是不可持续的，因为它没有考虑到相互依存的需要。

边缘型患者既寻求又害怕这种融合。但随着他们的分裂，他们认识不到两者都存在。因此，一个时刻，他们觉得好像他们的生存依赖于没有分离或差异，而另一时刻，他们害怕在合并中失去自体。当亲密关系逼近时，边缘型患者往往会扰乱关系，例如，逃避治疗。

由于分裂，他们有无限的退行能力。当他们有一个被照顾的幻想时，他们没有保留对他们的自主地位和不可能合并的现实的背景感。因此，对边缘型患者来说，退行并不是为自我服务的。他们实际上被对方照顾的幻想往往比它看起来的更不恰当和原始。退行时，他们无法进入观察中的自我（the observing ego），观察中的自我已被分离。有一个不充分的观察中的自我。这就是在与边缘型患者工作时，过多的"支持"会适得其反的原因，我将在下面讨论。

当他们处于胜任的分裂模式中时，他们有一个观察中的自我，它不观察合并-饥饿、恐惧、无能、依赖的自体。因此，当边缘型患者处于这种状态时，治疗师需要记住病人现象学中不可用的那部分。

边缘型的次序

"我"与融合（共生熔合）的分离和个性化导致了任何连接感的丧失，即被遗弃。这是真的，即使是边缘型患者自愿分开或离开的。这通常会导致依恋的防御，尽管有时会导致疏远（隔离）的防御。如果依附被融合地回应，它就会导致更多的融合，并导致对"我"的丧失的恐惧，从而导致分离，而这个循环会不断重复。如果融合遇到差异性接触，边缘型患者会感到被遗弃，并用原始的负面情绪进行反应。

良好的接触不是由极端的、跨越了任何中间地带的融合和隔离之间的二分的交替建立的。接触是通过在分离和连接之间的移动、在接触-后撤循环的后撤和接触阶段之间的移动来保持的。但当后撤进入静态的隔离，同时边界的连接功能丧失时，接触的功能就丧失了；当连接进入一个静态的位置时，在那里边界的分离功能丧失了，接触的功能也丧失了。

修通边缘型患者的被遗弃感和防御是一项漫长、困难、艰巨和必要的任务。这一过程加强了病人对"我"的真实感觉，以及与治疗师的连接和分离。这往往会引发我们一直在讨论的新一轮的循环。

治疗师需要事先知道，边缘型患者通常会在生活和治疗过程中反复经历这些循环。

远距离防御通常表现为一种否认任何问题的胜任力，有时伴随着过早离开治疗，因为他们做得很好。问题在于，这是一个分裂的状态。病人感到一种胜任感与任何需要从外部摄取营养的感觉分离。这是一个饥饿的处境，因此是不可持续的。

处于这种状态的边缘型患者往往会在某些人际压力下（通常是不尊重边界的亲密关系，或与权威的艰难互动）突然恶化。在恋爱关系中，经常会有狂风暴雨般的亲密关系，在这种亲密关系中，病人非常原始的熔合幻想被激起，并采取行动实现分离。在工作中，这通常意味着与权威的权力斗争，并且经常表现为与工作中的关键人物发生不适当的亲密关系甚至性关系。

马斯特森（Masterson，1972，1976，1981）详细描述了这种胜任和依赖的分离。他还对治疗的影响进行了有益的讨论。很遗憾，他特殊的精神分析偏见——例如，治疗师的工作是智性的——要求将大量的材料转换到格式塔治疗框架。同时，他的病因学理论也被他狭隘的线性、历史的、机械的因果关系所破坏。

他还发表了一个我认为是有用、有趣也是错误而危险的论文。他认为，这种边缘型患者状态的病因出现于 18 至 36 个月的发展阶段（马勒的分离个体化阶段［separation individuation stage］的和解次阶段［rapprochement subphase］），并完全是由于母亲不支持，或者甚至积极地阻碍孩子走向分离和自主。据他说，要么母亲完全退出，这样正在尝试挑战世界的幼儿回来发现母亲情感上不在那里，要么她攻击并更积极地阻止自主。无论哪一种情况，都会抑制客体恒常性的发展，很可能使胜任和对母亲的依赖发生分裂，迫使孩子完全独立或与母亲融合。

虽然马斯特森的讨论抓住了边缘型患者动态的本质，但他也声称，这种情况完全是由这一时期的母子关系造成的，即在这一特定时期母亲的对待对边缘型患者状态的后期发展是充分和必要的。对我来说，这一观点在理论上是错误的，因为我拒绝接受他的线性的、历史的、单向的、机械的因果关系。拒绝接受马斯特森理论的这一方面也有实证原因。

包括我在内的许多人认为，这个问题从更早的阶段开始，并在马斯特森声称这是障碍的根源发展期显现出来（例如，Horner，1984，pp. 34，76，133）。有证据表明，边缘型患者的状态不仅仅与那个时期有关。霍纳（Horner）认为这种状态开始得更早，为了支持她的观点，她引用了马勒的观点，马勒有病人曾在这一时期有过严重的扰乱，但在后期没有发展成为边缘型患者，并且有其他在这一发展时期而没有严重扰乱的边缘型患者。

对这一点的更普遍的反对意见与一个成年人的性格问题是否由一个特定的遗传时期引发有关。更为折中的精神分析学家概略地分享了这一观点，我认为这不是一个好的格式塔治疗理论。这是一种线性因果关系模型，将所有的变化归因于母亲的行为，而一点都没有归因于遗传、儿童的行为或一般的社会条件，这些与格式塔治疗理论是相反的。

不过，我确实发现，我所治疗的边缘型患者的背景一般都有惩罚性独立的家族史，或者说是两分法，这样独立就意味着完全独立，没有什么可以回头的，这让幼童难以采取行动。我只是发现这种互动是一种相互的互动，它在 18 个月的发展期之前发生，而且在 18 个月过后持续了很多年。

治疗建议
（边缘型和自恋型人格障碍患者治疗的比较）

治疗边缘型患者的处方从光谱的一端到另一端各不相同。在精神分析学中，有人主张使用直接的精神分析法，已经推荐了有边界的精神分析法、增加退行的精神分析法、增加支持的精神分析法，而一些分析师声称精神分析不可能用于边缘型患者。一些精神科医生提倡心理药物治疗，我发现这是一种无用且具有破坏性的做法（强化了对神奇解决方案的幻想，为病人提供持续的分心，带来的副作用比作用大）。

马斯特森提倡一种更具对话性的治疗方法——让病人以一种现实而坚定的方式面对，并有责任停止行动，承担起他或她的治疗性学习任务的责任。他说，需要有边界和"面质"，仅仅共情不能治愈边缘型患者。

需要治疗师的强有力在场来阻止退行，建立清晰的边界，并建立使成功治疗成为可能的条件。一个无法避免的相伴而生的情况是，如果这样治疗，许多边缘型患者将会早点离开治疗。留下来的人有机会康复。如果努力只利用支持和共情来把边缘型患者留在治疗中，而不考虑见诸行动，或对治疗工作不承担甚至最小的责任，治疗注定要失败。一般来说，以这种方式开始的治疗会伴随着极为负面的移情（和反移情）而爆发，有时甚至会出现精神病发作或移情。我有一个病人在用刀攻击了她先前的治疗师（她确实使用了退行方法）后来找我。

以下是治疗边缘型患者的九条建议。

一、基于现状（"现实性"）的接触边界

读者很可能会想，既然格式塔治疗方法一般都强调接触，为什么有必要专门用一节来讨论接触在边缘型患者治疗中的特殊作用。格式塔治疗的现象学观点是，现实总是通过某个人的现象学而存在，病人和治疗师对现实有着不同但同样有效的观点，爱思考的读者可能也会对"现实"一词的使用感到好奇。

虽然格式塔治疗"默认的准则"是人与人之间的接触，但应用于边缘型患者尤其需要经过训练并具有一致性和专业知识。与其他类型的病人相比，这种接触在边缘型患者的治疗中的应用有着重要的区别。

成长浮现于有机体/环境场的接触和实验。这意味着治疗师和病人作为单独的人彼此接触，成长从这种"广泛的范围"接触中形成了。心理治疗的质量很大程度上取决于与病人建立接触的质量。与边缘型患者的良好治疗取决于治疗师表现出的接触品质：关怀、共情、真实性、长期承诺，以及治疗师的临床知识、个人觉察与接触过程的清晰性和充分性。此外，还有一些具体的要求是本次讨论的对象。

治疗边缘型患者的治疗师必须特别努力强调明确的以当下为中心的言语和非言语的接触，在这种接触中，边缘型患者、治疗师和其他在场的人的现实得到肯定。在这种扎根的接触中，相遇中的所有人都作为单独的人出现，相互影响。这可能是对抗的，或者简单到在治疗师和病人之间花时间进行有效的眼神交流。

格式塔治疗中的治疗性接触在不同的情境中有不同的表现形式。不同的病人、治疗师、模式、文化、机构要求不同的应用。

有时，一次格式塔治疗会强调情感能量的表达，或者探索发展的历史、当前的互动或病人的思维方式，或者重新考虑内摄，等等。有时一个团体中人们之间的接触可能占主导地位，而治疗师和病人之间的接触可能不是前景。有时重点会是教育性的，比如在强调接触技巧时。所有这些使用格式塔治疗的诊治有时是适当和有效的。我们在上一节讨论自恋型人格障碍的治疗时讨论了治疗性接触的区别应用。

自恋型患者需要更窄的对话范围而边缘型患者需要更广的范围。边缘型患者的治疗必须更加注重对话的在场和浮现方面。通常情况下，边缘型患者需要治疗师披露更多。治疗师可能需要更积极地说出他或她是如何受到影响的，或者是如何认为、如何思考的——或作为边缘型患者所属系统全体成员需求的守护者而在场。

自恋型患者一开始主要需要与治疗师建立共情的联结。如果治疗师以共情的方式关注自恋型患者当前的体验和他们的生活故事，那么这通常是治疗性的；与边缘型患者，则一个更加积极和双边的对话才是最重要的。我认为，仅仅遵循边缘型患者的主观经验，在最好情况下这也是不够的，而且可能是危险的。

边缘型患者需要的共情联结和自恋型患者相当，但除非治疗框架中的其他问题得到认真处理，行动被打断，并且在进行任何导致原始情感的探索之前，基于接触的关系得到加强，否则就无法受益。如果治疗师没有足够的外部视角，共情的沉浸对治疗边缘型患者而言可能会很危险。这将在下面详细阐述。

对边缘型患者的治疗不仅需要治疗师的关怀和共情性调谐，而且需要进行人对人的接触，这种接触强调边缘型患者在各种情绪状态下的现象学的现实（可以说是各种各样的自体）。例如，治疗师可能需要主动提醒边缘型患者，他正在体验一个分裂的整体的一部分，他正在进行的体验是被回避的。

这可以以一种关怀和共情的方式来完成，这种方式可以确认和澄清病人当前的经历，并使治疗师的提醒成为一种关怀的披露。林恩·雅各布斯（个人沟通）举了一个例子："治疗师：我能看到你现在的状态对你来说似乎是无止境的，无边的。在这种状态下，你生活中的其他品质对你来说毫无意义。当我与你的痛苦坐在一起时，我感到很难过，我希望我能给你一些我对你的看法，这比你现在所能了解的要更广泛。"

边缘型患者在没有和当前情境接触的情况下通常是情绪化地进行表达，而有效的治疗师必须对边缘型患者的这种"接触"敏感。通常，边缘型患者的觉察过程是严重沉积的，即以重复性思维为中心，而不是以对当前情境中的显而易见物或既定物的感知为基础。因此，边缘型患者甚至可能没有注意到情境中的限制、后果，情境中的竞争需求，此刻在背景中而不是突出的他/她自己的个性方面，以及一个事实，即治疗师对他/她是重要的并且也是一个独立的人。

强调自体和他者的现实性是突出的接触，与格式塔治疗中觉察目标的两个方面是一致的：在治疗师和病人之间建立对话式接触，提高病人对自身觉察过程的觉察。要对边缘型患者做到这一点，治疗师需要有自主和警觉的意识，而且通常治疗师除了要有共情性调谐之外，还要与边缘型患者做斗争。

治疗师需要建立一种关系，这种关系不断地为边缘型患者建立一种"和"的感觉，自体和他者、不同和相同、联结和分离、爱和恨、独立和依赖的整体结合。通常，边缘型患者分裂为自体-他者、连接-分离、不同-相同的差异化整体。这是边缘型患者的一个中心特征过程。接触，治愈的相遇，是"我"和"汝"的会面，一种对差异的觉察。

自体-他者的觉察和接触产生成长。自体-他者也是这种边界有问题的差异化整体。只指向自己而不指向在场的觉察不是对话的，而且通常不能促进成长。只指向对方的觉察也不是对话的，通常也不能促进成长。

如果治疗师允许边缘型患者只关注自体，也就是说，只关注自体-他者的自体方面，边缘型患者就无法成长，而是保持一种非常不成熟的风格。这就允许了一种退行，这种退行不是为了修复，不是为了促进成长，而是为了使人幼儿化。

除非治疗师持续、坚定、反复地关注自体和他者，否则边缘型患者将无法实现差异化的统一（这通常是从关注其他事情开始的）。如果边缘型患者继续认为考虑到另一个人的现实意味着他或她将不得不为了另一个人而放弃他们自己，他们不一定要考虑到另一个人，那么他们就不能也不会有产生成长的觉察和接触。对边缘型患者来说，了解到考虑他们自己的需要和其他人的需要是可能的，这是一个长期的斗争。

边缘型患者需要一位治疗师，他/她能精力充沛地、可靠地、明确地、一贯地并坚持不懈地提出要考虑环境的要求。这种相遇不是将改变强加给病人或说服病人相信改变的必要性，而是让病人处理在不被允许进入觉察的他的人类环境中，对病人来说至关重要的事情，最终使病人觉察到自己的觉察过程。

"提出供考虑"并不意味着强加给病人。必须对病人的现象学现实给予最大的尊重。边缘型患者需要以一种非道德的、非评判性的、实事求是的态度将问题提出来考虑，而不是权威性地强加于他。

第十四篇 治疗性格障碍患者

这通常是一个使边缘型患者觉察，否则他将无法获得的选项的问题。例如，一个行为的逻辑后果在行为实施时病人往往是觉察不到的，尽管在其他时候病人会承受这些后果。当要考虑后果时，边缘型患者往往会因为不知道可能还有其他选择而陷入非此即彼的困境。因此，情境和情境中其他人的要求往往被认为与他们自己的利益截然相反。基于接触的和解是不可能的，除非边缘型患者面对自己的现实和他人的现实。治疗师可以呈现自体-他者的需求供他们考虑，从而打开新的可能性。

心理治疗的大部分工作与接触边界有关。对边缘型患者的治疗更是如此。治疗师必须不断地重新关注病人和治疗师之间的接触边界。当工作集中于治疗之外的病人关系时，一般来说，该工作还应强调此关系中的接触边界觉察，以及在处理其他关系时病人和治疗师之间的接触边界。

我们被教导道，通常良好的心理治疗干预措施是基于对病人所体验现实的欣赏的。一种已确定的有用的临床态度建议，工作的重点是，什么是病人的自我失调，并把这种自我失调放下，直到它开始引起病人的不适。对于边缘型患者，往往需要调整治疗的态度。

对于边缘型患者来说，工作通常需要在仍然自我和谐的行为、思想、感情、信仰等方面进行。病人不是被迫放弃自己的自我和谐的"现实"，而是拓宽他或她看待世界的视野，以考虑到治疗师和相关他人的不同的认识。这带来经由扩大觉察而进行的辩证超越，而不是在他们自己的现实和治疗师的现实之间进行选择。成长从这种相互作用中浮现。对于边缘型患者，没有斗争和冲突，成长不会从共情性调谐中产生。以符合治疗师的现实为目标而凌驾于病人的现实之上，成长不会从中浮现出来。

这是一项最困难的任务，由于病人感到迫切需要治疗师的支持和退行的照顾，并且常常不能形成一个考虑到他或她自己的需要、他人的需要和情境限制的格式塔，这项任务变得更加困难。

坚持具有破坏性但自我和谐的行为的边缘型患者这样做是有重要原因的。从一个角度来看，具有破坏性的行为可能会使一种精神上的生存成为可能。治疗师的工作是向病人解释和承认这种行为在病人体验中的作用，并将系统地排除在病人觉察之外的其他方面带入病人的感知领域。这包括必须认识到他或她自己的需要的多样性、他人的需要、情境的局限性、资源和需要，以及以其他方式满足这些需要的可能性。最重要的是，边缘型患者的治疗师必须有信心并带着信任来克服边缘型患者的绝望，发现新的选择。这是一个渐进而漫长的过程。

这里的要点是，治疗师必须在适当的时机和判断下，以某种方式将边缘型患者在他的自体中心和分裂状态下排除在外的东西带入现象学的场进行考虑。

与边缘型患者的良好治疗需要治疗性共情作为广泛回应的基础，包括：自体披露、限制设定、病例管理、教育、实验、与病人斗争。目标不是病人符合治疗师的现实，而是病人和治疗师都考虑对方的认识。

责任与学习过程

基于现状的接触也适用于学习过程。对于自恋型患者，治疗师可以跟随病人的觉察，然后鼓励病人报告遗传物质，而对于边缘型患者，在治疗的早期必须强调学习责任和觉察过程。必须让边缘型患者觉察到学习过程的责任，否则有可能，甚至很可能，在幻想的层面上，魔法思维将失去控制。

第十四篇 治疗性格障碍患者

雅各布斯（个人沟通）指出，在做这项工作时有一种态度往往是相当有用的："我倾向于聚焦的不是他们承担责任，而是他们的陈述如何反映出一种观点，即他们不觉得有责任，往往感到无法承担责任。一个微妙的差异，却使人们越来越有兴趣对成为他们自己生活的施动者的快乐负责，而不是回应治疗师的道德主义。"虽然我发现这是真的，但我仍然认为，在处理许多边缘型患者的"我不能"的信念时，必须进行非道德的面质。

病人做这项工作的想法与边缘型无关，尽管这些词可能是从以前的治疗学来的，比如鹦鹉的诀窍词汇。你和我一起工作的想法对他们来说更加陌生。然而，现状是，如果他们不承担起自己学习过程中的责任，从长远来看，这种治疗就不能很好地进行。对于边缘型患者，治疗师不能把学习当作理所当然。

马斯特森主张，在治疗的早期，边缘型患者对他们的治疗工作负责的问题进行面质。我同意。马斯特森建议：如果病人不愿意或无法承担这一责任，并要求治疗师的过度支持，那么让他离开。他说，他不知道有什么案例，其中，病人因为治疗师没有喂养退行的自体而离开治疗，后来又成功地与另一个治疗师工作（Masterson, 1981, p. 196）。当然，这反映了心理治疗知识水平的局限性，也反映了病人发展状况的局限性。

我们的帮助能力不是无限的，而是必须在一定的最低条件下运作。我认为，病人对学习过程的最低限度的自我责任在治疗早期实现，这至少是成功治疗边缘型患者的一个必要条件。

如果边缘型患者的退行幻想在病人的治疗行为中被实施，如果治疗师通过过度的"支持"和共情与之共谋，那么在接下来的一两年里，病人会感到不知所措，会增加这样的行为，增加对治疗师的要求，并且有强烈的负向移情反应。在这些情况下，病人无法更好地支持他们自己，因为在治疗的早期，治疗师没有坚持培养病人负责任的态度、关系和边界技能等（治疗师的配偶会从午夜的电话和治疗师伴侣的情绪不安中认出边缘型患者治疗中的这些时期！）。

在治疗早期强调觉察培训和责任感会让自恋型患者感觉不被理解和打扰。边缘型患者必须被面质，尽管他们也很容易自恋受伤。最好是用爱、共情、同情来做——但要坚定地坚持实际。我认为，如果没有这种面质，那么对于一个边缘型患者来说，治疗是不可能成功的。

要让边缘型患者不仅意识到他们对自己治疗的共同责任，而且意识到控制见诸行动的责任和必要性。如果见诸行动不受限制——最好是在治疗的早期，并最终被停止——那么任何边缘型的治疗都不可能成功。如果只要有压力，病人就喝醉，或者滥用其他的化学品，或者滥交，或者动用暴力，等等，治疗就不能成功。不仅边缘型患者的生活压力会超过治疗发展的速度——部分原因是行为会使情况更糟——而且正常的治疗危机会导致更多的行为并阻止工作进行下去。

一些见诸行动的形式只在治疗的中期结束。通常情况下，边缘型患者只在治疗后期才学会负责任。随着治疗的进行，尽管固有的自主性丧失，他们还是明确表达自己对合并和被照顾的幻想，以及合并作为唯一有意义的连接方式的信念，这确实有助于澄清一点，即他们的身份和责任与治疗师的身份和责任是不同的（Jacobs，个人沟通）。当然，这必须一次又一次地做。同时，治疗师可以避免与退行的幻想合谋，并且面对粗暴的行为而不期望病人对自己感到完全负责。粗暴的见诸行动与成熟的个人认同感和责任感的体验是有点分离的。

第十四篇　治疗性格障碍患者

限制

同样，边界问题往往是与边缘型患者在边界和自我责任问题上的最初战场。在这种治疗中，那些被允许错过预约（尤其是没有付费的）、不付账单、在约定的时间后打电话等等的边缘型患者注定要失败。

我上面提到的那个拿着刀去攻击她以前的治疗师的病人在早上6点打电话给我，谈自杀或住院。事实上，她已经联系了当地的一家精神病院。经过一番交谈，我告诉那个病人，我很乐意为她治疗，但只有在某些条件下。我告诉她可以打电话的时间，并告诉她我不会在医院见她（在那个特定的时候我不想做医院的工作，并且我认为住院对这个特别的病人没有好处），如果她认为她不能遵守这些限制，那么我会帮助她找到另一个治疗师。我也不得不告诉她，她活着或自杀是她的责任，尽管我们甚至互不认识，我非常希望她不会自杀。

我告诉她的方式非常非常坚定。我很幸运，因为她同意了这些条款并遵守了。这对她的治疗来说是一个很好的征兆，这是相当成功的。这不是这名病人最后一次想要自杀，但她再也没有尝试过（而且之前已经有过四次非常严重的自杀尝试）。在时间上她也履行合同。结果她发现，住院治疗只是她在恐慌中考虑的，她绝对不想和住院治疗有什么关系。

和邦迪尼我没有那么幸运。我在职业生涯的早些时候见到他，犯了更多的错误，包括没有充分认识到边缘型过程，因此我的干预没有本来可以做到的那么清晰和准确。而且，我也没有明确表示，打电话是有限制的，他也没有表现出一种正常的能力来控制他随时频繁打电话给我的冲动。当我更多运用面质时，他经

517

常打电话并挂断。我推测他从我的声音中得到了一些支持，建立了某种联系，确定我还活着，也许还通过他的侵入行为惩罚了我。与邦迪尼的一个有趣的对比是，我从一开始就非常坚决不给他免费治疗，坚持要按时全额支付我的费用。我很坚定，并且他从来没在他的付费上给我出过问题。

二、不要喂养退行的自体

我在有关同化（第九篇）的文中讨论了邦迪尼和守门人女儿的对比情况。总的来说，对于邦迪尼，我并没有满足他的退行倾向，事实上，除了容忍他的电话之外，我有时相当粗暴地面质。对看门人的女儿，我确实通过过度的支持和不去面质她的一些行为（在治疗时间内和治疗团体中的行为）来支持她的退行。邦迪尼在接受我治疗的五年中，有着他生命中最长的功能良好和不住院的时期。另一方面，守门人女儿愤怒地离开了治疗，其根源在于一种可能被称为精神病的移情反应。在第一年和有几个月里，我们的关系似乎很好。然而，这是我的一种错误的看法，因为我当时不了解边缘型特征。我缺乏坚定、限制设定并且支持退行，产生了不幸的后果。

我认为不以我已经讨论过的方式坚定地进行接触，建立了一个长期但不成功的治疗，或导致一种极端和无法控制的负向移情形式的治疗爆发（往往在治疗开始后一年或两年）。我觉得我和这两个病人的经历很典型。爆发可能来自治疗师改进并最终做了自己的工作，或者仅仅是因为开始阶段没有做好而治疗师没有任何改变。

建议：做好成长和康复所需的工作。知道自己的极限。让病人走，如果那正是所发生的。

三、反移情

如果在你的实践中，有一个病人，你对他的反应是防御性的，沮丧的，强烈反移情的，这就很可能是一个边缘型患者。这些病人经常从他们的治疗师那里引出愧疚感、羞耻感和不足感，以及怨恨。治疗师经常想援救他们或在他们身上制造混乱，或两者兼而有之。

对于自恋型患者，事情进展缓慢，这可能会引起一些治疗师的自我怀疑、急躁等。也有自恋型患者的自恋的愤怒攻击。然而，通过理解这个过程并用共情的反思做出反应，治疗师很可能会看到积极的结果，并从病人那里得到一些可信的强化。

然而，边缘型患者往往会打击治疗师自尊的核心。许多危机往往导致治疗师害怕灾难，例如成功的自杀。

"有备无患。"了解你自己和你的极限。知道什么时候你需要从咨询顾问或治疗师那里寻求帮助。

人们还应该注意到，由于边缘型患者会刺激他人的不良情绪，并且他们倾向于将自己强烈情绪的一个方面投射到一个人身上，而将另一个方面投射到另一个人身上，他们倾向于挑起人们之间的争斗。一个人在不知情的情况下会被引导去代表边缘型患者内心冲突的一个方面，而另一个人会被引导去代表另一个方面。例如，两名工作人员最终可能会对对方产生怨恨，因为每个人都被引导只知道病人故事的一部分。边缘型患者经常将专业人员彼此分开对立，对机构和团体都有破坏性。在团体中，他们通常会建立一个联盟体系，将团体一分为二。这种情况经常发生在团体之外，对整个团体造成分裂的后果。我知道有一个团体被一个边缘型患者破坏了，这个病人把女人们搅得对男人和男性治疗师充满疯狂情绪。遗憾的是，治疗师对团体中的情感暗流并不敏感，直到一切已太晚了。

我有一个边缘型患者，生我气时，会经常打电话给其他治疗师。不幸的是，洛杉矶有无数的治疗师。他会讲一个让我顶多看起来像个傻瓜的故事。当他最后告诉我他和另一个治疗师谈话的时候，他讲述了另一个治疗师的故事，就好像那个治疗师直截了当地告诉他我是多么的无能，而且他应该离开我的治疗。最初几次，我对其他的治疗师充满怨恨，我个人并不认识他们，直到我意识到这是边缘型患者的分裂系统的一部分，让其他人在人际场打他们的内心之战。

四、遗传物质

自恋型患者可以使用童年材料的讨论，而进入这些材料的速度通常比大多数病人慢，并且在他们的治疗工作起作用上也更慢。因此，治疗师可以对他们过去的历史进行有效的探询，并在理想童年和"世界上最好的小母亲"的理想故事下面做一些温和的探索。

然而，对于边缘型患者来说，情况并非如此。对于边缘型患者，材料必须根据他们的自体功能的强度，如接触边界、与治疗师的关系的健康情况和强度、觉察强度、控制原始情感的能力和整合对立的能力等，小心地进行评估。如果没有这样做，就会发生两件事。

不恰当地评估这些材料的结果，更无辜的是许多被伪装成有意义的无意义谈话。这是刚入门的治疗师的共同弱点。病人将能够获得"觉察"，而没有任何改变。更危险的途径是一个重大的分裂、退行、代偿失调的风险。例如，如果在病人的自体支持系统得到加强之前原始的愤怒被激起，他或她可能需要见诸行动，发疯，半夜打电话给治疗师，但肯定无法同化和整合。

遗传物质必须以不超过病人同化能力的片段来处理。

五、治疗师清晰的要求

边缘型患者会进行很多虚假的谈话并且很情绪化。例如，一个刚开始治疗的病人进来并立即开始谈到俄狄浦斯问题。他讲述了他与母亲关系的诱惑性和他与父亲之间的敌意。他的细节、他所说的这些事件发生的年龄，一直表明存在俄狄浦斯问题。但这个病人的问题是非常前俄狄浦斯的。与他的核心功能运作相关的问题是母性侵入和遗弃的双重问题。无论我们如何讨论这些"俄狄浦斯"的问题，都不会有任何改进，它们只是错误的问题。

我听到哈罗德·西尔斯（Harold Searles）讨论了一个边缘型患者在一次分开后对他的反应。"对不起，我想你了，医生。"病人说。西尔斯立刻有了一个狙击手的形象，说自己很抱歉开枪射偏了他。然后，西尔斯得出结论：要么他（西尔斯）充满敌意，并投射了它；要么病人充满怨恨，交谈时却似乎很友好。

当然，这种不协调对于一个治疗师来说并不罕见。但边缘型患者通常会让不协调的方面分裂开来，而且不会自发地对它进行工作，也不容易回应治疗师对此的反思。有一天，轻松即兴的玩笑盛行，在不同的时间怒火爆发。由于边缘型患者分裂，期待援助，不承担治疗工作的责任，治疗师必须更加警惕不真实。应特别注意不代表病人实际情绪的核心的情感表达。

对大多数病人来说，跟随病人的体验将是一个很好的指南针。如果治疗师偏离中心，与病人的互动将使治疗师回到真正的问题。因此，对于自恋型患者来说，病人的体验是一个很好的当前问题的指南,并且跟随病人的体验会产生良好的结果。

然而,对于边缘型患者,情况并非如此。他们会谈论一个不重要的问题,干扰或阐释,仅仅是基于一个不准确的阐释或自我阐释,好像它是真的、中心的并和他们此时此地的工作相关。他们经常被自己的分心所吸引,甚至表现出人们在讨论内容时所期望的情绪。对于边缘型患者,治疗师就要利用自己的直觉和临床敏锐力,而且必须有自己的指南针。对于边缘型患者,如果治疗师偏离中心,与当前的实际问题不相干,病人会立即跟随治疗师偏离原来的问题而进入新的话题。

六、极性反应

由于分裂和对治疗师清晰的特殊需求,建议治疗师将人们通常所假定的极性的两个方面都表达出来。对于自恋型患者,跟随病人的体验通常会促使病人开阔他的视野并看清极性。这可能需要时间,但相当可靠。对于边缘型患者,明智的做法是始终使两极明确。

例如,当进行一个直接对话时,与边缘型患者一个很好的做法是学究式地陈述病人的观点和你自己的观点。"你不想离开,我现在需要结束这一小时的工作。""我认为你离开工作岗位做错了。我认为你不是一个总是犯错的不称职的人——你认为如果你犯了一个错误,那么你只是一个表现出错误判断的无能者。"

仅仅是挫败和坚定,或者仅仅是共情都不足以帮助边缘型患者。有时候我会说出我对病人的关心——只有在真实的情况下,绝不仅仅是一种技巧——有时会在同一句话里结合起来说"并且我不想照顾你"。如果我真的关心病人,感到温暖或有爱,那么我会这样说。但如果我认为我对他或她的照顾仍然是一种退行的

第十四篇 治疗性格障碍患者

幻想，那么我会尽力不让我分享的美好感觉强化任何对关系限制的混淆。

在讨论能力时，明智的做法是将其与对他人的正常依赖的陈述相结合。当谈论病人对他人的需要时，明智的做法是将其与对自主性和能力的肯定结合起来。

涉及边缘型患者及其交往的人的责备、羞耻和责任的问题是非常敏感和困难的。在陈述责任时，必须非常小心地将责任与责备或羞愧区分开来。还有一点必须非常清楚，在谈到涉及边缘型患者以外的某人的责任时，要明确的是，责任不只是边缘型患者的。

例如，我有一个边缘型患者，我和她为她的婚姻工作了几个星期。在之前的几次治疗中，我已经非常清楚地说明了她丈夫在他们交往中的责任（也许我没有明确说明她有同样的责任）。在一次治疗中，我观察到她对她正在讨论的互动的某个方面负有责任。她离开治疗时感觉受到责备、羞辱，觉得被指责为对他们的婚姻困难负有全部责任。

现在她留下的这个信息与我实际的口头或非口头信息毫无关系。在我们长期讨论她丈夫责任的背景下，这对大多数其他病人来说会更加清楚。但她是一个边缘型患者，最好明确地提到这个事实，虽然她对 x 和 y 负责，但她的丈夫也对 a 和 b 负责。她很难不把他们所有的困难都归咎于自己，或者另外哪一天又完全归答于她的丈夫而不承担任何责任。

对病人的绝望情绪共情，而不分享病人对未来的缺乏信心和对未来的可怕预测，是另一个需要说明的极性。在同化论文中，我提到一个边缘型患者，当我去度假时，她差点自杀。帮我接紧急电话的治疗师表现出了很好的共情，保持绝望的感觉，但没有

523

表示她（治疗师）自己对病人的未来没有绝望。病人差点自杀，但因为和我有很强的连接，所以坚持到我回来。她需要一些简单的陈述，比如："我想和你坐在一起，带着你的感觉，尽管我对你并不感到绝望。"

七、前后接触

在任何工作开始之前，以及在任何工作结束之后，我都尽可能与边缘型患者进行人与人的接触。这在团体和个人治疗中都是如此。当一个团体离开且人们在周围闲逛时，我通常对他们说晚安。但有时这么做要么是敷衍，要么是一个人没有连接地溜了出去。这对边缘型患者是危险的。我非常努力地获得有效的目光接触以作为在关键过渡点的一个扎根和重新连接。

我注意到，如果一个边缘型患者在带着情绪的状态下离开，并且没有恢复与我的良好接触，那么病人在当天晚些时候或后一天给我打紧急电话的可能性就会大大增加。

八、注意分离

由于遗弃问题对于边缘型患者的中心地位，也由于他们的分裂和他们在保持客体恒常性方面的缺陷，每次分开和离别都是治疗边缘型患者的潜在危机。对病人来说，每次治疗的结束都可能会引发关系和人际连接感的情感完全中断的问题。没有客体恒常性的分离意味着失去那个人，而分离意味着再也没有连接。对于边缘型患者来说，很难相信他或她在两次治疗之间对治疗师来说是真实的。

有时，病人会为这一点辩护，完全否认分离的重要性，让治疗师单独表达任何有关分离的感觉。病人也会通过投射到治疗师身上而否认，同时保持与被视为在做失踪之事的治疗师的认同："哎呀，加里，你的离开是件大事。"这种反应经常发生在边缘型患者感到自主和有能力的阶段。通过否认连接的重要性来保护自主。在这个阶段，他们可能会使用疏远防御，而不是对分离或终止进行工作。这与一些边缘型患者的过早终止治疗有关。他们将保护自己的胜任感，尽管他们将带着许多未被带入觉察的移情离开，也没有整合他们的需要和能力。

马斯特森对遗弃感觉的讨论（《启示录中的六个骑士》["Six Horsemen of the Apocalypse"]）对处理边缘型患者的遗弃感时应寻找什么是有用的（Masterson，1976，p. 78）。

（1）沮丧、哀悼［和悲伤］

遗弃会失去某些东西，无论是每次分离所带来的夸张的遗弃，还是边缘型患者感到与他的家庭相关的重大遗弃。失去了一些东西，悲伤和哀悼是适当的和治愈的情绪。如果悲伤没有被体验、被保持、被表达、被释放，那么沮丧而不是哀悼就开始了。边缘型患者经常这样，因为遗弃对他们来说是一个如此痛苦的经历。

（2）愤怒［和暴怒］

对遗弃的情绪反应通常是愤怒或暴怒。边缘型患者往往会有各种各样的强烈愤怒情绪，而且通常很难摆脱负面情绪。

（3）恐惧［和恐慌］

对幼童来说，独自一人在世界上是相当可怕的。在这段时间内，边缘状态开始。边缘型患者怀疑他们的自体支持能力，以及环境中的剩余部分能否提供足够营养的能力。所以他们很害怕。如果他们对恐惧变得更加歇斯底里，他们经常会把普通的恐惧转化为恐慌。当病人处于恐慌状态时，就像他们处于暴怒状态时，他们需要转移到一个更为中心的位置，仅仅是害怕或愤怒，而不是一个夸张的、不可支持的恐慌和暴怒的位置。

（4）愧疚［和羞耻］

尽管马斯特森只列出了愧疚，但我的经验是，羞耻是一种更主要的遗弃体验。孩子们一般认为遗弃是因为他们有问题。边缘型患者充满羞耻。他们也经常愧疚。

（5）被动［和无助］

被遗弃的人常常感到失落、无助和被动。他们感到震惊、顺从、绝望。因此，当边缘型患者允许自己承认自己被遗弃，并感受到自己的情绪反应时，他们的情况也是如此。

（6）空虚［和回避］

对于边缘型患者来说，内心空虚的僵局感、空虚无底的深渊感是非常强烈的。他们需要治疗师的接触、共情和对他们的信心以走出僵局。试图填补空虚是注定要失败的无尽的任务。然而，保持这种感觉，使用觉察连续谱、意象、良好的呼吸等等可以带来一种宁静的感觉。

九、愤怒和复仇

边缘型患者有很多强烈的狂怒和复仇的感觉。他们有肮脏的边界，多重强烈、疯狂和顽固的移情（与治疗师、爱人、老板、医生等）。他们的边界模糊，充满了"可感觉到"的愤怒与仇恨的东西。西尔斯的病人就像狙击手一样想念他就是一个例子。

如果不放弃复仇，边缘型患者就无法愈合。复仇和痛苦渗透并摧毁了边缘型患者的所有努力，并最终转向自体。暴怒和复仇是边缘型患者提前终止治疗的另一个原因。他们过早地终止治疗是为了保护自己的能力，避免与治疗师的真正接触带来的合并威胁，同时因治疗师不照顾他们和施魔法而惩罚治疗师。

他们感到贫穷、绝望、不满和嫉妒。当他们看到别人的时候，他们想要别人拥有的东西——特别是边缘型患者想象别人所拥有的富足和安逸。他们感到依赖他人的慷慨，很少满足，无法为他们自己赚取他们想要的东西。由于他们想得到照顾，他们往往也不想为他们想要的东西去工作。他们强烈地感受到自己的不满，他们的嫉妒常常是愤怒与复仇式的，充满了恶意和想要伤害富裕的他人的欲望。

如果他们自主地为他们想要的东西工作，他们就害怕情感的饥饿，而软弱、不足和无能是任何依赖的必要代价。伴随关系而来的是双重恐惧：一方面是入侵、控制、操纵、合并，另一方面是孤独、饥饿、被遗弃。

他们把自己的困境归咎于别人。每一个接替的新救援者都被视为充满希望，与为他们的不幸负责的可怕的人形成鲜明对比。当救援者又一次变成失望时，边缘型患者希望惩罚、伤害、羞辱和报复最新的失败的父母形象——就像他们想对他们的父母和过去的父母形象做的那样。

他们缺乏整合对立事物的能力，很难摆脱消极情绪，比如失望、恐惧、愤怒等。他们避免限制，很难停止单向冲动的行动，而是达到零点。他们责怪别人而不负责任，很难做出他们需要的改变以到达他们想去的地方。

愤怒和报复的功能是通过引导边缘型患者的思维、感觉与行为走向无力的责备和远离建设性行动来维持现状。这是基于一种"我现在不好"和"他们（或你）应该受到责备"的态度。"如果他或她能感受到我所感受到的羞辱，我会感觉更好。"但是再多的报复和愤怒也无法让边缘型患者得到他/她渴望得到的东西，愤怒和报复最终都是徒劳的。

只有超越愤怒和报复，边缘型患者才能成长，原谅他们的父母、治疗师、爱人和他们自己。想要感觉良好，想要感觉到些许的平衡和宁静，边缘型患者最终就必须接受不可改变的过去、限制的不变事实，并表现出勇气去改变那些确实可以改变的东西。愤怒和报复与智慧或宁静是不相容的。

总结

治疗的质量和安全在一定程度上取决于治疗师所做的辨别的质量。一个治疗师的接触以明确的觉察为指导，这个治疗师可以做出最大限度地匹配病人治疗需求的辨别。

神经症、性格障碍、精神病和需要医疗干预的情况之间的总的辨别对于安全和指导治疗师达到治疗效果至关重要。在我看来，没有这种最低限度的诊断分类，任何咨询或心理治疗都不能被认为是专业或胜任的。

如果治疗师觉察到病人自体功能同一性的完整、自尊和一致性的状况，他或她将能够以最佳的次序、最佳大小的步骤、最佳的数量和支持的类型引起他或她自己的注意。

一个好的治疗师区分一个强迫症神经症患者和一个歇斯底里神经症患者，前者需要较少的思考来体验感觉和情绪，后者需要减缓从感觉到感觉的快速跳跃，并更深入地接触对他或她有意义的东西；同样，好的治疗师区分自恋型人格障碍和边缘型人格障碍，前者需要用最大的共情性调谐来开始治疗，后者需要在一个稳定、持久背景下的共情性调谐和对病人觉察到自体与他者需要

第十四篇 治疗性格障碍患者

的强有力的坚持。

一种现象学和对话的治疗，如格式塔治疗，需要悬搁并对被治疗者的独特性做出真实的回应。这并不要求不了解或忽略某些类型病人——如自恋型和边缘型人格障碍患者——的已知的描述性数据，如性格构成如何、有何发展史，以及他们需要如何被治疗。相反，当治疗师了解一个人与世界相关的模式中的关键问题时，他或她处于一个更好的位置，能够准确地共情，并且能够以最不适得其反的态度做出反应。

第十五篇
羞耻

评 论

这篇文章是1991年专门为这本书写的。我相信,识别和治疗羞耻,区分羞耻和愧疚,了解治疗的意义,对格式塔治疗和过去十年格式塔治疗中临床态度的改善至关重要。我认为,如果将羞耻的概念同化进格式塔治疗师的功能之中,那么没有一个临床主题能比它更有益于格式塔治疗的实践。

羞耻

羞耻和愧疚是在适应社会文化的过程中两种主要的消极自我反应的形式。羞耻是伴随着"不好"和/或"不够"的体验而产生的感觉。愧疚是伴随着做坏事、伤害某人、违反道德或法律准则的体验而产生的感觉。

虽然羞耻在我们的文化中无处不在,但在我看来,羞耻在治疗中很少被注意到,也很少得到很好的治疗。这是治疗中最常见、最不被理解的经验之一。羞耻可以是对特定特征、行为、想法或感觉的反应——或者可以是一个人全部的自体感。通常，特定的羞耻反应和愧疚反应，只是一个人对全部的自体感的更持久、更深层次和更强烈的反应的前沿。这些强烈的反应可以由明显无害的刺激触发。一个人在本质上可能感到不好、不胜任或不值得，这种处于核心的不好的感觉正是本文的主要关注所在。

在这篇文章中，我关注的是羞耻而不是愧疚，因为我发现没有羞耻基础的愧疚相对容易理解和治疗，而且大多数治疗师都知道如何去做。另一方面，我的经验是，尽管羞耻体验很常见，但许多临床医生并不认识羞耻过程的许多表现和细微差别，也不知道如何处理它。通常治疗师也会感到羞耻，但他/她自己并没有意识到这一点。以我的经验来看，即使是有经验的临床医生也是如此。

羞耻及其根源

羞耻反应是对自己，对自己是什么、自己如何、自己做什么的消极的情绪反应和评价反应。大多数情况下，这些感觉都是以一种不成熟、不明晰、不清楚、神秘而令人费解的方式被体验的。羞耻通常通过自动的、避免暴露在自己和他人面前的动作成功地隐藏起来而不被觉察。对于羞耻的人来说，暴露，尤其是不胜任或不好的暴露，会产生一种强烈的、几乎无法忍受的情感能量。

病人羞耻反应的在场通常是治疗师而不是病人首先知道和标记的；治疗师通常首先根据病人忽略的线索，通过推理或直觉而不是病人的直接报告来获得信息。通常，回避的机制是如此强大，以至病人间接地知道他们的羞耻，而不是直接和有意识地感觉到它。逐渐地，病人才会有足够的支持来觉察到他们的羞耻感。渐渐地，强烈的羞耻感会缓和，病人的自尊感提高。

最初，病人可能会意识到，他或她认为自己不够好，不值得，不快乐，或只是简单的不好。但有时连这一点都不在焦点觉察中。容易羞耻的人常常把许多个人的侮辱和可恨的谩骂加在自己身上。经常提到这一羞耻过程的词有：没有资格、软弱、羞辱、无能、不够好、荒唐、愚蠢、笨拙、糊涂、暴露、赤裸、不够等等。但这些谩骂都是将自责视为事实，而不是一种直接而有洞察的羞耻感的表达。

在治疗开始时，病人可能会意识到羞耻的某些方面，但既没有意识到这些消极态度背后的中心统一过程，也没有用词汇来表达它。词汇是羞耻工作中的一个难题。虽然我们确实有许多英语词汇来描述羞耻过程的各个方面，但关键词"羞耻"经常不被使用，而且已知的方面与中心自体过程没有深刻的联系。

羞耻通常作为一种背景过程而起作用，如果没有具体的治疗工作，这种背景过程看起来如此自然，以至不会出现在前景中。羞耻导向的人的羞耻感通常要追溯到清晰记忆的年龄之前。它是建立在婴幼儿最早的奋斗和人际交往体验的基础上的。由于羞耻感的过程在觉察变成言语之前就开始了，羞耻感通常不是在言语觉察中，就是至少只是在传播上是这样。基于羞耻的格式塔形成在前接触中被大量地体验，在后期的图形/背景阶段被打断。

为了理解这一点，让我们简要回顾一些关于人格功能运作和人类发展的基本的格式塔治疗理论。

在有机体/环境场中，当图形出现在接触边界时，识别图形是一个关键的格式塔治疗人格和发展概念。通过这个重要的自体过程,新奇的事物被同化和调整,新的格式塔构成被创造(创造性调整)。尽管图形形成是一种生物赋予的自体功能,但它从根本上说是体验的结构。作为体验,它不可避免地存在,起作用,并在人和有机体/环境场的其余部分的互动矩阵中得到发展。在这个互动的场里,人们学会支持、增强或干扰他们的自体功能。

在格式塔治疗理论中,自体是有机体/环境场中的接触系统。自体感在家庭系统成员之间的接触中发展。随着图形在婴幼儿期的前接触与接触的早期阶段中的出现和日益清晰,儿童与家庭系统中其他人之间存在着持续的言语和非言语的互动。当孩子的行为、观察、感觉、知觉、思考等变得为他人所知时,无论是否觉察到,人际接触都有助于塑造孩子的反应能力和自体感。家庭告诉孩子文化、种族、宗教、家庭对如何行动、思考、谈话等的期望。家庭还告诉孩子,在这个系统中,哪些情感是受欢迎的,以及他们喜欢的情感和沟通方式。

这一社会塑造过程可以带着对孩子整个人的爱、尊重和接纳的信息来完成(例如,"你是个好孩子,我们不允许你打你的妹妹——这伤害了她")。另一方面,这种文化适应过程(enculturation process)可能会产生一种病态的个人羞耻或愧疚。早期的家庭互动可以支持自体的形成,认同其形成的图形,重视人与他人之间的接触和差异,或者它也可能打断形成中的图形和整个自体感的形成,让孩子对自己作为一个整体的自体产生负面的反应。

在真实的环境中,羞耻像母乳一样自然而然地产生。它通过耳濡目染的方式渗透进来,比如房间里的声音、父母脸上的表情、他或她的声音、父母动作的节奏、他或她被触摸或不被触摸的方式等等。幼童并不觉得自己是给父母的快乐或礼物。尽管这种羞耻的过程经常贯穿于具有羞耻导向的人的个性中，而且可能非常强烈和残酷，尤其是在患有性格障碍或精神病的情况下，但它通常是不易察觉的——适合于一个如此年幼就开始的过程。

羞耻包括一种缺陷或自卑感，以及作为一个带着那种缺陷的人所具有的不可爱和不值得尊重的感觉。羞耻通常带有这样一种信念或情感，即有这样一种缺陷的人并不真正属于人类。经历这种羞耻感的人常常把自己描述为：外星人，不是人，有毒的，不能触摸的，"令人讨厌的"。一些理想的自体将是值得爱和尊重的，而不是现在的自体。这是格式塔改变的悖论特别有价值的领域，因为认同一个人的状态是这个改变理论的核心。

缺陷或自卑感可以建立在人类生活的几乎任何方面。有时确实存在一个特定的缺陷，比如当存在生理缺陷、学习障碍等的时候。另一方面，有时这种自卑感是因为过高的能力标准，比如在强迫性或完美主义的神经症的理想自体中，以及在自恋性浮夸的情况下。

在一个人的环境中，与重要的他人互动时，没有资格、不值得爱、尊重或成就的感觉就会增加。正是在这种情况下，羞耻感自然而然地出现在这个年轻人身上。当父母冷漠地看向别处，或者看起来厌恶，或者对一件小事愤怒或侮辱过度反应时，困惑的年轻人不理解这种过度反应，自然会认为"我一定是出了什么问题"。当不清楚这种"问题"是什么时，这个人会感到迷惑："我一定有问题，但我不知道是什么。"这种迷惑感是羞耻过程中的主要成分。

虽然有些人认为这些物质完全是环境因素，但有证据表明可能存在遗传成分。焦虑、不安全感、强迫性、完美主义等等可能都有遗传成分。而且，不管父母如何对待，有些自卑的羞耻反应似乎都会出现。

然而，非常清楚的是，经年累月的羞耻感是在一种环境的背景中产生的，在这种背景中，孩子没有获得一种被了解、被接纳、被爱和被尊重的感觉，包括"缺陷"。有身体残疾或其他形式的缺陷，有某种自卑感，而父母态度正确，孩子则有极好的机会带着对自体的自豪感而成长，而不是感到羞耻。

一切形式的没有回报的爱都会带来羞耻。遗弃，尤其是被父母遗弃，是一个特别影响身心的例子。由于慢性羞耻反应如此年幼便开始，与母亲/养育人的关系是特别重要的诱导。羞耻的反应是在孩子需要父母是一个可以信赖的人的情况下产生的，因此当有困难时，有一种倾向认为"妈妈没事，问题在于我"。四岁的孩子父母离婚后对自己说："我怎么了，我做了什么让妈妈和爸爸分手？"

认同自己，特别是认同自己的状态和经验，是基于羞耻的自体调节的对立面。基于改变的悖论的羞耻和有机体的自体调节是相互矛盾的。从本质上讲，羞耻给人的信息是，一个理想的自体是有能力和可以接受的，而实际的自体不是。

在美国，理想自体的形象通常排斥感觉或表现出强烈的情绪、脆弱或人类的弱点。羞耻感导向的社会经常教导说，控制是值得骄傲的，而未能"控制自己"是可耻的。幼儿不仅被教导要控制大小便、情绪和任何社会强调的东西，而且以一种教导幼儿为自己的本质感到羞耻的方式被教导。

在这个羞耻过程中，内摄和融合是重要的机制。被内摄的信息通常是："永远不够！""你的冲动、情绪和愿望是不可接受的。它们显示了你在社交上的无能。错误是不能容忍的。保持控制，保持良好的形象，努力胜任——尽管你会因为能力不够而失败。"

通常，"你还不够"的信息是作为一个标记线被给出的。我记得我这辈子第一次得了 A。我很自豪。我母亲以适当的祝贺回应，然后补充说："我高中时一直都是 A。"这个标记线对我说我要自豪还不够格。有时标记线是一个手势，例如从我的毛衣上弹下一小段绒毛。这告诉我，对妈妈来说，外表必须非常整齐才能被接受，而我的外表还不够好。

一个例子：一个培训团体的治疗师说，十岁时，她自己起草了一份复杂的合同，与父母协商一个重要的问题。对她来说，重要的是写下来，因为他们没有认真对待她的问题，且没有考虑到她童年的愿望。当她拿给父母看时，他们在别人面前嘲笑她拼错了一个词。永远不够。大多数父母都会为一个十岁的孩子能够如此有能力和独立而自豪。然而，在这个家庭里，羞耻是由不考虑她的要求和在别人面前嘲笑她而引起的。

比较愧疚和羞耻

或许，通过将羞耻与愧疚进行比较和对比，可以更清楚地理解羞耻。两种感觉都是对自体的消极反应。羞耻是指人的基本本性和存在。羞耻往往是一种关于整个自体"不够"的感觉，而愧疚则是伴随着做了某件坏事、伤害某人、违反某个道德或法律准则的经历而产生的感觉。

与带有羞耻的语言问题相反，说英语的人在提到愧疚感时通常使用"愧疚"（guilt）一词。然而，它最常用于以下情形：病人的实际体验是害怕惩罚或怨恨"应该"，以及被内摄的、此时自体强加或由他者强加的期望。真正的愧疚，即对他人造成伤害的责任感、后悔和自责，需要更成熟完整的个人价值观和对他人的共情。

愧疚感通常是由攻击的行为和感受（敌对或非敌对攻击）与性行为引起的。如果按这些行动，往往会因为伤害（真实的或想象的）他人和/或为违反该特定文化中允许的性形式和攻击形式而感到愧疚。即使是感觉到冲动，而不采取行动，愧疚感也常常会出现。

对愧疚的惩罚就是刑罚。最典型的刑罚是断肢。对羞耻的惩罚是遗弃，从重要的人远离被羞辱的人，到肉体上的遗弃甚至放逐，形式各异。

羞耻和愧疚都可以建立在对自己成熟和被同化的感觉上，这种感觉可能被称为真实的，或者另一方面，它们也可以建立在内摄的标准上，这种标准会导致或多或少的不真实或非有机体的反应。愧疚和羞耻都要求区分什么是合理的期望，从而区分什么是合理的羞耻感或愧疚感，以及达到的程度如何。广义的和具体的愧疚与羞耻反应可以是合理的或不合理的，是基于同化的或基于内摄的。

有时候，人们所谓的"愧疚"并不是真正意义上的做有害的事情，而是害怕因为违反别人强加的规则而受到惩罚。当愧疚是基于内摄的时候，它往往会被夸大，即现象学探索发现它不适合这种情况，而现象学探索也揭示病人正在体验的感觉更准确地被标记为怨恨。这种经历与其说是对个人责任感和愧疚感的充分发展，不如说是对起诉的恐惧。这通常与人之间正在进行的权力斗争有关，特别是与权威人物，以及人的心理系统各方面之间的冲突，尤其是上位狗-下拉狗的冲突有关。当然，在这个过程中，内摄和投射起着重要的作用。

在此类内摄的愧疚的案例中，神经症的自我功能的丧失可以通过格式塔治疗恢复。任何训练有素的格式塔治疗师都熟悉这样的工作：澄清内摄、重新拥有投射、突出上位狗-下位狗之间的对话、表达怨恨，以及感受基于有机体的选择。在此类案例中，一个好的治疗结果涉及恢复失去的自我功能，以及要么继续行为而不感到愧疚，要么基于这个人现在对他所处环境中适合他的东西的整合感觉而停止行为。

有时另一种错误的标记会导致病人"感到愧疚"，这种时候仔细的现象学探索发现，实际的体验是一种遗憾、悲伤和关心他人的痛苦，但不是愧疚感，因为伤害行为要么是必要而不可避免的，不是故意选择的，要么是不可预见的。在这些情况下，仅仅区分愧疚和这些其他感觉就可能带来一个真正的"啊哈！"体验和解脱感。例如，有时我被要求回顾或评估一篇专业论文或一次治疗实践，我认为这篇文章明显不足，且必须这么说。即使当这项审查或评估是由此人要求的，并以一种敏感和支持的方式进行，一些人仍然感觉受到伤害。当我事实上感到后悔、悲伤和同情时，我往往把我的情绪反应标记为"感到愧疚"。

愧疚感是基于对他人、对关系或对环境造成伤害的评估而适当产生的。如果伤害不是真的，如果评估不是一种同化的评估（即基于内摄），或者如果感觉是比环境所要求的更极端、更固执、更笼统或更苛刻的，那就是病态的。当一个人选择的行为导致这样的伤害时，不感到愧疚也是病态的。当然，在这两种情况下，区分都不是客观的，而是通过某人的判断进行的。

当愧疚是真实的、"存在主义的愧疚"，并且其基础也不是羞耻时，导致愧疚的行为通常停止。除非情况非同寻常，否则拥有成熟价值体系的人不会继续他们真正认为错误的行为。当冒犯的行为确实发生时，那么觉察、忏悔和修复在精神上和治疗上都会被指出。

真正的愧疚可以通过坦白、忏悔、修复和宽恕来减轻。通过探索被违背准则的内摄基础，以及通过把怨恨和愤怒的情绪带入觉察，消除投射，调动一个渠道来表达对环境的攻击，并允许出现一个基于有机体自体调节的准则，神经症的愧疚可以得到减轻。

如果愧疚是真实和强烈的，那么它往往会导致羞耻。因为当一个人做坏事时，这确实意味着这个人是那种能够并且确实做了那种冒犯行为的人。这会导致有羞耻倾向的人产生羞耻感。

羞耻指向人的基本本性和存在。仅仅是惩罚、宽恕或弥补他人并不能让人觉得自己"够了"，例如，有能力的和可爱的。因此，从羞耻中解脱是更长期的、渐进的和困难的。

羞耻-愧疚约束

如果有人表现出攻击性或性冲动，他们通常会感到愧疚。但是，请注意，如果一个人通过不采取行动来避免愧疚感，那么这个人常常认为自己不够好，而且常常被别人这样认为。在这种情况下，这个人陷入了一种"羞耻-愧疚约束"（shame-guilt bind）。

那个小男孩在操场上受到攻击时反击了，大人们可能教导他这样做是不好的。在小学年级，这通常是女教师和男孩之间的互动。如果男孩不反击，他就会被自己和其他人贴上软弱、娘娘腔等等的标签。性行为也可能如此。在美国，性活跃的青少年往往被成年人贴上滥交或不好的标签；然而，性不活跃的青少年往往被同龄人贴上不够好的标签。

通常，愧疚的体验被用来避免羞耻的体验，羞耻的体验被用来避免愧疚的体验。一些病人来这里抱怨性功能不全，但宁愿死也不愿承认他们对性有说教式、清教徒式、维多利亚时代的态度。毕竟，一个人思想应该解放。所以一个人承认羞耻和不足，掩饰了性欲和这种错误态度之间的冲突。另一方面，有些人会进来说，他们认为性是令人厌恶的、肮脏的、不好的，或者他们只是"不感兴趣"，而事实上，他们是在逃避自己的恐惧或不足感。有时道德主义被伪装成理想主义或浪漫主义。我在青少年中经常看到这种情况。

家庭基本纽带的任何破裂都有导致愧疚的倾向。与母亲分离很可能会使母亲感到一些悲伤、痛苦或伤害。然而，如果孩子事实上是有能力的，他或她必须从母亲那里独立出来，建立他或她自己的价值观、能力、信仰、感情和兴趣。未能在适当的发展时期从家庭中分离和个体化，往往会导致功能不足和羞耻感。

在愧疚-羞耻系统中，通常没有出路，没有打断、暴露和干扰这个系统，这使个人除了变得糟糕或不足之外别无选择。

皮尔斯和辛格（Piers and Singer, 1971）清楚地描述了这种羞耻-愧疚约束，他们还讨论了作为羞耻或愧疚导向的文化。多年来，我一直非常怀疑人类学将整个文化描述成羞耻或愧疚的文化的准确性或实用性。然而，当我在不同的国家旅行和培训治疗师时，在这个层面上，从一个国家到另一个国家确实似乎有着明显的不同。例如，我注意到，在这方面，群体的氛围和个人的主要问题是非常不同的，比如说，在芬兰，这是一种"羞耻文化"，而在巴西，这是一种"愧疚文化"。

第十五篇 羞耻

羞耻的表现

一个感到羞耻的人可能会有一个火辣的、脸红的、尴尬的表情。通常外表的特点是感到羞耻，隐藏冲动，并且努力避免知道或表现出来。这可能以一种僵硬、孤立的方式显现出来，几乎没有任何动作。羞耻本身可能表现为身体蜷缩、低着头、转移目光和避免眼神接触。从认知上讲，病人经常会感到茫然或麻木。攻击、合理化、愤怒和自以为是常常被用来避免羞耻感。就好像那个人在说："我必须是对的和足够好的，你必须是错的和不够好的，这样我就不必感到羞愧。"

羞耻相反的一极是骄傲。为自己感到骄傲的人对自体有一种好的、耀眼的、温暖的、自信的感觉。感到羞耻的人想要隐藏时，感到骄傲的人会鼓起胸膛，感觉到："看看我，我很好。"羞耻的反应是退缩和隐藏，而骄傲的反应是扩大和被听到、看见。极端的骄傲可以是自恋性浮夸。在这种情况下，骄傲没有很好的根据，不是建立在充分了解自己的基础上的，也不是与自己的实际成就和弱点很好地匹配的。此外，在自恋型人格障碍患者的夸大情况下，骄傲伴随着对他人的蔑视。这不一定存在于所有的骄傲中。有时当人们开始感到骄傲时，他们会有羞耻或愧疚的反应，因为他们受到的教导是，骄傲是不好的，并且只有下等的、没有教养的人才会骄傲。有些牧师宣讲"骄傲先于毁灭，傲慢先于堕落"。

这种羞耻的过程大多是没有意识的，只有在持续治疗中，在良好的关系中，并且治疗师逐步地引入羞耻觉察的结果下，才会进入觉察。说到良好的关系，我将以下治疗师包括在内：（1）对病人有准确的共情理解；（2）以病人能够确认其准确或不准确的方式表达这种理解；（3）对病人来说，治疗师让人感到温暖、接纳和尊重，并以病人能够意识到的方式表现这些；以及（4）治疗师是一致和真实的。我们稍后将谈到治疗的这个方面。

自体与理想自体

理想自体指的是一个人想要成为的一个自体形象或图景，或者感觉只有这样才能被接受。尽管理想的形象可以被不同程度地同化或内摄，但它往往比单纯的"应该"更容易被同化或自我和谐。

羞耻导向的人们把自己与这个理想的自体做比较，更多地认同那个理想而不是他们自己实际的经历。他们感到羞耻与他们认同的理想形象和从中体会到不一致的程度有关。我觉得很有讽刺意味的是，在后来的治疗中，病人们经常发现他们甚至不喜欢那些与他们的理想自体相匹配的人，并且当他们用现象学方法尝试成为那个理想的自体时，他们往往不喜欢成为那个理想的自体。

羞耻导向的人的理想的自体形象通常是僵化的，只允许不多的几个特征，往往甚至不一致；它排除了广泛的行为和经验。这些不可接受的行为和经历被视为反映了一个人的整体特征，反映了一个人的胜任力和能力。例如，理想的自体可能是流畅和优雅的，而尴尬的经历并不适合那个理想的自体；当一个人开始感到尴尬时，他或她会感到羞耻。当然，自相矛盾的是，当羞耻感开始时，尴尬很可能会增加。因此羞耻可以是一个循环的自体增长过程。

第十五篇　羞耻

隐藏和尴尬

"我不想被人看见",在与羞耻导向的人一起工作时经常听到这样的话。他们常常很难看见或被看见。他们不用他们的眼睛看,通常通过投射。这既是因为禁止看(不要盯着看,这是不礼貌的),又是因为看意味着真正的社会接触。他们可能会看到对方看着他们,从而增加了人际接触和强度。

被看见意味着暴露,羞耻导向的人投射出自己的判断眼光,期望人们发现他的欠缺。就好像自己的眼睛在回望,带着一种投射的厌恶,想象着其他人感到厌恶,就像他自我厌恶那样。随着一个人眼睛的投射,感到羞耻的人会从注视中退缩,然后体验到被他者和他们自己投射的眼睛所接触和注视。因为他们实际上很难观察,他们在不同程度上接触到他们自己所投射的预期,而不是他们的眼睛将会告诉他们的东西。

面对他们期待的评判眼光,他们感到暴露和赤裸。被看见意味着没有保护物,没有隐藏,没有面具,没有隐私。在羞愧中,他们充满了脸红、体温升高、畏缩、垂头丧气的情绪能量。当然,在一个危险、不安全、令人羞耻的环境中,情况更糟。

羞耻的体验总是伴随着一种隐藏的愿望。有时,感到羞耻的人会说,他们恨不得有条地缝钻进去。这种隐藏可以通过一个冷漠的表情、用词过度、身体的后撤、安静和不移动、避免对自己的注意等等来完成。当一个人感到羞耻、不足和不值得时,他不想被人看到,不想让他的羞耻暴露在世人面前。

深感羞耻的人也常常感觉不可接触,不值得被接触,或者如果有人接触他或她,他们会发现这是一种负担,或者是不愉快的甚至是有毒的。这常常用"我不想被接触"或"我不值得被接触"这样的句子来表达,他们因为被看到或被接触,甚至因为意识到他们渴望被看见或被接触而感到尴尬。

隐藏将人隔离开来,造成一个无休止的循环。没有互动和反馈,这个人就没有反驳羞耻感的信息。每一种觉察都会导致羞耻,羞耻导致想要隐藏,然后羞耻会导致因为羞耻而羞耻和因为想要隐藏而羞耻。一个人越需要或渴望接触,羞耻感就越强烈。这会导致更多的隐藏和隔离。这可以是一个无限的倒退。

尴尬可以是羞耻的前沿,通常是治疗师所观察到的感受,并且也会由感觉到羞耻但不了解羞耻的病人报告。让我们把作为羞耻前沿的尴尬和简单的尴尬进行对比。

本质上,尴尬是当一个人的"我边界"(I boundary)中没有考虑到当前的经历时所感受到的情绪。例如,当被推到一个没有整合进自体形象中的角色或地位时,无论这个角色更好、更差还是与他通常的地位相似,他通常都会感到尴尬。当注意到一种不属于某人自体形象的情感或欲望,或表现出一种不属于这个人自体形象的情绪时,往往会产生尴尬的感觉。尴尬通常伴随着脸红、自体意识的体验和害羞。

埃尔温·波尔斯特称尴尬为"凝固的喜悦"(curdled delight)。在简单的情况下,尴尬既是一种温暖的活力,也是一种不习惯的、不是完全允许的感觉。通常病人不会对这种尴尬有认知和情感上的支持,并且病人将其体验为一种消极的感觉。在这种情况下,这个人往往会屏住呼吸,退缩,并想要隐藏或消失。但尴尬本身并非如此。

尴尬并不是天生的消极。当一个人能够保持"柔软"和接触,用呼吸来支持兴奋,保持以当下为中心,认同他们当前的体验时,"凝固的喜悦"的感觉甚至可以是愉快的。人们可以学会

第十五篇　羞耻

与他们的尴尬来"交朋友"。尴尬通常伴随着成长和发展，重要的是病人要学会与他们的尴尬做朋友，这样他们才能在伴随着简单尴尬的变化中前进。

当尴尬是羞耻的前沿时，情况就不同了。在一般自我接纳的背景下，简单的尴尬可能仅仅是一种温暖的不舒服感觉。在羞耻的情境中，尴尬只是前沿，是处于羞耻状态的病人最容易感受到的感觉。羞耻的尴尬往往伴随着一种非常痛苦的羞辱感。

这种羞耻的尴尬不是一种能够很容易与之友好相处的感觉。它伴随着一种根深蒂固的不值得被看见的感觉和强烈的隐藏需求。尽管当一个人只是尴尬的时候，总有一些隐藏的倾向，但骄傲的喜悦可能足以压倒它。人们经常在害羞的人经常进行的偷窥式接触中看到这一点。在羞耻的情况下，不好和需要隐藏的意识被更深刻、更强烈地感觉到。

隐藏在某种程度上是通过内转完成的。这是一种以自己代替环境的机制，被那些容易羞耻的人用来避免社会接触带来的暴露和羞耻感。自体导向的感觉是内转的，并且代替人际接触。最初针对他人的愤怒可能会内转为退缩。

羞耻的特征是愤怒、厌恶和对自体的不赞成。俄狄浦斯发现自己和母亲上床时眼睛里的泪水是一个典型的内转愧疚和羞耻的例子。

羞耻中的内转是明显隔离的一部分，常常拒绝从外部得到需要。羞耻的人需要来自外部的爱和认可，但往往采取自足的防御。有待解决的问题是：在多大程度上，这是基于一种不应得的感觉，以及在多大程度上，这仅仅是通过将互动最小化来隐藏羞耻的结果。

正如我们已经讨论过的，感到羞耻的意识常常导致因为羞耻而感到羞耻。想要隐藏的意识往往伴随着需要隐藏的羞耻感。每一种都是自卑的表现。当然,这增加了羞耻和隐藏的需要,并且闭环效应继续。这个人隔离并且不同化来自外部的所需的新奇事物。羞耻的讽刺之一是,隐藏的自然倾向使人们离开爱的相遇——治疗。

当然,在羞耻感产生的环境中,这种隐藏可能是相当合适的。在这种环境下,进一步的接触往往意味着导致或保持羞耻的互动的继续。理想情况下,治疗环境比病人的内部环境更有爱心,并且不是羞辱式的,病人的内部环境是建立在早期的童年经验(尤其是内摄的东西和未完成事件)的基础上的。不幸的是,这往往不够真实。

神经症患者的羞耻反应与性格障碍患者的不同。这一点在本书的其他地方,在讨论自恋型和边缘型人格障碍患者的治疗时已经提到了。尽管正如本节前面所讨论的,羞耻的反应总是一种自尊心减弱,但神经症的人并没有自体感的崩溃。神经症患者不会丧失反思的能力(除了短暂的),不会丧失个人的整体性,不会丧失生存的能力(尽管它会因为羞耻反应而受损),并且不会变成"全坏"的状态(除了暂时的)。

羞耻的治疗取向

羞耻的治疗目标和时间线

格式塔治疗的一般治疗目标是:(1)在与有机体/环境场的其他部分进行接触时,了解并认同自己的主要经验,特别是该场中其他人的主要经验；（2）基于这种认同采取行动；以及（3）信任成长来自互动。主要体验包括对局限和优势、有效性和无效性的觉察，以及对道德、不道德和非道德的关注。重要的是，人们要从经验中吸取教训，认识到自己的错误、弱点和局限性，同时还有良好的自尊感。

一般来说，我治疗羞耻导向病人的具体目标是提高他们对羞耻和愧疚过程的觉察和选择，帮助他们摆脱羞耻的自动的、过度的自体攻击过程，获得一种整体的、安全的和总体上积极且富有同情心的自体感觉，最后拥有一种在自体-他者的接触、觉察过程中，由他们自己的精神、价值观和需要理智地指导的愧疚和羞耻感。这一目标的一部分将是觉察并接受他们的隐藏需要，并且将防御性隐藏转变为健康的后撤。

要做到这一点，需要长期、反复、渐进的工作。这在一定程度上是因为在婴儿学说话之前的、习惯的自体感是如此的弥漫、无处不在、原始和自我和谐。对羞耻进行工作的缓慢节奏不仅取决于改变这种根深蒂固的态度的内在渐进性，而且在治疗过程中，羞耻在病人的日常生活中继续被唤起。此外，羞耻仅仅是由治疗过程所引起的，这对羞耻导向的病人来说是一个明显的弱点或缺陷。当这样的病人在治疗中学习到一些东西时，会有一种羞耻感的反应："如果我足够好，我应该早就知道了。"当治疗将羞耻本身带入觉察时，因为羞耻而羞耻的根深蒂固的反应出现了。

此外，我怀疑一点，即彻底消除羞耻或愧疚是否是一个好的治疗结果。对于造成伤害的真正的愧疚感是作为一个完整的人所固有的一部分。不感到愧疚意味着要么不伤害任何人——一个可疑的说法——要么对伤害没有感到适当的愧疚。我并不是在这里判断一个人应该对什么感到愧疚，只是治疗师不应该试图消除所有的愧疚，把所有的愧疚都当作神经症，或者认为不感到愧疚是一个向往的治疗目标。

同样，注意"无耻"这个词。无耻行事的人被认为缺乏适当的背景感和自身的局限感。再说一次，我不是在陈述什么应该引起羞耻或达到什么程度，而只是让治疗师不要相信，最健康的模式即治疗的目标，就是没有任何羞耻感。

选择什么是适当的愧疚或羞耻是病人的选择，而不是治疗师的选择。治疗师的工作是接受并且把病人的觉察过程的各个方面带入觉察，促使一个更健康、更加整合的自体感从这些冲突力量的现象学和对话的互动中浮现出来。

健康的愧疚和羞耻是经历图形/背景循环的体验，从前接触开始，到后接触结束而终止。在健康方面，羞耻感或愧疚感是由有机体/环境场的实际情况引起和决定的。与更易受伤害的神经症和性格障碍患者相比，健康人有着广泛的、有区别的愧疚和羞耻反应范围。当他们的价值观和标准被违反时，他们既不否认羞耻或愧疚，也不因未能达到他们的价值观和标准而每一次都遭受自体毁灭的痛苦。他们对自己认为轻微的违规行为有轻微的羞耻或愧疚反应，对严重违反标准的行为有更严重的反应。整个人不会因为犯了小错误而被谴责，自尊也不会因为个人的弱点而完全丧失。随着接触的加强，他们采取适当的措施并完全参与（最终接触）。这包括赔偿损失和承认限制。

对我来说，在这方面的成长工作的目标不仅是消除羞耻，而且是让病人成长并具有更有爱心、更合理、更有成效的自体感。为一个同化的、整合的、积极的自体感而进行的工作不是一个突如其来的过程，而是一个小步前进或渐进发生的过程。这个过程是复杂的，因为治疗目标必须是一个现实的、积极的自体感，在这个过程中，自体和自体-他者领域的内在限制被承认，病人发展出一个持续的理智区别的过程，而不是一个没有这种区分的很大程度上被夸大的积极自体感。

羞耻治疗中的关系

除非治疗师和病人之间的关系是一种治疗师真正理解、接受和认可病人并实行融入的关系，否则羞耻是不能被成功治疗的。至关重要的是，治疗师要保持一致，并以非言语和言语的方式展示这一点。

羞耻导向的病人除非处在人与人接触的情况下，否则不能被治愈。羞耻必须在真正以横向态度接受这个人的他者在场时被表达。接触的质量和数量至关重要。在团体中，需要在工作期间和工作之后或其他形式的接触中促进病人与团体中其他成员的接触。

为了达到最佳的治疗效果，羞耻导向的病人还需要知道他或她尊敬的人，特别是治疗师，也有羞耻感，并且也愿意暴露它们。从某种意义上说，羞耻的病人也需要治疗师的暴露。当然，这需要一个有足够的自体支持的治疗师，他/她能够如此暴露，并同时保持良好的、爱自己的感觉，而且还需要一种治疗理论和方法论，其中治疗师的"我陈述"（I statements）是治疗的常规和公认的一部分。这很难与传统的精神分析方法相调和。当然，自体觉察、时间安排、辨别、机智、致力于病人的安全与健康、了解个体病人的特征和治疗需求，都是确实使用"我陈述"作为治疗方法的一部分的治疗师的基本而不可改变的责任。

重要的是病人没有羞耻和屈辱。治疗师的讽刺、调侃、蔑视、怜悯、傲慢和其他类似的态度在治疗任何病人时都可能是毁灭性的，但这尤其适用于有羞耻倾向的病人。无论冒犯行为是直接的还是间接的，是言语的还是非言语的，都是如此。例如，一个格式塔治疗实验可以基于对病人的不尊重和消极的态度来设计，这将不可避免地引起一个容易感到羞耻的病人的羞耻感。这里的问题通常不是干预的技术方面，而是治疗师对病人的态度。做这种羞耻刺激的治疗师通常并不知道他们在这样做，如果他们认识到这一点，他们自己会感到羞耻，因为使病人蒙羞通常不在他们自己的形象中。

人与人之间的相遇可以是恭敬的、横向的，或纵向的并引起羞耻的。"你想从我这里得到很多"或"你必须照顾好你自己"的说法实际上可能传达出："你过于依赖别人了。"这些说法的影响不同于"你想让我照顾你，虽然我关心你，但我不想照顾你，事实上，我不能真正以你所希望的方式来照顾你"。前一种陈述将病人归类为有缺陷的人，而后一种陈述可能以接纳另一个人为基础，并且区分了情境的局限性，以及治疗师将病人视为一个整体，由此对病人某一方面所做出的反应。应该指出的是，口头上直截了当、恭恭敬敬的干预实际上可能是羞辱。当然，即使有一个非羞耻的信息，病人也可能仍然感到羞耻。但如果治疗师表现出更尊重的态度，那么对病人来说，处理这种羞耻可能就足够安全了。

其中一个没有用的诱惑是，为了爱或接受而试图说服病人放弃自己的感受。虽然重要的是治疗师不同意病人是羞耻的或不好的，并且事实上，比起病人对他们自己的感觉，治疗师通常更同情和尊重病人，但是说服病人从他们的羞耻感中出来，注定是失败的，只会引起对摆脱羞耻的持续失败的羞耻感，即因为羞耻而羞耻。然后，在他们自己看来，他们不只是一般地感到羞耻，而是变成了不称职的病人。

羞耻治疗的开始

识别羞耻过程出现的主动权在很大程度上取决于治疗师。一般来说，治疗师会观察到一些羞耻过程可能正在进行的迹象。这些迹象可能非常微妙，需要治疗师的敏感性和直觉。一些明显的迹象包括：表明自主变化的肤色变化（例如，脸红或变得苍白），突然茫然或变得麻木，向下看，低着头，突如其来的防御反应，面部掩饰，变得非常安静，自体意识或道歉性陈述。特征和情境指标提醒对羞耻问题了解很多、很敏感的治疗师，可能存在羞耻并且需要询问这种可能性。

治疗师可以通过询问病人的体验、进行反思、分享观察结果、分享治疗师自己当前的反应、分享治疗师过去的一个相关体验或做出阐释来开始这个探索。由于病人的羞耻词汇可能要么不存在，要么与治疗师的非常不同，治疗师需要找到一种使交流可能的语言。治疗师可能还需要在病人做出反应之前，向病人解释或教授一些关于羞耻过程的知识。我的经验是，病人通常欢迎这种教授，并在被理解和突然理解他们自己神秘的一面时，以轻松的感觉回应。

对所有这些干预措施的准确性的检验是由病人确认的。指导和最终的批准不是治疗师，不是任何临床理论，而是病人的体验。随着临床互动的进行，病人的体验往往会变得清晰，病人将直接体验与过去期望相分离的能力增强。然后，病人可以确认他或她之前未能确认或否认的内容。但我认为，病人在每一刻的体验应该成为指导并得到治疗师的尊重。治疗师有责任尊重甚至保护病人的体验，同时利用自己的体验指导临床干预。

这可以通过非常明确、积极地强调他们目前的体验之间的差异来实现。"在这一点上,我们的体验大不相同。在这种情况下我会感到羞耻。你有一种完全不同的体验,你没有感到羞耻。"如果病人是羞耻导向的,那么病人很有可能对这种互动产生羞耻反应:"我现在没有感到羞耻,我怎么了?"这给了治疗师和病人另一个机会来处理羞耻反应。

治疗师也可以将自己的体验放在背景中,而时间和进一步的临床互动可以澄清这种情况,并且病人的自体支持能力也会增强。随着时间的推移,所揭示的证据可能表明治疗师的早期框架是不准确的;另一方面,进一步的证据可能支持治疗师的早期框架。但只有当病人的支持达到一定程度时,这个信息才能被病人使用。只有当病人在觉察和接触方式上的自体支持足以可信地证实或否认羞耻反应的存在时,才有可靠的方法来验证治疗师的共情的猜测。

此时此地的表现

当病人知道并能够承认羞耻反应时,就有可能清楚地知道目前场的什么方面导致了羞耻反应。尽管病人可能有感到羞耻的倾向,但当下的某种东西为这种反应提供了背景。有些情况下,羞耻反应甚至可能发生在不是特别具有羞耻导向的病人身上。

对人们来说,在他们身上他们所观察到的、所说的或所做的什么东西导致了羞耻反应,知道这一点是有帮助的。每当我紧闭双眼向上看时,一个病人就会感到羞耻。病人把这种非言语暗示解释为不赞成,这是她父亲不赞成时的表情。当她终于能辨认出我的表情时,我们可以对话了。我的实际反应不是反对,而是在沉思。病人相信了我的体验报告,并在那种情况下不再感到羞耻。这种互动确实带来了一些相当有用的工作,这些工作涉及她与严厉、冷漠和总是不赞成的父亲的关系所引起的羞耻反应的。

对病人来说，识别羞耻反应的感官的、认知的和情感的成分是很有用的。了解羞耻的身体特征是一种认识到有些事情不正常，需要警惕而不是自动进行功能运作的方法。例如，我意识到某种紧张、胸口冰冷、眼睛紧绷、脸红，以及一连串的其他感觉是我羞耻反应的身体表现。有时我首先觉察到羞耻感，有时我首先觉察到生理暗示，然后进入情感和认知的成分。

认知方面与不够、不配、不胜任、与他人和理想的自体形象不利的比较等想法有关，这种排斥甚至厌恶自己的过程，与生理方面是一致的：脸红、紧绷、身体畏缩、想要隐藏，即在这种羞耻的状态下不被看见或者不被听到。退却、沉默、躲藏、消失、变渺小的冲动，往往感觉是与生俱来的而且非常强烈。

成为关注焦点的羞耻反应——被批评，或甚至是中立或积极的关注——往往是不加选择的退缩和对自体的攻击。当羞耻感导向的人自我验证、自以为是并且攻击或轻视他人时，他们是在抵御更深层次、更中心的羞耻感。这种社交上困难的自我保护形式是由对他们自己缺乏信任和对他们的实际自体缺乏完全的爱的认同决定的。它是无效的，因为它通常疏离人们，对于有效地处理手头的任何任务很少有帮助，并没有真正减轻羞耻。

自体：此时与彼时

羞耻的发展工作

一个完整的格式塔治疗处理羞耻的问题需要探索在早期儿童关系的体验中——特别是在家庭中——羞耻过程的根源。在格式塔治疗工作的这个方面，我至少发现了三个目标。

1. 探讨原生家庭中羞耻的诱发，使病人了解自己目前的羞耻过程。这是以过去为背景来理解现在，且不涉及遥远的过去导致当下的假设。

2. 完成未完成事件，使病人从尚未释放的情绪能量中解脱出来。这种以当下为中心的探索，其目标是仍然活跃的感觉，但基础是尚未完成的旧的格式塔。消除内转，特别是通过表达被控制、被压抑和被偏转的情绪包括在这项工作中。

3. 重新体验和同化/拒绝接受从这个幼儿时期开始内摄的父母形象和信仰。同样在这个目标下，在格式塔治疗中，只是当过去出现在以当下为中心的存在主义工作中时，才对过去进行工作，而不是为了过去本身而工作。

我认为这项以当下为中心的发展素材的工作不是格式塔治疗的新事物。

这项工作的结果是，病人可以生活在一个完整的、以当下为中心的存在中，而不受限于那些更准确地适合过去的场的图形。这意味着能够以最小的投射扭曲来观察他的当前的场，以有机体的自体调节和环境的需要而不是以内摄为基础来进行调节，对自体和他者（包括父母）有更准确的描述，并且更灵活地进行接触、行动、创造、表露感情等等。

我发现了两种截然不同的诱发羞耻的家庭系统。在一个系统中，羞辱是公开和严厉的。这种情况发生在苛刻的、具有惩罚性管理制度的家庭中，家庭成员的情感需求很少得到关注，并且他们的边界要么是不灵活的，要么黏性极大并且漏洞很多。这里我指的是那些虐待儿童很普遍、父母具有性格障碍的家庭。结果往往是一个有严重的自恋型或边缘型障碍的成年父/母患者，对羞耻的工作需要遵循我在有关这个主题的文章中所讨论的治疗原则（见上文）和这里提出的对那个背景透彻理解的建议。

在第二种类型的系统中，羞辱往往更不明显和间接。在这类家庭中，羞辱往往嵌入被认为是关心的互动中，例如，我这样做是"为了你自己好"。在第一类家庭中，信息的传递强烈并带有公开的敌意，而在第二类家庭中，信息往往是隐藏、间接和掩盖的。在第二类系统中，潜在的非言语信息和言语信息之间通常存在差异。言语信息通常是积极的或客观的，而潜在的信息是令人羞耻的。"我知道你可以做得更好"可以是鼓舞人心的，也可以是表达这样的情感："你做得还不够。"

在这个系统中，有一种微妙的放弃。它可以微妙如消失在母亲眼中的温暖，或是父亲的眼睛看着天花板。把孩子和父母联系起来的纽带不见了，而这根纽带让孩子知道自己这样可以，自己被爱着而且很安全。孩子被弄糊涂了。有时候孩子对这种感觉会有一种迷惑感，甚至当孩子长大了，可能会认同这种感觉时，都会迷惑不解："我做了什么，会被那样的对待？"或者"妈妈为什么反应那么强烈？"孩子产生的答案通常是："这不是一件特别的事情。我一定是天生有什么毛病。"

虽然在一个非常普遍的层面上，对羞耻进行的工作与格式塔治疗中的大多数其他的密集治疗工作没有本质上的不同，也就是说，使用各种各样的探索方法，直到未完成事件得以完成、内摄被同化并且现状得到了解，但是本文确实包括了处理羞耻的一些具体的治疗建议和注意事项。在讨论这种治疗时，我首先想到的是第二种类型的家庭所带来的神经症的羞耻。以严肃的性格病理学来与病人的羞耻工作，必须重视最早的性格病理学，这为羞耻工作的进行提供了母体。

觉察、对话与过程

积极自体养育的发展

各种隐喻被用来表达自体功能的各个方面。自体调节可以通过这样一种方式来实现：这个人考虑到他/她自己的情绪和需要，对自体有温暖、积极的感觉，对自体表示信任和同情，允许在合理满足自己的需要的条件下工作，并且允许他/她获得营养和享受生活。可以把这种做法称为良好的自体养育（self-parenting）。当一个人以自我拒绝或厌恶的态度控制自己，不尊重自己的感受和需要，不为自己的目标调动健康的攻击，或甚至觉得自己没有资格这样做时，可以称此为糟糕的自体养育（惩罚性的、严厉的、忽视的、窒息的等等）。

有人认为，当一个生理上完好无损的孩子在一个至少是最低限度的健康环境中长大，并且养育"足够好"时，孩子就会学会这些良好的自体养育的特质。他们通过各种形式的社会学习来学习这一点——模仿和认同父母，通过内摄，通过父母的积极教授，等等。他们观察父母的行为，在很小的时候就吸收了父母的态度。当孩子受到尊重、爱、共情和良好的限制时，他们的自体调节过程很有可能是健康的。

羞耻导向的病人在不同程度上以一种不是很好的自体养育的方式进行自体调节。对这些病人进行治疗的任务之一是把这种自体调节或自体养育的系统带入觉察，这样它就不会继续只在习惯性水平上运作。良好的自体养育的可能性由良好的、充满爱的接触所塑造，这种接触是格式塔治疗方法中治疗关系的自发的部分。在这种积极的治疗关系的母体中，过去的消极残余被处理，病人学习关于自体的新技能和态度。

在基本层面上，新技能是接触和觉察技能，是格式塔治疗过程的一部分：了解一个人的感觉和观察，理解差异，把我和你结合在一起。在更复杂的层面上，学习一种全新的自体调节模式。这是通过我们已经讨论的过程来学习，也可以通过模仿和认同治疗师来学习，从治疗师的共情中获益，积极学习自体照顾的新模式，与团体中其他人互动，进行试错的现象学实验，并在自体照顾的项目中积极运用洞察。

治疗师和病人之间的关系在这方面至关重要。治疗师对病人的逐渐成长持积极的态度和信心是很重要的。我们都需要为重要他人带来快乐。深感羞耻、被视为负担而非给父母的礼物的病人，需要治疗师感觉病人带来一种欢乐，治疗师真正喜欢这个病人。

病人还需要治疗师对治疗需要多长时间、工作如何逐步进行有一个好的眼光。他或她需要治疗师示范自体披露和共情的连接。治疗师最好继续与病人核对，看看病人正在经历什么，而不是治疗师假设他或她知道病人正在经历什么或应该经历什么。最重要的是，病人需要治疗师承认病人的各个方面，并且接受和尊重作为一个整体的病人。

自体照顾可以从治疗中建议的行为开始，最初以机械的方式进行，然后被同化到自体调节过程中并变得真实。例如，焦虑的人可能会机械地遵循关于控制呼吸和思维的建议，冥想式放松程序，等等。起初，可能是持怀疑的态度而没有太多的热情去做。然而，病人可能会发现，这种良好的自体照顾令人感觉良好，并对所试验的特定的自体照顾活动产生真正的热情。当它们被实践时，它们可能成为这个人所从事的习惯性活动的一部分，然后不再需要成为焦点觉察的目标。简言之，它们被同化并改变自体的功能运作。

具体的干预措施

在格式塔治疗实践中,强调认同自己体验的好处是非常必要的。因此,羞耻治疗的一个最重要的方面是建立在共情的理解和尊重而温暖的态度基础上的关系,在这种关系中,病人确实得到鼓励去澄清和认同他/她的实际体验。气氛应该是:节奏可以循序渐进、态度可以让人安心的,应该是安全的,可以让人有充分的空间容纳各种感受,包括恐惧、阻抗、羞耻等等。

在此背景下,我们可以讨论一些具体的干预措施(实验)。但这些仅仅是说明性的应用,仅在它们应用这种基本态度而不是取代或违反这种态度的情况下才有用。

在这种情况下,重要的是要记住这些实验是现象学实验,而不是练习,目的是让病人学习一些东西,在格式塔治疗中,它们不用于让病人恢复正常。病人没有什么是可以完成的,他不能通过或不通过这些实验。所发生的任何东西都会告知病人和治疗师,并为进一步的工作提供指导。格式塔治疗师应该借用或创建其他临床实验。

反复仔细检查病人此时此地的体验,允许他们分享作为实验目标的数据,也能够保持治疗师和病人之间羞耻减少的联系,并防止无意中的羞耻诱发。羞耻的工作需要时间和空间,而不是压力。

接触实验

引导病人接触的实验非常有用。有时这需要非常结构化,例如，让病人看着治疗师或团体中的其他人，病人在看的同时，在放慢速度、吸气和呼气等方面给予指导。

当病人能够做到这一点时，就可以建议他们告诉治疗师或是团体中的其他参与者他们的体验。有时候，这可以在没有治疗师的大量安排的情况下完成，有时候，治疗师可以"提供一个句子"让病人大声说出来，或者向团体中的其他人表达出来。这些句子可能会以诸如"我为……感到羞耻""我羞耻地低下头""我可以抬起头来"或"我需要隐藏"之类的话表达出来。这些干预措施以治疗师的共情性阐释为基础，把它们作为明确的实验，则是直接强调病人的现象学体验，而不是治疗师告诉病人他的感受。

接下来可能会允许他们自己被看见，并与他们的觉察连续谱待在一起。这通常意味着感到尴尬。如果环境是可信地充满支持的，那么听到其他人对羞耻导向病人的反应可能产生疗愈。

如果病人有或发展出足够的支持，通过接触实验可以有效地解决尴尬问题。学会了控制呼吸和肌肉放松的病人可以在尴尬的情况下进行实验。在尴尬的时候能够保持"柔软"和接触，有助于病人"与尴尬成为朋友"。如果病人能够看到和被看到，感觉到这种尴尬，而不是让自己紧张，在治疗关系良好或有凝聚力的团体中，这种简单的尴尬可能是一种温暖而连接的感觉。

尴尬的羞耻导向病人通常很难接受他人给他们的正面反馈，特别是如果反馈是真诚的、应得的和期望的。接触工作的一个方面是鼓励他们承认积极的举动，承认它们是被渴望和需要的，承认它们是被真诚地给予或应得的，并"接受它们"。这意味着他们得到了意想不到的好东西让他们自己感到温暖，充实，安全，良好（和尴尬）。

显然，我们都有需要别人的时候，良好的自体养育应该是在需要和被提供的时候接受它。在这些互动中，良好的自体养育得到促进。我记得在一个会议上，我因为做了一些艰苦的工作和事情完成而得到热烈的掌声，并且因为尴尬而退缩。团体里有人充满爱意地说："接受它！"我做到了，感觉棒极了。

聚焦于认知

关注羞耻导向病人的思维过程通常是有用的。一个人会发现很多消极的自我谈话、消极的预言，记住过去的失败而不放手，贬低成功，等等。对病人来说，觉察到这个过程是有用的，然后当这些思想惯性地出现时，敏锐地觉察到。如果觉察变得敏锐并发生于当下，病人通常会获得对这些认知的控制。一些技术干预在这里可能有帮助，例如，作为一种反馈的形式。例如，病人可以对消极的认知进行计数（作为觉察的一种方式）。

我发现，让病人学会觉察羞耻过程的最早迹象，例如消极的认知，然后练习停顿是非常有用的。停顿可以很简单，比如长而缓慢地吸气，然后放松地呼气。根据需要，可以使用较长的停顿（例如，三次长而缓慢的呼吸）或使用冥想意象的较长停顿。暂停的目的是让病人去觉察，而不是自动地继续重复多次的道路而进入更深的羞耻。它可以被看作一种富有同情心的方式，打断病人对有机体自体调节的中断。

有时候，让病人聚焦于积极的自体谈话（self-talk）是很有用的。这并不是为了宣传病人放弃他或她的旧信仰或去"积极地思考"，而是为了打断自动的消极自体谈话，并让病人觉察到真正对自体有积极感觉的可能性。实验可以给病人带来积极的自体谈话的感觉，他们可以发现他们经历了什么。

通常这会增加很多以积极的眼光看待他们自己的阻抗，并且可以加速治疗工作。重要的是，治疗师要记住，这是心理治疗，而这些都是实验，"阻抗"和解决困难并不是心理治疗的障碍，而是进行治疗和处理治疗关系的有价值的物质。

一个危险是，羞耻的病人常常会感到羞耻，因为他们没有达到他们认为一个更好的人会达到的目标，比如肯定他们自己。如果治疗师也有这种行为主义的关注，病人的羞耻感可能会加剧。这在过去以技术和表达为导向的格式塔治疗中经常发生（"轰-轰-轰疗法"）。

活动

羞耻可以被看作一种舞蹈。它有一种可以被描绘、被体验和被演出的活动模式。这种特殊的舞蹈具有收缩和扩展的极性。羞耻极经常以退缩、撤退、让自己小小的、隐藏、不发出声音等方式被体验、想象或舞动。最终，这会变成一个没有活动或声音、完全静止的舞蹈。这可以是一次深刻的精神体验。

在另一极，活动范围很广。病人可以挺起胸走路，昂着头，占据房间的空间，与地面进行强有力的能量连接，向上和向外推。活动可以是自由的、骄傲的。声音可能伴随着扩张的活动。在这一极上，其他人可能会被吸引住。

在扩展和收缩这两种能量之间来回的活动给了病人某种活动感，而不是麻痹感，使病人能够接受羞耻作为一个瞬间的感觉，而不是一种特征性的迹象。

小时候不被触摸的人经常会有自由活动的问题，而羞耻的成年人往往有一段童年历史，在这段历史中，他们很少被触摸，即使在婴儿时期也如此。触摸、身体、情感等等都被视为令人厌恶的，并且要减少到最低限度。有时，当观察到羞耻导向的人的父母与孙子孙女玩耍时，这种重现描述得到了确认。

虽然活动和触摸（按摩）对羞耻的病人来说是困难的，但它们在促进治疗和成长方面是相当强大的。结构化的实验和家庭作业，比如用于性治疗的那些，有时是有用的。

隐藏和掩饰

隐藏的需要要求表达和实验。这可以是接触、活动或认知实验的焦点。一些扮演或活动的实验可以是口头或非口头表达隐藏的冲动。被允许玩捉迷藏，特别是在团体背景下，可以使隐藏的冲动对病人来说不那么沉重和令人焦虑。有时候，在扮演需要隐藏的情境下，躲在沙发后面既有趣又自由。有时它会唤起早期童年的记忆，这些记忆可以被分享和处理。

藏起来可能会采取冷漠的表情这种形式。有时"面具"这个词形容得很好。我试验过病人用外部的面具遮住他们的脸并且进行接触。对一些病人来说，这没什么区别，什么也没发生，他们什么也没学到。当这种情况发生时，通常很快，我就放弃了这个实验，因为我知道这个实验对这个病人没有用处。

然而，对于一些病人来说，当面具遮住脸时，能够在没有紧张感的情况下看有一种非常有趣的直接效果。外部的面具似乎取代了生物面具的需要。不被看见似乎使这些人没有紧张和羞耻地看。这可以使病人更具体地看到不被看见、紧张和隐藏等羞耻的方面。

理想自体

与理想自体的比较是羞耻过程中另一个需要明确的方面。通常这可以通过接触式交谈来完成。在其他时候，更积极的现象学聚焦是有用的，例如，给理想自体一个更具体的象征性表达。有时我建议病人想象一个在他们面前他们不会感到羞耻的自体，并让他们描述它。有时我会使用在旧式剧院入口处遮檐上的形象（一个作为模特的演员的真人大小的纸板画），让他们描述自己可以接受的自体形象。

当他们能描述这个人、衣服、举止、声音等时，我会询问他们对这幅画的反应。他们的反应比想象的要复杂得多。有时我会使用一种空椅子的形式，在空椅子上坐着理想的自体。

一个共同的主题是，羞耻感导向病人更多地认同理想自体，而不是他们真实的样子。有时病人会感到惊讶，理想自体可能是令人讨厌的、矛盾的，并且只是作为一个概念来说是真实的，而非真实地存在——而他们自己是真实存在的。

有时我要求病人扮演理想的自己。当他们不太拘束去扮演的时候，他们常常会发现他们甚至不喜欢做那种自己。我想到一个想成为"贝弗利山庄女士"的朴实女子，非常善于社交，时髦，优雅。她能够扮演那个角色，并为她自己和团体中的其他人树立了一个可信的形象。当她扮演那个角色时，她体验到它是空的；她在那个角色中的现象学体验是空虚与无意义。

消除内转

羞耻中有如此多内转的生气和愤怒，以至它需要被解决——在愤怒变成反对自体之前，需要直接针对愤怒的实际环境目标。由于这一过程的大部分追溯到如此年幼的时期，而且是在婴儿学说话之前，因此往往必须使用表达技巧。被羞辱的孩子很少有外部支持或自体支持来表达对父母的不满。治疗的一个方面是：当它适用的时候,提供一个这样做的机会。

通常情况下,只有在病人揭露并理解了不明显的羞辱行为之后,才能这样做。一个病人在被拍脑袋时可能会记得退缩了,但不知道为什么,可能会因为退缩而对自己感觉不好:"我为什么要这么小题大做呢?"当原始语境中涉及的傲慢态度得解释时,当儿童被置于视野之外,只与其有极少的、不真实的接触这一点得到阐明时,病人可能会觉察到愤怒而不是羞耻。

一段时间的表达技巧可能在这个时候有用。例如,病人可能会使劲地向外推手臂——一边推着父母,一边呼出空气,并感受他们的愤怒。我记得有一个病人在空椅子上把父/母推开同时说道:"走开!"

良好的自体养育

特定的实验和练习有时有助于培养自体接纳和良好的自尊——在将之用于良好关系的背景下并且病人获得一些支持后(如上所述)。这些可能会提供童年缺失和需要的体验,以及他们仍有可能体验的体验。随着时间的推移,这种对可能的体验和练习可能会带来新的、真实的和被同化的自体过程。在这里我只讨论其中的一种可能性。

这个练习是三个一组。通常,在病人有足够的支持来做下一个之前,必须先掌握一个。

1.

病人被要求描绘"隐喻性的好父母"(metaphorical good parent,MGP),幻想中的、在回应幼儿(现在是"内在小孩")需求方面的理想父母。这是一个人的形象,她以共情、同情和智慧来回应,而没有让人透不过气。这个MGP,通常是"好妈妈",被定义为一个总是在场的人,一个带着爱和喜悦看着病人的人,一个总是说"我就在你身边"并且说话算数的人。当病人觉得最合适时,这也可能是一个"好父亲"。一些图像包括希腊女神、森林老人、厨房里的女人等。病人们自发地幻想的一个形象是一个高大丰满的女人,她能够轻松地将他们抱在膝上,并且他们会感觉到她的柔软。有时候描述里包含了很多孩子在女人身边玩耍的形象。在幻想中,这个女人是以孩子们为中心的,不关心减肥、建立职业生涯、给邻居留下深刻印象或者显得性感。

在病人的实际感觉世界中,使用一个隐喻性的人而不是另一个人满足了几个需求。它利用了丰富的幻想。通过描述外表、衣着、声音、家庭、地理位置、种族等,可以让这个象征更好地唤起情感共鸣,从而发掘病人的幻想生活。

隐喻性的好父母(MGP)在幻想中能做的事情在现实生活中是不可能的。在子宫外,甚至在那里,没有人可以完全在场并满足另一个人的这些需要,而不考虑他们自己的不同需要。隐喻的使用表明,这不是在这个人的过去、现在或未来的生活中一个真实的人所能给予的。幻想在与其他人的互动中只能近似或接近。这个诸如不断关怀等的过程,其主体是一个人能为自己做些什么。隐喻是一种象征,它能促进关怀内化为自体过程。人一定会为不能从自体或他者那里得到的东西而伤心。

接着让病人把这个隐喻性的好父母(MGP)放在空椅子上,使形象尽可能真实。然后,从MGP到病人的对话被认为是在空椅子上的MGP所为,通常是治疗师说这个句子(就像在心理剧中当"替身"时一样)。这些句子的顺序是:"我爱你现在的样子。""我会永远在你身边。"

然后现象学的工作认真地开始,重点是病人对此的反应。治疗师帮助病人开始听到爱的情感，去"接受它"，用它呼吸，被它温暖。如果治疗师的时机是对的，这一阶段的实验将继续就病人的自体形象和父母的过去经历进行工作，并且治疗师和病人之间进行对话。它可能是整个修通过程中一个有价值的部分。治疗师在这一点上很容易失去现象学实验过程的行为准则，把"接受它"作为一个应该或一个目标。病人必须认同自己的实际体验，而有时这意味着不能"接受它"

2.

当病人能够很好地完成这种接受功能时，要求病人扮演隐喻性的好父母（MGP）。被动地接受好父母的信息对羞耻导向病人来说很难，但是自己说出这样的信息就更难了。这是将自体肯定信息同化为实际的自体功能运作的又一步。

3.

最后一个阶段是要求病人在不经过第一步和第二步的情况下感受到这种良好的感觉。良好感觉的感觉记忆和肯定的思想被用作刺激，以激发内心简单的发光感觉。这一阶段的实验通常在治疗后期才有效。

这个练习没有魔法，对方法论也不重要。它说明了使用演出、实验和方案来培养一种以前从未有过的积极的自体态度。它与冥想、记日记、写诗歌、绘画和其他体验性活动一起进行，可能强化治疗工作，减少疗程和治疗时间。

总结

心理治疗的有效性取决于关系的质量，以及治疗师的理解和干预的充分性。认同一个人的实际状态和一个人的体验是健康的一个特征，如果要治疗成功，这就必须成为治疗师对病人治疗的中心。

治疗师理解羞耻和愧疚是如何被诱导、保持和治愈的，这一点很重要。治疗师理解健康和不健康的羞耻与愧疚之间的区别是很重要的。神经症羞耻的治疗要求治疗师与病人有共情的连接，对病人有温暖和积极的感觉，并且也要以适当的技术方式处理羞耻。在羞耻工作中，这意味着渐进的、长期的工作，在这种工作中，病人的自尊功能得到加强，并与病人的真正的个人品质和积极的自体养育的增强相匹配。

参考文献

Appelbaum, S. (1976). A psychoanalyst looks at Gestalt therapy. In C. Hatcher & P. Himelstein (Eds.). *The Handbook of Gestalt Therapy*. New York: Jason Aronson.

Bach, G. (1961). Comments. In C. Buhler. *Values in Psychotherapy*. New York: Free Press.

Barnwell, J. (1968). Gestalt methods and techniques in a poverty program. In J. Simkin (Ed.). *Festschrift for Fritz Perls*. Los Angeles: Author.

Beisser, A. (1970). The paradoxical theory of change. In J. Fagan & I. Shepherd (Eds.). *Gestalt Therapy Now*. New York: Harper. (pp. 77-80)

Bentov, I. (1977). *Stalking the Wild Pendulum*. New York: Bantam Books.

Bergin, A. E., & Suinn, R. M. (1975). Individual psychotherapy and behavior therapy. *Annual Review of Psychology*, 26, 509-556.

Berne, E. (1964). *Games People Play*. New York: Grove Press.

Bevan, W. Contemporary psychology: a tour inside the onion. *American Psychologist*, 46, 5 (May 1991), 475-483.

Brown, G. (1970). Teaching creativity to teachers and others. *Journal of Teacher Education*, 21, 210–216.

Brown, G. (1974/1977). The farther reaches of Gestalt therapy. *Synthesis*, 1, 27–43.

Brown, R. & Lunneberg, E. (1961). A study in language and cognition. In S. Saporta (Ed.)., *Psycholinguistics*. New York: Holt, Rhinehart & Winston.

Brunnink, S. & Schroeder, H. (1979). Verbal therapeutic behavior of expert psychoanalytically oriented, Gestalt and behavior therapists. *Journal of Consulting and Clinical Psychology*, 47, 567–574.

Buber, M. (1965a). *Between Man and Man*. New York: MacMillan.

Buber, M. (1965b). *The Knowledge of Man*. New York: Harper & Row.

Buber, M. (1967). A believing humanism. In R. Anshen (Ed.), *Gleanings by Martin Buber*. New York: Simon & Schuster.

Buber, M. (1970). *I and Thou*. New York: Scribner's Sons.

Buhler, C. (1962). *Values in Psychotherapy*. New York: Free Press.

Capra, F. (1975). *The Tao of Physics*. Berkeley: Shambhala Publications.

Capra, F. (1976). *Quantum Paradoxes and Eastern Mysticism*. Big Sur: Esalen Workshop Cassettes.

Chessick, R. (1977). *Intensive Psychotherapy of the Borderline Patient*. New York: Jason Aronson.

Davies, P. (1983). *God and the New Physics*. New York: Simon & Schuster.

Dolliver, R. (1981). Some limitations in Perls' Gestalt therapy. *Psychotherapy, Research and Practice*, 8, 38–45.

参考文献

Dublin, J. (1976). Gestalt therapy: Existential-Gestalt therapy and/versus 'Perls-ism.' In E. Smith (Ed.). *The Growing Edge of Gestalt Therapy*. New York: Brunner/Mazel.

Edward, D. (1977). Self-hood: Bright figure of the Gestalt. *Journal of Contemporary Psychotherapy*, 9, 89-94.

Einstein, A. (1950). *Out of My Later Years*. New York: The Wisdom Library.

Einstein, A. (1961). *Relativity*. New York: Crown Publishers.

Ellis, A. (1962). *Reason and Emotion in Psychotherapy*. New York: Lyle Stuart.

Ellis, W. (1938). *A Source Book of Gestalt Psychology*. London: Routledge & Kegan Paul.

Emerson, P. & Smith, E. (1974). Contributions of Gestalt psychology to Gestalt therapy. *The Counseling Psychologist*, 4, 4-7.

English & English. (1958). *A Comprehensive Dictionary of Psychological and Psychoanalytic Terms*. New York: David McKay.

Ennis, K. & Mitchell, S. (1970). Staff training for a day care center. In J. Fagan & I. Shepherd (Eds.). *Gestalt Therapy Now*. Palo Alto: Science and Behavior Books.

Enright, J. (1970a). An introduction to Gestalt therapy. In J. Fagan & I. Shepherd (eds.), *Gestalt Therapy Now*. Palo Alto: Science and Behavior Books. (pp. 140-219). Also in (1975) F. Stephenson (Ed.), *Gestalt Therapy Primer*. Springfield, IL: Charles C. Thomas. (pp. 13-33)

Enright, J. (1970b). Awareness training in the mental health professions. In J. Fagan & I. Shepherd (Eds.), *Gestalt Therapy Now*. Palo Alto: Science and Behavior Books. (pp. 263-273)

Enright, J. (1975). Gestalt therapy in interactive groups. In F. Stephenson (Ed.), *Gestalt Therapy Primer: Introductory Readings in Gestalt Therapy*. Springfield, IL: Charles C. Thomas.

Fagan, J. (1970). Gestalt techniques with a woman with expressive difficulties. In J. Fagan & I. Shepherd (eds.), *Gestalt Therapy Now*. Palo Alto: Science and Behavior Books.

Fagan, J. (1974). Personality theory and psychotherapy. *The Counseling Psychologist*, 4, 4-7.

Fagan, J. & Shepherd, I. (1970). *Gestalt Therapy Now*. Palo Alto: Science and Behavior Books.

Feder, B. & Ronall, R. (Eds.). (1980). *Beyond the Hot Seat*. New York: Brunner/Mazel.

Frew, J. (1988). The practice of Gestalt therapy in groups. *The Gestalt Journal*, 11, 1, 77-96.

Friedman, M. (1976a). Healing through meeting: a dialogic approach to psychotherapy and family therapy. In E. Smith (Ed.), *Psychiatry and the Humanities*, Vol 1. New Haven: Yale University Press.

Friedman, M. (1976b). *Martin Buber: The Life of Dialogue*. Chicago: University of Chicago Press.

From, I. (1978). Contact and contact boundaries. *Voices*, 14, 1, 14-22.

From, I. (1984). Reflections on Gestalt therapy after thirty-two years of practice: A requiem for Gestalt. *The Gestalt Journal*, 8, 1, 23-49.

Fuchs, W. (1938). Completion phenomena in hemianopic vision. in W. Ellis, *A Source Book of Gestalt Psychology*. London: Routledge & Kegan Paul. (pp. 344-356).

Geller, L. (1982). The failure of self-actualization theory: A critique of Carl Rogers and Abraham Maslow. *Journal of Humanistic Psychology*, 22, 2 (Spring 1982), 56–73.

Geller, L. (1984). Another look at self-actualization. *Journal of Humanistic Psychology*, 24, 2 (Spring 1984), 93–106.

Gergen, K. (1991). Emerging challenges for theory and psychology. *Theory and Psychology*, 1, 1 (February 1991), 13–36.

Ginsburg, C. (1984). Toward a somatic understanding of self: A reply to Leonard Geller. *Journal of Humanistic Psychology*, 24, 2 (Spring 1984), 66–92.

Giovacchini, P. (1979). *Treatment of Primitive Mental States*. New York: Jason Aronson.

Glasser, W. (1965). *Reality Therapy*. New York: Harper & Row.

Greenberg, L. (1979). Resolving splits: Use of the two-chair technique. *Psychotherapy, Theory, Research and Practice*, 16, 316–324.

Greenberg, L. (1986). Change process research. *Journal of Consulting and Clinical Psychology*, 54, 1 (February 1986), 4–9.

Greenberg, L. & Higgins, H. (1980). Effects of two-chair dialogues and focusing on conflict resolution. *Journal of Counseling Psychology*, 27, 221–224.

Greenberg, L. & Johnson, Susan. (1988). *Emotionally Focused Therapy for Couples*. New York: Guilford Press.

Greenwald, G. (1969a). The art of emotional nourishment. Santa Monica, California: Distributed by author.

Greenwald, G. (1969b). The art of emotional nourishment: Self-induced nourishment and toxicity. Santa Monica, CA: Distributed by author.

Greenwald, G. (1973). *Be The Person You Were Meant To Be*. New York: Simon & Schuster.

Gunderson, J. Formulation of the Borderline Personality. Continuing Education Series (CES) tape. Tape #1.

Guntrip, Harry. (1969). *Schizoid Phenomena, Object Relations and the Self*. New York: International Universities Press.

Harman, R. (1984). Recent developments in Gestalt group therapy. *International Journal of Group Psychotherapy*, 34, 3, 473-483.

Harré, R. (1991). The discursive production of selves. *Theory and Psychology*, 1, 1 (February, 1991), 51-64.

Hatcher, C. & Himelstein, P. (Eds.). (1976). *The Handbook of Gestalt therapy*. New York: Jason Aronson.

Hawking, S. (1988). *A Brief History of Time*. New York: Bantam Books.

Heidbreder, E. (1933). *Seven Psychologies*. New York: Century Company.

Henle, M. (1978). Gestalt psychology and Gestalt therapy. *Journal of History of the Behavioral Sciences*, 14, 23-32.

Herman, S. (1972). The Gestalt orientation to organizational development. In *Contemporary Organization Development*. Bethel, ME: National Institute of Applied Behavioral Science.

Horner, A. (1984). *Object Relations and the Developing Ego in Therapy*. New York: Jason Aronson.

Hycner, R. (1985). Dialogical Gestalt therapy: An initial proposal. *The Gestalt Journal*, 8, 1 (Spring 1985), 23-49.

Ihde, D. (1977). *Experimental Phenomenology: An Introduction*. Albany: State University of New York.

Jacobs, L. (1978). I-thou relations in Gestalt therapy. Unpublished doctoral dissertation. California School of Professional Psychology.

Jacobs, L. (1989). Dialogue in Gestalt theory and therapy. *The Gestalt Journal*, 12, 1 (Spring 1989), 25 – 67.

Jourard, S. (1967). Psychotherapy in the age of automation: From the way of a technician to the way of guru. Paper presented to the Cleveland Institute of Gestalt Therapy, May 19, 1967.

Kahn, E. (1989). In Heinz Kohut and Carl Rogers: Toward a constructive collaboration. *Psychotherapy*, 26, 4 (Winter 1989), 555 – 563).

Kaufman, W. (1956). *Existentialism from Dostoevsky to Sartre*. New York: Meridian Books.

Kelly, G. A. (1955). *The Psychology of Personal Constructs*. New York: Norton.

Kempler, W. (1965). Experiential family therapy. *International Journal of Group Psychotherapy*, 15, 57 – 71.

Kempler, W. (1966). The moving finger writes. *Voices*, 2, 73 – 74.

Kempler, W. (1967). The experiential therapeutic encounter. *Psychotherapy: Theory, Research and Practice*, 4, 166 – 172.

Kempler, W. (1968). Experiential psychotherapy with families. *Family Process*, 7, 88 – 89.

Kempler, W. (1973). Gestalt therapy. In R. Corsini (Ed.), *Current Psychotherapies*, Edition One. Itasca, IL: F. E. Peacock.

Kempler, W. (1974). *Principles of Gestalt Family Therapy*. Costa Mesa, CA: Kempler Institute.

Kernberg, O. (1975). *Borderline Conditions and Pathological Narcissism*. New York: Jason Aronson.

Keutzer, C. (1984). Power of meaning. *Journal of Humanistic Psychology*, 24, 1 (Winter 1984) (pp. 80 - 94).

King, J. (1976). Discussion of Quantum Theory. Big Sur: Esalen Workshop Cassettes.

Koffka, K. (1931). Gestalt. *Encyclopaedia of the Social Sciences*. New York.

Koffka, K. (1935). *Principles of Gestalt Psychology*. New York: Harcourt, Brace & World.

Kogan, G. (1976). The genesis of Gestalt therapy. In C. Hatcher & P. Himelstein (Eds.). *The Handbook of Gestalt Therapy*. New York: Jason Aronson.

Kogan, G. (1980). *Gestalt Therapy Resources* (3rd ed.). Berkeley: CA: Transformation Press.

Köhler, W. (1938a). Physical Gestalten. In W. Ellis (Ed.). *A Sourcebook of Gestalt Psychology*. London: Routledge & Kegan Paul. (pp. 17 - 54).

Köhler, W. (1938b). Some Gestalt problems. In W. Ellis (Ed.). *A Sourcebook of Gestalt Psychology*. London: Routledge & Kegan Paul. (pp. 55 - 70).

Köhler, W. (1947). *Gestalt Psychology*. New York: Mentor Books.

Köhler, W. (1969). *The Task of Gestalt Psychology*. Princeton, NJ: Princeton University Press.

Kohut, H. (1971). *The Analysis of the Self: A Systematical Approach to the Psychoanalytic Treatment of Narcissistic Personality Disorders*. New York: International Universities Press.

Kohut, H. (1984). *How Does Psychoanalysis Cure?* Chicago: The University of Chicago Press.

参考文献

Kutash, I. & Wolf, (1990). *Group Psychotherapist's Handbook*. New York: Columbia University Press.

Lambert, M. J. (1989). The individual therapist's contribution to psychotherapy process and outcome. *Clinical Psychology Review*, 9, 469-485.

Latner, J. (1973). *The Gestalt Therapy Book*. New York: Julian Press.

Latner, J. (1983). This is the speed of light: Field and systems theory in Gestalt therapy. *The Gestalt Journal*, 6, 2 (Fall 1983), 71-90.

Lederman, J. (1970). Anger and the rocking chair. In J. Fagan & I. Shepherd (Eds.), *Gestalt Therapy Now*. Palo Alto: Science and Behavior Books.

Levitsky, A. & Perls, F. (1969). The rules and games of Gestalt therapy. In H. Ruitenbeek (Ed.). *Group Therapy Today: Styles, Methods and Techniques*. New York: Atherton. 221-230. Also (1972)(1974). G. Davidson & K. Price (Eds.) *Contemporary Readings in Psychopathology*. New York: John Wiley.

Levitsky, A. & Simkin, J. (1972). Gestalt therapy. In L. Solomon & B. Berzon (Eds.). *New Perspectives on Encounter Groups*. San Francisco: Jossey-Bass.

Lieberman, M. A., Yalom, I. D., & Miles, M. B. (1973). *Encounter Groups: First Facts*. New York: Basic Books.

Lewin, K. (1938a). Will and needs. In U. Ellis (Ed.), *A Sourcebook of Gestalt Psychology*. London: Routledge & Kegan Paul. (pp. 283-299).

Lewin, K. (1938b). The Conflict Between Aristotelian and Galilean modes of thought in contemporary psychology. In K. Lewin, *A Dynamic Theory of Personality*. London: Routledge & Kegan Paul.

Masek, R. (1989). The overlooked problem of consciousness in psychoanalysis: Pierre Janet revisited. *The Humanistic Psychologist*, 17, 3 (Autumn 1989), 274-279.

Masterson, J. (1972). *Treatment of the Borderline Adolescent: A Developmental Approach*. New York: John Wiley.

Masterson, J. (1976). *Psychotherapy of the Borderline Adult: A Developmental Approach*. New York: Brunner/Mazel.

Masterson, J. (1981). *The Narcissistic and Borderline Disorders*. New York: Brunner/Mazel.

Melnick, J. (1980). The use of therapist-imposed structure in Gestalt therapy. *The Gestalt Journal*, 3, 4-20.

Miller, M. V. (1985). Some historical limitations of Gestalt therapy. *The Gestalt Journal*, 8, 1 (Spring 1985), 51-54.

Miller, M. V. (1988). Introduction. In F. Perls, *Gestalt Therapy Verbatim*. New York: The Gestalt Journal Press.

Misiak, H. & Sexton, V. (1966). *The History of Psychology*. New York: Grune and Stratton.

Naranjo, C. (1975). I and thou, here and now: Contributions of Gestalt therapy. In F. Stephenson (Ed.), *Gestalt Therapy Primer: Introductory Readings in Gestalt Therapy*. Springfield, IL: Charles C. Thomas. (pp. 34-53).

Nevis, E. (1968). Beyond mental health. Paper, Cleveland: Gestalt Therapy Institute of Cleveland.

O'Connell, V. (1970). Crisis psychotherapy: Person, dialogue and the organismic approach. In J. Fagan & I. Shepherd (Eds.), *Gestalt Therapy Now*. Palo Alto: Science and Behavior Books.

参考文献

Parlett, M. (1990). Reflections on field theory. Lecture at the 4th British Gestalt Conference, Nottingham, July 1990.

Perls, F. (1947). Ego, Hunger and Aggression. Woking, Great Britain: Unwin Brothers. (1966 edition) San Francisco: Orbit Graphic Arts. (1969 Edition) New York: Vintage Books.

Perls, F. (1948). Theory and technique of personality integration. American Journal of Psychotherapy, 2, 565-586. Also in (1975) J. Stevens (ed.), Gestalt Is. Moab, UT: Real People Press.

Perls, F. (1950). The anthropology of neurosis. Complex, 2, 19-27.

Perls, F. (1953/1954). Morality, ego boundary, and aggression. Complex, 9, 42-52.

Perls, F. (1965). Big Sur: Esalen Institute. Also in (1966) H. Otto (Ed.), Explorations of Human Potentialities. Springfield, Ill: Charles C. Thomas. Also in (1975) F. Stephenson (Ed.), Gestalt Therapy Primer: Introductory Readings in Gestalt Therapy. Springfield, IL: Charles C. Thomas.

Perls, F. (1966). Group vs. individual therapy. Paper presented at the American Psychological Association, New York, September 1966. In ETC, 24 (1967), 306-312. Also in J. Stevens (ed.), Gestalt Is. Moab, Utah: Real People Press. (pp. 9-15).

Perls, F. (1969). Gestalt Therapy Verbatim. Moab, UT: Real People Press.

Perls, F. (1973). The Gestalt Approach. Palo Alto: Science and Behavior Books.

Perls, F. (1975). Resolution. In J. Stevens (Ed.) Gestalt Is. Moab, UT: Real People Press.

Perls, F. (1976). Gestalt therapy verbatim: Introduction. In C. Hatcher

& P. Himelstein (Eds.), *The Handbook of Gestalt Therapy*. New York: Jason Aronson.

Perls, F., Hefferline, R. & Goodman, P. (1951). *Gestalt Therapy: Excitement and Growth in the Human Personality*. New York: Julian Press. Also (1965) New York: Dell (A Delta Book).

Perls, L. (1950). The psychoanalyst and the critic. *Complex*, 2, 41-47.

Perls, L. (1953/1954). Notes on the psychology of give and take. *Complex*, 9, 24-30.

Perls, L. (1956). Two instances of Gestalt therapy. *Case Reports in Clinical Psychology*, 3, 139-146.

Perls, L. (1961). The Gestalt approach. In J. Barron & R. Harper (Eds.), *Annals of Psychotherapy*, 1 & 2.

Perls, L. (1973). Some aspects of Gestalt therapy. Manuscript presented at Annual Meeting of the Orthopsychiatric Association.

Perls, L. (1976). Comments on the New Directions. In E. Smith (Ed.). *The Growing Edge of Gestalt Therapy*. New York: Brunner/Mazel.

Perls, L. (1978). Concepts and misconceptions of Gestalt therapy. *Voices*, 14, 3, 31-36.

Piers, G. & Singer, M. (1971). *Shame and Guilt*. New York: Norton.

Polster, E. (1957). Techniques and experience in Gestalt therapy. Paper presented at the Ohio Psychological Association Symposium. In (1975) F. Stephenson (Ed.), *Gestalt Therapy Primer: Introductory Readings in Gestalt Therapy*. Springfield, IL: Charles C. Thomas. pp. 147-150.

Polster, E. (1966). A contemporary psychotherapy. *Psychotherapy*,

参考文献

3, 1 – 6. Also in (1968) P. Pursglove (Ed.), *Recognitions in Gestalt Therapy*. New York: Funk & Wagnalls.

Polster, E. (1976). Trends in Gestalt therapy. Paper presented at Ohio Psychological Association, February 22, 1967. In (1975) F. Stephenson (Ed.), *Gestalt Therapy Primer: Introductory Readings in Gestalt Therapy*. Springfield, IL: Charles C. Thomas. (pp. 151 – 160).

Polster, E. (1985). Imprisoned in the present. *The Gestalt Journal*, 8, 1, 5 – 22.

Polster, E. (1987). *Every Person's Life is Worth a Novel*. New York: Norton.

Polster, E. & Polster, M. (1973). *Gestalt Therapy Integrated*. New York: Brunner/Mazel.

Polster, M. (1981). The language of experience. *The Gestalt Journal*, 4, 1 (Spring 1981). (pp. 19 – 20).

Pursglove, P. (Ed.). (1968) *Recognitions in Gestalt Therapy*. New York: Funk & Wagnalls.

Quick Reference to Diagnostic Criteria from DSM-III (Mini-D), American Psychiatric Association.

Resnick, R. (1970). Chicken soup is poison. *Voices*, 6, 75 – 78. Also in (1975) F. Stephenson (Ed.) *Gestalt Therapy Primer*. Springfield, IL: Charles C. Thomas.

Resnick, R. (1984). Gestalt therapy East and West: Bicoastal dialogue, debate or debacle? *The Gestalt Journal*, 7, 1, 13 – 32.

Robinson, D. (1991). Might the self be a substance afer all? *Theory and Psychology*, 1, 1 (February 1991), pp. 37 – 50.

Rogers, C. (1956). Training individuals to engage in therapeutic process. In C. Strother (Ed.), *Psychology and Mental Health*. Washington, DC: American Psychological Association, 1956.

Rogers, C. (1960). Two divergent trends. In R. May. (Ed.). *Existential Psychology*. New York: Random House.

Rogers, C. (1967). *The Therapeutic Relationship and Its Impact: A Study of Psychotherapy With Schizophrenics*. With E. T. Gendlin, D. J. Kiesler, & C. Louax. Madison, WI: University of Wisconsin Press.

Rosanes-Berret, M. (1970). Gestalt therapy as an adjunct treatment for some visual problems. In J. Fagan & I. Shepherd (Eds.), *Gestalt Therapy Now*. Palo Alto: Science and Behavior Books.

Rosenblatt, D. (1980). Introduction. in D. Rosenblatt (Ed.), *A Festschrift for Laura Perls*. *The Gestalt Journal*, 3, 1 (Spring 1980) (pp. 5-15).

Rosenfeld, E. (1978). An oral history of Gestalt therapy: Part I: A conversation with Laura Perls. *The Gestalt Journal*, 1, 8-31.

Rosenfeld, E. (1981). The Gestalt bibliography. *The Gestalt Journal*, 1981, 1, 8-31.

Sachs, M. (1973). *The Field Concept in Contemporary Science*. Springfield, IL: Charles C. Thomas.

Sartre, J. (1946). Existentialism is a "humanism." In (1956) W. Kaufman, *Existentialism from Dostoevsky to Sartre*. New York: Meridian Books.

Sartre, J. (1966). *Being and Nothingness*. New York: Washington Square Press.

Satir, V. (1964). *Conjoint Family Therapy: A Guide to Theory and Technique*. Palo Alto: Science and Behavior Books.

参考文献

Schutz, W. (1967). *Joy: Expanding Human Awareness*. New York: Grove Press.

Schafer, R. (1976). *A New Language for Psychoanalysis*. New Haven: Yale University Press.

Shapiro, K. (1990). Animal rights versus humanism: The charge of speciesism. *Journal of Humanistic Psychology*, 30, 2 (Spring, 1990), 9 - 37.

Shepherd, I. (1970). Limitations and cautions in the Gestalt approach. In J. Fagan & I. Shepherd (Eds.), *Gestalt Therapy Now*. Palo Alto: Science and Behavior Books.

Sherrill, R. (1974). Figure/ground: Gestalt therapy/Gestalt psychology relationship. Unpublished doctoral dissertation, The Union Graduate School.

Shostrom, E. (1966a). *Manual for the Caring Relationship Inventory*. San Diego: Educational and Industrial Testing Service.

Shostrom, E. (1966b). *Manual for the Personal Orientation Inventory*. San Diego: Educational and Industrial Testing Service.

Shostrom, E. (1967). *Man the Manipulator*. Nashville: Abingdon Press.

Shostrom, E. (1969). Group therapy: Let the buyer beware. *Psychology Today*, 2, (12), 36 - 40.

Simkin, J. (1962). Contributions. In C. Buhler, *Values in Psychotherapy*. New York: Free Press.

Simkin, J. (1960s). An introduction to Gestalt therapy. Big Sur: Esalen Institute. Also Cleveland: Paper ♯6, Gestalt Institute of Cleveland. In (1973) *Direct Psychotherapy: 28 American Originals* (Vol. 1). Coral Gables, FL.: University of Miami. (pp. 423 - 432). Also

583

in (1975) F. Stephenson (Ed.), *Gestalt Therapy Primer: Introductory Readings in Gestalt Therapy*. Springfield, IL: Charles C. Thomas. (pp. 3-12).

Simkin, J. (1968). *Festschrift for Fritz Perls*. Los Angeles, CA: Author.

Simkin, J. (1969). *In the Now*. A training film. Beverly Hills, CA.

Simkin, J. (1970). A session with a passive patient. In J. Fagan & I. Shepherd (Eds.), *Gestalt Therapy Now*. Palo Alto: Science and Behavior Books.

Simkin, J. (1974). *Mini-Lectures in Gestalt Therapy*. Albany, CA: Wordpress.

Simkin, J. (1976). *Gestalt Therapy Mini-lectures*. Millbrae, CA: Celestial Arts.

Simkin, J. (1979). Gestalt therapy. In R. Corsini (Ed.), *Current Psychotherapies* (2nd Ed). Ithasca, IL.: F. E. Peacock.

Simkin, J. & Yontef, G. Gestalt Therapy (1984). In Corsini, R. (Ed.). *Current Psychotherapies*, (3rd Ed.) Ithasca, IL: Peacock Publishers.

Smith, E. (1976). *The Growing Edge of Gestalt Therapy*. New York: Brunner/Mazel.

Spinelli, Ernesto. (1989). *The Interpreted World*. Newbury Park, CA: Sage Publications.

Stewart, R. (1974). The philosophical background of Gestalt therapy. *Counseling Psychologist*, 4, 13-14.

Tobin, S. (1982). Self-disorders, Gestalt therapy and self psychology. *The Gestalt Journal*, 5, 2 (Fall, 1982), 3-44.

Van Dusen, W. (1960). Existential analytic psychotherapy. *American*

Journal of Psychoanalysis, 20, 35 - 40. Also in (1968) P. Pursglove (Ed.). *Recognitions in Gestalt Therapy*. New York: Funk & Wagnalls.

Van Dusen, W. (1975a). Invoking the actual. In J. Stevens (Ed.), *Gestalt Is*. Moab, UT: Real People Press.

Van Dusen, W. (1975b). The phenomenology of schizophrenic existence. In J. Stevens (Ed.), *Gestalt Is*. Moab, UT: Real People Press.

Van Dusen, W. (1975c). The perspective of an old hand. In J. Stevens (Ed.), *Gestalt Is*. Moab, UT: Real People Press.

Wallen, R. (1957). Gestalt psychology and Gestalt therapy. Paper presented at Ohio Psychological Association Symposium. In (1970) J. Fagan & I. Shepherd (Eds.), *Gestalt Therapy Now*. Palo Alto: Science and Behavior Books. (pp. 8 - 13)

Webster's New Twentieth Century Dictionary of the English Language (1962). New York: World Publishing.

Wertheimer, M. (1938a). Gestalt theory. In W. Ellis (Ed.), *A Sourcebook of Gestalt Psychology*. London: Routledge & Kegan Paul.

Wertheimer, M. (1938b). The general theoretical situation. In W. Ellis (Ed.), *A Sourcebook of Gestalt Psychology*. London: Routledge & Kegan Paul.

Wertheimer, M. (1945). *Productive Thinking*. New York: Harper and Brothers.

Wheeler, G. (1991). *Gestalt Reconsidered*. New York: Gardner Press.

Whitaker, C. (1965). The psychotherapy of marital couples. Lecture presented to Cleveland Institute of Cleveland.

Wolfe, B. (1989). Heinz Kohut's self psychology: A conceptual analysis. *Psychotherapy*, 26, 4 (Winter 1989), 545-554.

Wolfe, F. (1981). *Taking the Quantum Leap*. NY: Harper & Row.

Wysong, J. & Rosenfeld, E. (1982). *An Oral History of Gestalt Therapy*. Highland, NY: The Gestalt Journal.

Yontef, G. (1975). A review of the practice of Gestalt therapy. (First published 1969). Also in (1975) F. Stephenson (Ed.), *Gestalt Therapy Primer: Introductory Readings in Gestalt Therapy*. Springfield, IL: Charles C. Thomas.

Yontef, G. (1976). Gestalt therapy: Clinical phenomenology. In Binder, V., Binder, A. & Rimland, B. (Eds.), *Modern Therapies*. New York: Prentice-Hall.

Reprinted:

(1977) *Psihijatrija Danas*, 4, 401-418.

(1979) *The Gestalt Journal*, 2, 1, 27-45.

(1984) #7, Documents de l'institut de Gestalt, Bordeaux.

Yontef, G. (1981a). The future of Gestalt therapy: A symposium. with Perls, L., Polster, M., Zinker, J., & Miller, M. V. *The Gestalt Journal*, 4, 1, 3-18.

Yontef, G. (1981b). Mediocrity and excellence: An identity crisis in Gestalt therapy. ERIC/CAPS, University of Michigan, Ed. 214, 062.

Yontef, G. (1982). Gestalt therapy: Its inheritance from Gestalt psychology. *Gestalt Theory*. IV, 1/2, 23-39 (abstract in German). Reprinted (1984) *Psihijatrija Danas*, 16, 1, 31-46.

Yontef, G. (1983a). Gestalttherapie als Dialogische Methode. *Integrative Therapie*, 9, Jg. Heft 2/3, 98-130. (First circulated 1981 as unpublished paper: Gestalt Therapy: A Dialogic Method).

Yontef, G. (1983b). The self in Gestalt therapy: Reply to Tobin. *The*

Gestalt Journal, 6, 1, 55-70.

Yontef, G. (1984a). Modes of thinking in Gestalt therapy. *The Gestalt Journal*, 7, 1, 33-74.

Yontef, G. (1984b). Why I became a Gestalt therapist. In R. Resnick & G. Yontef (Eds.), *Memorial Festschrift* (for Jim Simkin). L. A.: Gestalt Therapy Institute of Los Angeles.

Yontef, G. (1987). Gestalt therapy 1986: A polemic. *The Gestalt Journal*, 10, 1, 41-68.

Yontef, G. (1988a). Assimilating diagnostic and psychoanalytic perspectives into Gestalt therapy. *The Gestalt Journal*, 11, 1 (Spring 1988), 5-32.

Yontef, G. (1988b). Comments on "boundary processes and boundary states". *The Gestalt Journal*, 11, 2, 25-36.

Yontef, G. (1990a). Gestalt therapy in groups. In I. Kutash & A. Wolf, A. (Eds.), *Group Psychotherapist's Handbook*. New York: Columbia University Press.

Yontef, G. (1990b). Interview. In R. Harman (Ed.). *Gestalt Therapy Discussions with the Masters*. Springfield, IL: Charles C. Thomas.

Yontef, G. (1991). Recent trends in Gestalt therapy in the U.S. and what we need to learn from them. *British Gestalt Journal*, 1, 1.

Yontef, G. & Simkin, J. (1989). Gestalt Therapy. In R. Corsini & D. Wedding, (Eds.). *Current Psychotherapies*, 4th Ed. Ithasca, IL: F. E. Peacock Publishers.

Zinker, J. (1966). Notes on the phenomenology of the loving encounter. *Explorations*, 10, 3-7.

Zinker, J. (1977). *Creative Process in Gestalt Therapy*. New York: Brunner/Mazel.

Zinker, J. & Fink, S. (1966). The possibility of growth in a dying person. *Journal of General Psychology*, 74, 185–199.

Zukav, G. (1979). *The Dancing Wu Li Masters*. New York: Bantam Books.

索 引

（按汉语拼音顺序排序）[①]

人名

阿德勒（Adler），143

阿普尔鲍姆（Applebaum），142

埃克斯坦（Eckstein），247

埃利斯（Ellis），96，98，100，143

艾德，唐（Ihde, Don），136，263，264，268，270，272，273，247，351，406，415

爱默生（Emerson），259，266，275

巴赫（Bach），75，76，96，98，100，101

拜塞尔，阿诺德（Beisser, Arnold），8，156，174，204，235

班杜拉（Bandura），55

波尔（Bohr），396，406

[①] 原书索引未区分人名与术语，为方便中文读者查询，中译本补充了大量外国人名条目，与术语分开编制索引，并且合并了部分重复的术语，页码亦有所增删。——编注

波尔斯特，米丽娅姆（Polster，Miriam），149，150，152，174，222，224，232，234，258，260，275，319，361，377，383，402—403，408—409，416—417

波尔斯特，埃尔温（Polster，Erving），35，57，65，71，104，105，116，117，127，141，149，150，152，174，222，224，234，258，260，268，275，277，319，361，383，402—403，408—409，416—417，447，544

柏拉图（Plato），228，327，332，347—348

伯恩，艾瑞克（Berne，Eric），96，98，101，103

伯利，托德（Burley，Todd），131

布伯，马丁（Buber，Martin），前言3，17，18，34—35，36，38，40，41，43，63，71，139，145，196，205，216，219，229，240—244，250，252，299

布朗，乔治（Brown，George），116，118，177，184

布伦宁克（Brunnink），179

布伦塔诺，弗兰兹（Brentano，Franz），346—348

查尔芬，利奥（Chalfen，Leo），147

德谟克利特（Democritus），347

笛卡尔（Descartes），347

蒂利希，保罗（Tillich，Paul），145，196

恩赖特，约翰（Enright，John），54，57，60，61，62，65，67—70，71，74—75，77，81，82，85，89，90，91，102，105，147，182，184，221

法拉第（Faraday），392

费希尔，肯尼斯·A.（Fisher，Kenneth A.），147

冯特（Wundt），261，328，334

索 引

弗兰克尔（Frankl，V. E.），96

弗里德伦德尔，西格蒙德（Friedlander，Sigmund），145

弗里德曼，莫里斯（Friedman，Maurice），221，229，241，250

弗罗姆，伊萨多（From，Isadore），17，19，110，116，117，118，147，259，380，386，388，414

弗洛姆，埃里希（Fromm，Erich），10，93

富克斯（Fuchs），442

冈德森（Gunderson），498

冈特里普（Guntrip），111

戈尔德施泰因，库尔特（Goldstein，Kurt），144

格尔布，阿代马尔（Gelb，Adhemar），144

格拉瑟，威廉（Glasser，William），96，98

格林伯格，莱斯利（Greenberg，Leslie），178—179，432

格林沃尔德，杰瑞（Greenwald，Jerry），57，71，77，78，461

根德林（Gendlin），111

古德曼，保罗（Goodman，Paul），9，19，29，36，39，53，147，258—260，281，282，288，292，295，298，311—319，327，348—350，360，373，384，386，387，405，409，466

哈雷（Harré），316

哈曼（Harman），178，179

海德格尔（Heidegger），273

海克纳，里查德（Hycner，Richard），38，116，117，219

海森堡（Heisenberg），395，396

赫弗莱恩，拉尔夫（Hefferline，Ralph），9，29，36，39，53，147，258—260，281，282，288，292，295，298，311—319，327，348—350，360，373，384，386，387，405，409，466

591

胡塞尔（Husserl），264，268，273，418

怀桑，乔（Wysong，Joel），前言3，107，148，377，380—381，384，388，390

霍纳（Horner），507

霍尼，卡伦（Honey，Karen），93，144

凯利（Kelly），313

柯日布斯基，阿尔弗雷德（Korzybski，Alfred），145，406

科根（Kogan），146，148

科夫卡（Koffka），260，264，267，389，403，410，412

科胡特，海因茨（Kohut，Heinz.），5，111，129，141，262，275，295，316，357，358，364，391，428，458，485

科勒，沃尔夫冈（Köhler，Wolfgang），260—261，263，266—269，389，392，410—412

科西尼（Corsini），135

克恩伯格（Kernberg），111，498

肯普勒，沃尔特（Kempler，Walter），16，72—73，78，81，82，91，104，147，184，221

拉特纳，乔尔（Latner，Joel），109，116，118，198，312，319，334，375—419

赖希，威廉（Reich，Wilhelm），145，196，426

兰克，奥托（Rank，Otto），145，196，426

勒温，库尔特（Lewin，Kurt），7，27，263，264，267，314，318，325，329—334，337，340，342，344，347，351，393，399，413—414

雷斯尼克，罗伯特·W.（Resnick，Robert W.），110，116，147，171，217，233，381

索 引

列维茨基（Levitsky），54，65，66，68，70—71，77，81—84，86，89，91，101，104，181，195

罗宾逊（Robinson），316

罗杰斯，卡尔（Rogers，Carl），61，72，96，98，99，102，103，111，142，180，216，240，298，428—431

罗森布拉特（Rosenblatt），381

罗森菲尔德（Rosenfeld），146，148，259，377，380，381，384，389，390

马丁，罗伯特·L.（Martin，Robert L.），147

马赫（Mach），392

马勒（Mahler），111，506，507

马斯特森（Masterson），111，288，294，458，506—507，508，515，525—526

麦克斯韦（Maxwell），392

米勒，迈克尔·文森特（Miller，MichaelVincent），5，432

纳兰霍，克劳迪奥（Naranjo，Claudio），384

皮尔斯，弗雷德里克（Perls，Frederick），8—9，10—11，12，15，16—17，19，21，29，36，53—106，109，111，118—119，120—121，125，127，135，144—147，150，152，157—158，162，176，178，181—182，194，197，205，210，214，221—222，224—225，233，252，258—260，266，268，271，275，281，282，288，292，295，298，311，313—314，316—317，319，327，340，342，348—350，360—362，363，368，373，376，378，379—390，405，407—409，414，417，418，460，466，501，540

皮尔斯，罗拉·波斯纳（Perls，Laura Posner），15，19，104，116，

593

135，139，145—147，153，220，222，248，252，259—260，263，275，277，379—380，386，388，390，409

皮科克，F. E.（F. E. Peacock），135

萨尔兹曼（Salzman），111

萨克斯（Sachs），320，330，333，339，341，393—398

萨特（Sartre），30，155，196，200，228，273，274，400

萨提亚，弗吉尼亚（Satir, Virginia），96，98，99，101

圣圭拉诺，艾里斯（Sanguilano, Iris），147

沙利文，哈里·斯塔克（Sullivan, HarryStack），10，93，301

史密斯（Smith, E），177，259，266，275

史末资，扬（Smuts, Jan），145

舒茨，威廉（Schutz, William），96，99，101，102

斯蒂芬森（Stephenson），53

斯金纳，B. F.（Skinner, B. F.），55

斯克勒德（Schroeder），179

斯坦普弗尔，托马斯·G.（Stampfl, Thomas G.），55

唐宁，杰克（Downing, Jack），147

铁钦纳（Titchener），69，261，266，334

托宾，斯蒂芬（Tobin, Stephan），311，315，316，324，357—374，402，407，414，417，462

韦伯斯特（Webster），344—345，435

韦茨，保罗（Weisz, Paul），147，259

韦登菲尔德，洛特（Weidenfeld, Lotte），147

韦特海默（Wertheimer），136，260—262，264，266—268，270，271，276，328，389，392，403，413，442

沃尔普，约瑟夫（Wolpe, Joseph），55

索 引

西尔斯，哈罗德（Searles，Harold），521，526

希金斯，H. M.（Higgins，H. M.），179

西姆金，吉姆（Simkin，Jim），9，14，16，41，46—52，54，57，58—59，60，61，62，65，67，70，71，76—77，81，85，86，102，104，121，135，147，156，163，180，181—182，185，188，195，222，228，247，250，260，270，275，278，300，304，369，384—385，388，390，460

夏皮罗，埃利奥特（Shapiro，Elliot），147，348

肖斯特罗姆（Shostrom），66，71，73，78，86，97，105，222

谢弗，罗伊（Schafer，Roy），111，288，291，322

谢泼德，伊尔玛（Shepherd，Irma），147，176—177，180

辛克，约瑟夫（Zinker，Josef），182，184，222，260，278，307，401

薛定谔（Schroedinger），396

雅各布斯，林恩（Jacobs，Lynne），前言3，38，131，138，225，229，244，250，275，338，344，481—482，494，511，515，516

亚里士多德（Aristotle），10，58，137，234，253，262，263，327，328，332—333，347—348，393，410，416

亚隆，欧文（Yalom，Irvin），25，180

伊斯门，巴克（Eastman，Buck），147

英格利希（English），325，329，330，331，334，337，345，435

詹姆斯，威廉（James，William），266，405，411—412

祖卡夫（Zukav），393，395，398，399

术语

暴力（Violence），102，244，246，516

595

被否认的行动（Disclaimed action），291

被要求的行动（Claimed action），291

本我（Id），10，215，288，294

本质（Essence），36，47，65，113—116，138，146，188，228，234，274，277，327，330—333，370，389，393，400，416，418，427—428，503，506，531，535

表型（Phenotype），353—354

边界（Boundary/Boundaries）

 边缘型患者治疗中的～，124

 与同化，233—234

 与觉察，226，227，408

 与性格障碍，463

 与接触，138，149

 与对话关系，36，37，44，50

 与共情，121

 与场理论，331，342，348

 与格式塔治疗"自体"的定义，316，359，363—366，407，467

 与格式塔治疗理论，318，348—349，355

 与同一性，115，118

 与边缘型患者，285

 与自恋型患者，480—482，484，488

 与治疗师/病人关系，255，371

 ～扰乱，453，480—482

 接触～的扰乱，150—152，226—227，232

 ～的动态方面，224—225

 自我～，224

索 引

　　有机体/环境的～，37

　　～的调节，149

　　"自体"与～，364，366，368，373，374，407，408，414

　　～的是/否函数，380，407

　　与尴尬，544

　　与格式塔治疗理论，533—534

　　与边缘型人格障碍的诊治，513，516

边缘型（Borderline），24，25，112，124，125，175，181，280，289—288，290，293，300，335，342，359，365—368，374，423，424，435，440，445，456—458，464，495—529，546，554

　　与"分裂"，501—503

　　与抛弃的感受，504，525—526

　　与接触，503，505

　　与反移情，519—520

　　与对话，510

　　与遗传物质，520—521

　　与治疗的限制，517—518

　　与诊断，284

　　与马斯特森的理论，288，506—508

　　与精神分析，24—25

　　与愤怒，526—528

　　与责任，514—516

　　与自体障碍，505

　　与分离，524—525

　　与羞耻，526，546，554

　　与接触边界，513

与治疗师清晰的要求，521—522

与治疗师，524

~描述，527

~描述（与自恋型相比），435，445，456，457，458，464，495—498，508—511，513—516，521—524

~的发展，501，506—507

分裂与~，511

在团体中，518

马斯特森关于抛弃感觉的（讨论），525

极性反应，522—524

分裂，504

治疗总结，528—529

~的治疗，124—125，175，181，180，284—287，290—291，294—295，300—301，335，504，508—509，512—514

边缘型患者（borderline patient），24，35，112，124，152，175，280，284—287，288，290—291，293，300，335，366—367，495—498，498—500，501，502—504，505—516，517—528

边缘型人格（borderline personality），181，423，456，457，464，495，501，503，528，529，546

边缘型人格障碍（borderline personality disorder），423，456，457，464，495—500，503，528—529

变分法（Variational method），270，351

病（Illness），96，141，184，442

病人（Patients），4，6，7，8，12—16，18，21，22，26，30—35，39—42，50，54—55，56，58—59，64，66—67，69，71—72，75—76，78—79，82，85—90，96，100，101，103，111，116，

索 引

117—119，120—121，122—125，126—127，128—131，136，139—140，142—143，149，155，158—164，171—177，181，183，198，202—203，207—208，209—212，216—217，218，229，234，237—238，244，253—254，261—262，270，280，282—285，286—290，291，292，298—302，304，323，335—336，342，359，363—367，370—372，374，424—425，429，431，433—434，437，439—440，441—442，444，456—458，460—462，464—465，467—468，471—474，477—488，490—497，499—500，504，507—510，514—516，519—520，522—529，531—533，540，541—542，544—548，549—552，556—557，558—561，563—566

在格式塔治疗理论中，123—124

不变量（Invariant），332，351，353，436

操纵（Manipulate / Manipulation），43—44，50，55，60—63，71—72，77，80—81，92，96，139，140，159，173，174，198，206，209，210，229，242，244，245，248，303，304，434，472，486，487，495，499—500，527

禅宗（Zen Buddhism），17，99

阐释（Interpret / Interpretation），5，7，10，13，42，68，80，113，117，127，136，139—143，146，163，202，204，221，223，230，236，237，270，276，298，321，326，332，362，366，373，380，395，396，405，409，414—415，427—429，441—443，474，484，485，487，488，522，551

场（Field/Fields），7，331

～的特点，324

与"整体决定部分"，334

与觉察，17

作为系统的关系网，324—329

～在时空上的连续，329—330

～中的觉察，36

～的动态方面，337

在格式塔治疗理论中，7

～的部分，330

～的部分，如个人，330

～中的病人，335

～决定的现象，334

场理论（Field theory）

在场中对属于场，378

与意动心理学，346，347

与觉察，207

与因果关系，394

与同时性，340

与爱因斯坦，264

与对"此时"的强调，264

与场、场的特征，324

与格式塔心理学，196

与格式塔治疗理论，317—318，393，415—416

与洞察，350

与现象学，338

与过程，342，344，345

与过程思维，403

与量子物理学，394，396—398

索　引

与自体心理学，357

与社会规范，410

与分化的场，406，410

与规律性的性质，351—354

与现象学方法，351

与自体理论，359，362—365，406—409

与普遍互动主义，403，405

作为格式塔疗法基础的～，220

～的定义，354—355

～的描述，137，323

场的元素，405

场，375

在一个场中对属于一个场，330

在格式塔心理学和格式塔治疗中，260

在格式塔心理学中，411—412

在格式塔治疗理论中，294，298，311　314，314，317，324，399—400，417—418

相对论中的～，397

～的局限性，318—323

格式塔心理学和格式塔治疗的～，277

格式塔治疗的～与物理的～，392

～中的有机体（相对于亚里士多德概念），234

～中的有机体（相对于亚里士多德的观念），332—333

现象学～，263—265

～的语义学，402

相对于亚里士多德理论，332—333

相对于牛顿力学理论，312

相对于牛顿物理学说，333

相对于牛顿思维，333，341，375，391—392，403

相对于精神分析，10—11，108

相对于机械思维，315

～的多样性，392

成熟（Maturation / Maturity），61，62，118，212—213，222，295

此时（The Now），164，177，185，201，206，230，249，255，409

此时此地（Here-and-now），11，25，37，43，54，55，61，64，66，88，106，108，122—124，126，141，183，208，216，217，282—283，285，292，294—295，305，312，340—341，353，366，428，433，440，446—447，449，462，488，522，552，558

此时和此地（Here and now），7，8，35，43，56，57，61，65，66，67，71，75，79，85，88，91，92，94，95，96，98，99，118，120，123，126，127—128，137，142，146，148，154，164，166，168，201，205，208，214，223，264，277，284，302，341，413，416，434，448

存在主义（Existentialism），17，51，54，71—72，91，93，98，106，117，120，128，129，130，135，138，144，145—146，166，195，196，201—202，205，215，220，221，228—229，235—236，257，259，262，272，273—274，275，277—278，298，300，301，306，311，327，346，361，368，385，392，400，406，415，416，418，426，428，538，554

存在主义现象学（Existential phenomenology），92，94，135，138，278，367，384，400，406，418

索 引

存在主义治疗（Existential therapy），71，135，201，235，300

挫败（Frustration），33，35—36，39，60，62—63，72，95，121，149，171，173，176，210，211，235，239，244，301，372，461，474，481，486—489，490，494，522

　　使用～，35—36，72，149，211

代谢过程（Metabolic processes），150

当下过程（Present process），414

当下时刻（Present moments），432

导向觉察（directed awareness），59，65，66，68，71，92，96—100，141

导向觉察实验（directed awareness experimentation），59，99

道教（Taoism），99，398

第三势力（Third force），55，96—97，98，214—215，215

东海岸（East coast），376，378

洞察（Insight），46，54，98，105，136—137，141，142，146，153，155，204，211，214，220，236—237，260—261，262，265，268，270—273，277，286，287，291，302，305，306，324，328，348，349—351，352，353，355，362，365，399，402，415，437—438，442，448，478，491，492，532，557

对话（Dialogue），39

　　与觉察，18，245

　　与诊断，433，444，452

　　与对话关系，275—277

　　与洞察，306

　　与精神分析，42

　　与羞耻，552，565

与灵性，17

　　与边缘型患者，124，286，509，522

　　与自恋型患者，333，474，482，485，490，510

　　与理论，6

　　与治疗师的责任，369，448

　　作为共享的现象学，303，305

　　～的特点，38，39，139，242

　　在格式塔治疗中，23，31，33，35，36，42，43，82，117，118，128—129，136—139，142，146，153，157，175，195，206—207，209，217，220，221，230，235，236，237—238，242，244，245—250，253—254，257，268，271，274，283，317，433，459，474，487

　　在格式塔治疗理论中，4

　　内部～（病人），85，86，179

　　马丁·布伯的～，18

　　上位狗-下位狗，538

　　相对于魅力型领导，14

　　相对于精神分析，10

对话/存在主义（Dialogue / existentialism），128

　　在格式塔治疗中，128

对话式关系（Dialogic relationship），33，39，219，239，257，275—277，361，424，429

对话式接触（Dialogic contact），14，39，44，51，178，493，511

对话性接触（Dialogical contact），430

二象性（Duality），395

二元（Dualistic），69，83，232，235，262，315，333，378

索 引

二元论（Dualism），347

发展（Development / Developmental）

 与性格，232

 与自体心理学，296

 与羞耻，539，552，555

 边缘型人格障碍的背景，499—500，501，506—507

 自恋型人格障碍的背景，478—479，482，491，492

 孩子的～，155

 格式塔治疗的～理论，482

 格式塔治疗的重点，122—123，125，130，165，258，273，284，295—296，342，423，427，433，450，510，529

 格式塔治疗有关人类心理发展的概念，295

 格式塔治疗理论，532

 诊断中的问题，433—434

 自恋型人格障碍的问题，479

 治疗中的问题，43

 觉察工作的次序（～），304—305

 与～工作——以当下为中心的模式，544

反馈（Feedback），27，125，182，207，210，216，234，242，450，472，481，489，544，559，560

反思性觉察（Reflexive awareness），272，351

分化（Differentiation / Differentiating），76，149，157，159，227，244，245，247，328，396，404，406，410，413，501，484

分裂（Spli / Splitting），58—59，60，64，69，86，90，124，156，157，169，179，209，215，226，227，232—233，235，251，273，284，287，289，293，297—298，316，360，363—364，

605

367，368，378，380，406，450，462，497，498，500，501—504，506，511，514，519—520，521，522，524

愤怒（Rage），165，176，286，297，367，440，443，465—466，475—477，488，498，499，503，518，521，525—528，545，563—564

浮夸（Grandiosity），15，115，119，470，471，474—476，479，481，486，488，524，541

改变的推动者（Change agent），156，203，204，215，235—239，257

改变理论（Change theory），5，534

改变的悖论（Paradoxical theory of change），8，13，29—30，33，36，174，201，204，296，344，346，534，535

改变的机制（Mechanism of change），97

感官（Sensory），58，60，62，64，69—71，92，96，98，117，154，198，201—202，216，217，223，233，285，302，306，340，348，393，411—412，427，501，553

感官体验（Sensory experience），411—412

格式塔的形成（Gestalt formation），56，153，197，212

格式塔理论（Gestalt theory），17—19，51，56，113，115，148，182，218，258，270，314，350，357，360，382，390—391，393，430，442，503

格式塔心理学（Gestalt psychology），7，17，93，127，145—146，148，157，196，224，258—264，266，268—270，273—274，277，306，318，324，328，334，338，346，350，362，377，382—384，387—389，391—394，401—402，403—406，410—412，414—415，418，419

格式塔学者（Gestaltists），194，259，260，271

格式塔治疗理论（Gestalt therapy theory），5，6，11，15，16，19，24，28，33，36，56，110，113—114，123，128，155，196，219，279，287，302，311，312，314，320，323，340—341，344—345，346，356，357，358，359—360，361，363，371—373，376，377，383，385—387，390，396，401，432，436，437，439，441，447，503，507，532—533

格式塔治疗和……（Gestalt therapy and...），113—114，281

格式塔治疗和格式塔心理学，127，259，384，387

格式塔治疗和精神分析，280，487

隔离（Isolation / Isolating），66，150，206，225—229，234，322，368，450，484，503，505，544，545

攻击（Aggression），16，32，49，50，51，57，75，78，92—95，100—102，126，145，146，198，202，233，360，362，383，450，452，484，488，506，519，537，539，541，547，553，556

  与同化，233

  与诊断，452

  与愧疚，537，539

  与自体决定，49

  与羞耻，553

  在团体治疗中，33

  格式塔理论中有机体的～，57，75，77，95，100—102，198，202

  自体养育与～，556

共情（Empathy / Empathic），9，26，40，41，119，121，130，162，

607

230，236，242，275，286，295，299，320—321，335，358，368，428，431，435，449，452，466，469，471，472，474，477，482，485，486，488，490—493，494，508，509，510—511，513，514—516，519，522，523，526，528，541，537，552，556，557，559，564，567

共情性调谐（Empathic attunement），286，482，486，492，498，511，513，528

固定的格式塔（Fixed gestalten），342，345，350，429

关联性（Relatedness），120，267，325，393

关联性原则（Principle of relatedness），267，325，393

关系（Relationship），5，14，25，31，32，33—36，36—38，39，41—42，43，45，60，62，71，74—75，77，81，82，95—96，98—99，101，102，107，113，117—118，122—123，125—126，128—129，129—130，137—141，148，152，158，163，166，170，174，177，179，180，184—185，197，205，206—207，210，212，216，219—222，224，225，227—230，236，238—239，239—256，273—277，283，289，297—298，299—304，312，320，322，324—329，331，332，335，337，350，354，361，364，368，370—372，374，416—418，424，425—429，436，438，444，449—451，468—469，475，477，478，482，483，485—489，494，497，501，504，510—513，516，517，520，521，523，523，535，538，541，549—550，553，556，557，559，561，564，566

规律性（Lawfulness），349，351，394

过程（Process / Processes），5—7，10，24，25，26，38，41，48，49，51，57—62，65，69—71，75，82，88，92，94，96，97，

索　引

99，101，109，118，120，122，124，125—127，136，139，140，142，143，146，148，149，150，157，159—162，163，165，169，174，176，178，181—182，184，192，198—201，202，203，207—208，209—210，212，213，215，216，220，222—228，231—232，233—236，237—240，242—246，262，264，266，269，270，271—273，276，277，279，280，286，288，289，291，292，293，296，297，300，302，304—305，313—314，316—317，316，320—322，324，327，327，335—336，342—346，350，355—356，358，360—364，366，368，373，376，379—380，392，393，395—397，401，403—406，408—410，413—419，424—425，428，429，431，433，435—438，441，443—444，445，452—453，459，461—463，469，474—475，477，479，486，500，503，505，509—515，517，519，530—535，537，541，542，547—548，551，553，554，556—557，559—560，562—566

当事人对～的研究，178—179

在其他疗法中不强调～，99

在格式塔治疗中，41，59—62，65，88，94，97，99，136，
　　157，159，161，164

人际（对话）～，139

语言，143

同化～，198

觉察～，153，154，159，198，200

治疗评估～，184

团队（形成）的～，126，148

心理治疗的～，164

609

觉察、对话与过程

　　心理治疗（格式塔治疗）的～，169，174

　　阻抗的～，159

　　调节～，198

　　～与牛顿思维，8

　　情感～，89

　　认知～，69，82，128

　　团体～，182

　　当下（此时此地）的～，65

　　代谢～，150

　　生理～，70

　　感官～，69

　　治疗师的～，122，164

横向关系（Horizontal relationship），32，248，249

横向态度（Horizontal attitude），249，250，549

后撤（Withdrawal），62，80，88，119，125，139，150，206，209，220，224，227，234，244，408，446，454，505，543，547

互补性（Complementarity），396，399，405，418

互动论（Interactionism），391，393，401，403，405，411，413，415

普遍互动论（Universal interactionism），391，393，401，403，405，411，413，415

还原论（Reductionistic），274，315，396，401

环境支持（Environmental support），62，64，464

机械论（Mechanistic theory），10，315，429

基因型（Genotype），353

疾病（Disease），54，92，214，426，428，430，435

技术（Techniques），14，21，22，33—36，39，44，54，63—64，

72，86，91，99，101—105，108，111，113—116，117，121，122，142，144，149，164—166，169，170，174，188，206，215，217，219，222，230，237，248，250，256，270，277，302，358，376，380，383—391，447，567

加利福尼亚风格（California style），109

伽利略的（Galilean），332

价值观（Values），25，75，76，100，118，120，151，155，161，211，213，247，249，264，293，300，333，370，428，480，534，537，540，547，548

价值体系（Value system），100，454，539

简洁性（Prägnanz），157，267，328

见诸行动（Acting out），6，7，102，119，176，232，256，426，458，508，516，521

 与"应该主义的"思维，232

 与负面感受，102

 与精神分析思想，6，7

 与格式塔治疗师，119，176

 与歇斯底里的病人，237

健康的攻击（Healthy aggression），556

僵局（Impasse），31，47，62，64，80，90，95，159，256，434，458，485，489，526

接触（Contact）

 与欣赏差异，49

 与觉察，5，57，109，153，156，199，202，205，209，222，305，313，438

 与儿童发展，171

与融合，227

与诊断，429，439，440，444，445，451—454

与对话关系，43，44，51，140

与对话，118，138，140，205，221，226，240，242，244，245，247，249，275，416

与场理论，355，408

与图形/背景的形成，57

与格式塔治疗，42

与格式塔治疗的"自体"定义，37，58

与格式塔治疗理论，18，32，56，57，211，297，316，348，363，532

与成长，429

与融入，40，41

与内摄，290

与隔离，226

与意义，438

与心理健康，444

与关系，45

与自体障碍，363，367

与自体支持，62，118

与感官/情感模式，58

与羞耻，532，533，541，543—544，546—548，552，554，556，558，559，562—563

与边缘型患者，124，284，462，515

与边缘型人格障碍，501，503—505，521，524—526，535，537，555

索　引

与自恋型患者，286

与神经症患者，209，210

与自体的概念，365

与格式塔治疗师，100

与此时和此地，7，164

与我-汝关系，37—40，229

与有机体/环境关系，56

与格式塔治疗中的治疗过程，13，75

与治疗关系，34，117，118

与治疗师，209

与治疗风格，8，14，120

与治疗师的责任，238

与后撤，88，139

与和身体工作，169

～，12，250

～的扰乱，150

～实验，558

在格式塔治疗中，148，159—162，164，166，170，173，174，177，178，180，182，185，205，210，211，236，238，298，302，459

在格式塔治疗理论中，56—58，61，71，100，117—118，122，123，125，149，150，153，225，326，349

在性格障碍中，463

在边缘型患者中，496，503，505，509—513，514，520，524，526，528

在自恋型人格障碍中，466—471，473，474，478，481，482，

613

485，486，488—490，493—496

在关系中，298

在有机体/环境场中，149，150

在治疗中，75

~同化过程，57

相对于其他心理治疗模式，214

相对于精神分析，425，426

相对于移情，141，236，297

接触/后撤

与神经症患者，209

接触/后撤过程

与有机体自体调节，234

在格式塔治疗理论中，220，224

接触/探索

相对于其他心理治疗模式，218

接触/在场

在格式塔理论中，118

接触-边界与格式塔治疗理论，349

接触-同化在格式塔治疗理论中，57

接触边界（Contact boundaries），150，171，174，289，355，363，374，408，488，503，509，513，520，532

接触系统（System of contacts），37，316，363，365，374，467，533

结构构建（Structure building），280

结构主义者（Structuralists），328，334

经典物理学（Classical physics），333，394，397，405

精神病（Psychosis），281，463，497，528

索 引

精神分裂（Schizoid），286，365

精神分析（Psychoanalysis），5—6，10，13，14，21，24，34，37，42—43，47，52，55，57，63，69，83，85，93，94，95—97，106，107，108，110，111，112，116，117，120，122，124，129，130，140—141，142，145，146，148，149，181，196，213，221，228，230，236，238，240，247，252，256，258，273，275，279，280，282，288，289，290，293，294，297，298，300，302，303，306，322，344，349，350，357，358，369，373，374，380，403，415，424，425，426—428，429，433，441，446，448，458，459，461，462，465，487，497，503，506，507，508，549

聚焦（Focusing），6，7，10，14，24，42，51，64，66，117，138，142，143，162，167，170，178，179，189，236—238，243，262，68，297，305，362，429，444，446，459，482，485，560，563

觉察（Awareness）

 与～"待在一起"，89

 与游戏，86

 与改变的悖论，13

 与"被困住"的病人，31

 与同化，198

 与真实性，195

 与边缘型人格障碍，124

 与性格障碍，463

 与童年的经历，170

 与融合，227

615

与接触，438

与同时性，340

与抑郁，26

与诊断，430，434，452，454

与对话关系，36

与共情性调谐，482

与治疗中的实验，7，63—66，66

与场理论，268，269，355，444

与场，～的特点，338

与图形/背景的形成，197，449

与格式塔治疗，7，139，140，142

与格式塔治疗理论，68，198

与格式塔治疗理论，135，136

与愧疚，538

与融入，40，41，139

与洞察，350，365

与有机体的自体调节，151，152，218，233—235，239

与个人的"有界性"，408

与现象学探索，264，265

与现象学，146，201，202，215，222，223，273，274

与关联性，126

与阻抗，12，32，167

与自体决定，228，370

与语义学，82，85，376

与自体感，533

与羞耻，172，531，541，546，547，552，556，557，559，560

索　引

与应该主义思维，232

与灵性，18

与分裂，297

与布伦坦诺的"意动心理学"，346—349

与边缘型患者，124，501

与治疗中的改变过程，98，174，203—210，211—214，237—238，244—248，249，251，252，270，350

与接触边界，150

与存在主义态度，71

与存在主义现象学的视角，406

与此时此地，7，122

与我-汝关系，118，120，228，230

与自恋型患者，124，475

与自体障碍，300

与"自体"理论，293，361—362

与格式塔治疗中的治疗过程，61，275，276，286，301　304

与治疗关系，106，109，120，170，298

与治疗师，72，74

与治疗师/病人关系，74，77，82，248，250，252—256

与治疗风格，61

与治疗师的责任，162，163，166，370

与治疗师的自体披露，548

与治疗中夸张的使用，167

与学校工作，177

～的回避，101

对～过程的～，271，438

~过程，99，140，452

~障碍，168

与身体语言，66，89，169

与改变理论，346

接触、后撤与~，88

发展与~，170

导向~，59，65，66，71，95，140

导向~实验，59，99

~的讨论，198—201，215—218，220，222—226，304，306，312，313

~的动态方面，153—156，158，160，161，163

格式塔治疗中对~的强调，215

弗洛伊德心理学中~的，427

在格式塔治疗中，136，139

在格式塔治疗理论中，54—58

在格式塔治疗理论和实践中，54

在团体治疗中，182

在自恋型人格障碍中，491

治疗师的披露与~，170

团体中~的使用，89

相对于支持，33

与行为主义，54，92

与精神分析，95

家庭治疗中的工作，81

格式塔治疗中的工作，148

其他环境中的工作，184

索 引

第三势力心理学中的工作，96

觉察连续谱（Awareness Continuum / Continuum of awareness），48，51，63，64，82，88，99，153，157，189，234，482，526

客体关系（Object relations），21，37，129，141，280，281，288，292，294，295，297，300，357，358，364，462

客体恒常性（Object constancy），284，286，293，294，496，500—504，506，524

愧疚（Guilt），31，101，138，156，289，336，485，499，519，526，530，531，533，536—541，545—548，567

尴尬（Embarrassment），381，543—545，559—560

理想化（Idealization），4，31，130，286，300，472，478，479，480

粒子（Particle），137，267，323，327，329，339，343，394—398，405，407，409

量子（Quantum），341，393—399，412

量子理论（Quantumtheory），393—399

量子物理学（Quantum physics），395，397

零碎（Piecemeal），260，266，273，281，376，379，384，389，390，391，415，458

流言（Gossip），82，387，453

梦（Dream / Dreams），90，117，121，185，188，207，380，414，460

面质（Confrontation），13，79，82，101，107，119，121，122，124，125，179，183，239，244，285，286，314，366，370，374，379，434，460，474，488，508，515，516，517，518

内摄（Introject / Introjection），13，16，30，112，115，121，151，156，198，209，226，231，232，233，281，289，290，313，

619

317，360，361，371，385，400，458，475，478，480，510，535—539，542，546，554—556

内省（Introspect / Introspection），45，66，68，69，151，153，226，265，271

内省主义者（Introspectionist），261

内转（Retroflect / Retroflection），45，68，151，226，446，448，475，483，545，554，563

牛顿式（Newtonian），10，108，137，146，288，293，296，312，315，316，320—321，323，327，328，329，333，334，338，341，343，352，361，369，373，375—376，378—379，387—388，391—394，398—400，400—403，406—407，409—410，414—415，417—418，419，462

培训（Training），4，5，8，16，17，21，33，34，42，54，78，95—97，100，102，103，111—114，146—149，181，183，185，188，194，208，211，215，218，238，246，271，290，304，314，324，335—336，362，371，372，376，377，385—386，389，390，424，455，486，487，489，516，536

披露（Disclosure），42，179，207，256，358，374，510，514，557

治疗师～，510，511

偏转（Deflection），151—152

前接触（Forecontact）

  与羞耻，548

情感过程（Affective processes），89

确认（Confirmation），38—40，241，287，299，353，468，551，562

圈（Rounds），86，125

索 引

热椅子（Hot seat），125，181，380

人本主义（Humanistic），17，28，35，55，206，217—218，230，244，361，376，392，403，416—419，423，428，429，431，446

人格理论（Personality theory），63，130，155，175，287，366，426

人格障碍（Personality disorder），284，300，332，365，366—367，464，465，471—476，486，495，497，510，528—529

人际过程（Interpersonal process），140，276

人类发展（Human development），416，432，532

人类潜能（Human potential），295，426，429—430

人类潜能运动（Human potential movement），429—430

人与人之间（Person to person），237，383

认同（Identification），29，40，58，76，130，162，411，480，481，525，534，535，546，553，556，567

认知（Cognition），54，83，149，152，166，274，560—561

认知过程（Cognitive processes），26，69，83，463

融合（Confluence），40，50，62，119—121，150，206，225—228，229，234，281，290，313，358，379，385，389，392，408，454，470，473，494，496，500，503—505，535

融入（Inclusion），9，38—41，117，121，129，139，241—242，250，272，275，277，299，300，482，484，486，548

儒家（Confucian），377

汝（Thou），8，37—38，40，45，63，71，74，77，79，81—83，91，96，98，102，118，120，139，163，164，181，205—209，214，216—218，219—221，228—230，236，240—248，251，252，255，256，275，330，359，361，368，369—371，374

621

上位狗（Top dog / Top-dog），86，205，289

上位狗/下位狗（Top dog/under dog），86，205

身体语言（Body language），66—67，208，210，216

神经质羞耻（Neurotic shame），473，555，567

生机论（Vitalism），267

时空（Time-space），71，283

实现（Actualization）

  自体～，28，37，71，76，178

实验（Experimentation），7，24，31，42，48，60，64—68，71，75，91，92，98，99，104，105，106，108—110，121，128，130，136，140，142，148，184，195，203，205，211，224，248，256，270，276，300，351，395，400，441，469，474，485，487，509，514，557，558，560，362，566

实验现象学（Experimental phenomenology），42，43，196，224，250，287

思维过程（Thought processes），71，128，437

特质（Trait），48，88，461，481

同化（Assimilation）

  与攻击，95

  与觉察，209

  与接触，57

  与成长，282

  与内摄，290

  与有机体的自体调节，233

  与羞耻，537

  与边缘型患者，523

索　引

　　　与自恋型患者，492，497，518

　　　~，148，215

　　　接触~过程，57，225

　　　相对于内摄，198

同时性（Simultaneity），339，402

图形（Figure），11，56—59，122，158，197，199，201，214，225—227，260，262，266，272，289，298，318，335，340，368，404，414，436，437，438—440，444，446，449，451，452，464，491，532，533，548

图形/背景（Figure / ground），前言1，197，214，260，318，436，437，438，444，452，532，548

团体的使用（Use of the group），182

团体过程（Group process），52，126，149，335，428

团体治疗（Group therapy），22，81，125，165，181，185，302，379，488

投射（Projection / Projecting），61，88，90，117—118，151，209，299，372，402，453，480，481，521，524，538，543

未完成事件（Unfinished business），87，91，237，283，486，546，554，555

唯物主义（Materialism），267，347

唯心主义（Idealism），327，347，413

为什么-因为（Why-because），87，203

我-它（I-it），139

我‐汝（I-Thou），71，75，77，81—83，96，98，102，139，163，206，207，209，216—218，219，220，221，222，228—230，236，240，242，243—244，247，248，253，255—256，275，

623

330，359，361，368，370—372，374

我-汝关系（I-Thou relationship），71，75，77，81，82，96，102，222，228—230，236，240，243—244，248，253，255—256，370

我和汝（I and Thou），8，38，63，71，79，91，118，120，164，181，205，214，217，221，229，243，244，246，252，370

无意识（Unconscious），7，57，92，96，140，143，156，157，163，214，230，360，362，425，427，428，429，467

物化（Reification），288，289

物理学（Physics），196，264，267，271，315，318，320，329，333，334，339，341，343，346，352，353，377，379，392—402，405，412，414，415，418

西海岸（Westcoast），147，376—390

系统（Systems），99，112—114，128，131，142，143，217，250，259，281，323，332，348，354，375，378，392，400—402，408，415，429，432，448，554

系统论（Systems theory），128，375，401

下位狗（Underdog / Under-dog），205，537

现代物理学（Modern physics），264，271，339，395—399，402，412

现实（Reality），9，36，83，93，95，101，124，127，142，143，200，205，231，241，274，298，324，327，330，338—340，347，355，356，360，362，371，388，395，405—409，410，414，416，417，433，440，447，452，463，469，473，482，504，509，511—514

现象学（Phenomenology），4，6，17，24，41，42—43，51，92，

117，119，120—121，149，162，166，196，201—202，215，217，220—224，246，257，261—263，268，273，275—276，280，284，286，298，300，303，305，311，313，318，323，330，340，346，350，353，383，385，392，400，415，418，440，444，461，465，505，509

现象学聚焦（Phenomenological focusing），6，10，14，24，42，51，138，143，178，236—238，243，262，268，305，429，444，459，482，485，563

现象学实验（Phenomenological experimentation），4，144，202，248，276，400，557

现象学探索（Phenomenological exploration），4，136，202，213，223，234，245，264，265，270，272，441，537

线性（Linear），132，208，214，215，315，325，334，341，369，393，398，401—405，407，416，428，446，506，507

线性因果关系（Linear causality），208，214，215，315，325，341，403，428，507

相对论（Relativity theory），329，339，341，393，394，397—399，412，415，417

相遇（Encounter），12，25，38，45，46，64，71，72，75，78，81—82，83，85，87，90，95，96，98，99，101，106，175—178，180，193，211，215，217，229，246，251，253，366，426，428，450，487，509，512，546

相遇团体（Encounter groups），12，25，96，215

信念（Faith），11，12，15，30，31，44，52，106，108，110，121，155，176，200，206，235，238，245，266，429，474，514，523，557

信任（Trust），34，44，51，67，72，80，89，139，148—150，167，195，201，206，230，244，250，254，255，261，264，266，275，290，426，455，464，482，483，489，514，547，553，556

形而上学（Metaphysics），313，320，396，397，399，400—401，415，418

形质论（Hylomorphism），348

行动原则（Action principle）

  与场理论，294

  与格式塔治疗，288，289

  与个体选择，289

  与病人的病史，296

行为矫正（Behavior modification），13，21，44，48，91，95—96，99，111，140，142，143，161，211，214，270，306

行为治疗（Behavior therapy），21，55，64，92，111，203，217

行为主义（Behaviorism），21，35，92，215

性格障碍（Character disorder），280，423，451，459，460，462，463，501，528

修通（Working through），31，171，505，516，566

羞耻（Shame），31，101，119，121，143，149，155，161，169，171—173，253，300，335，369，440，465，466，471，473—477，483，519，523，526，530—563，566，567

羞耻-愧疚（Shame-guilt），539—540

羞耻-愧疚约束（Shame-guilt bind），539—540

压抑（Repression），96，140，156，169，232，256，297，502，554

亚里士多德式（Aristotelian）

索 引

与场理论，393，410，416

与布伦塔诺的"意动心理学"，247，348

与感官模式及情感模式，58

～分类相对于场理论，137，234，253，262，263，326，328

相对于伽利略式思维方式（场理论），32，333

相对于格式塔治疗的过程理论，10

研究（Research），4，25，34，51，53，99，103—106，115，116，129，132，146，178—179，238，261，262，269，270，314，392，395，397，409，415，416，431，432，439，454，455，498

掩饰（Masking），551，562

演出（Enactment），121，168，306，482，487，561，566

遗弃（Abandonment）

与边缘型人格障碍，368，496

与羞耻，169，157，535，555

～的感受，264

在治疗关系中的感受，124，524—526

移情（Transference），5—7，10，14，31，34，38，43，80，96，121，124，130，140，141，171，214，221，230，236，238，239，248—249，250，252，255，256，283—286，298，302，360，361—362，366，367，371—372，374，427—428，430，443，450，485—487，508，515，518，525

语言使用（Use of language），320，377

意动心理学（Act Psychology）

与个体选择，289—290

布伦塔诺的～，346—347

意向性（Intentionality），273，277，406

意义（Meaning），11，38，66，83，93，103，108，122，136，138，158，160，197，199，202，267，283—284，289，292，296，327，330，334，343，350，355，368，377，393，395，397，399，400，407，425，434—439，440，443，446，453，467，502

隐藏（Hiding），543—546，561，562

印度教（Hindu），398

应该（Shoulds），9，13，48，50，79，92，100，143，155，156，161，174，195，212，216，231—235，246，249，290，303，369，385，536，542

应该主义的（Shouldistic），152，231—235，249，249，257

拥有（Owning），153，156，200，223，291，351，453

游戏（Games），62，80，86，88—91，174

有机体（Organism），36，56—66，68—70，93—95，97，123，127，143，149，152，156，175，199，223，224，228，233—235，237—238，265，268—270，290，316—317，320—321，323—324，325，326，330，331，334，345—350，354—356，363，364，404，407，409，418，436—438，443，462，466，474，509，532，533，546，548

有机体/环境（Organism / environment），36，37，45，56，57，62，64，94，97，144，149，170，225，234，265，268，270，316—318，320，324，327，331，334，344—350，363，364，404，407，408，418，437，438，444，462，474，509，532，533，546，548

有机体/环境关系（Organism / environment relationship），418

索 引

有机体/环境场（Organism / environmental field），234

有机体的觉察（Organismic awareness），144

有机体的功能运作（Organismic functioning），30，443

有机体的自体调节（Organismic self regulation），48，118，211，215，218，231—235，238—239，272

有机体/环境的（Organismic / environmental），45，170，331

有机体-环境（Organism-environment），95

有效（Validation），103—112，318，509

有效研究（Validation research），509

有意关联（Intentional correlation），273，274，351

语言（Language），63，66，67，82—87，139，144，163，208，210，215，216，221，246，247，268，288，289，293，315，320—323，326，344，377，397—397，401—403，409，415—419，433，441，459，551

语义学（Semantics），82，83，93，289，376

怨恨（Resentment），91，143，172，519，536—539

在场（Presence），7，9，38，39，43，107，117—120，122，129，139，141，148，161，163，166，180，221，241，242，250，276，277，300，301，425，444，486，508，509，531，549

真实性（Authenticity）

    与觉察，274

    与治疗中的实验，7

    与边缘型患者，509，521

    与格式塔治疗中的对话关系，139，195，274，370

    与存在主义观点，138

    与治疗师的责任，250

整合（Integration），32，36，57，59，62，83，90，114，117，148，153，157，160，162，174，199，231，232，251，295，319，373，377，379，383，389，390，414，418，464，488，500，504

整体的（Holistic），60，93，95，96，152，196，247，250，306，313，315，324，389，391，403，408，418，418，458，500，511

整体论（Holism），83，94，97，144，145，196，220

支持（Support），4，11，13，15，28—31，33，40，44，49，51，56，58，60—63，64，72，80，82，89，95，101，113，119，120，122，124—126，128，130，139，140，149，153，154，159，160，163，164，169，173—176，178，179，199，205，206，209—211，215—217，226，227，229，230，231，232，238，243，248—251，266，274，280，283，301，303，304，315，318，336，346，361，365，367，376，384，388，405，409，425，434，451—454，464，466，467，470，476，481，485—487，490—492，497—501，504，508，514，515，518，521，525，528，532，533，544，549，552，559，563，564

直接体验（Immediate experience），14，51，91，139，140，141，143，146，148，162，163，164，166，175，180，185，262，265，274—277，303，405，415，425，426，551

质量（Mass），334，343—344，393，395，396，397，407，414

治疗关系（Therapeutic relationship），14，25，34—35，41，71，96，98，120，122—124，130，139，220，229，253，275，283，297—299，320，361，439，474，483，486—489，504，556，559—561

索 引

治疗情境中的安全的突发事件（Safe emergency in the therapeutic situation），61，203

治疗师的在场（Presence of the therapist），117，141，148，221，242，300，429，444，494

治疗师的责任（Therapist's responsibility），15，372

主要体验（Primary experience），546—547

自恋（Narcissism / Narcissistic），8，13，18，23，26，39，109，111，119，125，158，161，165，234，256，280，281，284，286，300，301，336，359，361，364—366，371，381，423，424，434，438，440，445，455，456—458，464—469，470—488，491—497，500，501，502，510，516，519，520，521，522，528，534，541，546，554，

自恋伤害（Narcissistic injury），161，165，300，366，438，475—477，485，491，502

自恋型人格障碍（Narcissistic personality disorder），284，300，332，364，464，465，470—475，486，495—497，510，528

自恋型性格障碍（Narcissistic character disorder），26，440

自然科学（Natural science），333，334，392，411

自体（Self），前言1，9，13，14，18，21，25，28—33，36，36，40，42，44，48—50，58—62，65，67—72，74，76，77，80，82，85，90，96，99，101，112，118，119，121，124，125，129，130，132，139—143，148—164，169—173，178，179，192，195，198，200，206—210，211，215，217，218，223—228，230—235，238—242，245—249，252，253，256，266，270—272，274，276，277，280，288—294，296，299—303，311，315—317，324，330，332，342，349，350，355，357—

631

367，369—373，385，402，405—408，411，413—418，423，424，431，436，442，444，450—454，459—487，490，492，496，497，498，499，502，504，511，512，514—522，525，526，528—537，539，541—549，551—557，560，562—567

自体功能（Self function / Self-function），259，367，520，528，533，556

自体实现（Self-actualization），28，76，178

自体调节（Self regulation / Self-regulation），9，32，44，48，58，72，118，148，149，152，157，159，160—161，171，195，198，206—207，209，211，212，215，218，223，230—232，233—236，238—239，240，245，247，272，280，296，385，436，444，464，468，535，539，554，556—560

自体养育（Self-parenting），169，556—557，560，564—566，567

自体障碍（Self disorder），112，317，357，360，363，364—367，374，461

自体支持（Self support / Self-support），60，62，72，101，139，149，159，164，209，210，217，301，367

自欺（Bad faith），30，155，200

之间（Between）

　　与布伯，18，36

自我（Ego），10，16，49，58，60，78，84，93—95，141，144—146，162，171，214，215，224，231，232，246，269，286—289，294，359，360，362，367，396，416，463，464，496，498—501，503，504，513，538，542，547

自我边界（Ego boundaries），50，171

自我功能（Ego functions），59，84，463，464，496，501，503，538

索 引

自由联想（Free association），7，10，42，141，247，425，446

自足（Self-sufficiency），148，151，172

自尊（Self-esteem），171，172

阻抗（Resistance / Resisting），6，12，13，30，32，35，151，156，159—161，167，171，209，233，235，236，238，243—244，251—252，291，305，344，360，362，395，410，425，448，458，558，561